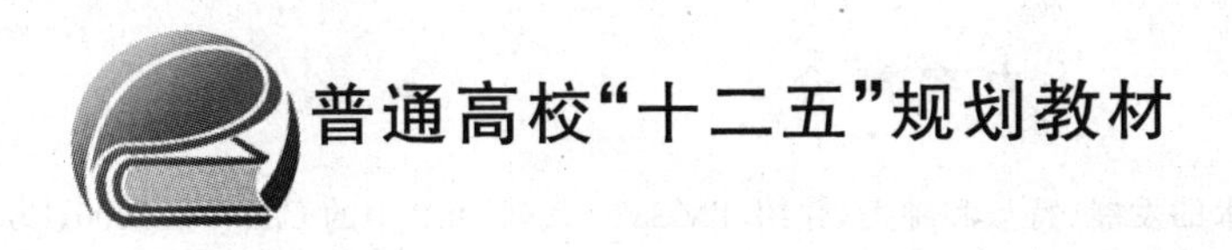

DSP 技术原理及应用教程
(第3版)

刘艳萍　李志军　主编
贾志成　王宝珠　编著

北京航空航天大学出版社

内容简介

本书介绍了数字信号处理器技术的发展、特点和种类，介绍 TMS320 系列 DSP 中的 C2000、C5000、C6000 及 C5000＋RISC 系列的主要性能指标和硬件结构组成。其中围绕 TMS320C54x DSP 芯片，详细介绍了数字信号处理器的基本概念、内部结构、工作原理、指令系统、系统开发、各种硬件接口电路设计和常用数据/信号处理算法的实现方法，并给出了应用实例。

本书的突出特点是内容全面，详略得当，实用性强，适用于高等院校电类专业本科生和研究生教材，也可供相关 DSP 技术开发人员参考。

图书在版编目(CIP)数据

DSP 技术原理及应用教程 / 刘艳萍，李志军主编. --3 版. --北京：北京航空航天大学出版社，2012.8

ISBN 987-7-5124-0870-8

Ⅰ. ①D… Ⅱ. ①刘… ②李… Ⅲ. ①数字信号处理—高等学校—教材 Ⅳ. ①TN911.72

中国版本图书馆 CIP 数据核字(2012)第 157765 号

DSP 技术原理及应用教程(第 3 版)

刘艳萍 李志军 主编

贾志成 王宝珠 编著

责任编辑 金友泉

*

北京航空航天大学出版社出版发行

北京市海淀区学院路 37 号(邮编 100191) http://www.buaapress.com.cn

发行部电话：(010)82317024 传真：(010)82328026

读者信箱：goodtextbook@126.com 邮购电话：(010)82316936

北京时代华都印刷有限公司印装 各地书店经销

*

开本：787 mm×1092 mm 1/16 印张：21.5 字数：550 千字

2012 年 8 月第 3 版 2014 年 7 月第 2 次印刷 印数：4 001～7 000 册

ISBN 978-7-5124-0870-8 定价：39.00 元

若本书有倒页、脱页、缺页等印装质量问题，请与本社发行部联系调换。联系电话：(010)82317024

第3版前言

本教材第1版于2005年2月出版，并于2008年7月修订出版了第2版，经过这些年的教学应用，教师学生一致认为本书取材恰当，编排组织合理，主要内容之间相互衔接紧密有序，论述清晰明了，内容先进，能满足该门课程的学习与教学的需要，涵盖了通信工程和电子信息工程等专业本科生应掌握和了解的DSP应用技术的必要内容。

为使本教材更好地满足教学的需要，紧跟当前DSP的最新发展，编者对原教材的部分内容进行了再次补充修订。

这两次修订中，主要修改了以下内容：

· 增加了第6章汇编语言程序设计；

· 第7章数字信号处理器的开发应用，将原来的7.2.3节改为快速傅里叶变换的DSP实现方法；

· 增加了第9章DSP技术原理及开发基础实验；

· 对第1章也作了修改；

· 对书中其他章节中个别错误进行了修正。

全书由刘艳萍和李志军主编。第1～4章由刘艳萍修订，第5、7、8章由贾志成、李志军、王宝珠共同修订。第6、9章由刘艳萍、李志军、韩力英和王杨修订并进行程序调试。

由于作者水平有限，书中存在的错误和疏漏之处，恳请读者批评指正。

编　者

2012年8月

前　言

数字信号处理是当代发展最快的信息学科之一，尤其是在20世纪末，数字信号处理理论的逐步成熟和研究内容的日益广泛，超大规模集成电路技术和计算机技术的高速发展，特别是网络化和数字化信息市场的巨大需求，使得数字信号处理理论及其工程实现得到了广泛的应用。

数字信号处理器技术是工程实现的关键技术，数字信号处理器的使用遍及通信、雷达、声纳、生物医学、机器人、语音和图像处理、虚拟现实及自动控制等领域。在未来数字化技术发展进程中，数字信号处理器将以其独特的数字信号处理优势得到更加广泛的应用和普及。

在生产数字信号处理器的全球企业中，美国得克萨斯州德州仪器(TI)公司生产的数字信号处理器多年来一直占据较大的DSP市场份额，并且正在逐年扩大。TI公司的TMS320系列DSP一直是全球广泛使用的数字信号处理器之一。尽管每个公司的DSP芯片在结构、开发工具和开发环境上有所不同，但概念上是相通的。本书以TI公司的TMS320系列DSP为基础，详细介绍了DSP技术及其应用，并给出了典型应用实例。在TMS320系列DSP中，TMS320C5000系列DSP中'C54x是目前比较流行的DSP芯片之一，其结构、使用的开发工具和环境也具有代表性。

本书以TMS320C5000系列DSP为代表，介绍了数字信号处理器技术的基本概念、数字信号处理器结构以及工程应用的实现及使用开发方法，力求使读者通过本书的学习，可以举一反三，了解和掌握数字信号处理器技术及其应用。

全书共分7章。第1章为绪论，介绍了数字信号处理器技术的发展、DSP的特点、种类以及TMS320系列DSP中的C2000、C5000、C6000及C5000＋RISC系列的主要性能指标、硬件结构及组成。第2章是DSP应用设计的基础，详细描述了TMS320C54x DSP的结构原理。第3章主要介绍了TMS320C5000系列DSP应用环境的硬件系统设计和各种硬件接口电路的设计。第4章以TMS320C54x为例，介绍了数字信号处理器的指令及使用，包括寻址方式、汇编语言指令和汇编链接伪指令系统以及宏汇编语言。第5章主要介绍TMS320C5000系列DSP的软件开发与设计。其中包括软件开发过程使用的汇编语言编程方法、C语言编程方法、C语言和汇编语言混合编程的方法及Bootloader方法。第6章是数字信号处理器的开发应用，主要介绍了片内外设的设计与应用方法以及系统应用方案和实例。第7章是DSP处理器的开发工具及使用环境，主要介绍了可视化集成开发环境中CCS5000的使用。书中附录给出了'C54x DSP指令系统列表和TMS320系列产品的命名方法。这些都是学习与设计当中可参考使用的。

全书由刘艳萍主编。第1～4章及附录内容由刘艳萍编写，第5～7章由贾志成、李志军、王宝珠和刘艳萍共同编写。

由于水平有限，书中难免存在错误和疏漏之处，恳请读者批评指正。

编　者

2004年10月

目　录

第1章　绪　论

数字信号处理就是信号的数字化及数字处理。这方面的研究始于20世纪60年代。现在大学阶段学习的数字信号处理课程即讲述信号数字化处理的基本理论、算法和应用。数字信号处理(digital signal processing)又可称为DSP。由于过去很长时间里受计算机集成电路技术和数字化器件发展水平的限制，数字信号处理理论的实时应用很难实现。数字信号处理的学习和应用只限于理论概念的讲授和仿真，所以国内学者常称为数字信号处理，而较少用DSP一词。而最早通用可编程数字信号处理硬件芯片的英文名就是digital signal processor(数字信号处理器)，有别于digital signal processing(数字信号处理)。但二者英文简写都为DSP。

随着数字化硬件技术水平的飞速发展，数字信号处理的理论和方法得以在大量实际应用中实现。由此DSP一词逐渐流行起来。人们常用DSP一词来指通用数字信号处理器，用数字信号处理来指信号数字化处理的理论及方法，用DSP技术来指和数字信号处理器有关的数字信号处理算法实现技术和理论。

本教材主要针对数字信号处理器进行讲解，数字信号处理只作简单介绍。

1.1　数字信号处理

1. 数字信号处理概述

数字信号处理是利用计算机或专用处理设备，以数字形式对信号进行采集、变换、滤波、估值、增强、压缩和识别等处理，得到符合需要的信号形式。

数字信号处理的实现方法一般有以下几种：

① 在通用的计算机上用软件实现　该方法速度太慢，适于算法仿真；

② 在通用计算机系统上加上专用的加速处理机实现　该方法专用性较强，应用受限制，且不便于系统的独立运行；

③ 用通用的单片机实现　这种方式多用于一些不太复杂的数字信号处理，如简单的PID控制算法；

④ 用通用的可编程DSP芯片实现　与单片机相比，DSP芯片具有更加适合于数字信号处理的软件及硬件资源，可用于复杂的数字信号处理算法；

⑤ 用专用的DSP芯片实现　在一些特殊场合，要求信号处理速度极高，用通用的DSP芯片很难实现，而专用的DSP芯片可以将相应的信号处理算法在芯片内部用硬件实现，不需要编程。

2. 数字信号处理系统

图1-1示出了一个典型的数字信号处理系统。此系统先将模拟信号变换为数字信号，经数字信号处理后，再变换成模拟信号输出。

图中抗混叠滤波器将输入信号$X(t)$中比主要频率高的信号分量滤除，避免产生信号频谱

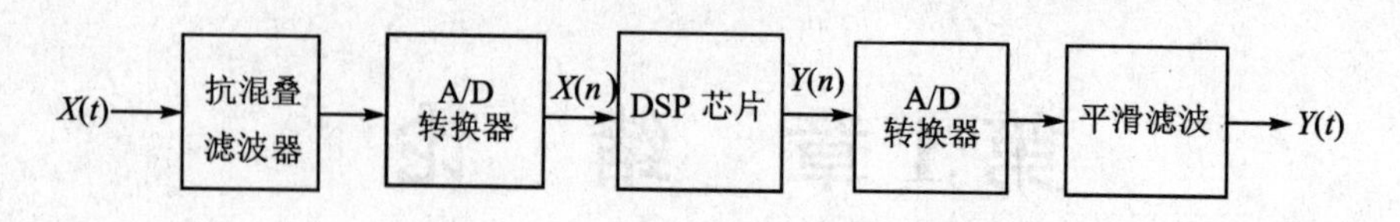

图1-1 数字信号处理系统框图

的混叠现象。

混叠现象——一般而言,凡是频率为 $f_k=f_1+kf_s$(k 为整数,f_s为采样频率)的信号采样后与频率为 f_1的信号无区别,这称为 f_1的混叠。据奈奎斯特定理,通常采样频率是输入信号的两倍。

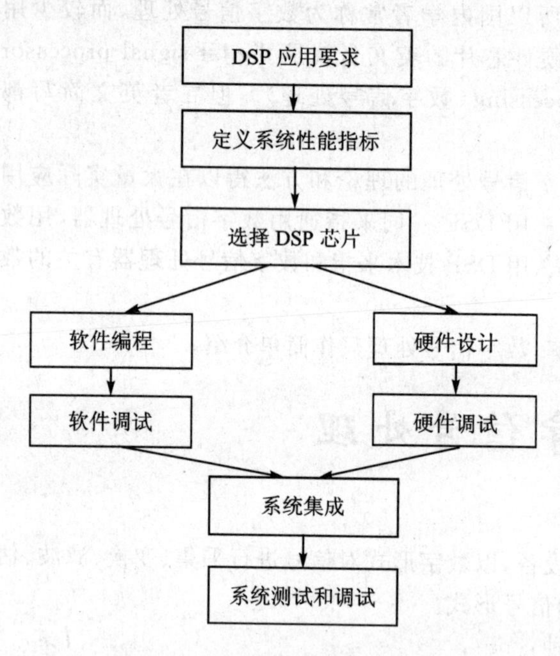

图1-2 DSP系统设计的一般过程

A/D转换器——将输入的模拟信号转换为DSP芯片可接收的数字信号。

DSP芯片——对A/D输出的信号进行某种形式的数字处理,如一系列算法的实现等。

D/A转换器——经过DSP芯片处理的数字样值经D/A转换为模拟量,然后进行平滑滤波得到连续的模拟信号。

上述系统为一个典型系统,但并不是说所有系统构成都如此。如果输入信号本身就是数字信号,或输出设备可以接收数字信号,那么组成系统就只需要DSP芯片部分。

3. DSP系统的设计过程

DSP系统设计的一般过程如图1-2所示。

1.2 数字信号处理器

数字信号处理器也称为DSP芯片,是一种特别适合于进行数字信号处理运算的微处理器,其主要应用是实时快速地实现各种数字信号处理算法。

1.2.1 DSP芯片的特点

根据数字信号处理的要求,DSP一般具有如下主要特点:

1. 哈佛结构

早期的微处理器内部大多采用冯·诺依曼(Von-Neumann)结构,如图1-3所示。其片内程序空间和数据空间是合在一起的,取指令和取操作数都是通过一条总线分时进行的。当高速运算时,不但不能同时取指令和取操作数,而且还会造成传输通道上的瓶颈现象。而DSP内部采用的是程序空间和数据空间分开的哈佛(Havard)结构,如图1-4所示。它允许同时取指令(来自程序存储器)和取操作数(来自数据存储器),而且还允许在程序空间和数据空间之间相互传送数据。第一代改进的哈佛结构如图 1-5(a)所示。

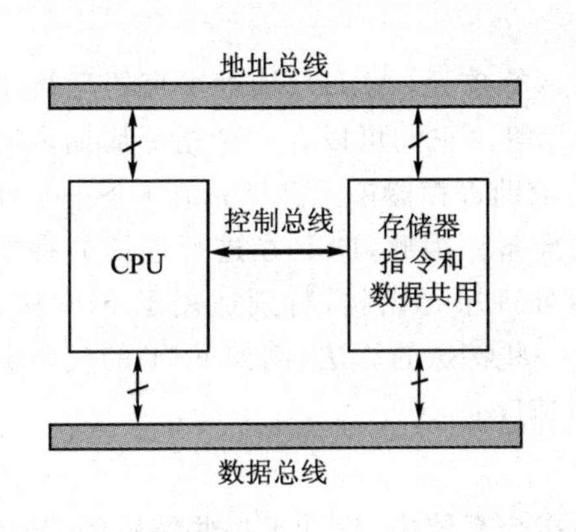

图 1-3　冯·诺依曼(Von-Neumann)结构

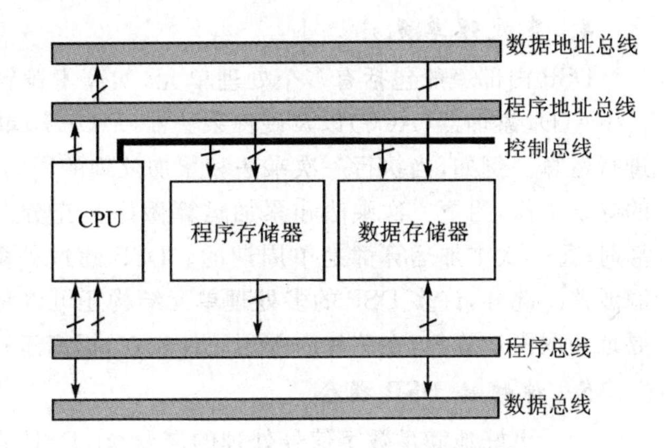

图 1-4　基本哈佛(Havard)结构

第二代改进的哈佛结构允许指令存储在高速缓冲器(cache)中,执行此指令时,不需要再从存储器中读取指令,节约了一个指令周期的时间,如图 1-5(b)所示。

2. 多总线结构

许多 DSP 芯片内部都采用多总线结构,以保证在一个机器周期内可以多次访问程序空间和数据空间。例如 TMS320C54x 内部有 P、C、D、E 等 4 条总线(每条总线又包括地址总线和数据总线),可以在一个机器周期内从程序存储器取 1 条指令,从数据存储器读 2 个操作数和向数据存储器写 1 个操作数,大大提高了 DSP 的运行速度。因此,对 DSP 来说,内部总线是个十分重要的资源,总线越多,可以完成的功能就越复杂。

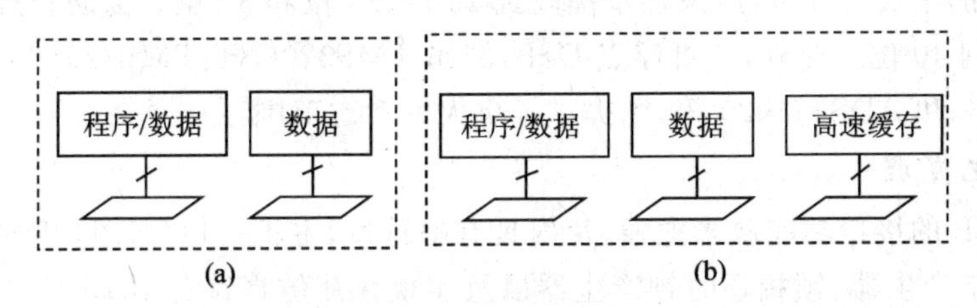

图 1-5　改进的哈佛结构

3. 流水线结构

DSP 执行一条指令,需要通过取指、译码、取操作数和执行等几个阶段,如图 1-6 所示。在 DSP 中采用流水线结构,而在程序运行过程中这几个阶段是重叠的。这样,在执行本条指令的同时,还依次完成了后面 3 条指令的取操作数、译码和取指的任务,将指令周期降低到最小值。图 1-6 为一个 4 级流水线的操作图。

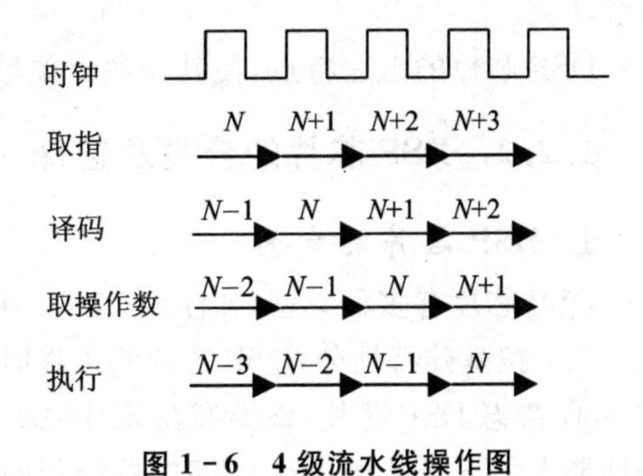

图 1-6　4 级流水线操作图

利用这种流水线结构,加上执行重复操作,保证了数字信号处理中用得最多的乘法累加运算可以在单个指令周期内完成。

4. 多处理单元

DSP内部一般包括有多个处理单元,如算术逻辑运算单元(ALU)、辅助寄存器运算单元(ARAU)、累加器(ACC)以及硬件乘法器(MULT)单元等。它们可以在一个指令周期内同时进行运算。例如,当执行一次乘法和累加处理的同时,辅助寄存器单元已经完成了下一个地址的寻址工作,为下一次乘法和累加运算做好了充分的准备。因此,DSP在进行连续的乘加运算时,每一次乘加运算都是单周期的。DSP的这种多处理单元结构,特别适用于FIR和IIR滤波器。此外,许多DSP的多处理单元结构还可以将一些特殊的算法,例如FFT的位码倒置寻址和取模运算等,在芯片内部用硬件实现,提高运行速度。

5. 特殊的DSP指令

为了更好地满足数字信号处理的需要,在DSP的指令系统中,设计了一些特殊的DSP指令。例如,TMS320C25中的MACD(乘法、累加和数据移动)指令,具有执行LT、DMOV、MPY和APAC等4条指令的功能;TMS320C54x中的FIRS和LMS指令,则专门用于系数对称的FIR滤波器和LMS算法。

6. 指令周期短

早期的DSP的指令周期约400 ns,采用4 pm的NMOS制造工艺,其运算速度为5 MIPS(每秒执行5百万条指令)。随着集成电路工艺的发展,目前DSP的制造工艺已经达到纳米级水平,其运行速度越来越快。以TMS320C54x为例,其运行速度可达100 MIPS。TMS320C764147的时钟为1 GHz,运行速度达到8 000 MIPS。

7. 运算精度高

早期DSP的字长为8位,后来逐步提高到16位、24位和32位。为防止运算过程中溢出,有的累加器达到40位。此外,一批浮点DSP,例如TMS320C3x、TMS320C4x、TMS320C67x、TMS320LF2833和ADSP21020等,则提供了更大的动态范围。

8. 硬件配置强

新一代DSP的接口功能愈来愈强,片内具有串行口、主机接口(HPI)、DMA控制器、软件控制的等待状态产生器、锁相环时钟产生器以及实现在片仿真符合IEEE 1149.1标准的测试仿真接口,使系统设计更易于完成。另外,许多DSP芯片都可以工作在省电方式,大大降低了系统功耗。

DSP芯片的上述特点,使其在各个领域得到越来越广泛的应用。

1.2.2　DSP芯片的分类及选择

1. DSP芯片的分类

DSP芯片有多种类型,如浮点/定点、通用/专用等。可以按照下列3种方式将其划分。

(1) 按基础特性分:DSP芯片的工作时钟(主频)和指令类型。

① 静态DSP芯片:该类型在某时钟频率范围内都能正常工作,除计算速度有变化外,没有性能上的下降。如日本OKI电器公司的DSP和TI公司的TMS320C2xx系列。

② 一致性DSP:两种或更多的DSP芯片,其指令集、机器代码及引脚结构相互兼容。如

美国 TI 公司的 TMS320C54x。

(2) 按数据格式分:DSP 对数据的处理有两种格式,即定点数据格式和浮点数据格式。

① 定点 DSP 芯片:数据以定点格式参加运算。如 TI 公司的 TMS320C1x/C2x/C2xx/C5x/C54x/C62xx 系列;AD 公司的 ADSP21XX;MOTOLORA 公司的 MC56000 和 AT&T 公司的 DSP16/16A 等。

② 浮点 DSP 芯片:数据以浮点格式参加运算。如 TI 公司的 TMS320C3x/C4x/C8x 系列;AD 公司的 ADSP21XXX;MOTOLORA 公司的 MC96002 和 AT&T 公司的 DSP32/32C 等。不同浮点的 DSP 所采用的浮点格式可能不同。

(3) 按用途分:DSP 有通用型和专用型。

① 通用型:适合普通的 DSP 应用。

② 专用型:为特定的功能、运算而设计的,如数字滤波、卷积和 FFT 等。如 TMS320C24x 适合自动控制;MOTOLORA 公司的 DSP56200 专用于数字滤波。

2. DSP 芯片的选择

设计 DSP 应用系统,DSP 芯片的选择是很重要的。DSP 芯片的选择应根据其所应用系统的应用场合和目的而定。只有选定了 DSP 芯片,才能进一步设计其外围电路及系统软件编程。如果芯片选择不当就会造成设计工作的失败。这也是搞工程设计的大忌。

一般来说,选择 DSP 芯片时应考虑如下几个因素。

(1) DSP 芯片的运算速度:这是一项最重要的性能指标,决定整个系统的实时性问题。运算速度可以用以下几种性能指标来衡量。

① 指令周期:执行一条指令所需要的时间,通常以毫秒(ns)为单位。

② MAC 时间:完成一次乘法和一次加法的时间。

③ FFT 执行时间:运行一个 N 点 FFT 程序所需的时间。

④ MIPS:每秒执行百万条指令。

⑤ MOPS:每秒执行百万次操作。

⑥ MFLOPS:每秒执行百万次浮点操作。

⑦ BOPS:每秒执行十亿次操作。

(2) DSP 芯片的硬件资源:如片内 ROM 和 RAM 的大小,外部可扩展的程序、数据和 I/O 空间,总线接口和 I/O 接口等。不同的 DSP 芯片硬件资源不同,即使同一系列亦不尽相同。

(3) DSP 芯片的运算精度:参加运算的数据字长越长精度越高。一般 DSP 字长 16 位,如 TI 公司的 TMS320 系列;有的定点芯片字长为 24 位,如 MOTOLORA 公司的 MC56001。浮点芯片为 32 位。

(4) DSP 芯片的功耗:在某些 DSP 应用场合,功耗也是一个很重要的问题。功耗的大小意味着发热的大小和能耗的多少。如便携式的 DSP 设备,手持设备(手机)和野外应用的 DSP 设备对功耗都有特殊的要求。

(5) DSP 芯片的开发工具:DSP 系统的开发应用、开发工具是必不可少的。有强大的开发工具支持,就会大大缩短系统开发时间。现在的 DSP 芯片都有较为完善的软件和硬件开发工具,其中包括 simulator 软件仿真器、emulator 在线仿真器和 C 编译器等。

(6) DSP 芯片的价格:在选择 DSP 芯片时一定要考虑其性能价格比。如价格过高,即使其性能较高,在应用中也会受到一定的限制,如应用于民用品或批量生产的产品中就需要较低廉的价格。另外,DSP芯片发展迅速,价格下降也很快。因此在开发阶段可选择性能高、价格稍贵的DSP芯片,等开发完成后,会具有较优的性价比。

(7) 其他:封装形式、质量标准、供货情况和生命周期等。

① 封装形式:DIP、PGA、PLCC、CQFP和PQFP。

② 质量标准:军品、工业品和民品。

③ 供货情况、生命周期:如所应用系统需要批量生产,且有长的生命周期,就要考虑DSP芯片的供货情况和生命周期。

1.3 定点DSP的数据格式

在用DSP进行数字信号处理时,首先遇到的问题是数的表示方法。DSP分为两种:一种是定点DSP,另一种是浮点DSP。

在浮点DSP中,数据即可以表示成整数,也可以表示成浮点数。浮点数在运算中,表示数的范围。由于其指数可自动调节,因此可避免数的规格化和溢出等问题。但浮点DSP一般比定点DSP复杂,成本也较高。本书介绍的TMS320C54x是定点DSP。

在定点处理器中,数据采用定点表示方法。它有两种基本表示方法:整数表示方法和小数表示方法。整数表示方法主要用于控制操作、地址计算和其他非信号处理的应用,而小数表示方法则主要用于数字和各种信号处理算法的计算中。很清楚,定点表示并不意味着就一定是整数表示。

下面对于一个8位字长的数据用定点数表示的2种基本方法。对带符号的整数,其中最高位S为符号位,0代表正数,1代表负数。除符号位外,其他的各位采用二进制补码表示,表示数的范围为$-2^n \sim 2^n-1$,这里n为数的字长,单位为位。

整数表示法是:

0	1	0	1	0	1	1	1
S	2^6	2^5	2^4	2^3	2^2	2^1	2^0

其结果 $S=2^6+2^4+2^2+2^1+2^0=87$。

小数表示法是:

0	1	1	1	0	0	0	0
S	2^{-1}	2^{-2}	2^{-3}	2^{-4}	2^{-5}	2^{-6}	2^{-7}

其结果 $S=2^{-1}+2^{-2}+2^{-3}=0.875$。

1. 定点数的Q表示法

定点数最常用的是Q表示法,或Q$m.n$表示法。它可将整数和小数表示方法统一起来。其中,m表示数的2补码的整数部分;n表示数的2补码的小数部分;第1位为符号位;数的总字长为$m+n+1$位。表示数的整数范围为$(-2^m \sim 2^m-1)$,小数的最小分辨率为2^{-n}。下面举例说明几种常用的Q表示法的格式。

(1) Q0 格式

Q0 格式的字长为 16 位,其每位的具体表示如下:

位数	15	14	13	12	11	10	9	…	0
值	S	I14	I13	I12	I11	I10	I9	…	I0

最高位为符号 S,接下来的 Ix 为 15 位 2 补码的整数,高位在前,无小数位。这实际就是定点数的整数形式。Q0 格式表示数的范围为($-2^{15} \sim 2^{15}-1$),最小的分辨率为 1。

(2) Q3.12 格式

Q3.12 格式的字长为 16 位,其每位的具体表示如下:

位数	15	14	13	12	11	10	9	…	0
值	S	I3	I2	I1	Q11	Q10	Q9	…	Q0

最高位为符号 S,接下来的 3 位为 2 补码的整数位,高位在前,后面的 12 位为 2 补码小数位。Q3.12 格式表示数的大致范围为(−8,7),小数的最小分辨率为 2^{-12}。

(3) Q15 格式

Q15 格式的字长为 16 位,其每位的具体表示如下:

位数	15	14	13	12	11	10	9	…	0
值	S	Q14	Q13	Q12	Q11	Q10	Q9	…	Q0

最高位为符号 S,接下来的为 2 补码的 15 位小数位,小数点紧接着符号位,无整数位。Q15 格式表示数的范围为(−1,0.9999695),小数的最小分辨率为 2^{-15}。对于 16 位的定点处理器 TMS320C54x 来说,Q15 是在程序设计中最常用的格式。例如,TI 公司提供的数字信号处理应用程序库 DSPLIB 就主要采用这种数据格式。

(4) Q31 格式

Q31 格式的字长为 32 位,需要两个 16 位的存储器字来表示。这实际上是 Q15 格式的扩展表示。其低 16 位的具体表示如下:

位数	15	14	13	12	11	10	9	…	0
值	Q15	Q14	Q13	Q12	Q11	Q10	Q9	…	Q0

高 16 位表示为:

位数	31	30	29	28	27	26	25	…	16
值	S	Q30	Q29	Q28	Q27	Q26	Q25	…	Q16

高 16 位的最高位为符号位 S,接下来的为 2 补码的 31 位小数位,小数点紧接着符号位,无整数位。Q31 格式表示数的范围为(−1,1),小数的最小分辨率为 2^{-31}。

2. 定点数格式的选择

由前面的几种 Q 格式的介绍可见,定点格式表示数的范围和数据的精度是确定的。表示数的范围越大,数据的精度越低,也就是说,数的范围与精度是一对矛盾。对 16 位的数据来说,动态范围最大的格式为整数 Q0,精度(或分辨率)最高的格式为 Q15。如动态范围或精度超过了 16 位的范围,则只有增加字长,例如,采用 32 位(2 个 16 位字)来表示。因此,数据格式的选择实际上就是如何根据具体应用问题,在它们之间寻求最好的折中。一旦格式选定后,就必须保证在整个运算过程中,数据不会溢出。例如,对 Q15 格式,数据的范围在(−1,1)之间,这样就必须保证在所有运算中其结果都不能超出这个范围;否则,芯片将结果取极大值−1 或 1,而不管其真实结果为多少。为了保证不会出现溢出,在数据参加运算前,程序员应估计数据及其结果的动态范围,选择合适的格式对数据进行规格化。例如,假设有 100 个 0.5 相加,采用 Q15 格式进行运算,其结果将等于 1。为了保证结果正确,可先将 0.5 规格化为0.005 后进行运算,然后将所得结果反规格化;或者采用 Q6.9 格式进行运算。因此,从另一个角度说,定点格式的选择实际上就是根据 Q*m*.*n* 表示方法确定数据的小数点位置。

3. 定点格式数据的转换

同一个用二进制数表示的定点数,当采用不同的 Q*m*.*n* 表示方法时,其代表的十进制数是不同的。例如,由 5000H 表示的 16 位字长的数,当采用 Q15 格式时,其值等于 0.625;当采用 Q3.12 格式时,其值等于 5;当采用 Q0 格式时,其值等于 20 480。当 2 个不同 Q 格式的数进行加减运算时,通常必须将动态范围较小的格式的数转换为动态范围较大的格式的数。有 2 种转换的方法,下面予以说明。

(1) 若十进制数没有表示成任何形式的二进制数,则要表示成 Q*m*.*n* 格式。此时,先将数乘以 2^n,则变成整数,然后再将整数转换成相应的 Q*m*.*n* 格式。例如设 $y=-0.625$,若要表示成 Q15 格式,先将−0.625 乘以 2^{15} 得到−20 480,再将−20 480 表示成 2 的补码数 B000H,也就是−0.625 的 Q15 格式表示;若要将−0.625 表示成 Q3.12 格式,则将−0.625 乘以 2^{12} 得到−2 560,表示成 2 的补码数为 F600H,也就是−0.625 的 Q3.12 格式表示。

(2) 若数已经是某种动态范围较小的 Q*m*.*n* 格式,为了与动态范围较大的 Q*m*.*n* 格式数进行运算,则可根据运算结果的动态范围,直接将数据右移,将数据转换成结果所需的 Q*m*.*n* 格式,这时原来格式的最低位将被移出,高位则进行符号位扩展。这在某些情况下会损失动态范围较小的格式的数据的精度。例如,若 5.625+0.625=6.25,5 和结果 6.25 需要采用 Q3.12格式才能保证其动态范围,若 0.625 原来用 Q15 格式表示,则需要先将其表示成 Q3.12 后,再进行计算,自然,最后的结果也为 Q3.12。下面分几种情况具体说明带符号数据的转换过程。

若 x,y 为正数,$x=5.625$,则采用 Q3.12 格式表示的二进制码为 5A00H;$y=0.625$;采用 Q15 格式表示的二进制码为 5000H,求 $x+y$。

由于采用 Q3.12 格式与 Q15 格式的整数位相差 3 位,所以将 y 的 Q15 格式表示的二进制码 5000H 右移 3 位;由于 5000H 为正数,将整数部分补零,得到用 Q3.12 格式表示的0.625 为 0A00H。将 5A00H 加上 0A00H 得到 6400H,该例的格式为 Q3.12,其值等于 $x+y=6.25$。

若 x 为正数,y 为负数,$y=-0.625$,则采用 Q15 格式表示的二进制码为 B000H;表示为 Q3.12 格式时,将它右移 3 位,因为是负数,整数部分符号为扩展后结果为 F600H;$x=5.625$,则采用 Q3.12 格式表示的二进制码为 5A00H;将 F600H 加到 5A00H 上,结果为 5000H,其 Q3.12 格式的值等于 $x+y=5$。

若 x,y 为负数,$x=-5.625$,则采用 Q3.12 格式表示的二进制码为 B600H;$y=-0.625$,

采用Q15格式表示的二进制码为A000H，变成Q3.12格式后二进制码为F600H。将F600H加到A600H上，结果为9C00H，其Q3.12格式的值等于$x+y=-6.25$。

若x为负数，y为正数，$x=-5.625$，$y=0.625$，则采用Q3.12格式表示的二进制码分别为A600H和0A00H，将0A00H加到A600H上，结果为B000H，其Q3.12格式值等于$x+y=-5$，结果正确。

1.4 DSP芯片的发展及应用

1.4.1 DSP芯片的发展

1. DSP的发展历程

在DSP出现之前数字信号处理只能依靠MPU（微处理器）来完成，但MPU较低的处理速度却无法满足系统高速实时的要求。直到20世纪70年代，才有人提出了DSP理论和算法基础。那时的DSP仅仅停留在教科书上，即便是研制出来的DSP系统也是用分立元件组成的，其应用领域仅限于军事、航空航天部门。

随着大规模集成电路技术的发展，1982年世界上诞生了首枚DSP芯片。这种DSP器件采用微米工艺、NMOS技术制作，虽功耗和尺寸稍大，但运算速度却比MPU快几十倍，尤其在语音合成和编解码器中得到了广泛应用。DSP芯片的问世是个里程碑，使DSP应用系统由大型系统向小型化迈进了一大步。至20世纪80年代中期，随着CMOS技术的进步与发展，第二代基于CMOS工艺的DSP应运而生，其存储容量和运算速度都得到成倍提高，成为语音处理及图像处理技术的基础。

20世纪80年代后期，第三代DSP芯片问世，运算速度进一步提高，应用范围逐步扩大到通信和计算机领域。

20世纪90年代DSP发展最快，相继出现了第四代和第五代DSP器件。现在的DSP属于第五代产品，它与第四代相比，系统集成度更高，将DSP芯核及外围元件综合集成在单一芯片上。这种集成度极高的DSP芯片不仅在通信、计算机领域大显身手，而且逐渐渗透到人们的日常消费领域。

经过20多年的发展，DSP产品的应用扩大到人们的学习、工作和生活的各个方面，并逐渐成为电子产品更新换代的决定因素。目前，对DSP爆炸性需求的时代已经来临，前景十分广阔。

2. DSP的技术展望

（1）系统级集成DSP是潮流

缩小DSP芯片尺寸始终是DSP的技术发展方向。当前的DSP多数基于RISC结构，这种结构的优点是尺寸小、功耗低、性能高。各DSP厂商纷纷采用新工艺，改进DSP芯核，并将几个DSP芯核、MPU芯核、专用处理单元、外围电路单元、存储单元集成在一个芯片上，成为DSP系统级集成电路。TI公司的TMS320C80代表当今DSP领域中的最高水平，它在一块芯片上集成了4个DSP、1个RISC处理器、1个传输控制器和2个视频控制器。这样的芯片通常称为MVP（多媒体视频处理器）。它可支持各种图像规格和各种算法，功能相当强大。

(2) 可编程DSP是主导产品

可编程DSP为各生产商提供了很大的灵活性。生产厂商可以在同一个DSP平台上开发出各种不同型号的系列产品，以满足不同用户的需求。同时，可编程DSP也为广大用户提供了一个升级的良好途径。

(3) 追求更高的运算速度

目前一般的DSP运算速度为100 MIPS，即每秒钟运算100百万条指令。但仍嫌不够快，必须最求更高更快的运算速度，DSP才能够跟上电子设备的更新步伐。DSP运算速度的提高，主要依靠新工艺，改进芯片结构。目前TI公司的TMS320C6x芯片由于采用VLIW(very long instruction word超长指令字)结构设计，其处理速度可以高达2 400 MIPS。当前DSP器件大都采用纳米工艺，按照CMOS发展趋势，DSP的运算速度再提高100倍是完全可能的。

(4) 定点是主流

从理论上讲，虽然浮点DSP的动态范围比定点DSP大，且更适合要求精度较高的应用场合，但定点运算的DSP器件的成本较低，对存储器的要求也较低，而且耗电少。因此，定点运算的可编程DSP器件仍然是市场上的主流产品。据统计，目前销售的DSP器件中的80%以上属于16位定点可编程DSP器件，预计今后的比重将进一步扩大。

1.4.2 DSP芯片的应用

DSP从20世纪70年代末至今近20年的发展时间里，已经在信号处理、通信、雷达等许多领域得到广泛的应用。其主要应用有：

(1) 信号处理系统　数字滤波(FIR\IIR)、自适应滤波器、快速傅里叶变换、相关运算、谱分析、卷积、加窗和波形产生等。

(2) 通信　调制解调器、自适应均衡、数据加密、数据压缩、回波抵消、多路复用和波形产生等。

(3) 语音　语音编码、语音合成、语音识别、语音增强、语音邮件和语音存储等。

(4) 图形/图像　二位/三维图形处理、图像压缩与传输、图像增强、动画和机器人视觉等。

(5) 军事　保密通信、雷达处理、声纳处理、导航和导弹制导等。

(6) 仪器仪表　频谱分析、函数发生、锁相环和地震处理等。

(7) 自动控制　引擎控制、声控、自动驾驶、机器人控制和磁盘控制等。

(8) 医疗　助听、超声设备、诊断工具和病人监护等。

(9) 家用电器　高保真音响、音乐合成、音调控制、玩具与游戏和数字电话/电视等。

1.5 TMS320系列DSP发展概述

1982年，TI公司推出了TMS320系列数字信号处理器(DSP)中的第一个定点DSP芯片TMS32010至今，TMS320系列的DSP产品已经经历了若干代：以TMS320C25为代表的第二代DSP芯片，第三代DSP芯片TMS320C3x，第四代DSP芯片TMS320C4x，第五代DSP芯片TMS320C5x/C54x。第二代DSP芯片的改进型TMS320C2xx等，集多片DSP芯片于一体的高性能DSP芯片以及目前速度最快的第六代DSP芯片TMS320C62x/C67x，再如最新的一代将一个 DSP 核和一个 ARM 核集成在一个芯片中的 TMS320C5470 和 OMAP 系列等。TI 公司将目前常用的 DSP 芯片归纳为三大系列,即:TMS320C2000 系列(包括 TMS320C20x/C24x/C28x)、TMS320C5000 系列(包括 TMS320C54x/C55x)、TMS320-C6000 系列(包括 TMS320C62x/C67x/C64x)。如今,TI 公司的系列 DSP 芯片已经成为当今世界上最有影响的 DSP 芯片。

同一代 TMS320 系列 DSP 产品的 CPU 结构是相同的,但其片内存储器及外设电路的配置不一定相同。一些派生器件,诸如片内存储器和外设电路的不同组合的出现,满足了世界电子市场的各种需求。由于片内集成了存储器和外围电路,使 TMS320 系列器件的系统成本降低,并且节省了电路板的空间。

1.5.1 TMS320C2000 系列简介

TMS320C2000 系列包括 TMS320C20x、TMS320C24x 和 TMS320C28x 三大类。

1. TMS320C20x 系列

TMS320C20x 是继 TMS320C2x 和 TMS320C5x 之后出现的一种低价格、高性能定点型 DSP 芯片。TMS320C20x 系列 DSP 芯片具有如下特点:

(1) 处理能力强　指令周期最短为 25 ns,运算能力达 40 MIPS。

(2) 片内具有较大的闪烁存储器　TMS320C20x 是最早使用闪烁存储器的 DSP 芯片。

(3) 功耗低　TMS320C20x 系列 DSP 芯片在 5 V 工作时每个 MIPS 消耗 1.9 mA 电流,在 3.3 V 工作时,每个 MIPS 消耗 1.1 mA 电流。使用 DSP 核的省电模式可进一步降低功耗。

(4) 资源配置灵活。

TMS320C20x 系列芯片的资源配置比较如表 1-1 所列。

表 1-1 TMS320C20x 系列芯片的资源配置

TMS320C20x 系列	指令周期/ns	ROM/字	RAM/字	Flash/字	同步串行口	异步串行口
TMS320C203	25/35/50		544		1	1
TMS320C204	25/35/50	4K	544		1	1
TMS320C205	25/35/50		4.5K		1	1
TMS320F206	25/35/50		4.5K	32K	1	1
TMS320F207	25/35/50		4.5K	32K	2	1
TMS320C209	35/50	4K	4.5K			

2. TMS320C24x 系列

TMS320C24x 系列 DSP 芯片针对数字控制系统应用进行了优化设计,芯片内部具有多达 16 路的 10 位模/数转换功能,多个通用定时器和一个监视(watchdog)定时器,多达 16 个通道的 PWM(pulse width modulation)信道,最多具有 41 个通用输入/输出引脚。表 1-2 列出了 TMS320C24x 系列芯片的资源配置。图 1-7 是该系列芯片中 TMS320LF2407 DSP 的方框图。

表 1-2 TMS320C24x 系列芯片的资源配置

TMS320C24x 系列	速度/MIPS	RAM/字	ROM/字	Flash/字	I/O 引脚	比较/PWM 通道	定时器	同步串口	异步串口	A/D 通道数/转换时间(μs)
TMS320F240	20	544		16K	28	9/12	3/1	1	1	16/6.6
TMS320C240	20	544	16K		28	9/12	3/1	1	1	16/6.6
TMS320F241	20	544		8K	26	5/8	2/1	1	1	8/0.85
TMS320C242	20	544	4K		26	5/8	2/1		1	8/0.85
TMS320F243	20	544		8K	32	5/8	2/1	1	1	8/0.85
TMS320LF2407	30/40	2.5K		32K	41	10/16	4/1	1	1	16/0.5
TMS320LF2406	30/40	2.5K		32K	41	10/16	4/1	1	1	16/0.5
TMS320LF2402	30/40	544		8K	21	5/8	2/1		1	8/0.5
TMS320LC2406	30/40	2.5K	32K		41	10/16	4/1	1	1	16/0.5
TMS320LC2404	30/40	1.5K	16K		41	10/16	4/1	1	1	16/0.5
TMS320LC2402	30/40	544	4K		21	5/8	2/1		1	8/0.5

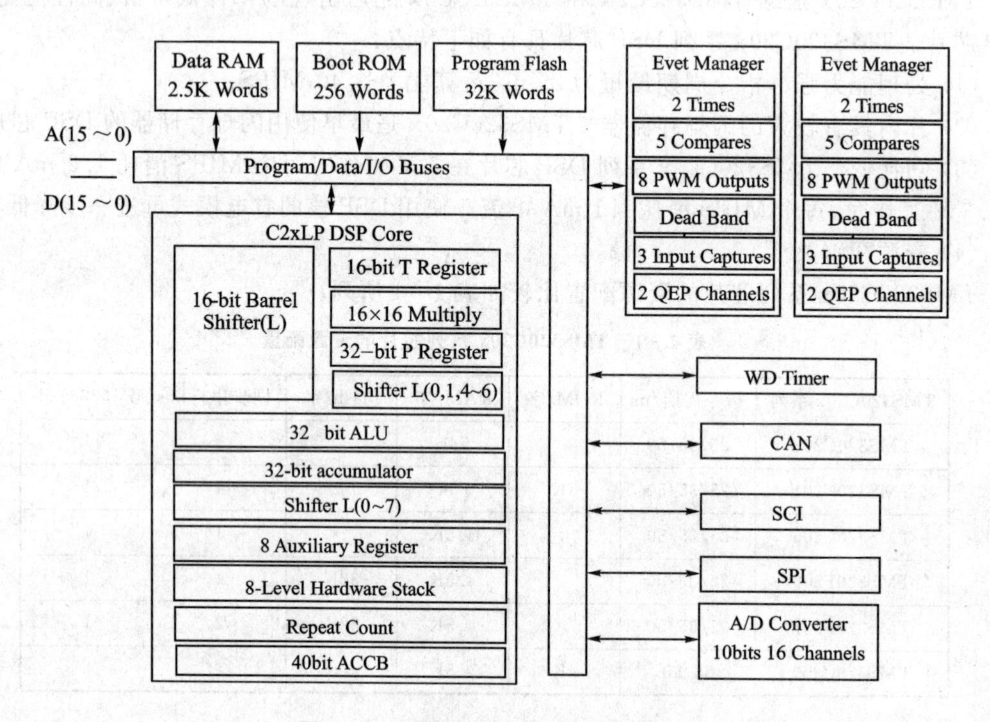

图 1-7 TMS320LF2407DSP 方框图

3. TMS320C28x 系列

TMS320C28x 是到目前为止用于数字控制领域性能最好的 DSP 芯片。这种芯片采用 32 位的定点 DSP 核,最高速度可达 400 MIPS,可以在单个指令周期内完成 32×32 位的乘累加运算,具有增强的电机控制外设,高性能的模/数转换能力和改进的通信接口,具有 8GB 的线性地址空间,采用低电压供电(3.3 V 外设/1.8 V CPU 核),与 TMS320C24x 源代码兼容。该系列芯片已投放市场。图 1-8 是 TMS320C28xDSP 的方框图。

TMS320C2000 系列 DSP 芯片价格低,具有较高的性能和适用于控制领域的功能。因此

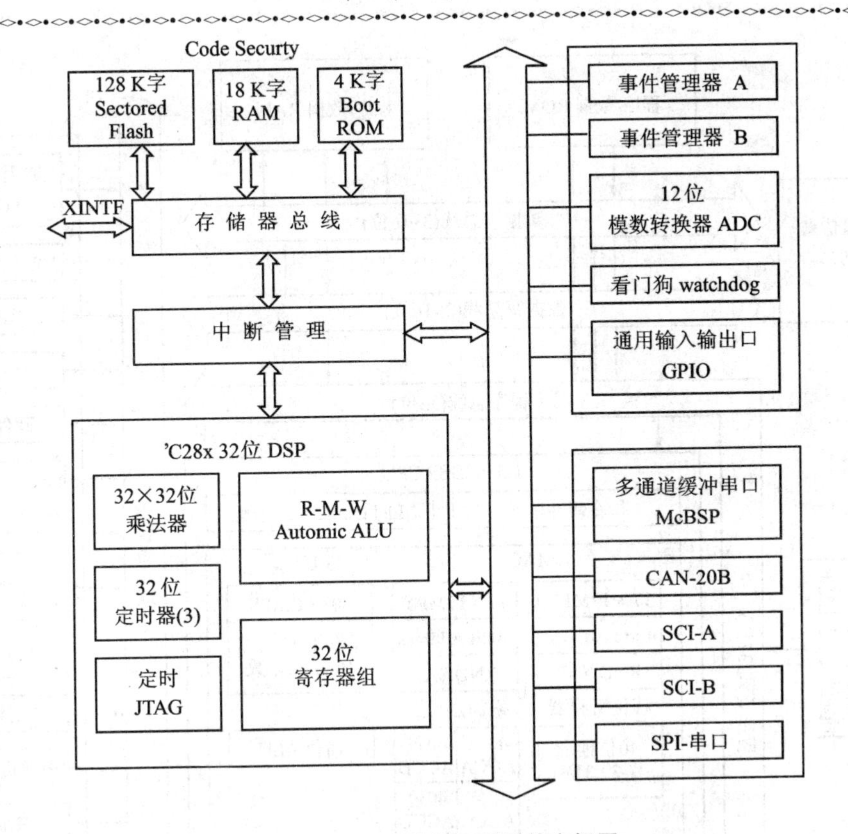

图 1-8 TMS320C28x DSP 的方框图

可广泛应用于工业自动化、电机控制、家用电器和消费电子等领域。

目前，TMS320C28x 系列又新推出一款是 TMS320C283x 系列，它是浮点 DSP。

1.5.2 TMS320C5000 系列简介

TMS320C5000 系列 DSP 芯片目前包括了 TMS320C54x 和 TMS320C55x 两大类。这两类芯片软件完全兼容，所不同的是 TMS320C55x 具有更低的功耗和更高的性能。

1. TMS320C54x 系列

TMS320C54x 是为实现低功耗、高性能而专门设计的定点 DSP 芯片，主要应用在无线通信等应用系统中。该芯片的内部结构与 TMS320C5x 和 TMS320C2x 不同，因而指令系统与 TMS320C5x 和 TMS320C2x 是互不兼容的。

TMS320C54x 的详细内容见第 2 章。

2. TMS320C55x 系列

TMS320C55x DSP 是一款嵌入式低功耗、高性能处理器，主要面向诸如 3G 手机和基站、PDA(个人数字助理)、数字电话、数字播放器、数字照相机、指纹识别和 GPS 接收机等。它具有省电、实时性高的优点，同时外部接口丰富，能满足大多数嵌入式应用需要。

TMS320C55x 与 TMS320C54x 软件兼容，与 TMS320C54x 相比，其综合性能提高了 5 倍，而功耗仅为 TMS320C54x 的 1/6。TMS320C55x 采用变指令长度以提高代码效率，增强并行机制以提高循环效率。

'C55x 的系统结构如图 1-9 所示。

'C55x DSP 芯片的主要特点如下：

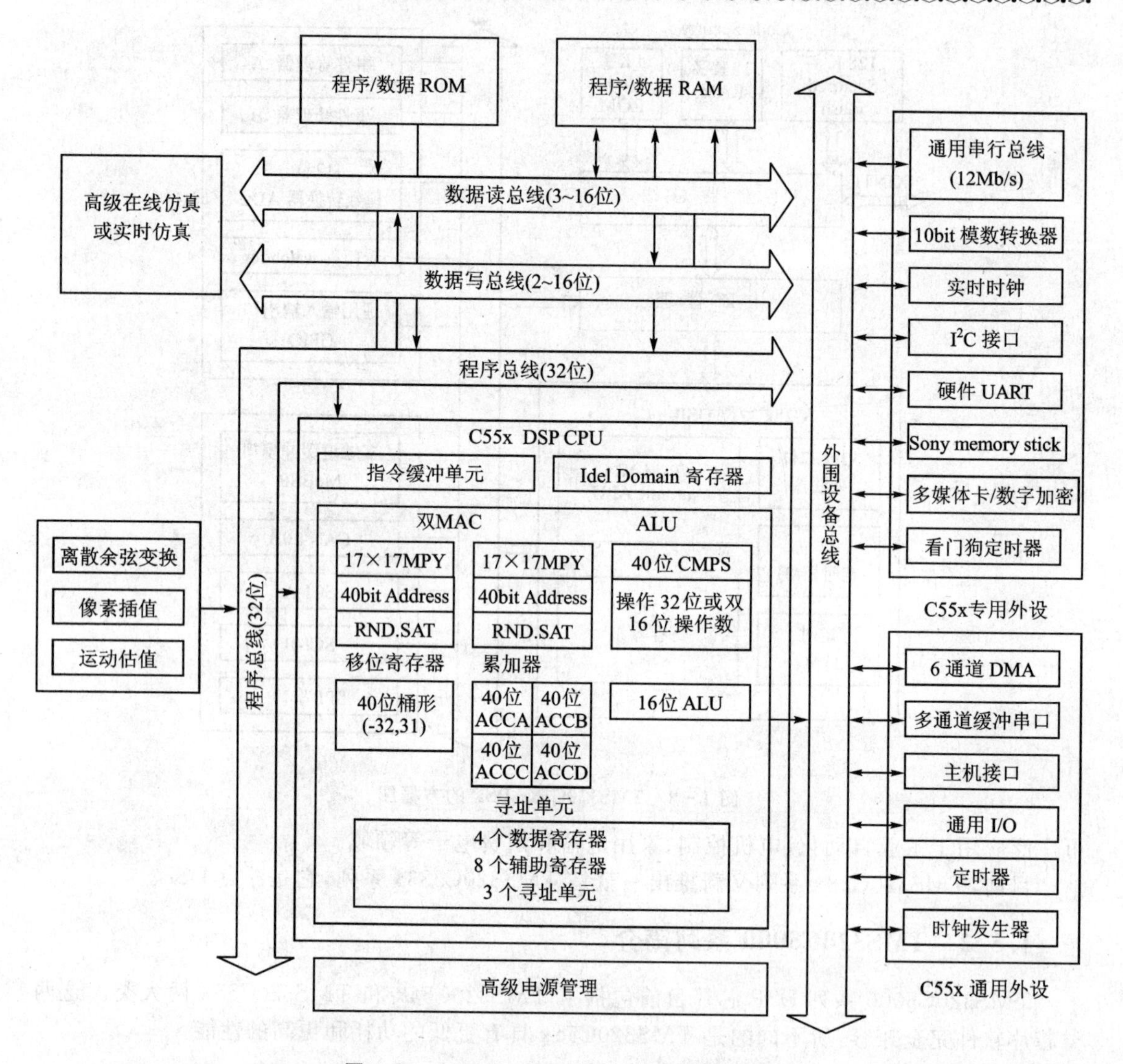

图 1-9　TMS320C55xDSP 系统结构方框图

① 16 位定点 DSP,内部主时钟工作频率可达 300 MHz,处理速度 600 MIPS;

② 片上 RAM 较大,根据不同型号有所不同,常用的 TMS320C5509 的片上 RAM 为 128 K×16 位,片上 ROM 为 32K×16 位;

③ 片上外设丰富,包括实时时钟 RTC、10 位 ADC、McBSP 接口、USB2.0 高速接口(速率为 12 Mb/s),还有 MMC/SD(多媒体卡)接口、I^2C 接口和 UART 接口等;

④ 1.6 V 的内核电压,3.3 V 的 I/O 电压,而 'C5501 DSP 内核电压 1.26 V;

⑤ 低功耗达 0.25 mW/MIPS;

⑥ 'C5509 DSP 的最大寻址空间为 8M×16 位;

⑦ 代码与 'C5000 系列 DSP 兼容。

'C55x 的 CPU 结构不同于 'C54x,它的 MAC 单元共有 2 个,每个精度为 40 位,而 'C54x 只有一个 MAC 单元。'C55x 的累加器共有 4 个,'C54x 仅有 2 个。CPU 的不同导致了 'C55x 编程的灵活性更大。另外,'C55x 共有 3 条数据写总线。程序总线 'C55x 和 'C54x 相同。

在存储器方面,'C55x 也不同于 'C54x。'C55x 统一了对程序数据存储空间和 I/O 空间的访问,而 'C54x 这 3 个的空间是分开的。

TI 公司在 'C55x DSP 中使用 0.13 μm 铜互联和 300 mm 硅片生产工艺,可使每个硅片的可切割芯片数目最多增加 2.4 倍,成本可减少百分之六十。这些突破性技术使 TI 公司能以更低的成本生产出更多的芯片,并使之具有更低的功耗和更高的性能。

'C5501 和 'C5502 DSP 是业界第一批单价仅为 5.00 美元的 300 MHz 双 MAC DSP,功耗也属于业界最低水平,还不到 200 mW;可支持 −40 ℃～85 ℃的温度范围。这两种器件同时也是第一批采用 LQPF 封装的 300 MHz DSP,封装小,布局也很简单。市场上还很少有其他 DSP 能以如此低的价格提供优良的功能和低功耗特性。由于 'C5501 和 'C5502 DSP 引脚与 'C5000 DSP 完全兼容,现有客户很容易升级至新器件,其程序代码也完全兼容 'C5000 器件。

表 1-3 列出了 TMS320C5000 系列两类 DSP 芯片的主要特性比较。

表 1-3 TMS320C5000 系列特性比较

特 性		TMS320C54x 单核 DSP	TMS320C55xDSP
功耗/(mW · $MIPS^{-1}$)		0.54	0.05
执行速度/(MIPS 或 MMACS)		30～160	140～800
代码密度			变指令长度结构
功能单元	MACs	1	2
	ALUs	1	2
	累加器	2	4
程序获取		16 位	32 位
指令长度		固定 16 位	8～48 位可变

1.5.3 TMS320C6000 系列简介

TMS320C6000 系列主要包括 TMS320C62x、TMS320C67x 以及正在开发中的 TMS320C64x 共 3 大类。

1. TMS320C62x 系列

TMS320C62x 是 TI 公司于 1997 年开发的一种新型定点 DSP 芯片。该芯片的内部结构与以前的 DSP 不同,内部集成了多个功能单元,可同时执行 8 条指令,其运算能力可达 2 400 MIPS。图 1-10 所示为 TMS320C6201 的内部结构框图。

其主要特点有:

(1) 运行速度快　指令周期最小为 3.3 ns,运算能力为 2 400 MIPS。

(2) 内部结构不同　该系列芯片中结构不同于一般的 DSP,芯片内部同时集成了 2 个乘法器和 6 个算术运算单元,且它们之间是高度正交的,使得在一个指令周期内最大能支持 8 条 32 位的指令。

(3) 指令集不同　为充分发挥其内部集成的各执行单元的独立运行能力,TI 公司使用了 VelociTI 超长指令字(VLIW)结构。它在一条指令中组合了几个执行单元,结合其独特的内部结构,可在一个时钟周期内并行执行多条指令。

(4) 大容量的片内存储器和大范围的寻址能力　片内最多集成了 512 Kb 程序存储器和 512 Kb 数据存储器,并拥有 32 位的外部存储器界面。

(5) 智能外设　内部集成了 4～16 个 DMA 接口,两三个多通道缓存串口,两个 32 位定时器。

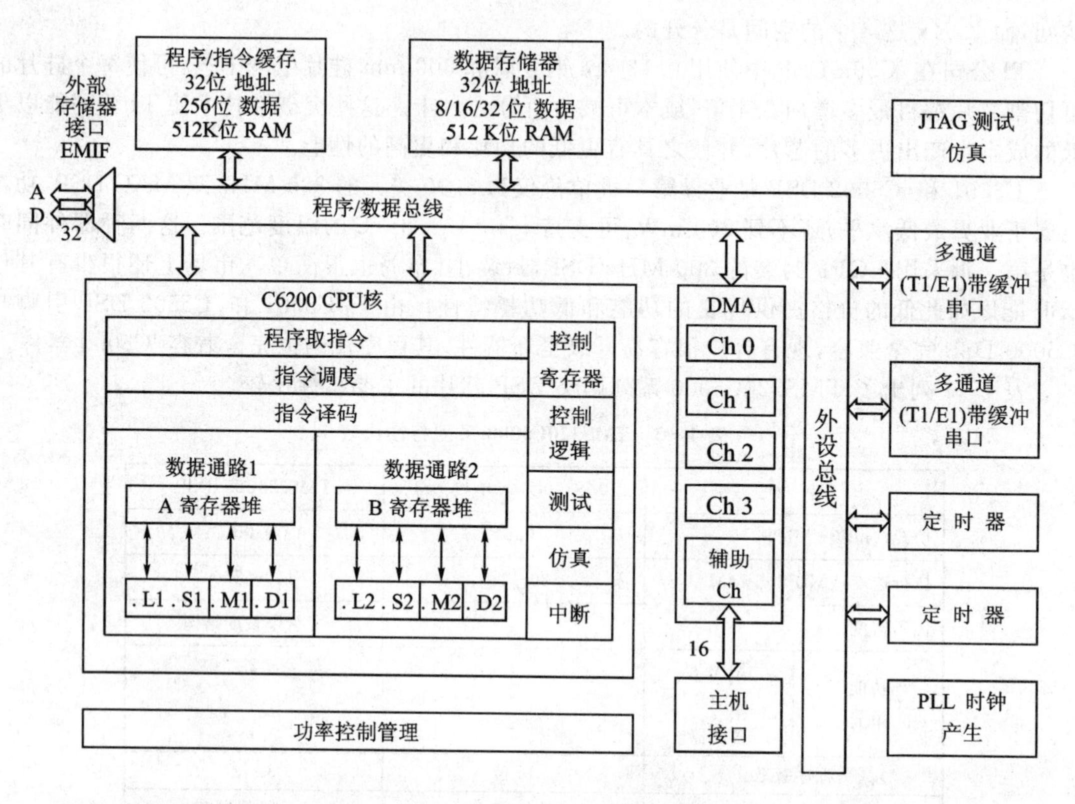

图1-10 TMS320C6201 DSP结构框图

(6) 低廉的使用成本　在一个无线基站的应用中,每片TMS320C62x能同时完成30路的语音编解码,每路成本为3美元;而以前的DSP系列最多只能完成5路,每路的成本为7美元。

这种芯片适合于无线基站、无线PDA、组合MODEM和GPS导航等需要大运算能力的应用场合。

2. TMS320C67x 系列

TMS320C67x是TI公司继定点DSP芯片TMS320C62x系列后开发的一种新型浮点DSP芯片。该芯片的内部结构在TMS320C62x的基础上加以改进,内部结构大体一致,同样集成了多个功能单元,可同时执行8条指令,其运算能力可达1G FLOPS。TMS320C67x除了具有TMS320C62x系列的特点外,其主要特点还有:

(1) 运行速度快,其指令周期为6 ns,峰值运算能力为1 336 MIPS,对于单精度运算可达1G FLOPS,对于双精度运算可达250M FLOPS。

(2) 硬件支持IEEE格式的32位单精度与64位双精度浮点操作。

(3) 集成了32×32位的乘法器,其结果可为32位或64位。

(4) TMS320C67x的指令集在TMS320C62x指令集基础上增加了浮点执行能力,可以看做是TMS320C62x指令集的超集。TMS320C62x指令能在TMS320C67x上运行,而无须任何改变。

与TMS320C62x系列芯片一样,由于TMS320C67x出色的运算能力、高效的指令集、智能化的外设、大容量的片内存储器和大范围的寻址能力,这个系列的芯片适合于对运算能力和存储量有更高要求的应用场合。

表 1-4 为 TMS320C62x/C67xDSP 芯片的主要特征。

表 1-4 TMS320C62x/C67x DSP 的主要特征

名 称	数据 RAM/Kb	程序 RAM/Kb	McBSP	DMA	并 行	定时器	频率/MHz	周期/ns	CPU 功耗 (mA/MIPS)	封 装
TMS320C6201-200	64	64	2	4	HPI/16	2	200	5	0.15	352BGA
TMS320C6202-200	128	256	3	4	EXPBus/32	2	200	5	0.15	352/384BGA
TMS320C6202-250	128	256	3	4	EXPBus/32	2	250	4	0.15	352/384BGA6
TMS320C6203-250	512	384	3	4	EXPBus/32	2	250	4	0.07	352/384BGA2
TMS320C6203-300	512	384	3	4	EXPBus/32	2	300	3.3	0.07	352/384BGAx
TMS320C6204-200	64	64	2	4	EXPBus/32	2	200	5	0.07	340/288BGA
TMS320C6205-200	64	64	2	4	PCI/32	2	200	5	0.07	288BGA
TMS320C6211-150	4/4/64		2	16	HPI/16	2	150	6.7	0.15	256BGA'C
TMS320C6701-150	64	64	2	4	HPI/16	2	150	6.7	0.22	352BGA6
TMS320C6701-167	64	64	2	4	HPI/16	2	167	6	0.22	352BGA7
TMS320C6711-100	4/4/64		2	16	HPI/16	2	100	10	0.22	256BGAx
TMS320C6711-150	4/4/64		2	16	HPI/16	2	150	6.7	0.22	256BGA
TMS320C6712-100	4/4/64		2	16		2	100	10	0.22	256BGA

3. TMS320C64x 系列

TMS320C64x 是 TMS320C6000 系列中最新的高性能定点 DSP 芯片,其软件与 TMS320C62x 完全兼容。TMS320C64x 采用 VelociTI.2 结构的 DSP 核,增强的并行机制可以在单个周期内完成 4 个 16×16 位或 8 个 8×8 位的乘积加操作。采用两级缓冲(cache)机制,第一级中程序和数据各有 16 KB,而第二级中程序和数据共用 128 KB。增强的 32 通道 DMA 控制器具有高效的数据传输引擎,可以提供超过 2 GB/s 的持续带宽。与 TMS320C62x 相比,TMS320C64x 的总体性能提高了 10 倍。图 1-11 是 TMS320C64x DSP 的方框图,表 1-5是 TMS320C64x 与 TMS320C62x 性能的比较。

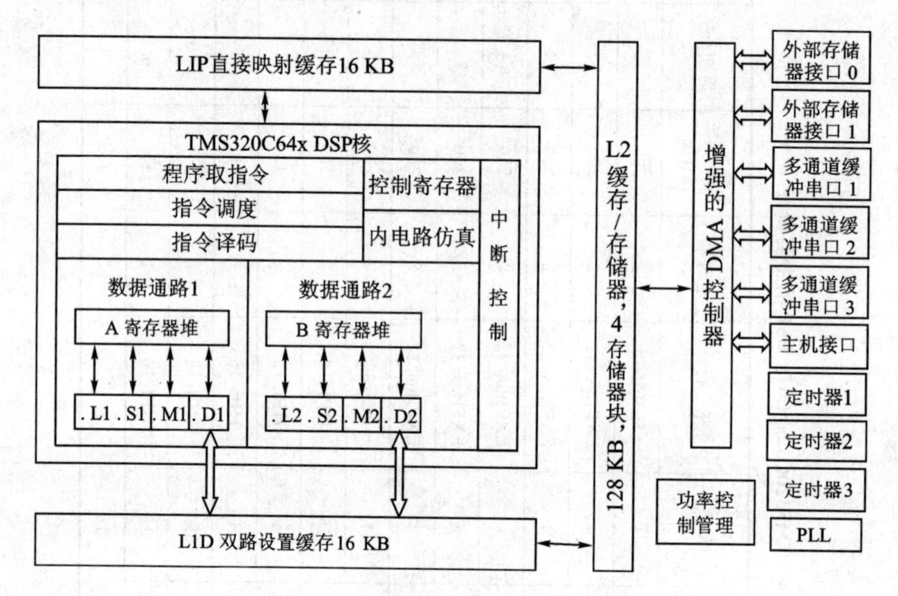

图 1-11 TMS32064x DSP 方框图

表 1-5 TMS320C64x 与 TMS320C62x 性能比较

特 性	TMS320C62x DSP 核 VelociTI 结构	TMS320C64x DSP 核 VelociTI.2 结构	性能改善
最高频率/MHz	150~300	600~1 100	4 倍
运行速度/MIPS	1 200~2 400	4 800~8 800	4 倍
16 位 MMACs	300~600	2 400~4 400	8 倍
8 位 MMACs	300~600	4 800~8 800	16 倍
通 信	普 通	特殊目的指令	8 倍
图 像	普 通	特殊目的指令	15 倍

由于 TMS320C6000 系列具有极高的性能,因此可广泛应用于通信等领域。主要应用场合包括数字移动通信、个人通信系统(PCS)、个人数字助理(PDA)、数字无绳通信、无线数据通信、计算机电话集成、分组话音通信、便携式因特网音频和调制解调器等。

1.5.4　TMS320C5000 DSP＋RISC

1. TMS320C54x DSP＋RISC

'C54x DSP＋RISC 芯片是集成了 'C54x DSP CPU 内核和 ARM7 内核的一个多处理器芯片。由于 ARM7 精简指令处理器具有非常强的控制和接口能力，而 DSP 数字处理能力很强，所以二者结合在一起，非常适合于多媒体应用的需要。它可广泛用于无线数据交换系统、语声转换系统、网络接入点控制，网络安全控制和复杂工业控制等系统。该芯片的 JTAG 口同时支持对 DSP 和 ARM7 RISC 的仿真。

典型芯片 TMS320C5470 的系统框图如图 1－12 所示。

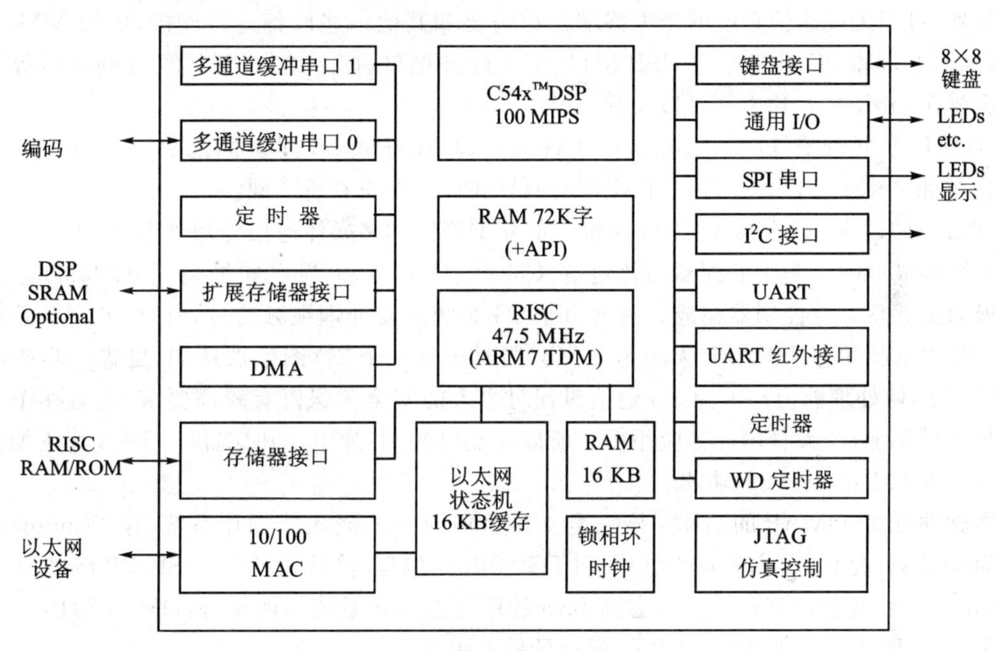

图 1－12　TMS320C5470 系统结构框图

该芯片的主要特点如下：

(1) DSP 子系统

① 100MIPS 的工作速率，72K 字的 RAM；

② 2 个 McBSP 接口；

③ 一个 DMA 控制器；

④ 有和 ARM 芯片交换数据的 API。

(2) RISC 子系统

① 47.5 MHz 时钟工作频率，16 KB SRAM；

② 10/100 MB 以太网接口；

③ 36 条通用 I/O 接口；

④ 两个 UART 接口和一个 IrDA 接口；

⑤ 一个 SPI 口，一个 I^2C 接口；

⑥ 3 个定时器，包括一个看门狗；

⑦ 片上锁相环电路。

2. TMS320C55x DSP+RISC

TMS320C55x DSP+RISC称为OMAP系列,是一个双内核CPU的处理器芯片,集成了DSP和ARM,并且通过桥接技术实现双CPU的数据交换。

OMAP是基于个人移动通信系统的发展而出现的。因为在通信系统的用户终端,主要处理任务可分为两个部分:一部分就是实现空中接口信号的接收,而这个接收过程包括对信号的信道解码和信元解码,这样就要求处理系统具有DSP的特征;另一部分是对接口协议的解析,这部分工作集中于逻辑分析,所以使用精简指令集处理器能达到很好的效果。因此人们就想能否将性价比最高的DSP和RISC集成到一起,于是研制出了OMAP处理器。

另外,对于无线通信系统的个人终端往往需要和其他一些设备进行连接,比如MMC/SD卡(多媒体卡),和PC机相连的USB接口、无线红外接口、蓝牙接口、无线局域网接口等。而这些需要在OMAP芯片中都可以实现。

OMAP系列现有OMAP16xx、OMAP24xx、OMAP59xx,其相同之处是都采用'C55x DSP内核和ARM核,只是所用ARM核的型号和片内外设有所不同。

OMAP1612是TI公司于2002年推出的新型高性能多媒体通信处理器芯片,图1-13是它的系统构成框图。图中处理器内核包括'C55x DSP内核和TI公司增强型ARM926。其数据交换通过共享存储控制器完成。另外由于3G系统需要处理视频信号,所以OMAP系统内部有一个内部帧缓存ISRAM,大小为2 Mb,同时还有一个2D图像加速器,更进一步提高了OMAP的图像处理能力。因为3G通信时代对个人的安全和保密有较高要求,尤其在个人无线银行支付系统,个人身份证等应用中。所以在OMAP芯片中,同时提供了DES算法加密和受限访问RAM和ROM的功能。

在软件方面,OMAP的ARM核完全支持目前流行的嵌入式操作系统,像Windows CE等。而OMAP的C55x内核可以使用TI DSP/BIOS编程,然后通过TI DSP/BIOS的API和ARM的操作系统桥接到一起。考虑到Java程序在嵌入式系统中的优势,OMAP5910芯片集成了Java运行环境的加速器,使Java运行的效率更高。

OMAP1612的主要特点如下。

(1) OMAP总体特点:

① 1.1～1.5 V核心电压,1.8～3.0 V片上I/O外设电压;

② 系统总共需要2个时钟,建议使用32 kHz和12 MHz。

(2) C55x子系统特点:

① 内部最大工作时钟频率204 MHz,24 KB指令高速缓冲;

② 片上有64 KB DARAM和96 KB SARAM,同时有32 KB;

③ 视频处理硬件加速器,可以极大提高DCT/IDCT运动补偿等算法效率。

(3) ARM926TEJ子系统特点:

① 最大时钟频率204 MHz;

② 16 KB指令高速缓冲存储和8 KB数据高速缓冲存储;

③ Java程序运行加速器,提高Java运行效率。

(4) 片上外设:

① USB主机和从机控制器;

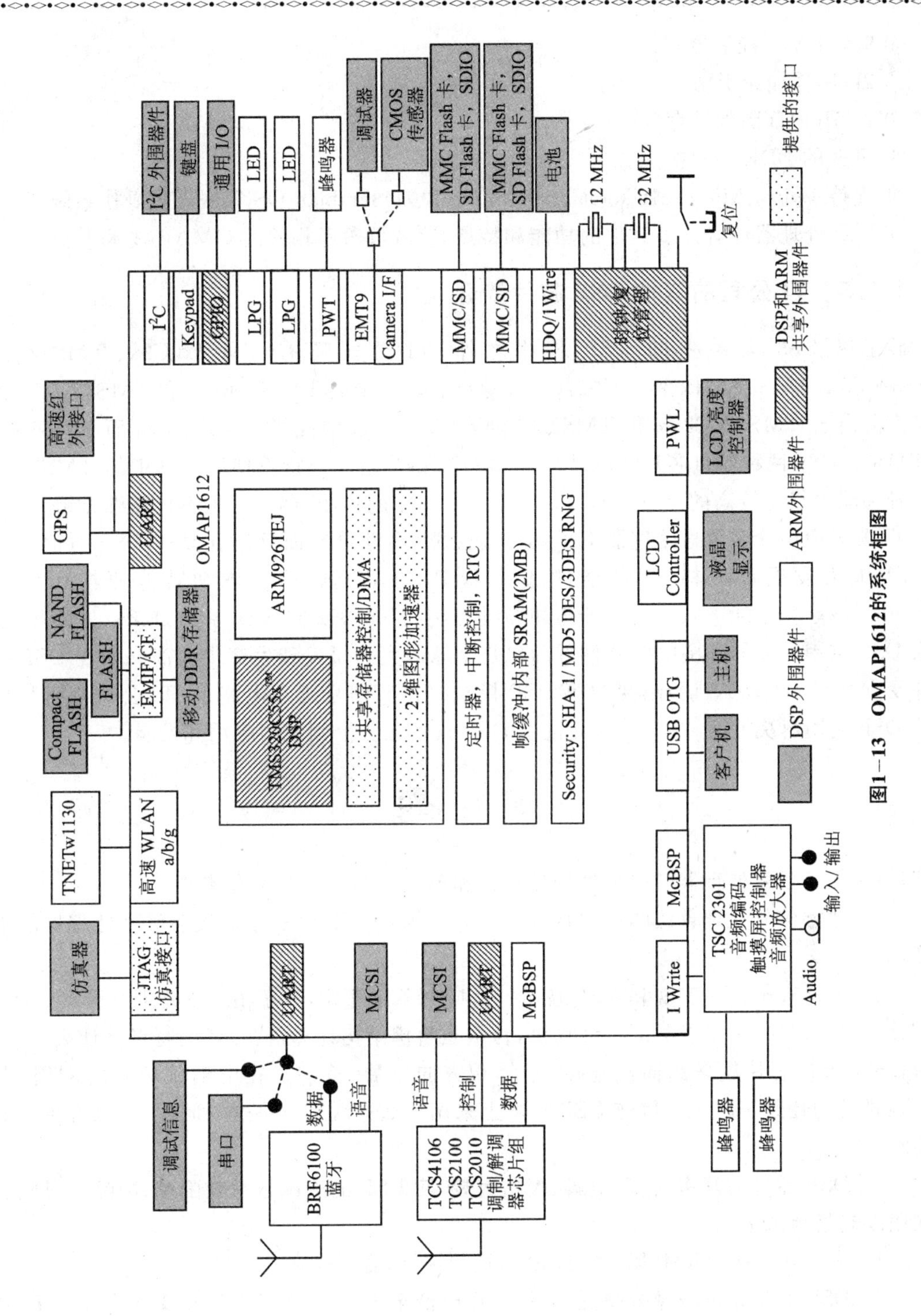

图1-13　OMAP1612的系统框图

② CF、MMC/SD 卡接口；

③ LCD 接口、高速红外接口 IrDA、并行照相机接口和 54 Mbps 无线局域网 802.11 接口；

④ I²C 接口、SPI 接口、UART 接口；

⑤ 192 KB 共享存储器 SRAM；

⑥ 9个DMA控制器；

⑦ 2D图像加速引擎；

⑧ 2 Mb内部图像缓存；

⑨ 可选的DDR内存扩展；

⑩ 支持Linux、Microsoft WinCE、Palm OS以及Symbian OS等嵌入式操作系统。

OMAP处理器还有许多其他的功能和特点，读者可参考相关的OMAP技术手册。

1.5.5 TI公司的其他DSP芯片简介

除了以上3大系列的DSP芯片之外，TI公司还有TMS320C2x、TMS320C5x、TMS320C3x、TMS320C4x和TMS320C8x等产品。其中的TMS320C2x和TMS320C5x两种定点产品由于TMS320C2xx和TMS320C54x/C55x优越的性能而逐步淘汰，而TMS320C4x和TMS320C8x两种浮点芯片也因TMS320C67x的出现不再推荐使用。其中的TMS320C3x是一种性能价格比较高的浮点DSP芯片，尚具有一定的市场空间，这里不再详细介绍。

TI公司通用数字信号处理器不尽具有高性能、高性价比而且还在高速DSP方面占有优势，并且大力发展低价格、高性能的通用DSP，如用于通信领域和其他便携式应用的TM320C54xx系列DSP和专门用于电机自动控制的TMS320C2xxx系列DSP。另外TI公司在为DSP应用配套的外围电路器件方面也是全球最大的研发和生产供应商。如在DSP电源管理及方案、A/D、D/A、话音、视频等DSP模拟接口和信号处理电路上，TI公司都可提供完整的DSP应用解决方案，这些大大促进了DSP技术在各个领域的应用和发展。

习 题

1.1 数字信号处理器与一般通用计算机和单片机的主要差别有哪些？

1.2 数字信号处理算法的主要特点是什么？为什么乘积累加是数字信号处理器的基本运算？

1.3 怎样理解实时实现和DSP技术？从应用角度考虑，数字信号处理器分哪两大类？

1.4 什么是冯·诺埃曼结构计算机，什么是哈佛结构计算机，二者的特点是什么？

1.5 DSP芯片越来越向高速度、小体积方向发展，特别是在电信领域中的应用，会使DSP器件的功耗越来越大。目前DSP技术上采用什么方法来解决这一问题，可以有更好的方法吗？

1.6 DSP器件的高密度、多引脚、表贴封装，使DSP的测试越来越困难，国际上对此有何标准用以规范测试接口。

1.7 嵌入式系统ARM内核和DSP内核的结合，意义何在？

1.8 DSP的工作电压越来越低，内核电压已低至1 V，这样做有何意义？为什么DSP内核工作电压和I/O工作电压不一样？

1.9 DSP器件的功耗指标应该如何度量，才能较全面反映DSP的性能，是否越小越好？

1.10 定点DSP和浮点DSP有什么区别？在具体应用中，应如何选择？

1.11 OMAP1612和TMS320C5470有何区别？与TMS320C5509一样吗？

第 2 章　TMS320C54x 的结构原理

TMS320C54x 系列 DSP 是 TI 公司在继 TMS320C1x、TMS320C2x 和 TMS320C5x 之后推出的新一代 16 位定点数字信号处理器。该系列产品包括所有以 TMS320C54 开头的产品，如早期的 'C541（为了叙述方便，省去了前面的 TMS320，以下相同）、'C542、'C543、'C545、'C546、'C548、'C549 和相应的低电压器件 'LC541、'LC542、'LC543、'LC545、'LC546、'LC548 和 'LC549，以及近年来又开发的新产品 'C5402、'C5410 和 'C5420 等。

TMS320C54x 的体系结构采用改进的哈佛结构，程序与数据分开存放，内部具有 8 条高度并行的总线。片内集成有片内的存储器和片内的外设以及专门用途的硬件逻辑，并配备有功能强大的指令系统，使得该芯片具有很高的处理速度和广泛的应用适应性。再加上采用模块化设计以及先进的集成电路技术，芯片的功耗小，成本低，自推出以来已广泛地应用于诸如移动通信、数字无线电、计算机网络以及各种专门用途的实时嵌入系统和仪器仪表中。下面对该系列芯片的结构体系与性能给以详细介绍。

2.1　TMS320C54x 的内部结构及主要特性

2.1.1　TMS320C54x 的内部结构

TMS320C54x 系列 DSP 芯片虽然产品很多，但其体系结构基本上是相同的，特别是核心 CPU 部分，各个型号间的差别主要是片内的存储器与片内外设的配置。图 2－1 给出了

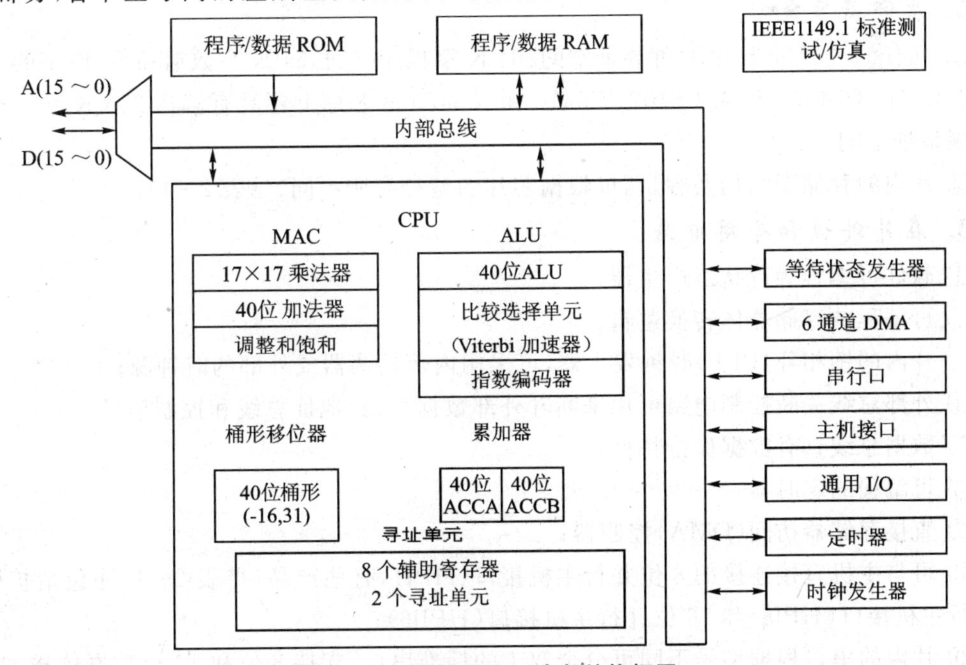

图 2－1　TMS320C54x 内部结构框图

TMS320C54x的典型内部结构框图。

'C54x硬件结构基本上可分为3大块:

(1) CPU 包括算术逻辑单元、乘法器、累加器、移位寄存器、各种专门用途的寄存器、地址生成器以及内部总线;

(2) 存储器系统 包括16～24位外接存储器接口、片内的程序ROM、片内单访问的数据RAM和双访问的数据RAM;

(3) 片内的外设与专用硬件电路 包括片内的定时器、各种类型的串口、主机接口、片内的锁相环(PLL)时钟发生器以及各种控制电路。

此外,在芯片中还包含有仿真功能及其IEEE 1149.1标准接口,用于芯片开发应用时的仿真。

2.1.2 TMS320C54x的主要特性

1. CPU部分

① 先进的多总线结构,具有1条程序存储器总线、3条数据存储器总线和4条地址总线;

② 40位算术逻辑单元(ALU),包括40位的桶形移位寄存器和2个独立的40位的累加器;

③ 17位×17位的并行乘法器与一个40位的专用加法器结合在一起,用于非流水线的单周期乘/累加操作;

④ 比较、选择和存储单元(CSSU),用于Viterbi操作(一种通信的编码方式)中的加/比较选择;

⑤ 指数编码器用于在单周期内计算40位累加器的指数值;

⑥ 2个地址生成器,包括8个辅助寄存器和2个辅助寄存器算术单元。

2. 存储器系统

① 具有16位192 K字的可寻址空间:64 K字程序空间,64 K字数据和64 K字的I/O空间;在'C541、'C548、'C549、'C5402、'C5410和'C5420等芯片上还具有多达256 K字～8 M字的扩展地址空间。

② 片内的存储器结构及容量,可根据芯片的型号有所不同(见表2-1)。

3. 在片外设和专用电路

① 软件可编程等待状态产生器;

② 可编程的存储器体转换逻辑;

③ 片内的锁相环(PLL)时钟发生器,可采用内部振荡器或外部的时钟源;

④ 外部总线关断控制电路可用来断开外部数据总线、地址总线和控制信号;

⑤ 数据总线具有数据保持特性;

⑥ 可编程的定时器;

⑦ 直接存储器访问(DMA)控制器;

⑧ 可与主机直接连接的8位并行主机接口(HPI),有些产品(见表2-1)还包括扩展的8位并行主机接口(HPI8)和16位并行主机接口(HPI16);

⑨ 片内的串口根据型号不同可分全双工的标准串口、支持8位和16位数据传送、时分多

路(TDM)串口、缓冲串口(BSP)以及多通道缓冲串口(McBSP)(见表2-1)。

4. 片内的引导功能

除TMS320C5420外，所有的芯片都具有片内的引导功能，能从片外的存储器或片内的串口将程序引导并装入指定的存储器。

5. 指令系统

① 单指令重复和块重复操作指令；

② 用于程序和数据管理的存储器块传送指令；

③ 32位长操作数指令；

④ 同时读入2个或3个操作数的指令；

⑤ 并行存储和装入的算术指令；

⑥ 条件存储指令；

⑦ 快速从中断返回的指令；

⑧ 具有延迟转移和调用指令；

⑨ 指令的执行采用指令预提取、指令提取、指令译码、访问操作数、读取操作数和执行等6级流水线并行结构，大大提高了指令的执行速度。

6. 执行速度

① 单指令周期时间分为25/20/15/12.5/10 ns；

② 每秒指令数为40/50/66/80/100/200 MIPS。

7. 电源和功耗

① 可采用5 V、3.3 V、3 V和1.8 V或2.5 V的超低电压供电；在型号中分别用C、LC、UC和VC指明，如TMS320C54x、TMS320LC54x和TMS320UC54x。

② 可采用功耗下降指令IDLE 1、IDLE 2和IDLE 3控制芯片的功耗。

③ 可控制禁止CLKOUT信号。

8. 片内的仿真功能

具有符合IEEE 1149.1标准的在片仿真接口，可与主机连接，用于系统芯片的开发与应用。

为了便于查阅，表2-1列出了TMS320C54x系列产品的主要性能。

表2-1 TMS320C54x系列产品的主要性能

型　号	工作电压内核/(I/O)/V	片内存储器		外围电路			时钟周期/ns	DMA	引导功能
		RAM/K字	ROM/K字	串　口	定时器	主机接口			
'C541	5.0	5	28	2§	1		25		√
'LC541	3.3	5	28	2§	1		20/25		√
'C542	5.0	10	2	2&	1	1	25		√
'LC542	3.3	10	2	2&	1	1	20/25		√
'LC543	3.3	10	2	2&	1		20/25		√
'LC545	3.3	6	48	2Ⅱ	1	1	20/25		√

续表 2-1

型 号	工作电压内核/(I/O)/V	片内存储器		外围电路			时钟周期/ns	DMA	引导功能
		RAM/K字	ROM/K字	串 口	定时器	主机接口			
'LC545A	3.3	6	48	2Ⅱ	1	1	15/20/25		√
'LC546	3.3	6	48	2Ⅱ	1		20/25		√
'LC546A	3.3	6	48	2Ⅱ	1		15/20/25		√
'LC548	3.3	32 *	2	3@	1	1	12.5/15		√
'LC549	3.3	32 *	16	3@	1	1	12.5/10		√
'VC549	3.3/2.5	32 *	16	3@	1	1	10		√
'VC5402	3.3/1.8	16	4	2 $	2	1	10/12.5	√	√
'VC5409	3.3/1.8	32	16	3 $	1	1	10/12.5	√	√
'VC5410	3.3/2.5	64 *	16	3 $	1	1	10	√	√
'VC5416	3.3/1.5	128 *	16	3 $	1	2+	6.5	√	√
'VC5420	3.3/1.8	200 *		6 $	2	1	10	√	!
'VC5421	3.3/1.8	256 **	4	6 $	2	1+	10	√	√
'VC5441	3.3/1.5	640 **		12 $	8	1+	7.5	√	!

注：* 其中部分为一个周期内只能进行1次访问的单访问存储器；部分为一个周期内可进行2次访问的双访问存储器。

** 其中部分为单访问存储器，部分为双访问存储器；部分为双口存储器。

$ 多通道缓冲串口(McBSP)。

§ 2个标准(通用)串行口。

& 1个TDM(时分多路串行口)，1个缓冲串行口(BSP)。

对于'LC545/'LC546，16 K字ROM可以配置为程序存储器或程序/数据存储器。

II 1个标准串行口，1个BSP(缓冲串行口)。

@ 1个TDM(时分多路串行口)，2个BSP(缓冲串行口)。

+ 其中1个为16位的并行主机接口(HPI16)。

! 没有片内的引导装入器，但可通过HPI进行引导。

√ 具有该功能。

2.2 总线结构

'C54x片内有8条16位总线：4条程序/数据总线和4条地址总线。这些总线的功能如下：

(1) 程序总线(PB)传送取自程序存储器的指令代码和立即操作数。

(2) 3组数据总线(CB、DB和EB)将内部各单元(如CPU、数据地址生成电路、程序地址生成电路、在片外围电路以及数据存储器)连接在一起。其中，CB和DB传送读自数据存储器的操作数，EB传送写到存储器的数据。

(3) 4组地址总线(PAB、CAB、DAB和EAB)传送执行指令所需的地址。

'C54x可以利用两个辅助寄存器算术运算单元(ARAU 0和ARAU 1)，在每个周期内产生两个数据存储器的地址。

PB 能够将存放在程序空间(如系数表)中的操作数传送到乘法器和加法器,以便执行乘法/累加操作,或通过数据传送指令(MVPD 和 READA 指令)传送到数据空间的目的地。此种功能,连同双操作数的特性,支持在一个周期内执行 3 操作数指令(如 FIRS 指令)。

'C54x 还有一条在片双向总线,用于寻址片内外围电路。这条总线通过 CPU 接口中的总线交换器连到 DB 和 EB。利用这个总线读/写,需要 2 个或 2 个以上周期,具体时间取决于外围电路的结构。

表 2-2 列出了各种寻址方式所用到的总线。

表 2-2　各种读/写方法用到的总线

访问类型	地址总线				数据总线			
	PAB	CAB	DAB	EAB	PB	CB	DB	EB
程序读	√				√			
程序写	√							√
单数据读			√				√	
双数据读		√	√			√	√	
长数据读(32 位)		√(HW)	√(LW)			√(HW)	√(LW)	
单数据写				√				√
数据读/数据写			√	√			√	√
双数据读/系数读	√	√	√		√	√	√	
外设读			√				√	
外设写				√				√

注:HW 为 32 位数据的高 16 位;LW 为 32 位数据的低 16 位。

2.3　存储系统

'C54x 总的基本存储空间为 192 K 字,分成 3 个可选择的存储空间:64 K 字的程序存储空间、64 K 字的数据存储空间和 64 K 字的 I/O 空间。所有的 'C54x 片内都有随机存储器(RAM)和只读存储器(ROM)。RAM 有两种形式:单寻址 RAM(SARAM)和双寻址 RAM(DARAM)。表 2-3 列出了各种 'C54x 片内各种存储器的容量。'C54x 片内还有 26 个映像到数据存储空间的 CPU 寄存器和外围电路寄存器。'C54x 结构上的并行性以及片内 RAM 的双寻址能力,使它能够在任何一个给定的机器周期内同时执行 4 次存储器操作:1 次取指、读 2 个操作数和写 1 个操作数。

与片外存储器相比,片内存储器不需要插入等待状态,因此成本低,功耗小。当然,片外存储器具有能寻址较大存储空间的能力,则是片内存储器无法比拟的。

表2-3　'C54x片内各种存储器的容量　　　　单位:K字

存储器类型	C541	C542	C543	C545	C546	C548	C549	C5402	C5410
ROM	28	2	2	48	48	2	16	4	16
程序ROM	20	2	2	32	32	2	16	4	16
程序/数据ROM	8	0	0	16	16	0	16	4	0
DARAM	5	10	10	6	6	8	8	16	8
SARAM	0	0	0	0	0	24	24	0	56

片内存储器简介如下:

(1) 片内ROM

片内ROM是程序存储器空间的一部分,有时部分也可用做数据空间的一部分。各类器件的片内ROM容量不同,如表2-3所列。

对于含少量ROM(2 K字)的器件,其ROM含一个引导装入程序,用于将程序快速引导入片内或片外的快速RAM中。

对于含大量ROM的器件,部分ROM可划分为数据及程序空间。较大的ROM属于通用的ROM,只需给出以目标文件格式编入ROM的代码和数据,然后利用TI公司提供合适的处理来固化ROM程序。

(2) 片内双操作RAM(DARAM)

DARAM由几个块组成。因为各DARAM块在每个机器周期内可被访问两次,所以CPU可在一个周期内对同一个DARAM块进行两次读或写的操作。DARAM通常划分为数据空间,且主要用于存储数据值;有时也可划分为程序空间,用于存储程序代码。

(3) 片内单操作RAM(SARAM)

SARAM也是由几个块组成。一个SARAM块在每个机器周期只可被访问一次,进行读或写操作。SARAM通常被划分为数据空间,且主要用于存储数据值;有时也可被划分为程序空间,用于存储程序代码。

(4) 片内存储器的安全

'C54x可掩膜的存储器安全选项用于保护片内存储器的内容。当指定该选项后,来源于外部的指令无法访问该部分存储空间。

(5) 存储器映射寄存器

数据存储空间包含着CPU及芯片外围的存储映射寄存器。这些寄存器位于0数据页,访问非常方便。存储器映射的方法为用于上下文转换的寄存器的存取以及累加器与其他寄存器间的信息传送提供了方便。

2.3.1　存储器空间

'C54x的存储器空间可以分成3个可单独选择的空间:程序、数据和I/O空间。在任何一个存储空间内,RAM、ROM、EPROM、EEPROM或存储器映像外围设备都可以驻留在片内或者片外。这3个空间的总地址范围为192 K字('C548以上型号除外)。

程序存储器空间存放要执行的指令和执行中所用的系数表,数据存储器存放执行指令所要用的数据。I/O 存储空间与存储器映像外围设备接口，也可以作为附加的数据存储空间使用。

在 'C54x 中，片内存储器的形式有 DARAM、SARAM 和 ROM 3 种，取决于芯片的型号。RAM 总是安排到数据存储空间，但也可以构成程序存储空间。ROM 一般构成程序存储空间，也可以部分地安排到数据存储空间。

'C54x 通过 3 个状态位，可以很方便地"使能"和"禁止"片内存储器在程序和数据空间中的映射。这 3 个状态位是：$MP/\overline{MC}$位、OVLY 位和 DROM 位。具体影响如下：

(1) $MP/\overline{MC}$位：

若 $MP/\overline{MC}$=0，则片内 ROM 安排到程序空间；

若 $MP/\overline{MC}$=1，则片内 ROM 不安排到程序空间。

(2) OVLY 位：

若 OVLY=1，则片内 RAM 安排到程序和数据空间；

若 OVLY=0，则片内 RAM 只安排到数据存储空间。

(3) DROM 位：

当 DROM=1，则部分片内 ROM 安排到数据空间；

当 DROM=0，则片内 ROM 不安排到数据空间。

DROM 的用法与 $MP/\overline{MC}$的用法无关。

上述 3 个状态位包含在处理器工作方式状态寄存器(PMST)中。

图 2-2 以 'C5402 为例给出了 'C54x 的数据和程序存储器映射图，并说明了与 $MP/\overline{MC}$、

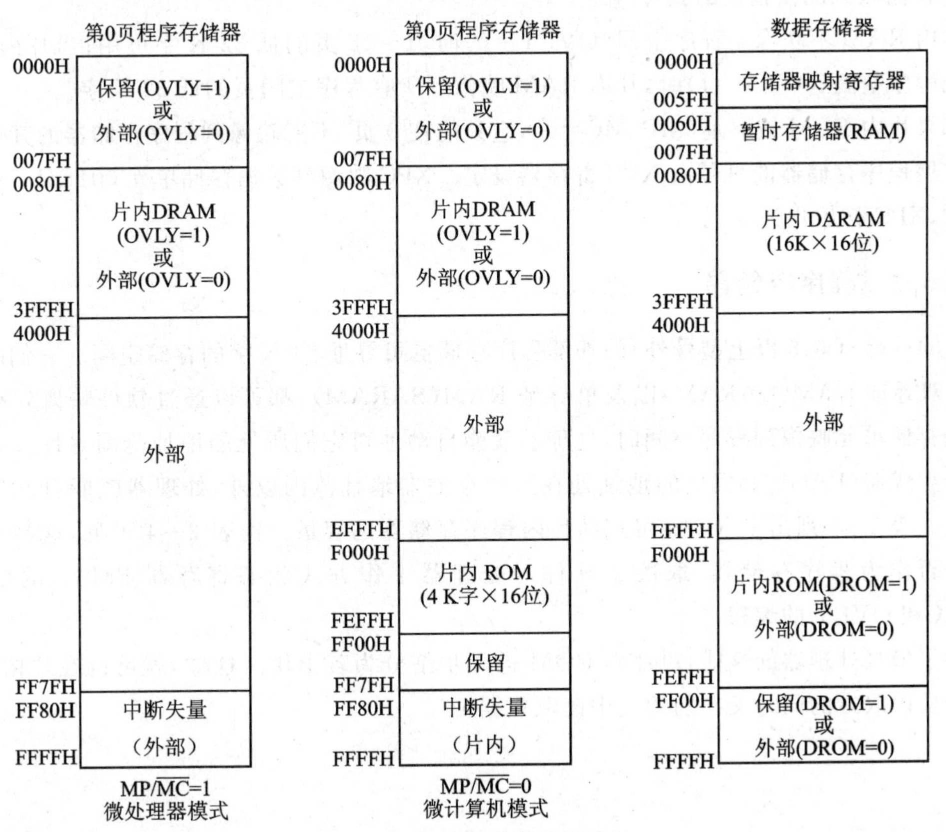

图 2-2　'C5402 的存储器映射

OVLY 和 DROM 3 个状态位的关系。

'C5402 可以扩展程序存储器空间。采用分页扩展方法,使其程序空间可扩展到 1 024 K(1M 字)。为此,它们有 20 根地址线,增加了一个额外的存储器映像寄存器——程序计数器扩展寄存器(XPC),以及 6 条寻址扩展程序空间的指令。'C5402 中的程序空间分成 16 页,每页 64 K 字,如图 2-3 所示。

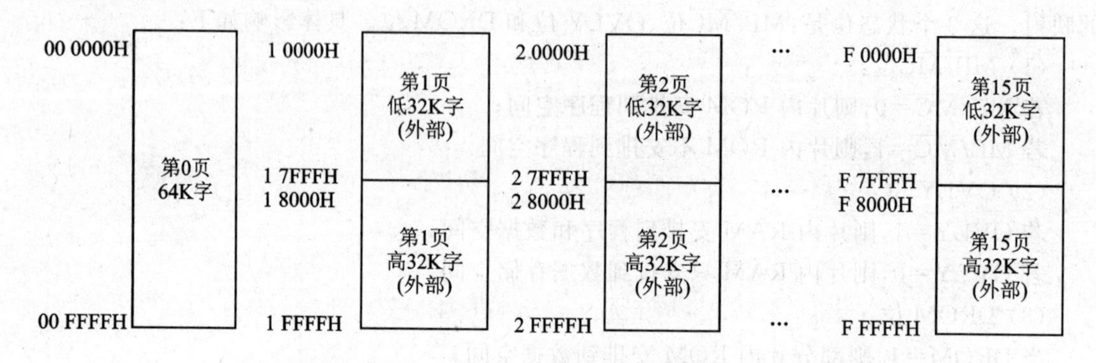

图 2-3 'C5402 的扩展程序存储器映射

当片内 RAM 安排到程序空间(OVLY=1)时,每页程序存储器分成两部分:一部分是公共的 32 K 字,另一部分是各自独立的 32 K 字。公共存储区为所有页共享,而每页独立的 32 K字存储区只能按指定的页号寻址。

片内 RAM 不映像到程序空间(OVLY=0)时,1~15 页的低 32 K 字可用;当片内 RAM 映像到程序空间(OVLY=1)时,片内 RAM 映像到所有程序空间页的低 32 K 字。

如果片内 ROM 被寻址(MP/$\overline{\text{MC}}$=0),它只能在 0 页,不能映像到程序存储器的其他页。

扩展程序存储器的页号由 XPC 寄存器设定。XPC 映像到数据存储单元 001EH。在硬件复位时,XPC 初始化为 0。

2.3.2 程序存储器

'C54x(除 'C548 以上型号外)的外部程序存储器可寻址 64 K 字的存储空间。它们的片内 ROM、双寻址 RAM(DARAM)以及单寻址 RAM(SARAM),都可以通过软件映像到程序空间。当存储单元映像到程序空间时,处理器就能自动地对它们所处的地址范围寻址。如果程序地址生成器(PAGEN)发出的地址处在片内存储器地址范围以外,处理器就能自动地对外部寻址。表 2-4 列出了 'C54x 可用的片内程序存储器的容量。由表 2-4 可见,这些片内存储器是否作为程序存储器,取决于软件对处理器工作方式状态寄存器 PMST 的状态位 MP/$\overline{\text{MC}}$和 OVLY 的编程。

为了增强处理器的性能,对片内 ROM 进一步细分为若干块。这样,就可以在片内 ROM 的一个块内取指的同时又在别的块中读取数据。

根据 'C54x DSP 的不同，片内的 ROM 可以组成容量为 2 K 字、4 K 字或 8 K 字的块。对于 2 K 字的 ROM，其 ROM 块容量为 2 K 字；4 K 字的 ROM 和 28 K 字的 ROM，其 ROM 块容量为 4 K 字；16 K 字的 ROM 和 48 K 字的 ROM，其 ROM 块容量为 8 K 字。

表 2-4　TMS320C54x 的片内程序存储器

器　件	ROM(MP/$\overline{MC}$=0)/KB	DARAM (OVLY=1)/KB	SARAM(OVLY=1)/KB
'C541	28	5	
'C542	2	10	
'C543	2	10	
'C545	48	6	
'C546	48	6	
'C548	2	8	24
'C549	16	8	24
'C5402	4	16	
'C5410	16	8	56
'C5420		32	168

当处理器复位时，复位和中断失量都映像到程序空间的 FF80H。复位后，这些向量可以被重新映像到程序空间中任何一个 128 字页的开头。这就很容易将中断向量表从引导 ROM 中移出来，然后再根据存储器图安排。

'C54x 的片内 ROM 容量有大(28 K 字或 48 K 字)有小(2 K 字)，容量大的片内 ROM 可以把用户的程序代码编写进去，但是片内高 2 K 字 ROM 中的内容是由 TI 公司定义的。这 2 K字程序空间(F800H～FFFFH)中包含如下内容：

(1) 自举加载程序　从串行口、外部存储器、I/O 口，或者主机接口(如果存在的话)自举加载；

(2) 256 字 μ 律压扩表；

(3) 256 字 A 律压扩表；

(4) 256 字正弦函数值查找表；

(5) 中断向量表。

图 2-4 给出了 'C54x 片内高 2 K 字 ROM 中的内容及其地址范围。若 MP/$\overline{MC}$=0，这 2 K字片内 ROM 的地址为 F800H～FFFFH。

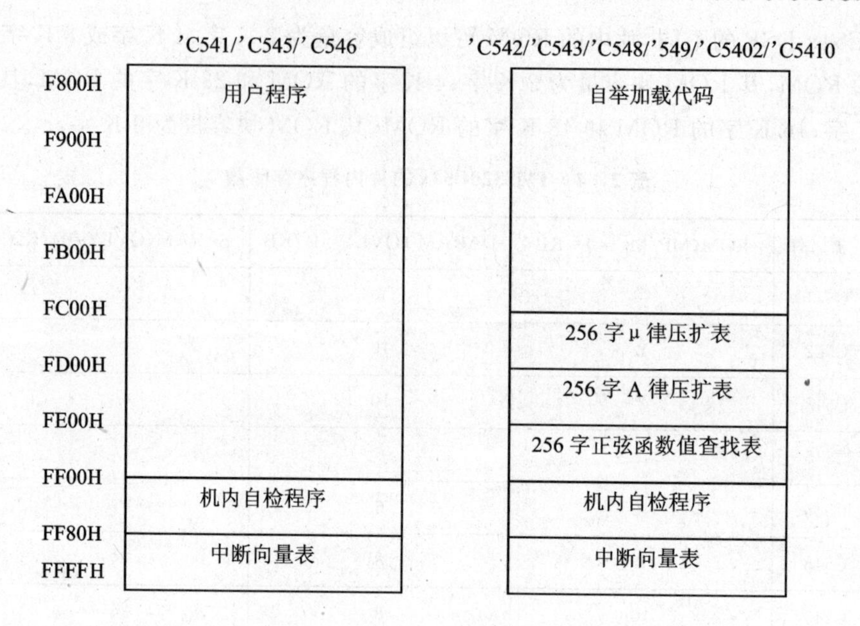

图 2-4 'C54x 片内 ROM 的分块图

2.3.3 数据存储器

'C54x 的数据存储器的容量最多可达 64 K 字。除了单寻址和双寻址 RAM(SARAM 和 DARAM)外,'C54x 还可以通过软件将片内 ROM 映像为数据存储空间。表 2-5 列出了各种 'C54x 可用的片内数据存储器的容量。

表 2-5 TMS320C54x 可用的片内数据存储器 单位:K 字节

器 件	程序/数据 ROM(DROM=1)	DARAM	SARAM
'C541	8	5	—
'C542		10	—
'C543		10	—
'C545	16	6	—
'C546	16	6	—
'C548		8	24
'C549	16	8	24
'C5402	4	16	—
'C5410	16	8	56
'C5420		32	168

当处理器发出的地址处在片内存储器的范围内时,就对片内的 RAM 或数据 ROM(当 ROM 设为数据存储器时)寻址。当数据存储器地址产生器发出的地址不在片内存储器的范围内时,处理器就会自动地对外部数据存储器寻址(请参考第 4 章关于数据存储器寻址相关内容)。

1. 数据存储器的可配置性

数据存储器可以驻留在片内或者片外。片内 DARAM 都是数据存储空间。对于某些 'C54x,用户可以通过设置 PMST 寄存器的 DROM 位,将部分片内 ROM 映像到数据存储空间。这一部分片内 ROM 既可以在数据空间使能(DROM 位置 1),也可以在程序空间使能($MP/\overline{MC}$位=0)。复位时,处理器将 DROM 位清 0。

对数据 ROM 的单操作数寻址,包括 32 位长字操作数寻址,单个周期就可完成。而在双操作数寻址时,如果操作数驻留在同一块内,则要 2 个周期;若操作数驻留在不同块内,则只需 1 个周期就可以了。有关 ROM 块的地址划分见 2.3.2 节。

2. 片内 RAM 组织

为了提高处理器的性能,片内 RAM 也细分成若干块。分块以后,用户可以在同一个周期内从同一块 DARAM 中取出两个操作数,并将数据写入到另一块 DARAM 中。

所有 'C54x DSP 上的 DARAM 的起始 1 K 字块包括存储器映像 CPU 寄存器(0000H~001FH)和外围电路寄存器(0020H~005FH)、32 字暂存存储器(即 SPRAM 便笺式存储器)(0060H~007FH)以及 896 字 DARAM(0080H~03FFH)。

根据 'C54x DSP 的不同,片内的 RAM 可以组成容量为 1K 字、2K 字或 8K 字的块,一般 RAM 块的容量为 1 K 字;对于 6 K 字和 10 K 字的 RAM,其 RAM 块容量为 2K 字;16 K 字的 RAM,其 RAM 块容量为 8K 字;其他的 RAM 具有各种 RAM 块大小的组合。

3. 存储器映射寄存器

寻址存储器映像 CPU 寄存器,不需要插入等待周期。片内外设寄存器用于对片内外设的控制和存放数据,对它们寻址,需要 2 个机器周期。表 2-6 列出了存储器映像 CPU 寄存器的名称及地址。各种 'C54x 存储器映像外围电路寄存器见 2.5 节。

表 2-6 存储器映像 CPU 寄存器

地 址	CPU 寄存器名称	地 址	CPU 寄存器名称
0H	IMR(中断屏蔽寄存器)	12H	AR2(辅助寄存器 2)
1H	IFR(中断标志寄存器)	13H	AR3(辅助寄存器 3)
2H~5H	保留(用于测试)	14H	AR4(辅助寄存器 4)
6H	ST0(状态寄存器 0)	15H	AR5(辅助寄存器 5)
7H	STl(状态寄存器 1)	16H	AR6(辅助寄存器 6)
8H	AL(累加器 A 低字,15~0 位)	17H	AR7(辅助寄存器 7)
9H	AH(累加器 A 高字,31~16 位)	18H	SP(堆栈指针)
AH	AG(累加器 A 保护位,39~32 位)	19H	BK(循环缓冲区长度寄存器)
BH	BL(累加器 B 低字,15~0 位)	1AH	BRC(块重复计数器)
CH	BH(累加器 B 高字,31~16 位)	1BH	RSA(块重复起始地址寄存器)
DH	BG(累加器 B 保护位,39~32 位)	1CH	REA(块重复结束地址寄存器)
EH	T(暂时寄存器)	1DH	PMST(处理器工作方式状态寄存器)

续表 2-6

地 址	CPU 寄存器名称	地 址	CPU 寄存器名称
FH	TRN(状态转移寄存器)	1EH	XPC(程序计数器扩展寄存器，'C548 以上的型号)
10H	AR0(辅助寄存器 0)		
11H	ARl(辅助寄存器 1)1	EH～1FH	保 留

2.3.4 I/O 空间

'C54x 除了程序和数据存储器空间外，还有一个 I/O 存储器空间。I/O 是一个 64K 字的地址空间(0000H～FFFFH)，都在片外。可以用两条指令(输入指令 PORTR 和输出指令 PORTW)对 I/O 空间寻址。访问 I/O 是对 I/O 映射的外部器件进行访问，而不是访问存储器。

所有 'C54x DSP 只有两个通用 I/O，即 BIO 和 XF。为了访问更多的通用 I/O，可以对主机通信并行接口和串行接口进行配置，以用做通用 I/O。另外还可以扩展外部 I/O，外部 I/O 必须使用缓冲或锁存电路，配合外部 I/O 读写控制构成外部 I/O 的控制电路。对 DSP 的 I/O 进行扩展是一个很重要的内容，将在第 3 章详细介绍。

2.4 中央处理单元(CPU)

对所有的 'C54x 器件来说，中央处理单元(CPU)是通用的。'C54x 的并行结构设计特点，使其能在一条指令周期内，高速地完成多项算术运算。CPU 的基本组成如下：

① 40 位算术逻辑运算单元(ALU)；

② 2 个 40 位累加器；

③一个 16～30 位的桶形移位寄存器；

④ 乘法器/加法器单元；

⑤ 比较、选择和存储单元(CSSU)；

⑥ 指数编码器；

⑦ CPU 状态和控制寄存器；

⑧ 两个地址发生器。

本节主要介绍 'C54x CPU 各组成部分的原理和特点，并讨论 CPU 的状态和控制寄存器。

2.4.1 CPU 状态和控制寄存器

'C54x 有 3 个状态和控制寄存器：

① 状态寄存器 0(ST0)；

② 状态寄存器 1(ST1)；

③ 处理器工作方式状态寄存器(PMST)。

ST0 和 ST1 中包含各种工作条件和工作方式的状态；PMST 中包含存储器的设置状态及其他控制信息。由于这些寄存器都是存储器映像寄存器，所以都可以快速地存放到数据存储器，或者由数据存储器对它们加载，或者用于程序或者中断服务程序保存和恢复处理器的状态。

1. 状态寄存器ST0和ST1

ST0和ST1寄存器的各位可以使用SSBX和RSBX指令置位和复位。ARP、DP和ASM位可以使用带短立即数的LD指令加载。

状态寄存器ST0各状态位的功能列于表2-7中。

表2-7 状态寄存器ST0各状态位的功能

位	名 称	复位值	功 能
15～13	ARP	0	辅助寄存器指针。这3位字段是在间接寻址单操作数时，用来选择辅助寄存器的。当DSP处在标准方式时(CMPT=0)，ARP必定置成0
12	TC	1	测试/控制标志位。TC保存ALU测试位操作的结果。TC受BIT、BITF、BITT、CMPM、CMPR、CMPS以及SFTC等指令影响。可以由TC的状态(1或0)决定条件分支转移指令、子程序调用以及返回指令是否执行。如果下列条件成立，则TC=1： ① 由BIT或BITT指令所测试的位等于1 ② 当执行CMPM、CMPR或CMPS比较指令时，比较一个数据存储单元中的值与一个立即操作数，AR0与另一个辅助寄存器，或者一个累加器的高字与低字的条件成立 ③ 用SFTC指令测试某个累加器的第31位和第30位彼此不相同
11	C	1	进位位。如果执行加法产生进位，则置1；如果执行减法产生借位，则清0。否则，加法后被复位，减法后被置位，带16位移位的加法或减法除外。在后一种情况下，加法只能对进位位置位，减法对其复位，它们都不能影响进位位。所谓进位和借位都只是ALU上的运算结果，且定义在第32位的位置上。移位和循环指令(ROR、ROL、SFTA和SFTL)以及MIN、MAX、ABS和NEG指令也影响进位位
10	OVA	0	累加器A的溢出标志位。当ALU或者乘法器后面的加法器发生溢出且运算结果在累加器A中时，OVA位置1。一旦发生溢出，OVA一直保持置位状态，直到复位或者利用AOV和ANOV条件执行BC[D]、CC[D]、RC[D]、XC指令为止。RSBX指令也能清OVA位
9	OVB	0	累加器B的溢出标志位。当ALU或者乘法器后面的加法器发生溢出，且运算结果在累加器B中时，OVB置1。一旦发生溢出，OVB一直保持置位状态，直到复位或者利用BOV和BNOV条件执行BC[D)、CC[D]、RC[D]、XC指令为止。RSBX指令也能清OVB位
8～0	DP	0	数据存储器页指针。这9位字段与指令字中的低7位结合在一起，形成一个16位直接寻址存储器的地址，对数据存储器的一个操作数寻址。如果STl中的编辑方式位CPL=0，上述操作就可执行。DP字段可用LD指令加载一个短立即数或者从数据存储器对它加载

状态寄存器STl各状态位的功能列于表2-8。

表 2-8　状态寄存器 ST1 各状态位的功能

位	名　称	复位值	功能说明
15	BRAF	0	块重复操作标志位。BRAF 指示当前是否在执行块重复操作 BRAF=0,表示当前不在进行块重复操作 BRAF=1,表示当前正在进行块重复操作。当执行 RPTB 指令时,BRAF 被自动置 1,当块重复计数器 BRC 减为 0 时,BRAF 自动请 0
14	CPL	0	直接寻址编辑方式位。CPL 指示直接寻址时采用何种指针 CPL=0,选用数据页指针(DP)的直接寻址方式 CPL=1,选用堆栈指针(SP)的直接寻址方式
13	XF	1	XF 引脚状态位,表示外部标志(XF)引脚的状态;XF 引脚是一个通用输出引脚,用 RSBX 或 SSBX 指令,可对 XF 复位或置位
12	HM	0	保持方式位。当处理器响应$\overline{\mathrm{HOLD}}$信号时,HM 指示处理器是否继续执行内部操作 HM=0,表示处理器从内部程序存储器取指,继续执行内部操作,而将外部接口置成高阻状态 HM=1,表示处理器暂停内部操作
11	INTM	1	中断方式位。INTM 从整体上屏蔽或开放中断 INTM=0,表示开放全部,可屏蔽中断 INTM=1,表示关闭所有,可屏蔽中断 SSBX 指令可以置 INTM 为 1,RSBX 指令可以将 INTM 清 0。当复位或者执行可屏蔽中断(INTR 指令或外部中断)时,INTM 置 1。当执行一条 RETE 或 RETF 指令(从中断返回)时,INTM 清 0。INTM 不影响不可屏蔽的中断($\overline{\mathrm{RS}}$和$\overline{\mathrm{NMI}}$)。INTM 位不能用存储器写操作来设置
10		0	此位总是读为 0
9	OVM	0	溢出方式位。OVM 确定发生溢出时以什么样的数加载目的累加器, OVM=0,表示 ALU 或乘法器后面的加法器中的溢出结果值,像正常情况一样加到目的累加器 OVM=1,表示当发生溢出时,目的累加器置成正的最大值(00 7FFFFFFFH)或负的最小值(FF 80000000H) OVM 可分别由 SSBX 和 RSBX 指令置位和复位
8	SXM	1	符号位扩展方式位。SXM 确定符号位是否扩展 SXM=0,表示禁止符号位扩展 SXM=1,表示数据进入 ALU 之前进行符号位扩展 SXM 不影响某些指令的定义:ADDS、LDU 和 SUBS 指令不管 SXM 值,都禁止符号位扩展;SXM 可分别由 SSBX 和 RSBX 指令置位和复位
7	C16	0	双 16 位/双精度算术运算方式位。C16 决定 ALU 的算术运算方式 C16=0,表示 ALU 工作在双精度算术运算方式 C16=1,表示 ALU 工作在双 16 位算术运算方式
6	FRCT	0	小数方式位。当 FRCT=1,乘法器输出左移 1 位,以消去多余的符号位

续表 2-8

位	名　称	复位值	功能说明
5	CMPT	0	修正方式位，CMPT 决定 ARP 是否可以修正 CMPT＝0，表示在间接寻址单个数据存储器操作数时，不能修正 ARP；当 DSP 工作在这种方式时，ARP 必须置 0 CMPT＝1，表示在间接寻址单个数据存储器操作数时，可修正 ARP；当指令正在选择辅助寄存器 0(AR0)时除外
4～0	ASM	0	累加器移位方式位。5 位字段的 ASM 规定一个从－16～15 的移位值(2 的补码值)。凡带并行存储的指令以及 STH、STL、ADD、SUB、LD 指令都能利用这种移位功能。可以从数据存储器或者用 LD 指令(短立即数)对 ASM 加载

2. 处理器工作模式状态寄存器(PMST)

PMST 寄存器由存储器映射寄存器指令进行加载，例如 STM 指令。处理器工作模式状态寄存器(PMST)的各状态位的定义及功能列于表 2-9。

表 2-9　处理器工作模式状态寄存器 PMST 各状态位的功能

位	名　称	复位值	功能说明
15～7	IPTR	1FFH	中断向量指针。9 位字段的 IPTR 指示中断向量所驻留的 128 字程序存储器的位置。在自举加载操作情况下，用户可以将中断向量重新映像到 RAM 复位时，这 9 位全都置 1。复位向量总是驻留在程序存储器空间的地址 FF80H。RESET 指令不影响这个字段
6	$MP/\overline{MC}$	$MP/\overline{MC}$ 引脚状态	微处理器/微型计算机工作方式位 $MP/\overline{MC}$＝0，表示允许使能并寻址片内 ROM $MP/\overline{MC}$＝1，表示不能利用片内 ROM 复位时，采样 MP/MC 引脚上的逻辑电平，并且将 $MP/\overline{MC}$位置成此值。直到下一次复位，不再对 $MP/\overline{MC}$引脚再采样。RESET 指令不影响此位。$MP/\overline{MC}$位也可以用软件的办法置位或复位
5	OVLY	0	RAM 重复占位位。OVLY 可以允许片内双寻址数据 RAM 块映射到程序空间。OVLY 位的值为： OVLY＝0，表示只能在数据空间而不能在程序空间寻址片内 RAM OVLY＝1，表示片内 RAM 可以映像到程序空间和数据空间，但是数据页 0(0H～7FH)不能映像到程序空间
4	AVIS	0	地址可见位。AVIS 允许/禁止在地址引脚上看到内部程序空间的地址线 AVIS＝0，表示外部地址线不能随内部程序地址一起变化。控制线和数据不受影响，地址总线受总线上的最后一个地址驱动。 AVIS＝1，表示让内部程序存储空间地址线出现在 'C54x 的引脚上，从而可以跟踪内部程序地址。而且，当中断向量驻留在片内存储器时，可以连同$\overline{IACK}$引脚一起对中断向量译码

续表 2-9

位	名 称	复位值	功 能 说 明
3	DROM	0	数据 ROM 位。DROM 可以让片内 ROM 映像到数据空间。DROM 位的值为： DROM=0,表示片内 ROM 不能映像到数据空间 DROM=1,表示片内 ROM 的一部分映像到数据空间
2	CLKOFF	0	CLKOUT 时钟输出关断位。当 CLKOFF=1 时,CLKOUT 的输出被禁止,且保持为高电平
1	SMUL*	N/A(无效)	乘法饱和方式位。当 SMUL=1 时,在用 MAC 或 MAS 指令进行累加以前,对乘法结果作饱和处理。仅当 OVM=1 和 FRCT=1 时,SMUL 位才起作用
0	SST*	N/A(无效)	存储饱和位。当 SST=1 时,对存储前的累加器值进行饱和处理。饱和操作是在移位操作执行完之后进行的。执行下列指令时可以进行存储前的饱和处理：STH、STL、STLM、DST、ST ‖ ADD、ST ‖ LT、ST ‖ MACR[R]、ST ‖ MAS[R]、ST ‖ MPY 以及 ST ‖ SUB。存储前的饱和处理按以下步骤进行： (1) 根据指令要求对累加器的 40 位数据进行移位(左移或右移) (2) 将 40 位数据饱和处理成 32 位数;饱和操作与 SXM 位有关(饱和处理时,总是假设数为正数) 如果 SXM=0,生成以下 32 位数 如果数值大于 7FFFFFFFH,则生成 7FFFFFFFH 如果 SXM=1,生成以下 32 位数： ① 如果数值大于 7FFFFFFFH,则生成 7FFFFFFFH ② 如果数值小于 80000000H,则生成 80000000H (3) 按指令要求存放数据 (4) 在整个操作期间,累加器中的内容保持不变

注：* 仅 LP 器件有此状态位,而所有其他器件均为保留位。

2.4.2 算术逻辑单元(ALU)

40 位 ALU 结构如图 2-5 所示。大多数算术逻辑运算指令都是单周期指令。除存储操作指令(ADDM、ANDM、ORM 和 XORM)外,ALU 的运算结果通常都被传送到目的累加器(累加器 A 或 B)。

1. ALU 的输入

如图 2-5 所示,ALU 的 X 输入端的数据为以下 2 个数据中的任何一个：

① 移位器的输出(32 位或 16 位数据存储器操作数以及累加器中的数值,经移位器移位后输出)。

② 来自数据总线 DB 的数据存储器操作数。

加到 ALU 的 Y 输入端的数据,是以下 4 个数据中的任何一个,即：

- 累加器 A 中的数据；
- 累加器 B 中的数据；

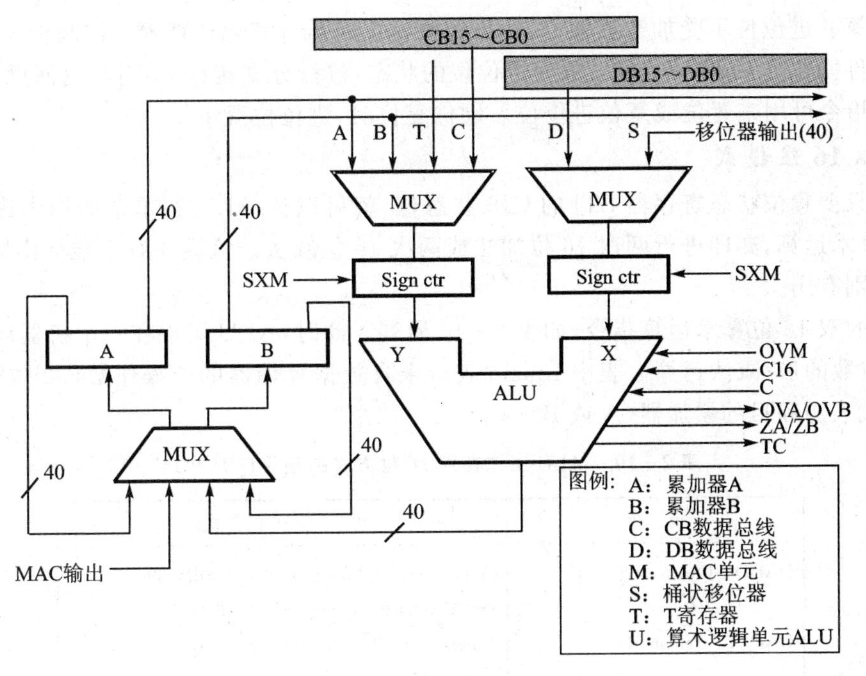

图2-5　40位ALU结构

- 来自数据总线CB的数据存储器操作数；
- T寄存器中的数据。

当一个16位数据存储器操作数通过数据总线DB或CB加到40位ALU的输入端时，40位ALU将按如下的方式之一进行处理：

① 如果第15位～第0位包含数据存储器操作数时，则当状态寄存器ST1的SXM=0时，则第39位～第16位添0；当SXM=1时，则第39位～第16位进行符号位扩展。

② 如果第31位～第16位包含数据存储器操作数时，则当状态寄存器ST1的SXM=0时，即第39位～第32位添0；当SXM=1时，则第39位～第32位进行符号位扩展。

2. ALU的输出

ALU的输出为40位，被送往累加器A或B。

3. 溢出处理

ALU的饱和逻辑可以处理运算结果的溢出。这个特性对降低运算误差是很有用的。当状态寄存器ST1的OVM=1时，ALU的饱和逻辑为使能。

当一个结果发生溢出时，将按如下方法进行处理：

(1) 如果OVM=0，则累加器直接加载ALU的结果。

(2) 如果OVM=1，则根据溢出方向，用32位最大正数007FFFFFFFH(正向溢出)或最大负数FF80000000H(负向溢出)加载累加器。

(3) 溢出发生后，相应的溢出标志位(OVA或OVB)置1，直到复位或执行溢出条件指令或溢出标志位(OVA/OVB)被清除。

注意：用户可以用SAT指令对累加器进行饱和处理，而不必考虑OVM值。

4. 进位位(C)

ALU的进位位受大多数ALU指令(包括循环和移位操作)影响，可以用来支持扩展精度的算术运算。进位位不受加载累加器、执行逻辑操作或执行其他非算术或控制指令的影响,利用两个条件操作数C和NC,可以根据进位位的状态,进行分支转移、调用与返回操作。RSBX和SSBX指令可用来置位或复位进位位。硬件复位时,进位位置1。

5. 双16位模式

用户只要置位状态寄存器ST1的C16状态位,就可以让ALU在单个周期内进行特殊的双16位算术运算,亦即进行两次16位加法或两次16位减法。该模式对于维特比加/比较/选择操作特别有用。

所有的双16位算术运算指令,如表2-10所列。此时,ALU可以在一个机器周期内完成两个16位数的加/减法运算。表中Lmem表示来自数据存储器的长操作数(32位数),src和dst分别代表源和目的累加器(A或B)。

表2-10 ALU工作在双16位方式的指令(C16=1)

指 令	功能(双16位方式)
DADD Lmem,src[,dst]	src(31~16)+Lmem(31~16)→dst(39~16) src(15~0)+Lmem(15~0)→dst(15~0)
DADST Lmem,dst	Lmem(31~16)+T→dst(39~16) Lmem(15~0)-T→dst(15~0)
DRSUB Lmem,src	Lmem(31~16)-src(31~16)→src(39~16) Lmem(15~0)-src(15~0)→3rc(15~0)
DSADT Lmem,dst	Lmem(31~16)-T→dst(39~16) Lmem(15~0)+T→dst(15~0)
DSUB Lmem,src	src(31~16)-Lmem(31~16)→src(39~16) src(15~0)-Lmem(15~0)→src(15~0)
DSUBT Lmem,dst	Lmem(31~16)-T→dst(39~16) Lmem(15~0)-T→dst(15~0)

2.4.3 累加器A和B

累加器A和B都可以配置成乘法器/加法器或ALU的目的寄存器。此外,在执行MIN和MAX指令或者并行指令LD‖MAC时都要用到它们。这时,一个累加器加载数据,另一个完成运算。累加器A和B都可分为3部分,如图2-6所示。

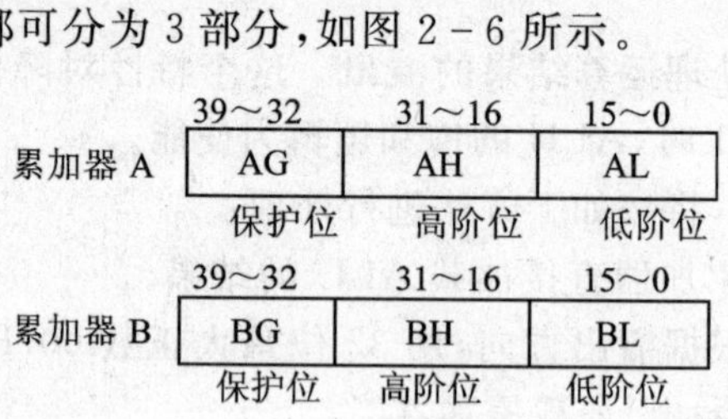

	39~32	31~16	15~0
累加器A	AG	AH	AL
	保护位	高阶位	低阶位
	39~32	31~16	15~0
累加器B	BG	BH	BL
	保护位	高阶位	低阶位

图2-6 累加器组成

其中,保护位用做计算时的数据位余量,以防止诸如自相关那样的迭代运算时溢出。

AG、BG、AH、BH、AL和BL都是存储器映像寄存器。在保存或恢复文本时,可以用PSHM或POPM指令将它们压入堆栈或者从堆栈弹出。用户可以通过其他的指令,寻址0页数据存储器(存储器映像寄存器),访问累加器的这些寄存器。累加器 A 和 B 的差别仅在于累加器 A 的 31～16 位可以用做乘法器的一个输入。

1. 累加器的内容保存

用户可以利用 STH、STL、STLM 和 SACCD 等指令或者用并行存储指令,将累加器的内容存放到数据存储器中。在存储前,有时需要对累加器的内容进行移位操作。右移时,AG 和 BG 中的各数据位分别移至 AH 和 BH;左移时,AL 和 BL 中的各数据分别移至 AH 和 BH,低位添 0。假设累加器 A＝FF 4321 1234H,执行带移位的 STH 和 STL 指令后,数据存储单元 TEMP 中的结果如下：

```
STH   A,8,  TEMP;TEMP＝2112H
STH   A,－8,TEMP;TEMP＝FF43H
STL   A,8,  TEMP;TEMP＝3400H
STL   A,－8,TEMP;TEMP＝2112H
```

2. 累加器移位和循环移位

累加器移位或循环移位的指令共有如下 6 条：

SFTA(算术移位)；

SFTL(逻辑移位)；

SFTC(条件移位)；

ROL(累加器循环左移)；

ROR(累加器循环右移)；

ROLTC(累加器带 TC 位循环左移)。

在执行 SFTA 和 SFTL 指令时,移位数定义为－16≤SHIFT≤15。SFTA 指令受 SXM 位(符号位扩展方式位)影响。当 SXM＝1 且 SHIFT 为一负值时,SFTA 进行算术右移,并保持累加器的符号位;当 SXM＝0 时,累加器的最高位添 0。SFTL 指令不受 SXM 位影响,它对累加器的 31～0 位进行移位操作,移位时将移到最高有效位 MSB 或最低有效位 LSB,这取决于移位的方向。

SFTC 是一条条件移位指令。当累加器的第 31 位和第 30 位都为 1 或者都为 0 时,累加器左移 1 位。这条指令可以用来对累加器的 32 位数归一化,以消去多余的符号位。

ROL 是一条经过进位位 C 的循环左移 1 位指令。进位位 C 移到累加器的 LSB,累加器的 MSB 移到进位位,累加器的保护位清 0。

ROR 是一条经过进位位 C 的循环右移 1 位指令。进位位 C 移到累加器的 MSB,累加器的 LSB 移到进位位,累加器的保护位清 0。

ROLTC 是一条带测试控制位 TC 的累加器循环左移指令。累加器的 30～0 位左移 1 位,累加器的 MSB 移到进位位 C,测试控制位 TC 移到累加器的 LSB,累加器的保护位清 0。

3. 专用指令

'C54X 有一些专用的并行操作指令(FIRS、LMS 和 SQDST),有了它们,累加器可以实现一些特殊的运算。其中包括利用 FIRS 指令,实现对称有限冲击响应(FIR)滤波器算法;利用 LMS 指令实现自适应滤波器算法;利用 SQDST 指令计算欧几里得距离以及其他的并行操作。

2.4.4 桶形移位器

桶形移位器用来为输入的数据进行定标，可以进行以下操作：

● 在ALU运算前，对来自数据存储器的操作数或者累加器的值进行定标；

● 对累加器的值进行算术或逻辑移位；

● 对累加器进行归一化处理；

● 对累加器的值存储到数据存储器之前进行定标。

图2-7是桶形移位器的功能框图。40位桶形移位器的连接如下：

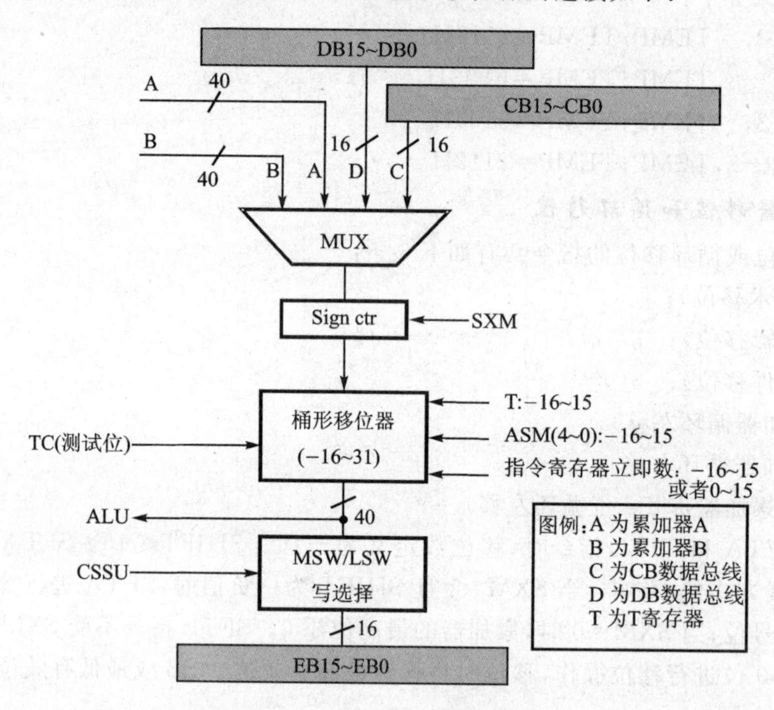

图2-7　桶形移位器的功能框图

(1) 40位桶形移位器的输入端来自：

① DB取得16位输入数据；

② DB和CB取得32位输入数据；

③ 40位累加器A或B。

(2) 其输出端接至：

① ALU的一个输入端；

② 经过MSW/LSW(最高有效字/最低有效字)写选择单元至EB总线。

SXM位控制操作数进行带符号位/不带符号位扩展。当SXM＝1时，执行符号位扩展。有些指令(如LDU、ADDS和SUBS)认为存储器中的操作数是无符号数，它不执行符号位扩展，也就可以不必考虑SXM状态位的数值。

指令中的移位数就是移位的位数。移位数都是用2的补码表示，正值表示左移，负值表示右移。移位数可以用以下方式定义：

(1) 指令操作数中给定的一个4或5位的立即数值表示一个范围为−16～15移位数值。

(2) 状态寄存器 ST1 的累加器移位方式(ASM)位,共 5 位,表示一个范围为 −16～15 的移位数。

(3) T 寄存器中最低 6 位的数值表示一个范围为 −16～31 的移位数。

例如:

```
ADD     A,-4,B          ;累加器 A 右移 4 位后加到累加器 B
ADD     A,ASM,B         ;累加器 A 按 ASM 规定的移位数移位后加到累加器 B
NORM    A               ;按 T 寄存器中的数值对累加器归一化
```

最后一条指令对累加器中的数进行归一化是很有用的。假设 40 位累加器 A 中的定点数为 FFFFFFF001,可先用 EXP A 指令,求得它的指数为 13H,存放在 T 寄存器中;再执行 NORM 指令,就可以在单个周期内将原来的定点数分成尾数为 FF 80080000 和指数 13H 两部分了。

2.4.5 乘法器/加法器单元

'C54x 的 CPU 是一个 17 位×17 位的硬件乘法器,它与一个 40 位专用加法器相连。乘法器/加法器单元可以在一个流水线状态周期内完成一次乘法累加(MAC)运算。图 2-8 是它的功能框图。

乘法器能够执行无符号数乘法和有符号数乘法,即可按如下方式实现乘法运算:

(1) 有符号数乘法,使每个 16 位操作数扩展成 17 位有符号数;

(2) 无符号数乘法,使每个 16 位操作数前面加一个 0;

(3) 无符号数与有符号数乘法,使一个 16 位操作数前面加一个 0,另一个 16 位操作数符号扩展成 17 位有符号数,以完成相乘运算。

乘法器工作在小数相乘方式(状态寄存器 ST1 中的 FRCT 位=1)时,乘法结果左移 1 位,以消去多余的符号位。

乘法器/加法器单元中的加法器,还包含一个零检测器、舍入器(2 的补码)以及溢出/饱和逻辑电路。有些乘法指令(如 MAC、MAS 等指令)如果带后缀 R,就对结果进行舍入处理,即加 2^{15} 至结果,并将目的累加器的低 16 位清 0。当执行 LMS 指令时,为了使修正系数的量化误差最小,也要进行舍入处理。

1. 乘法器的输入信号

乘法器的输入端包括输入端 XM 和输入端 YM,它们的输入信号即

(1) 输入端 XM 数据来自:

- T 寄存器;
- 累加器 A 的位 32～16;
- DB 总线传送过来的数据存储器操作数。

(2) 另一个输入端 YM 的数据来自:

- 累加器 A 的位 32～16;
- 由 DB 总线和 CB 总线传送过来的数据存储器操作数;
- 由 PB 总线传送过来的程序存储器操作数。

2. 乘法器的输出

乘法器的输出加到加法器的输入端 XA,累加器 A 或 B 则是加法器的另一个输入。运算

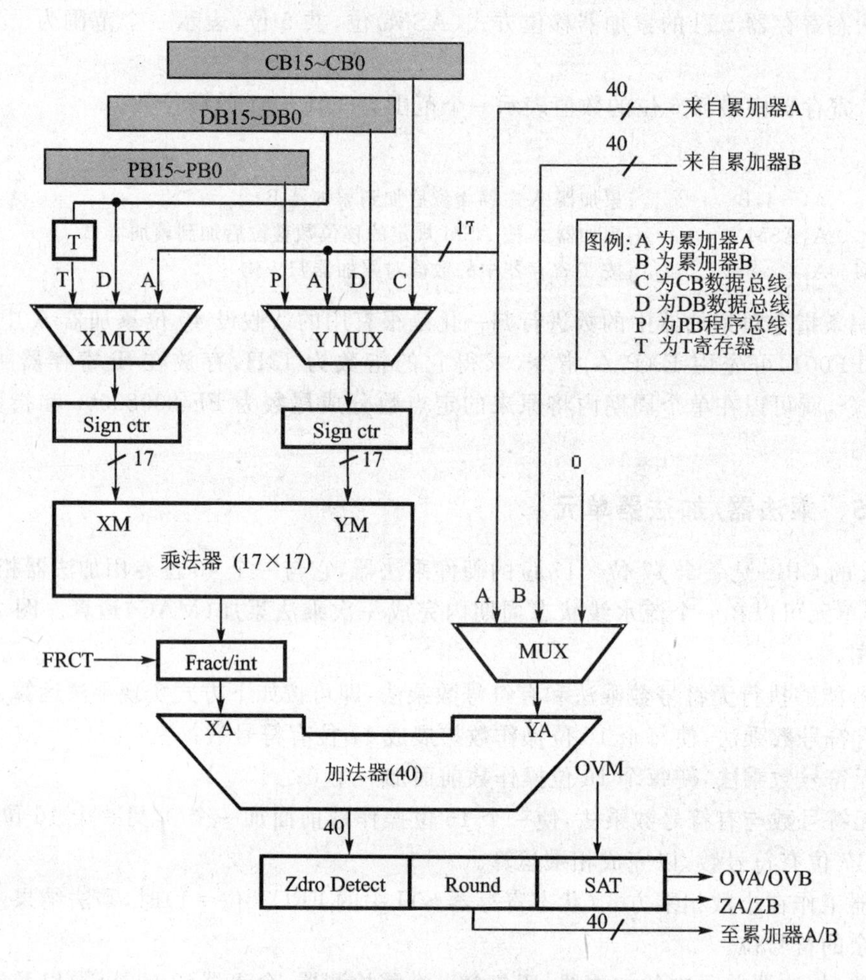

图 2-8　乘法器/加法器单元功能框图

的最后结果送往目的累加器 A 或 B。

3. MAC 和 MAS 乘法运算的饱和处理

当乘法饱和处理模式被设置(SMUL＝1)时,并且当 OVM＝1,则 MAC 指令与 MPY 加 ADD 指令是等价的。这个效果就是在乘法运算时,执行后续的加(MAC)或减(MAS)指令前,在小数模式下(FRCT＝1)8000H×8000H 被饱和处理为 7FFFFFFFH。

当乘法饱和处理没有被设置(SMUL＝0)时,只当 MAC 和 MAS 的最终结果被饱和处理,而做乘法所得到的结果不会被饱和处理。

当 OVM＝1,并且 FRCT＝1 时,PMST 寄存器中的 SMUL 位决定是否在累加(MAC 和 MAS 操作)指令前对乘法的结果进行饱和处理。

2.4.6　比较、选择和存储单元

在数据通信、模式识别等领域,往往要用到 Viterbi(维特比)算法。'C54x 中的比较、选择和存储单元(CSSU)就是专门为 Viterbi 算法设计进行加法/比较/选择(ACS)运算的硬件单元。图 2-9 是 CSSU 的功能框图,它和 ALU 一起执行快速 ACS 运算。

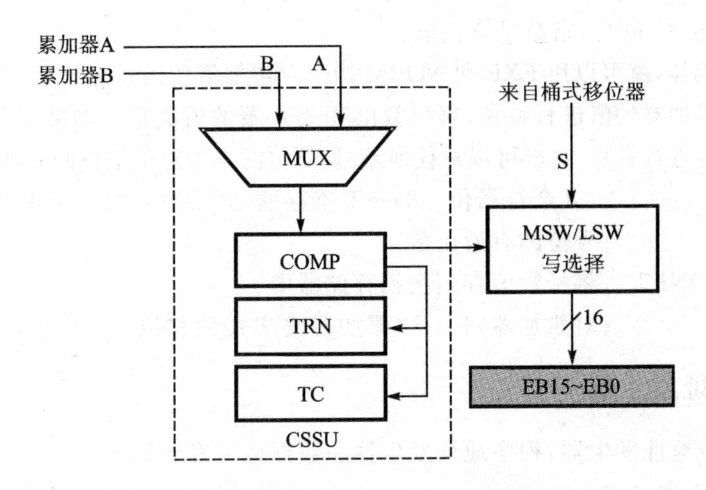

图 2-9 比较、选择和存储单元的功能框图

CSSU 支持均衡器和通道译码器所用的各种 Viterbi 算法。图 2-10 给出了一种 Viterbi 算法的示意图。

图中所示的 Viterbi 算法包括加法、比较和选择 3 部分操作。其加法运算是由 ALU 完成的。只要将状态寄存器 STl 中的 C16 位置 1,ALU 就被配置成双 16 位工作方式,这样,就可以在一个机器周期内执行两次加法运算,其结果(Metl+D1 和 Met2+D2)都是 16 位数,分别存放在累加器的高 16 位和低 16 位中。然后,利用 CMPS 指令对累加器的高 16 位和低 16 位进行比较,并选择出较大的一个数存放到指令所指定的存储单元中,例如执行指令:

```
CMPS  A,*ARl   ;如果 A(31～16)>A(15～0)
               ;则 A(31～16)→*ARl,TRN 左移 1 位,0→TRN(0),0→TC
               ;否则 A(15～0)→*ARl,TRN 左移 1 位,1→TRN(0),1→TC
```

由此可见,在 CMPS 指令执行的过程中,状态转移寄存器 TRN 将自动地记录比较的结果,这在 Viterbi 算法中是有用的。

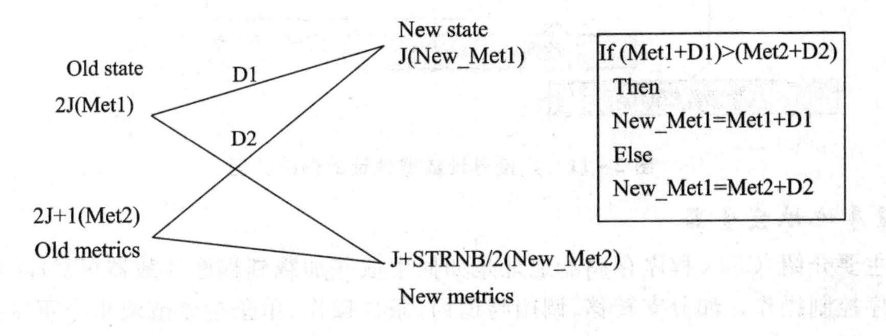

图 2-10 Viterbi 算法

2.4.7 指数编码器

指数编码器也是一个专用硬件,如图 2-11 所示。它专门用于在单个周期内执行 EXP 指令,并将累加器中数的指数值以 2 的补码形式(-8～31)存放到 T 寄存器中。累加器的指数值被定义为冗余符号位数减 8,也就是为消去多余符号位而将累加器中的数值左移的位数。

当累加器数值超过 32 位时,指数是个负值。

有了指数编码器,就可以用 EXP 和 NORM 指令对累加器的内容进行归一化了。NORM 支持在单周期内对累加器的值进行移位,移位数由 T 寄存器的值决定。如果 T 寄存器的值为负,则对累加器的内容进行右移,这样可以对任何超过 32 位的累加器值进行归一化处理。例如:

```
EXP   A          ;(冗余符号位-8)→T 寄存器,冗余符号位等于 40 减去包含一位符
                 ;号位的有效位数
ST T, EXPONET    ;将指数值存到数据存储器中
NORM A           ;对累加器归一化(累加器按 T 中值移位)
```

2.4.8 地址发生器

'C54x 有两个地址发生器:程序地址发生器和数据地址发生器。

1. 数据地址发生器

数据地址发生器为存取数据存储器的信息操作产生地址。它包括 AR0～AR7 八个辅助寄存器、ARAU0 和 ARAU1 辅助寄存器算术单元(可在每个周期产生两个数据存储器地址)、DP 数据存储器页指针、SP 堆栈指针寄存器、BK 循环缓冲寄存器和 ARP 用于选择辅助寄存器 AR0～AR7。其中 DP/SP 用于直接寻址方式,其他用于间接寻址方式。

数据地址形成框图如图 2-11、图 2-12 所示。

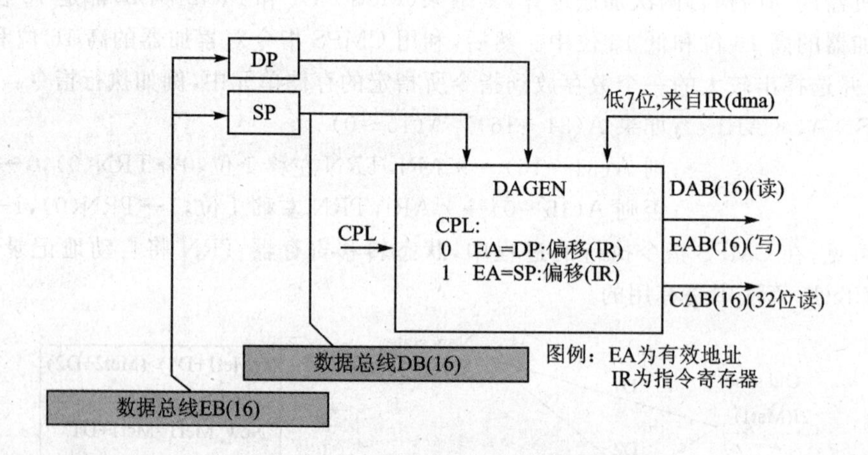

图 2-11 直接寻址数据地址的形成框图

2. 程序地址发生器

本段主要介绍 'C54x 程序存储器地址是如何生成并加载到程序计数器(PC)以及影响 PC 的各种程序控制操作。如分支转移、调用与返回、条件操作、单条指令或块指令重复操作、硬件复位和中断等操作。

以上操作都会造成把一个不是顺序增加的地址加载到 PC,而省电方式则是暂停执行程序。

程序存储器中存放着应用程序的代码、系数表以及立即操作数。'C54x 通过程序地址总线(PAB)寻址 64 K 字的程序空间;'C5402 多了 4 根地址线,可寻址外部 16 个 64 K 字页,即 1 024 K字的程序空间。由程序地址生成器(PAGEN)生成地址(PC 值)加到 PAB,寻址存放在程序存储器中的指令、系数表、16 位立即操作数或其他信息。程序地址发生器(PAGEN)的

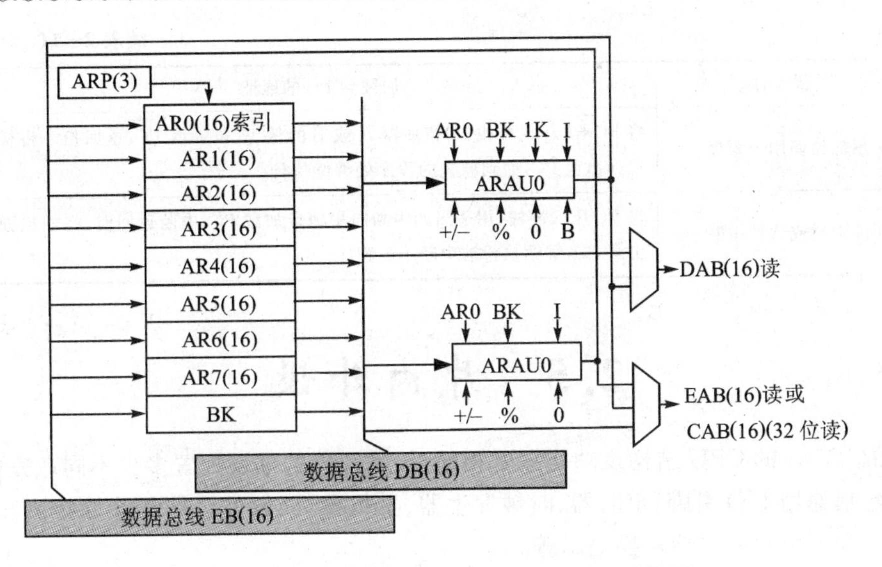

图 2-12　单数据存储器操作数的间接寻址框图

组成如图 2-13 所示。PAGEN 共有 5 个寄存器：

① 程序计数器(PC)；

② 重复计数器(RC)；

③ 块重复计数器(BRC)；

④ 块重复起始地址寄存器(RSA)；

⑤ 块重复结束地址寄存器(REA)。

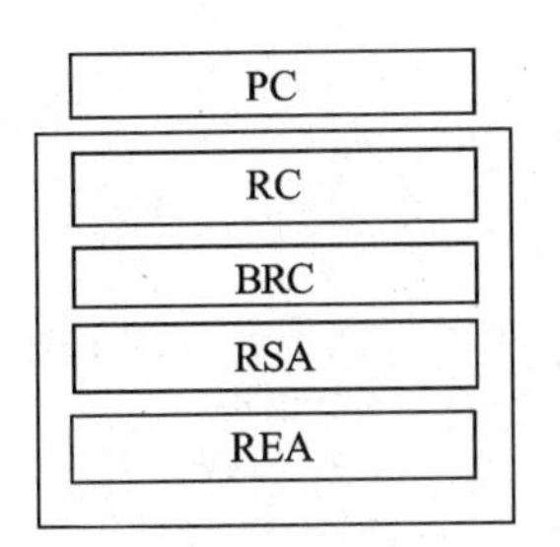

图 2-13　程序地址发生器(PAGEN)的组成

'C548 以上的芯片中还有一个扩展的程序计数器(XPC)，可以用以寻址扩展的程序存储空间。

程序计数器(PC)是一个 16 位计数器，PC 中保存的某个内部或外部程序存储器的地址，就是即将取指的某条指令，即将访问的某个 16 位立即操作数或系数表在程序存储器中的地址。表 2-11 列出了加载 PC 的几种途径。

表 2-11　加载地址 PC 的几种途径

操　作	加载到 PC 的地址
复　位	PC＝FF80H
顺序执行指令	PC＝PC＋1
分支转移	用紧跟在分支转移指令后面的 16 位立即数加载 PC
由累加器分支转移	用累加器 A 或 B 的低 16 位加载 PC
块重复循环	假如 BRAF＝1(块重复有效)，当 PC＋1 等于块重复结束地址(REA)＋1 时，将块重复起始地址(RSA)加载 PC
子程序调用	将 PC＋2 压入堆栈，并用紧跟在调用指令后面的 16 位立即数加载 PC；返回指令将栈顶弹出至 PC，回到原先的程序处继续执行

续表 2-11

操　作	加载到PC的地址
从累加器调用子程序	将PC+1压入堆栈,用累加器A或B的低16位加载PC;返回指令将栈顶弹出至PC,回到原先的程序处继续执行
硬件中断或软件中断	将PC压入堆栈,用适当的中断向量地址加载PC;中断返回时,将栈顶弹出至PC,继续执行被中断了的程序

2.5 片内外设

所有的'C54x的CPU结构及功能完全相同,但是片内的外设配置多少不同。完整的片内外设配置包括通用I/O引脚、定时器、时钟发生器、主机接口、软件可编程等待状态发生器、串行通信接口和可编程存储器切换逻辑等。

本节主要介绍以下内容:

(1) 外部总线操作;

(2) 通用I/O口(引脚);

(3) 定时器;

(4) 时钟发生器;

(5) 主机接口;

(6) 同步串行接口;

(7) 时分复用串行接口(TDM);

(8) 软件可编程等待状态发生器;

(9) 可编程存储器组切换模块。

2.5.1 通用I/O口

'C54x通过I/O空间提供通用I/O口。两根I/O口线分别是跳转控制输入引脚$\overline{\text{BIO}}$和外部标志输出引脚XF。

1. 跳转控制输入引脚$\overline{\text{BIO}}$

$\overline{\text{BIO}}$引脚可用于监视外部接口器件的状态。特别是在不允许打断的、时间要求严格的程序中,程序可以根据$\overline{\text{BIO}}$的输入状态有条件地跳转,可用于替代中断。条件执行指令(XC)是在流水线的译码阶段检测$\overline{\text{BIO}}$的状态,其他条件指令(branch、call和return)是在流水线的读阶段检测$\overline{\text{BIO}}$的状态的。

例如:XC 2,BIO;如果$\overline{\text{BIO}}$引脚为低电平(条件满足),则执行后面的一条双字指令或2条单字指令。

2. 外部标志输出引脚XF

外部标志输出引脚XF可以用于与外部接口器件的握手信号,XF信号可以由软件控制。通过对ST1中的XF位置1得到高电平,清除而得到低电平。对状态寄存器置位的指令SSBX和对状态寄存器复位的指令RSBX可以用来对XF置位和复位。同时XF引脚为高电平和低电平，亦即 CPU 向外部发出 1 和 0 信号。

2.5.2　定时器

定时器是片内减一计数器，用于周期性的产生 CPU 中断。片内定时器是软件可编程的，它有 3 个寄存器。定时器的分辨率是器件的时钟输出 CLKOUT 频率。

1. 定时寄存器

片内定时器有 3 个存储器映像寄存器，即 TIM、PRD 和 TCR。这 3 个寄存器的地址等列于表2-12中。

表 2-12　定时寄存器

地　址	寄存器名	说　明
0024H	TIM	定时器寄存器
0025H	PRD	定时器周期寄存器
0026H	TCR	定时器控制寄存器

定时器由定时寄存器 TIM、定时周期寄存器 PRD、定时控制寄存器 TCR(包括预标定分频系数 TDDR、预标定计数器 PSC、控制位 TRB 和 TSS 等)及相应的逻辑控制电路组成。

TIM 在数据存储器中的地址为 0024H，是减 1 计数器。PRD 地址为 0025H，存放定时时间常数。TCR 地址为 0026H，存储定时器的控制及状态位。图 2-14 所示是一个 16 位 TCR 寄存器，各位的功能说明见表 2-13。

Bit15~12	Bit11	Bit10	Bit9~6	Bit5	Bit4	Bit3~0
保留	Soft	free	PSC	TRB	TSS	TDDR

图 2-14　定时控制寄存器 TCR

表 2-13　定时控制寄存器 TCR 各位的功能表

位	名　称	复位值	功　能
5～12	保留	—	保留位，读出值总为 0
11	Soft	0	在用高级语言调试时，与 Free 位一起确定在断点处定时器的状态。 如果 Free 位为 0，Soft 位用于选择定时器的工作模式： Soft＝0 时，定时器立即停止工作 Soft＝1 时，当计数器计数到 0 时，定时器停止工作
10	Free	0	在用高级语言调试时，与 Soft 位一起确定在断点处定时器的状态。 如果 Soft 位为 0，Free 位用于选择定时器的工作模式： Free＝0 时，定时器立即停止工作 Free＝1 时，Soft 为任意值，定时器都继续工作
9～6	PSC	—	定时器的预分频计数器。指定用于片内定时器。在 PSC 减到 0 或定时器复位时，PSC 加载 TDDR 的值和定时器(TIM)减一
5	TRB	—	定时器重新加载控制位。复位片内定时器。当 TRB 置位时，TIM 加载 PRD 的值和 PSC 加载 TDDR 的值。读 TRB 位时总是 0

续表 2-13

位	名　称	复位值	功　能
4	TSS	0	定时器停止位,用于停止片内定时器。复位时 TSS 位被清除,定时器开始定时:TSS=0,定时器定时;TSS=1,定时器停止
3～0	TDDR	0000	定时器分频数。用于确定对片内定时器的输入时钟分频数(周期)。在 PSC 减到 0 时,PSC 加载 TDDR 的值

2. 定时器操作

图 2-15 为定时器的逻辑框图。它包含两个部分:主定时模块,包括寄存器 PRD 和 TIM;预分频器模块,包括 TDDR 和 PSC。

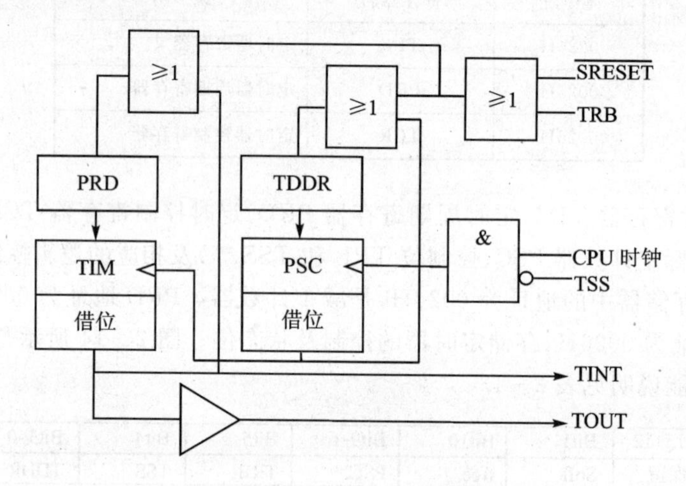

图 2-15　定时器的逻辑框图

定时器的工作过程是将定时分频系数 TDDR 和周期数 PRD 分别载入 PSC 和 TIM 寄存器中,并由组合逻辑电路控制定时器的运行。如图 2-15 所示,定时器的基准工作脉冲由 CLKOUT 提供。每来一个时钟脉冲,则预标定计数器 PSC 减 1,当 PSC 减至 0 时,下一个脉冲到来,PSC 产生借位。借位信号分别控制定时计数器 TIM 减 1 和或门 2 的输出重新将 TDDR 的内容加载预标定计数器 PSC,完成定时工作的一个基本周期。因此,定时器的基本定时时间可由下式计算:

$$T=T_{\text{CLK}}\times(T_{\text{TDDR}}+1)\times(T_{\text{PRD}}+1)$$

从图中可见,可以通过对 TRC 寄存器的第 4 位 TSS 置 1 来控制与门,屏蔽 CLKOUT 的脉冲输入,从而达到停止计数器工作的目的。当 TSS 为 0 时,与门打开,计数器正常工作。无论定时器工作于何种状态,硬件的系统复位端$\overline{\text{SRESET}}$和软件对 TCR 的重复加载位 TRB,通过或门 1 和或门 3 重置 TIM,通过或门 1 和或门 2 重置 PSC,使定时器重新开始计数。定时器有两个输出端可以提供给外部电路,一个是外部定时中断输出 TINT 和另一个 TOUT。每来一个时钟信号 CLKOUT,预标定计数器 PSC 减 1,当 PSC 减到 0 时,产生一个借位信号。这个借位信号一方面通过或门 2 的控制将 TDDR 重新加载至 PSC,另一方面控制定时寄存器 TIM 减 1。当 TIM 减至 0 后,产生定时中断信号 TINT,传送到 CPU 和定时器输出引脚,随着这个信号的负脉冲读寄存器的内容。而定时输出 TOUT 这个外部引脚上可以得到定时器的输出波形。

定时器可以用来产生外部接口电路(如模拟接口等)所需的采样时钟。一种方法是输出 TOUT 信号作为器件的时钟,或利用中断周期性地读取寄存器。

初始化定时器的步骤如下:

- 对寄存器 TCR 中的 TSS 位置 1,停止定时器工作。
- 装入 TIM 初值。
- 装入 PRD 初值。
- 装入 TCR 初始化 TDDR 和启动定时器;使 TSS 清 0 并产生 CLKOUT 信号,使 TSS 置位,重新装入定时初值。

假定 INTM=1,则有关定时中断使能的操作步骤是:

- 对 IFR 中的 TINT 位置 1,可以清除并挂起(尚未处理完的)定时中断;
- 对 IMR 中的 TINT 位置 1,使能定时器中断;
- 如果有需要,使 ST1 状态寄存器 INTM 位清 0,可以开放所有的中断。

复位时,TIM 和 PRD 都设置为最大值 FFFFH,TCR 中的 TDDR 全部清 0,定时器开始工作。

定时器的具体应用参见第 7 章。

2.5.3　时钟发生器

时钟发生器为'C54x DSP 提供时钟信号。其内部由振荡器和锁相环 PLL 电路组成。'C54x 的时钟发生器要求硬件有一个参考时钟输入,其实际工作时钟频率可以用软件编程或外部硬件电路在给定外部时钟频率的基础上进行调整控制。

'C54x 的外部参考时钟输入可以用如下两种方式提供:

① 与内部振荡器共同构成时钟振荡电路。将晶体跨接于'C54x 的两个时钟输入引脚 X1 与 X2/CLKIN 之间,构成内部振荡器的反馈电路。此时,CLKMD 引脚必须使内部振荡器使能。

② 直接利用外部时钟。将一个外部时钟信号直接连接到 X2/CLKIN 引脚,X1 引脚悬空。此时内部振荡器不起作用。利用高稳定的内部锁相环锁定时钟振荡频率,提高时钟信号的频率纯度,提供稳定的振荡频率源。同时还可以通过控制锁相环的倍频,锁定调节时钟振荡器的振荡频率。因此'C54x 的实际运行频率可以比外部参考时钟输入的频率高,降低了高速开关时钟造成的高频噪声,使硬件布线工作更容易。

锁相环 PLL 的配置分为硬件和软件两种,下面分别讨论。

1. 硬件配置的锁相环电路 PLL

PLL 的外部频率源可以比 CPU 机器周期速度要低,该特性可以降低因为高速开关时钟带来的高频噪声。内部振荡器或外部时钟源为 PLL 提供时钟,外部时钟源或内部振荡器频率乘以一个系数 N 产生内部 CPU 的时钟。

通过设定芯片的三个时钟模式引脚 CLKMD1、CLKMD2、CLKMD3 的电平,可以选择片内振荡时钟与外部参考时钟的倍频。连接方式与倍频值的关系列于表 2-14。

表 2-14　硬件 PLL 时钟配置方式

引脚状态			时钟输入方式	
CLKMD1	CLKMD2	CLKMD3	方式1	方式2
0	0	0	外部时钟源,PLL×3	外部时钟源,PLL×5
1	1	0	外部时钟源,PLL×2	外部时钟源,PLL×4
1	0	0	内部振荡器,PLL×3	内部振荡器,PLL×5
0	1	0	外部时钟源,PLL×1.5	外部时钟源,PLL×4.5
0	0	1	外部时钟源,时钟频率/2	外部时钟源,时钟频率/2
1	1	1	内部振荡器,时钟频率/2	内部振荡器,时钟频率/2
1	0	1	外部时钟源,PLL×1	外部时钟源,PLL×1
0	1	1	停止方式	停止方式

针对不同的'C54x芯片,表中的时钟输入方式选择不同,对于同样CLKMD的连接方式所选定的工作频率也不同。因此,在使用硬件PLL时,应根据所选用芯片选择正确的连接方式。另外表中的停止方式与指令IDEL3的省电方式相同。但是,这种工作方式必须通过改变硬件连接使时钟正常工作。而用软件的IDEL3指令产生的停止工作方式,可以通过复位及非屏蔽中断唤醒CPU恢复正常工作。

2. 软件可编程锁相环(PLL)

软件的时钟频率调整方式灵活方便,可以设置为下面两种模式之一:

① 倍频模式　输入时钟乘以从0.25～15共31档比例系数之一;

② 分频模式　输入时钟CLKIN 2分频或4分频。

对PLL的编程是对16位的存储器映射寄存器—时钟工作方式寄存器CLKMD编程,其地址为0058H。可以实现各种时钟乘法系数的配置,并且可以直接接通或关断PLL。同时,PLL的锁定定时器可以延时PLL的转换时钟时间,直到锁定为止。CLKMD定义PLL模块的时钟配置,其各位的定义如图2-16所示。

位	15～12	11	10～3	2	1	0
位定义	PLLMUL	PLLDIV	PLLCOUNT	PLLON/OFF	PLLNDIV	PLLSTATUS
位操作	R/W	R/W	R/W	R/W	R/W	R

图 2-16　时钟模式寄存器 CLKMD 结构图

CLKMD寄存器各位的含义如表2-15所列,由CLKMD的PLLDIV和PLLMUL位所确定的PLL的乘法系数见表2-16。

表2-15　CLKMD寄存器各位的含义

位	名　称	功　　能
15～12	PLLMUL	PLL倍频，与PLLDIV和PLLNDIV一起决定频率的系数，见表2-16
11	PLLDIV	PLL分频，与PLLMUL和PLLNDIV一起决定频率的系数，见表2-16
10～3	PLLCOUNT	PLL计数器用于设定PLL开始为CPU提供时钟前所需的锁定时间，即输入时钟的周期数(每16个周期计一次)，也就是每输入16个时钟周期PLL计数器减一
2	PLLON/OFF	PLL开关控制位。与PLLNDIV一起决定时钟发生器的PLL部分的工作与否。PLLON/OFF和PLLNDIV都可强制PLL工作；当PLLON/OFF为高电平时，PLL正常工作，与PLLNDIV位的状态无关，即 PLLON/OFF　PLLNDIV　PLL状态 0　0　关 0　1　开 1　0　开 1　1　开
1	PLLNDIV	PLL时钟发生器的选择位。决定时钟发生器工作在锁相(PLL)模式还是分频(DIV)模式，并与PLLMUL和PLLDIV位决定频率的系数： 当PLLNDIV=0，使用分频模式；当PLLNDIV=1，使用锁相模式
0	PLLSTATUS	PLL状态位。指示时钟发生器的工作模式： 当PLLSTATUS=0，使用分频模式；当PLLSTATUS=1，使用锁相模式

表2-16　PLL分频倍频系数配置表

PLLNDIV	PLLDIV	PLLMUL	乘系数
0	X	0～14	0.5
0	X	15	0.25
1	0	0～14	PLLMUL+1
1	0	15	1
1	1	0或偶数	(PLLMUL+1)/2
1	1	奇　数	PLLMUL/4

DSP内部时钟信号CLKOUT=CLKIN*系数。

3. 软件可编程PLL的编程考虑

软件可编程PLL提供了多项设置：初始化设置、工作模式和节电模式设置等。下面给出PLL编程考虑的几个例子，说明上电后在不同的时钟模式之间切换、执行IDEL1/IDEL2/IDEL3指令前后如何使用软件可编程PLL。

(1) 可编程PLL定时器的使用

在频率锁定期间，PLL不能给器件输出时钟。使用可编程PLL定时器，可以在PLL之前自动推迟输入时钟到器件。

PLL锁定定时器是一个计数器，从寄存器CLKMD的PLLCOUNT位加载数据并减到0。

该定时器能加载的值为 0～255,输入的时钟是 CLK 信号的 1/16。因此,可以产生的锁定延时时间为 0～255×16 个 CLKIN 周期。

当时钟发生器由 DIV(分频)模式切换到 PLL(锁相)时,启动锁相定时器。在锁定期间时钟发生器仍然工作在 DIV 模式。在 PLL 锁定定时器的值减到 0 后,就由 PLL 提供时钟给器件工作。

可编程 PLL 定时器的初值由下式确定:

$$t_{\mathrm{PLL}} > \frac{\text{牵引时间 } t}{16 \times t_{\mathrm{CLK}}}$$

式中,t_{CLK} 是输入参考时钟的周期,锁定时间 t 是 PLL 稳定工作所需的时间。

(2) 由 DIV 模式切换到 PLL 模式的条件

从 DIV 模式切换到 PLL 模式需要几个条件。应注意,在 PLL 没有锁定前将 DIV 模式切换到 PLL 模式,必须保证有足够的 PLL 锁定延时时间,以使器件能够得到正常的时钟。必须知道在切换模式时 PLL 是否锁定了。

一旦锁定之后,只要工作在分频状态和没有关闭(PLLON/OFF 位保持为 1),并且 PLLMUL 和 PLLDIV 的值没有改变,PLL 将一直保持锁定状态。

在刚上电时,改变 PLLMUL 或 PLLDIV 的值,关闭 PLL(PLLON/OFF＝0),或在失去输入时钟参考信号后,PLL 都处于未锁定状态。

置 PLLNDIV 为 1,可以从 DIV 模式切换到 PLL 模式,并启动 PLLCOUNT 可编程锁定定时器(PLLCOUNT 已加载非 0 的初值),这样可以方便地设定锁定延时时间。除非使用复位延时或不使用 PLL,在前述情况中必须设置 PLLCOUNT 可编程锁定定时器。

对 CLKMD 加载,可从 DIV 模式切换到 PLL 模式。后面将说明在 PLL 未锁定时从 DIV 模式切换到 PLL 模式的过程。在 PLL 已经锁定时,DIV 模式切换到 PLL 模式与 PLL 切换到 DIV 模式时的过程相同,顺序相反。在这种情况下,稳定地工作在新模式所需的延时相同。

在 PLL 没有锁定或模式改变后工作在没有锁定的状态下,从 DIV 模式切换到 PLL 模式,可以通过设置 PLLMUL、PLLDIV 和 PLLNDIV 位来选择频率的系数,如表 2－16 所列。注意,只有在 DIV 模式中才能改变 PLLMUL、PLLCOUNT 和 PLLON/OFF 位。

一旦 PLLNDIV 置位,则 PLLCOUNT 可编程锁定定时器从当前值开始减一。当 PLLCOUNT 可编程锁定定时器减到 0 后,需 6 个 CLKIN 周期加上 3.5 个 PLL 周期(CLKOUT 频率)切换到 PLL 模式。完成切换后,CLKMD 中的 PLLSTATUS 位读出为 1。注意,在 PLL 锁定期间,'C54x 工作在 DIV 模式。

下面的指令可以从 DIV 模式切换到 PLL× 3 模式,其中 CLKIN 的频率为 13 MHz,PLLCOUNT＝41。指令为

```
STM   #0010000101001111b,CLKMD
```

(3) 从 PLL 模式切换到 DIV 模式

从 PLL 模式切换到 DIV 模式没有 PLLCOUNT 延时,这种切换经过短暂的延时后即可实现。

在从 PLL 模式切换到 DIV 模式时也要装载 CLKMD 寄存器。PLLNDIV 位清 0 时选择 DIV 模式;PLLNDIV 位置位时选择 PLL 模式。参见表 2－15。

当 PLLMUL 的值为除 1111b 以外的其他数值时，切换到 DIV 模式需要 6 个 CLKIN 周期加上 3.5 个 PLL 周期。如果 PLLMUL 的值为 1111b，切换到 DIV 模式需要 12 个 CLKIN 周期加上 3.5 个 PLL 周期。在完成切换到 DIV 模式后，寄存器 CLKIN 中的 PLLSTATUS 位的读出值为 0。

例 2-1 给出了从 PLL×3(3 倍频)模式切换到 2 分频模式的一段指令。在程序中，通过检测 PLLSTATUS 位来确定是否已切换到 DIV 模式。在确认完成切换后，用 STM 指令关闭 PLL。

例 2-1　把时钟模式从 PLL×3(3 倍频)模式切换到 2 分频模式。

```
            STM    #0b,CLKMD          ;切换到 DIV 模式
TstStatus:  LDM CLKMD,A
            AND    #01b,A             ;测试 PLLSTATUS 位
            BC TstStatus,ANEQ
            STM    #0b,CLKMD          ;如果 STATUS 位指示 DIV 模式，复位
                                      ;PLLON/OFF 位
```

(4) 改变 PLL 的系数

要改变 PLL 的系数，必须先把时钟模式从 PLL 模式切换到 DIV 模式，然后再切换到新的系数的 PLL 模式。不允许从一种 PLL 系数直接切换到另一种 PLL 系数。

- 为了从一种 PLL 系数切换到另一种 PLL 系数，需要采取以下步骤：
- 清除 PLLNDIV 位，选择 DIV 模式；
- 检测 PLLSTATUS 标志，PLLSTATUS 标志位为 0，说明已切换到 DIV 模式；
- 按照所要求的系数(频率)，修改 CLKMD 寄存器中的 PLLMUL、PLLDIV 和 PLLNDIV(见表 2-16)；
- 按照需要的锁定时间设置 PLLCOUNT 中的位。

一旦 PLLNDIV 位被置位，PLLCOUNT 定时器从当前值开始减一计数，当 PLLCOUNT 减到 0 时，再经过 6 个 CLKIN 周期加上 3.5 个 PLL 周期的时间后，PLL 模式开始工作。

注意，直接在 2 分频和 4 分频之间切换也是不许可的。如果要在这两种模式之间切换，则必须先切换到 PLL 的整数(非分数)倍频模式，然后再切换到所要求的分频模式。参见"(3)从 PLL 模式切换到 DIV 模式"。

例 2-2 给出了从 PLL×X 模式切换到 PLL×1 模式的程序段。

例 2-2　把时钟从 PLL×X 模式切换到 PLL×1 模式。

```
            STM    #0b,CLKMD                    ;切换到 DIV 模式
TstStatus:  LDM    CLKMD,A
            AND    #01b,A                       ;测试 STATUS 位
            BC     TstStatus,ANEQ
            STM    #0000000111110111b,CLKMD     ;切换到 PLL×1 模式
```

(5) 复位后在 PLL 模式工作

在器件复位后，时钟模式由 3 个外部引脚 CLKMD1、CLKMD2 和 CLKMD3 的电平决定，如表 2-14 所列。从初始化时钟模式切换到任何其他的模式很容易，只要修改 CLKMD 即可。

注意,由于不能用软件选择内部振荡器,要选择内部振荡器,只能在复位时使 CLKMD(1～3)=100 或 CLKMD(1～3)=111。

下面的指令可以把时钟模式从2分频切换到PLL×3模式。

```
STM    #0010000101001lllb,CLKMD
```

(6) 使用IDLE指令时应考虑的问题

在使用IDLE指令降低功耗时,要正确处理好PLL的管理。工作在DIV模式和禁止PLL时,时钟发生器的功耗最小。因此,在需要降低功耗时,要先切换到DIV模式并禁止PLL,然后使用IDLEl、IDLE2或IDLE3指令。相应的操作见"(3) 从PLL模式切换到DIV模式"。

注意,当在省电状态(闲置状态)停止PLL、器件重新工作和时钟发生器切换回PLL模式时,PLL的锁定延时与器件的正常上电时相同。因此,在这种情况,不管是外部时钟还是内部PLL锁相计数定时器,都需要考虑锁定延时的问题。

例2-3所给的程序,是把时钟模式从PLL× 3切换到2分频模式,关闭PLL并进入省电模式IDLE2。在从IDLE恢复正常工作时,用STM指令使时钟发生器又从DIV模式切换到PLL模式,PLLCOUNT的值是64,作为锁相定时器值。

例2-3　把时钟模式从PLL×3切换到2分频模式、关闭PLL并进入省电模式IDLE3。

```
            STM    #0b,CLKMD               ;切换到DIV模式
TstStatus:  LDM    CLKMD,A
            AND    #01b,A                  ;测试STATUS位
            BC     TstStatus,ANEQ
            STM    #0b,CLKMD               ;如果STATUS位指示DIV模式,复位PLLON/OFF位
            IDLE3                          ;从IDLE3模式退出后,把PLL从DIV模式切换到
                                           ;PLL×3模式
            STM    #0010001000000111b,CLKMD    ;PLLCOUNT=64(十进制)
```

(7) 可编程PLL时钟的初始化

重新初始化采用以下步骤:

- 重新设置PLLMUL、PLLCOUNT和PLLDIV;
- 设置PLLDIV为高电位启动锁相环;
- 等待PLL锁定。

2.5.4 软件可编程等待状态发生器

软件可编程等待状态发生器可以将外部总线周期扩展到7个机器周期,使'C54x能与低速外部设备接口。而需要多于7个等待周期的设备,可以用硬件READY线来接口。当所有的外部访问都没有等待周期时,等待周期发生器的内部时钟被关闭以使设备处于低功耗的运行中。

软件可编程等待状态发生器是由一个16位的软件等待周期寄存器(SWWSR)控制的,这个寄存器在数据区的映像地址为0028H。

程序和数据空间各有两个32K字的块,I/O空间有一个64K字的块。这些字块在SW-WSR中都有一个对应定义等待状态控制的3位字段。这些字段定义如图2-17所示。

表 2 - 17是对这些字段的详细解释。表 2 - 18 是这些字段在 'C548 以上型号中的意义。

SWWSR 中的这个 3 位的字段值是在每次访问相应的空间和地址时插入的等待周期数。如果没有等待周期，那么这个数值是 0(000B)；当这个数值是 7(111B)时有最长的等待周期。

位	15	14～12	11～9	8～6	5～3	2～0
控制区间	保留 / XPC	I/O空间	数据存储空间	数据存储空间	程序存储空间	程序存储空间
控制方式	R	R/W	R/W	R/W	R/W	R/W

图 2 - 17　软件等待状态寄存器 SWWSR 组成图

表 2 - 17　字段的详解

位	名　称	复位值	功 能 说 明
15	保留	0	保留
14～12	I/O	1	I/O 空间，字段值(0～7)指定访问 I/O 空间 0000～FFFFH 的等待周期数
11～9	数据	1	数据区，字段值(0～7)指定访问数据空间 8000～FFFFH 的等待周期数
8～6	数据	1	数据区，字段值(0～7)指定访问数据空间 0000～7FFFH 的等待周期数
5～3	程序	1	程序区，字段值(0～7)指定访问程序空间 8000～FFFFH 的等待周期数
2～0	程序	1	程序区，字段值(0～7)指定访问程序空间 0000～7FFFH 的等待周期数

表 2 - 18　TMS320C548 及以上型号软件等待周期寄存器(SWWSR)位

位	名　称	复位值	功 能 说 明
15	XPC	0	扩展的程序扩展位，选择由程序字段选定的地址范围
14～12	I/O	1	I/O 空间，字段值(0～7)指定访问 I/O 空间 0000H～FFFFH 的等待周期数
11～9	数据	1	数据区，字段值(0～7)指定访问数据空间 8000H～FFFFH 的等待周期数
8～6	数据	1	数据区，字段值(0～7)指定访问数据空间 0000H～7FFFH 的等待周期数
5～3	程序	1	程序区，字段值(0～7)指定访问下面程序空间的等待周期数 XPC=0：XX8000H～XX7FFFH；XPC=1：400000H～7FFFFFH
2～0	程序	1	数据区，字段值(0～7)指定访问下面程序空间的等待周期数 XPC=0：XX0000H～XX7FFFH；XPC=1：000000H～3FFFFFH

2.5.5　存储器组切换逻辑

可编程的存储器组切换逻辑使 'C54x 可以在外部存储器组之间进行切换，而且对于需要几个周期去切换的存储器在这种情况下不需要等待周期。当访问程序或数据区的存储器组边界时，存储器组切换逻辑可以自动地插入一个周期。

存储器组切换是由存储器组切换控制寄存器(BSCR)定义的，这个寄存器的存储器映像地址是0029H。图2-18是BSCR方框图。表2-19是对BSCR的详细描述。

位	15~12	11	10~2	1	0
控制区间	BNKCMP	PS-DS	保留	BH	EXIO
控制方式	R/W	R/W	R/W	R/W	R/W

图2-18　存储器组切换控制寄存器(BSCR)方框图

表2-19　存储器组切换控制寄存器(BSCR)位

位	名　称	复位值	功能说明
15～12	BNKCMP	—	存储器组比较位。决定外部存储器组的大小。BNKCMP用于屏蔽地址的高4位。例如,如果BNKCMP＝1111B,比较高4位(12～15位),那么存储器组的大小为4K字。存储器组的大小可以从4K字到64K字。表2-20是BNKCMP和地址范围之间的关系
11	PS～DS	—	程序/数据读操作控制位。在连续的程序读和数据读或数据读和程序读之间插入一个额外的周期,当: PS－DS＝0,不插入额外的周期 PS－DS＝1,在连续的程序读和数据读,或数据读和程序读之间插入一个额外的周期
10～2	保留	—	这些位保留
1	BH	0	总线保持控制位。控制总线保持,当: BH＝0,总线保持无效 BH＝1,总线保持允许。数据总线DB(15～0)保持前一个状态不变
0	EXIO	0	外部总线接口控制位。EXIO位控制外部总线接口关断,当: EXIO＝0,外部总线接口处于接通状态 EXIO＝1,外部总线接口关断。在现行的总线周期完后,数据总线、地址总线和控制信号无效。表2-21是当外部总线接口关断时这些信号的状态。不能修改PMST中的DROM、$\overline{\text{MC}}$和OVLY位以及ST1中的HM位

表2-20给出了BNKCMP和要比较的地址位之间的关系,表中没有列出的BNKCMP值不能用。表2-21给出了关断外部总线接口时接口线的状态。

'C54x有一个内部寄存器,这个寄存器包括在程序或数据区用于读或写的最后一个地址的MSB(由BNKCMP字段决定)。如果用于读的地址的MSB与内部寄存器中的不匹配,信号(存储器写)不能仅保持一个CLKOUT周期,还需多加一个周期。在这个额外的周期中,地址总线切换到新的地址,内部寄存器的内容用当前读到的地址的MSB位来替换。

如果用于读的地址的MSB位与寄存器中的相应位匹配,出现有一个正常的读周期。

如果从同一存储器组中重复读地址,就不会插入额外的周期。但如果从不同的存储器组中读,要插入一个额外的周期以避免存储器冲突。如果一个读存储器操作后还跟着一个读存储器操作,则只要插入一个额外的周期即可。对BNKCMP清0可以使这个功能无效。

表2-20　BNKCMP和存储器组的大小

BNKCMP				比较的高位	存储器组大小
位 15	位 14	位 13	位 12		
0	0	0	0	无	64 K
1	0	0	0	15	32 K
1	1	0	0	15～14	16 K
1	1	1	0	15～13	8 K
1	1	1	1	15～12	4 K

表 2-21　当 EXIO=1 时的信号状态

信　号	状　态	信号	状　态
A(15～0)	先前状态	R/W	高电平
D(15～0)	高阻	MSC	高电平
$\overline{PS}/\overline{DS}/\overline{IS}$	高电平	IAQ	高电平
$\overline{MSTRB}/\overline{IOSTRB}$	高电平	—	—

在下面的情况下，'C54x 的存储器组切换逻辑可以自动插入一个额外的周期：

① 一个程序存储器读操作后跟着另外一个从不同存储器组中读程序存储器的操作；

② 一个数据存储器读操作后跟着另外一个从不同存储器组中读数据存储器的操作；

③ 当$\overline{PS}$-$\overline{DS}$位为 1 时，一条程序存储器读后跟一条数据存储器读操作；

④ 当$\overline{DS}$-$\overline{PS}$位为 1 时，一条数据存储器读后跟一条程序存储器读操作；

⑤ 一个程序存储器读操作后跟着另外一个从不同的页中读程序存储器的操作(仅对'C548 以上型号而言)。

图 2-19 表示了在切换存储器组时增加的一个额外周期。

图 2-20 表示了存储器组在不同存储器读之间的切换过程。

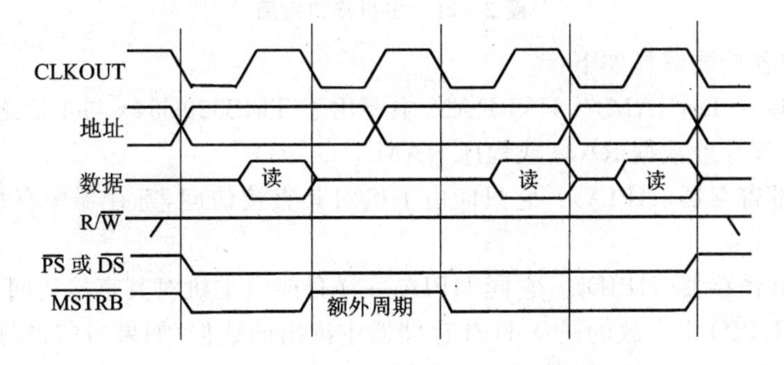

图 2-19　存储器组在不同存储器读之间的切换

EXIO 和 BH 位用于控制外部地址和数据总线。正常操作时将其置为 0，为了减少电源的损耗，尤其当外部存储器很少被访问时，EXIO 和 BH 被置为 1。

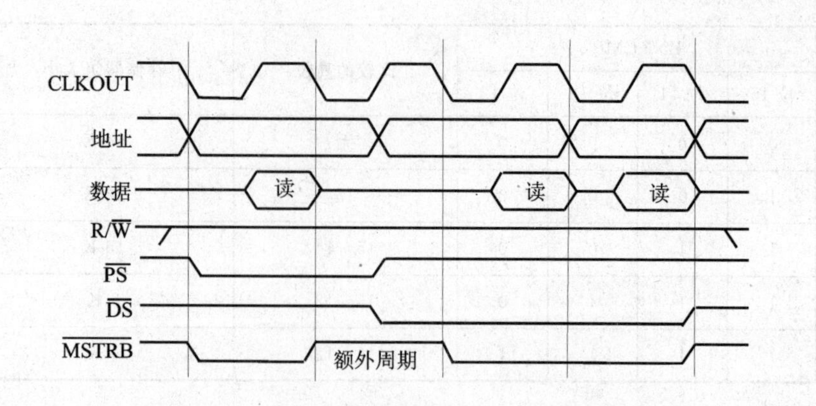

图 2-20 程序区和数据区之间的存储器组切换

2.5.6 HPI接口

TMS320C54x片内都有一个主机接口(HPI),而HPI是一个8位并行口,用来与主设备或主处理器接口。外部主机是HPI的主控者,它可以通过HPI直接访问CPU的存储空间,包括映像存储器,图2-21是HPI的框图。

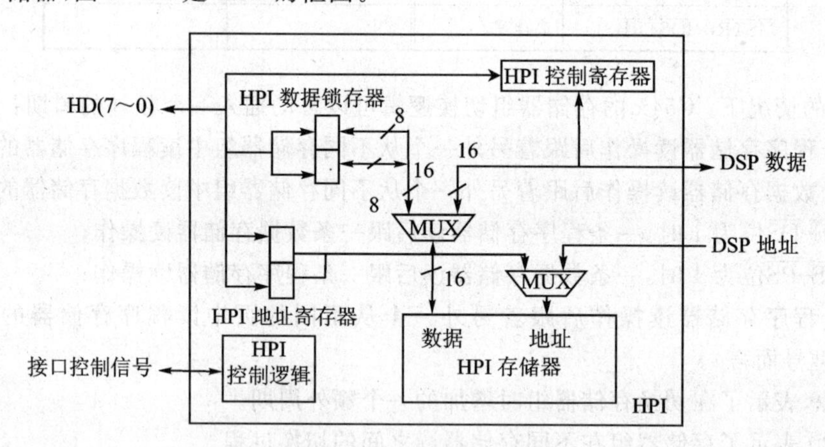

图 2-21 主机接口框图

主机接口内各功能解释如下:

① HPI存储器(DARAM) HPI RAM主要用于TMS320C54x与主机之间传送数据,也可以用做通用的双寻址数据RAM或程序RAM。

② HPI地址寄存器(HPIA) 它只能由主机对其直接访问,寄存器中存放当前寻址的存储单元的地址。

③ HPI数据锁存器(HPID) 它同HPIA一样只能由主机对其直接访问。如果当前进行的是读操作,则HPID中存放的是从HPI存储器中读出的数据;如果当前进行的是写操作,则HPID中存放的是将写到HPI存储器中的数据。

④ HPI控制寄存器(HPIC) TMS320C54x和主机都能对它直接访问,它映像在TMS320C54x数据存储器的地址为002CH。

⑤ HPI控制逻辑 用于处理HPI与主机之间的接口信号。

当TMS320C54x与主机(或主设备)交换信息时,HPI是主机的一个外围设备。HPI的外部数据线是 8 根，HD(7～0)，在 TMS320C54x 与主机传送数据时，HPI 能自动地将外部接口传来的连续的 8 位数组合成 16 位数后传送给 TMS320C54x。

HPI 有如下 2 种工作方式：

① 共用寻址方式（SAM）　这是一种常用的操作方式。在 SAM 方式下，主机和 TMS320C54x 都能寻址 HPI 存储器，异步工作的主机寻址可在 HPI 内部重新得到同步。如果 TMS320C54x 与主机的周期发生冲突，则主机具有寻址优先权，TMS320C54x 等待一个周期。

② 仅主机寻址方式（HOM）　在 HOM 方式下，只能让主机寻址 HPI 存储器，TMS320C54x 则处于复位状态或者处在所有内部和外部始终都停止工作的 IDLE2 空闲状态（最小功耗状态）。

HPI 支持主设备与 TMS320C54x 之间高速传送数据。在 SAM 工作方式时，若 HPI 每 5 个 CLKOUT 周期传送一个字节（即 64 Mbps），那么主机的运行频率可达$(f_d \cdot n)/5$。其中 f_d 是 TMS320C54x 的 CLKOUT 频率，n 是主机每进行一次外部寻址的周期数，通常 n 为 4（或 3）。若 TMS320C54x 的 CLKOUT 频率为 40 MHz，那么主机的时钟频率可达 32（或 24）MHz，且不须插入等待周期。在 HOM 方式时，主机可以更快的速度即每 50 ns 寻址一个字节（即 160Mbps），且与 TMS320C54x 的时钟速率无关。

1. HPI 与主机的连接框图

图 2-22 是 TMS320C54x 与主机的连接框图。TMS320C54x 通过 HPI 与主机相连时，除了 8 位 HPI 数据总线以及控制信号线外，不需要附加其他的逻辑电路。

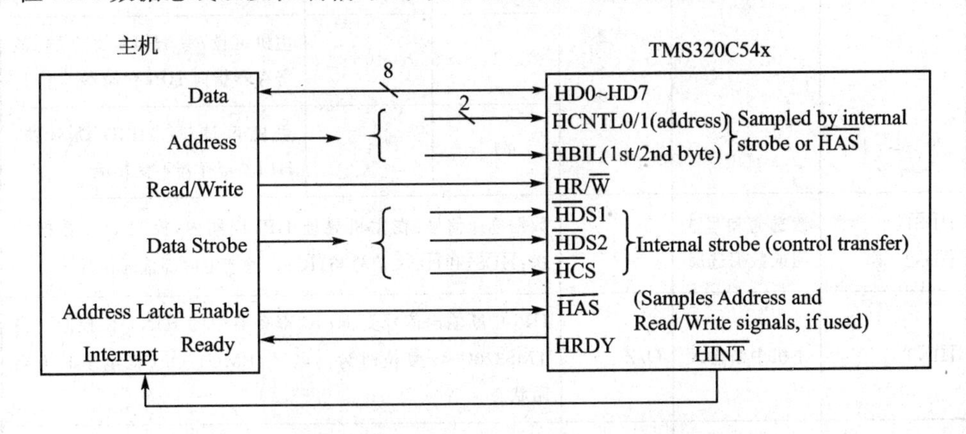

图 2-22　TMS320C54x HPI 与主机连接

表 2-22 列出了 HPI 信号的名称和作用。

表 2-22　HPI 信号的名称和功能

HPI 引脚	主机引脚	状　态	信号功能
HD0～HD7	数据总线	I/O/Z	双向并行三态数据总线：当不传送数据（HDSx 或 HCS=1）或 EMU1/OFF=0（切断所有输出）时，HD7（MSB）～HD0（LSB）均处于高阻状态
$\overline{HCS}$	地址线或控制线	I	片选信号：作为 HPI 的使能输入端，在每次寻址期间必须为低电平，而在两次寻址之间也可以停留在低电平

续表 2-22

<table>
<tr><th>HPI 引脚</th><th>主机引脚</th><th>状 态</th><th colspan="3">信号功能</th></tr>
<tr><td>$\overline{HAS}$</td><td>地址锁存使能(ALE)或地址选通或不用(连到高电平)</td><td>I</td><td colspan="3">地址选通信号:如果主机的地址和数据是一条多路总线,则$\overline{HAS}$连到主机的 ALE 引脚,$\overline{HAS}$的下降沿锁存 HBIL、HCNTL0/1 和 HR/$\overline{W}$ 信号;如果主机的地址和数据线是分开的,就将$\overline{HAS}$接高电平,此时靠$\overline{HDS1}$、$\overline{HDS2}$或$\overline{HCS}$中最迟的下降沿锁存 HBIL、HCNTL0/1 和 HR/$\overline{W}$ 信号</td></tr>
<tr><td>HBIL</td><td>地址或控制线</td><td>I</td><td colspan="3">字节识别信号:识别主机传送过来的是第 1 个字节还是第 2 个字节:HBIL=0 为第 1 个字节;HBIL=1 为第 2 个字节
第 1 个字节是高字节还是低字节,由 HPIC 寄存器中 BOB 位决定</td></tr>
<tr><td rowspan="6">HCNTL0,
HCNTL1</td><td rowspan="6">地址或控制线</td><td rowspan="6">I</td><td colspan="3">主机控制信号:用来选择主机要寻址的 HPIA 寄存器或 HPI 数据锁存器或 HPIC 寄存器</td></tr>
<tr><td>HCNTL1</td><td>HCNTL0</td><td>说 明</td></tr>
<tr><td>0</td><td>0</td><td>主机可读/写 HPIC 寄存器</td></tr>
<tr><td>0</td><td>1</td><td>主机可读/写 HPID 锁存器:每读一次,HPIA 工作后增 1;每写一次,HPIA 工作前增 1</td></tr>
<tr><td>1</td><td>0</td><td>主机可读/写 HPIA 寄存器,该寄存器指向 HPI 存储器</td></tr>
<tr><td>1</td><td>1</td><td>主机可读/写 HPID 锁存器,HPIA 寄存器不受影响</td></tr>
<tr><td>$\overline{HDS1}$
$\overline{HDS2}$</td><td>读选通和写选通或数据选通</td><td>I</td><td colspan="3">数据选通信号:在主机寻址 HPI 周期内,控制 HPI 数据传送;$\overline{HDS1}$和$\overline{HDS2}$信号与$\overline{HCS}$一道产生内部选通信号</td></tr>
<tr><td>$\overline{HINT}$</td><td>主机中断输入</td><td>O/Z</td><td colspan="3">HPI 中断输出信号受 HPIC 寄存器中的 HINT 位控制。当 TMS320C54x 复位时为高电平,EMU1/$\overline{OFF}$低电平时为高阻状态</td></tr>
<tr><td>HRDY</td><td>异步准备好</td><td>O/Z</td><td colspan="3">HPI 准备好端:高电平表示 HPI 已准备好执行一次数据传送;低电平表示 HPI 正忙于完成当前事务。当 EMU1/$\overline{OFF}$为低电平时,HRDY 为高阻态,且$\overline{HAS}$为高电平时,HRDY 总是高电平</td></tr>
<tr><td>HR/$\overline{W}$</td><td>读/写选通,地址线或多路地址/数据</td><td>I</td><td colspan="3">读/写信号:高电平表示主机读 HPI;低电平表示写 HPI。若主机没有读/写信号,可用一根地址线代替</td></tr>
</table>

TMS320C54x 的 HPI 存储器是一个 2 K 字×16 位的 DARAM。它在数据存储空间的地址为 1000H~17FFH;这一存储空间也可用做程序存储空间,条件是 PMST 寄存器的 OVLY 位为 1。

从接口的主机方面来看,是很容易寻址 2 K 字的 HPI 存储器。由于 HPIA 寄存器是 16

位的，由它指向 2K 字空间，因此主机对它寻址是很方便的，地址为 000H～7FFH。

HPI 存储器地址的自动增量特性，可以用来连续寻址 HPI 存储器。在自动增量方式，每进行一次读操作，都会使 HPIA 工作后增 1；每进行一次写操作，都会使 HPIA 工作前增 1。HPIA 寄存器是一个 16 位寄存器，它的每位都可以读出和写入。尽管寻址 2 K 字的 HPI 存储器只要 11 位最低有效位地址，但是 HPIA 的增/减对 HPIA 寄存器所有 16 位都会产生影响。

2. HPI 控制寄存器

HPI 控制寄存器（HPIC）中有 4 个状态位控制着 HPI 的操作，如表 2－23 所列。

表 2－23　HPI 控制寄存器(HPIC)中的各状态位

位	主　机	TMS320C54x	说　明
BOB	读/写	—	字节选择位：如果 BOB＝1，第 1 个字节为低字节；如果 BOB＝0，第 1 个字节为高字节。BOB 位影响数据和地址的传送。只有主机可以修改该位，TMS320C54x 对它既不能读也不能写
SMOD	读	读/写	寻址方式选择位：如果 SMOD=1，选择共用寻址方式（SAM 方式）；如果 SMOD＝0，选择仅主机寻址方式（HOM 方式），TMS320C54x 不能寻址 HPI 的 RAM 区。TMS320C54x 复位期间，SMOD＝0；复位后，SMOD＝1。SMOD 位只能由 TMS320C54x 修正，然而 TMS320C54x 和主机都可以读它
DSPINT	写	—	主机向 TMS320C54x 发出中断位：该位只能由主机写，且主机和 TMS320C54x 都不能读它。当主机对 DSPINT 位写 1 时，就对 TMS320C54x 产生一次中断。对这一位，总是读成 0。当主机写 HPIC 时，高、低字节必须写入相同的值
HINT	读/写	读/写	TMS320C54x 向主机发出中断位：该位决定 HINT 输出端的状态，用来对主机发出中断。复位后，HINT＝0，外部 HINT 输出端无效（高电平）。HINT 为无效（高电平）时，TMS320C54x 和主机读 HINT 位为 0；当 HINT 为有效（低电平）时，读为 1

由于主机接口总是传送 8 位字节，而 HPIC 寄存器（通常是主机首先要寻址的寄存器）是一个 16 位寄存器，在主机内以相同内容的高字节与低字节来管理 HPIC 寄存器（尽管某些位的寻址受到一定的限制），而在 TMS320C54x 内高位是不用的。控制/状态位都是处在最低 4 位。选择 HCNTL1 和 HCNTL0 均为 0，主机可以寻址 HPIC 寄存器，可以连续 2 个字节寻址 8 位 HPI 数据总线。主机要写 HPIC 寄存器，第 1 个字节和第 2 个字节的内容必须是相同的值。TMS320C54x 寻址 HPIC 寄存器的地址为数据存储空间的 0020H。

2.5.7　串行接口

'C54x 内部具有功能很强的高速、全双工串行口，具有灵活的串口通信方式控制及转换接口。'C54x 的串行口形式有标准同步串口 SP、缓冲同步串口 BSP、多路缓冲串口 McBSP、时分多路同步串口 TMD 共 4 种。这些串口可以提供丰富的多路及时分复用功能，实现和双向串口器件的高效通信，例如编码解码器、A/D 转换器等。不同型号的芯片所带串口类型不同，见表 2－1。

1. SP 标准串口

(1) SP 标准串口组成

图 2-23 是标准同步串行通信端口 SP 的硬件结构图。SP 由 16 位数据接收寄存器 DRR、数据发送寄存器 DXR、接收移位寄存器 RSR、发送移位寄存器 XSR、两个装载控制逻辑电路及两个位/字传输计数器等寄存器和电路组成。串口还有 6 个外部引脚,即接收时钟引脚 CLKR、发送时钟引脚 CLKX、串行接收数据引脚 DR、串行发送数据引脚 DX、接收帧同步信号 FSR 引脚和发送帧同步信号 FSX 引脚。

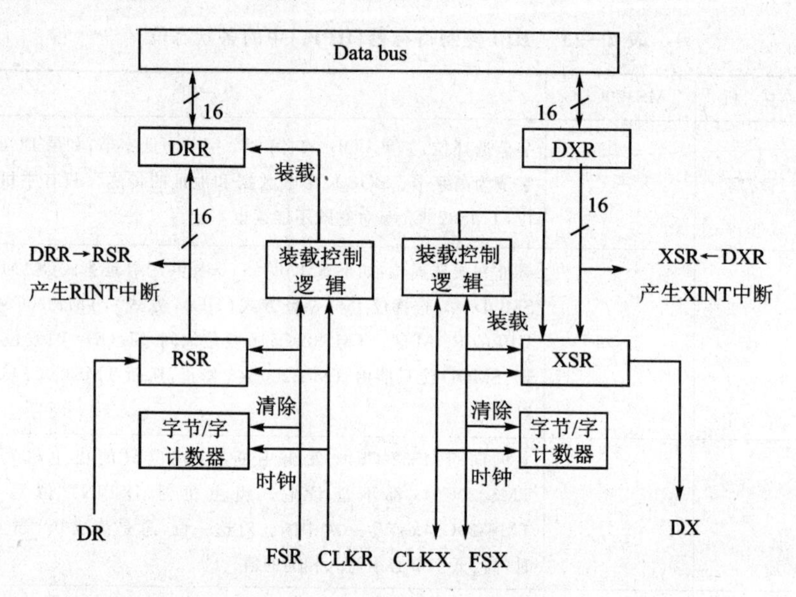

图 2-23 标准同步串口结构图

发送数据时,将准备发送的数据装载到发送数据寄存器 DXR 中,当上一个字发送完毕,发送移位寄存器 XSR 为空,DXR 的内容自动复制到 XSR 中。在帧同步信号 FSX 和发送时钟信号 CLKX 作用下,将 XSR 的数据通过引脚 DX 输出。一旦 DXR 中的数据复制到 XSR,串行口控制寄存器 SPC 的 XRDY 位立即由 0 变为 1,产生传送中断(XINT)和置 XSREMPTY 位为 1,就可以立即将另一个数据写到 DXR 中。

接收数据过程与发送过程基本类似,只是数据流方向相反。外部信号通过引脚 DR 输入,在接收帧同步信号 FSR 及时钟 CLKR 的作用下,移位至接收移位寄存器 RSR;当 RSR 移满时,直接复制到接收数据寄存器 DRR 中。整个过程由 CPU 通过串口控制寄存器 SPC 控制,可以通过软件编程实现数据的完整收发通信。

(2) SPC 串口控制寄存器

'C54x 的串行口控制寄存器 SPC 用于控制串行口的操作。SPC 的各位定义及功能如表 2-24所示,共有 16 位,其中 7 位为只读,9 位为可读可写。

表 2-24　控制寄存器 SPC 各位功能

位	名　称	复位值	功　能
15	Free	0	在用高级语言调试程序中若遇到断点时，结合 Soft 位用于确定串口的状态 Free=0，由 Soft 位选择仿真模式 Soft=0，立即停止，放弃任何数据传输 Soft=1，当前数据字发送完后发送端停止工作，接收端不受影响 Free=1，串口时钟自由运行，与 Soft 位无关
14	Soft	0	在用高级语言调试程序中若遇到断点时，与 Free 位结合可决定串口时钟的状态。当 Free 位为 0 时，Soft 位选择仿真模式 Soft=0，串口时钟立即停止，任何数据传输也会停止 Soft=1，在完成当前的传输后停止时钟
13	RSRFULL	0	接收位寄存器满标志位：该标志位指示接收是否溢出。当 RSR 满和已完成最后一次从 RSR 到 DRR 的传送后还未读出 DRR 时发生溢出。工作在标准串口，当 FSM=1，FSR 上的帧同步脉冲使 RSRFULL=1；当 FSM=0 且工作在缓冲串口，只要满足前面的 2 个条件，不需要等 FSR 脉冲出现就可使 RSRFULL=1。若 RSRFULL=1，下面 3 个事件之一可以清除 RSRFULL 位：读 DRR、复位接收端（使 RRST=0）或使器件复位；RSRFULL=1，串口出现溢出。RSRFULL=1 时接收端停止工作，等待读 DRR，任何发送到 DR 的数据都被丢失。对标准串口，在 RSR 中的数据保留；对缓冲串口，RSR 中的数据丢失
12	$\overline{\text{XSREMPTY}}$	0	发送移位寄存器空标志位：该位用以指示发送端是否下溢，即最后一次从 DXR 到 XSR 的数据传送完成后，DXR 寄存器已空，而 DXR 尚未加载数据，即$\overline{\text{XSREMPTY}}$=0；下面 3 个事件之一可以使$\overline{\text{XSREMPTY}}$=0：已经发生下溢、复位发送端（使 XRST=0）或复位器件 $\overline{\text{XSREMPTY}}$=1，工作在标准串口模式时，写入 DXR 的结果之一时使$\overline{\text{XSREMPTY}}$无效（置为 1）；工作在缓冲串口模式时，只有在出现 FSR 脉冲之后加载 DXR 寄存器才能使$\overline{\text{XSREMPTY}}$无效
11	XRDY	1	发送准备好标志位：XRDY 从 0～1 的变化说明寄存器 DXR 的内容已经复制到寄存器 XSR 且 DXR 已经准备好加载新的数据。此时产生发送中断（XINT）。该位可以用软件检测来代替串口中断。注意，工作在标准模式时，写入 DXR 会产生 XRDY；而工作在缓冲串口，只有在出现 FSR 脉冲之后加载 DXR 寄存器才能产生 XRDY。在器件复位或串口复位（使 XRST=0）时，XRDY 位被置 1
10	RRDY	0	接收准备好标志位：RRDY 从 0～1 的变化说明寄存器 RSR 的内容已经复制到寄存器 DRR 且可以从 DRR 中读出数据。此时产生接收中断（RINT）。该位可以用软件检测来代替串口中断。在器件复位或串口复位（使 RRST=0）时，RRDY 位被置 1
9	IN1	X	输入 1 位：利用该位可以把 CLKX 引脚作为一个位输入端。INl 反映了引脚 CLKX 的当前电平。当 CLKX 引脚的电平发生变化时，INl 位的状态变化要滞后 0.5～1.5 个 CLKOUT 周期

续表 2-24

位	名　称	复位值	功　能
8	IN0	X	输入 0 位:利用该位可以把 CLKR 引脚作为一个位输入端。IN0 反映了引脚 CLKR 的当前电平。当 CLKR 引脚的电平发生变化时,IN0 位的状态变化要滞后 0.5～1.5 个 CLKOUT 周期
7	$\overline{\text{RRST}}$	0	接收端复位位:该信号使接收端复位并开始工作。当写入 0 到该位时,接收端停止工作 $\overline{\text{RRST}}$=0,串口接收端复位。当写入 0 到$\overline{\text{RRST}}$位时,同时清除 RSRFULL 位和 RRDY 位 $\overline{\text{RRST}}$=1,串口接收端可以工作
6	$\overline{\text{XRST}}$	0	发送端复位位:该信号使发送端复位并开始工作。当写入到该位时,发送端停止工作 $\overline{\text{XRST}}$=0,串口发送端复位。当写入 0 到 $\overline{\text{XRST}}$ 位时,同时清除 $\overline{\text{XSREMPTY}}$位和 XRDY 位 $\overline{\text{XRST}}$=1,串口发送端可以工作
5	TXM	0	发送模式位:该位将 FSX 引脚作为输入端(TXM=0)或输出端(TXM=1) TXM=0,采用外部帧同步脉冲。发送端处于休眠状态,直到 FSX 引脚输入一个外部帧同步脉冲时开始工作 TXM=1,采用内部帧同步脉冲。当数据从 DXR 传送到 XSR 并启动数据发送时,由内部逻辑产生帧同步脉冲;内部产生的帧同步脉冲与 CLKX 信号同步
4	MCM	0	时钟模式选择位:该位用以选择 CLKX 信号的来源 MCM=0,CLKX 信号从 CLKX 引脚输入 MCM=1,CLKX 信号来自片内时钟信号源。对标准串口和工作在标准模式的缓冲串口,片内时钟信号频率为 CLKOUT 信号的四分之一。缓冲串口也可以产生与 CLKOUT 信号频率成其他比例的时钟信号。其他详细情况,请参考 2.5.7 节的“缓冲串行接口 BSP”。 注意,如果 MCM=1 且 DLB=1,CLKR 信号也由内部产生
3	FSM	0	帧同步模式控制位:该位用以产生串口操作的内部帧同步脉冲之后是否需要帧同步脉冲(FSX 和 FSR) FSM=0,工作在连续模式。在出现启动帧同步脉冲之后不再需要帧同步脉冲,在启动帧同步脉冲之后出现的帧同步脉冲被忽略。因此,不正常的定时可能会引起串口通信错误 FSM=1,工作在猝发模式。每发送或接收一个字,都需要一个帧同步脉冲

续表 2－24

位	名　称	复位值	功　能
2	FO	0	数据格式位：该位用于指定串口发送或接收的字长 FO＝0，发送或接收的字长为 16 位 FO＝1，数据以 8 位字节的格式发送，先发送高位位。缓冲串口也可以用 10 位或 12 位的格式发送。详细情况可参考 2.5.7 节“缓冲串行接口 BSP”内容
1	DLB	0	数字反馈模式设置位：该位用于使串口工作在数字反馈模式 DLB＝0，禁止数字反馈模式。DR、FSR 以及 CLKR 信号从相应的引脚外部加入 DLB＝1，采用数字反馈模式。DR 引脚与 DX 引脚相连，FSR 引脚与 FSX 引脚相连，如图 2－24(a)和(b)所示。此外，如果 MCM＝1，CLKR 由 ClKX 驱动。如果 DLB＝0 且 MCM＝0，则 CLKR 信号由 CLKR 引脚提供，这样 CLKX 和 CLKR 可以将外部连接在一起并由外部时钟信号驱动。CLKR 信号的产生框图示于图 2－24(c)中。注意，在数字反馈模式，FSX 和 DX 信号出现在引脚上，但 FSR 和 DR 信号不出现。在数字反馈模式中可以采用内部或外部 FSX 信号，取决于 TXM 位的设置
0	Res	0	保留位：该位在标准串口中读出总是为 0。此位在缓冲串口中有定义。请参考 2.5.7 节“时分多路(TDM)串行接口”内容

图 2－24 为串行口多路开关。

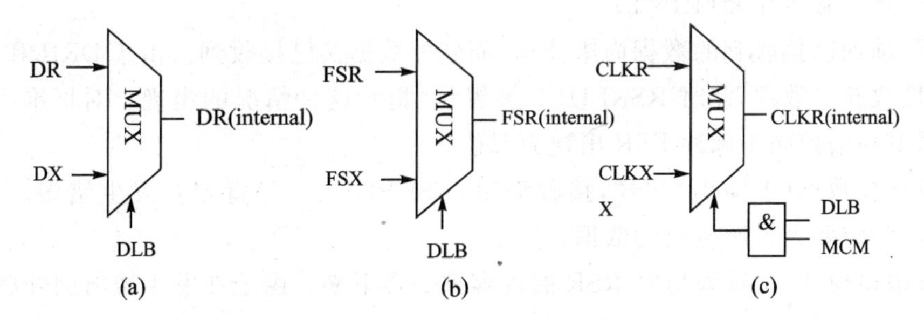

图 2－24　串行口多路开关

(3) 串口工作模式

串口数据的传输可以采用以下 2 种模式：猝发工作模式和连续工作模式。

① 猝发模式的发送与接收

在猝发模式，两帧数据传输之间有停顿。数据帧由 FSX 上的帧同步脉冲来标志。在发送端，数据传输由对 DXR 的写操作来启动。写入 DXR 的数据自动进入 XSR，在 FSX 上出现帧同步脉冲时，XSR 的数据移出到 DX 引脚。

注意：在标准串口 SP 中，把 DXR 的数据复制到 XSR 的时间是在写入 DXR 之后的 CLKX 的第二个上升沿。一旦数据从 DXR 装入 XSR，XRDY 立即变高，产生传送中断(XINT)和置 XSREMPTY 位为 1。

只有在 XSR 空，并且自上一次 DXR 传送到 XSR 后，DXR 被加载了新值，DXR 向 XSR 的传送才会发生。如果在 DXR 尚未传送出去之前就对 DXR 加载,则 DXR 中的旧数据被冲掉。因此,只有当 XRDY=1 时,才加载 DXR,这样就不会冲掉 DXR 的值。所以,只有在响应传送中断或检测 XRDY 之后再写入 DXR,才可以保证不会丢失 DXR 的数据。

猝发模式的发送操作流程如图 2-25 所示。

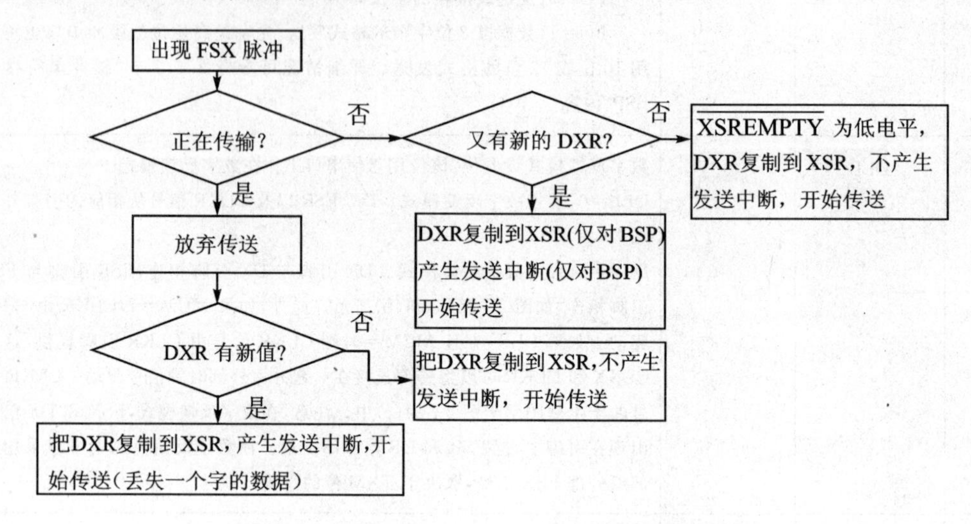

图 2-25 猝发模式的 SP/BSP 发送操作流程图

在接收操作中,当帧同步脉冲变低后,由 CLKR 信号的下降沿把数据移入 RSR 操作开始。然后,在最后一位数据移入 RSR 之后,在 CLKR 的下降沿数据由 RSR 复制到 DRR,RRDY 变高,产生接收中断(RINT)。

在 DRR 前面已接收到的数据尚未读出,而新的数据又已接收到。由于 DRR 和 RSR 都已满,不能再接收新的数据,此时 RSRFULL 被置位,指示这种情况的出现。对标准串口,RSRFULL 随同下一个帧同步脉冲 FSR 出现而置位。

不像发送欠数据(下溢出)那样,接收溢出(RSRFULL-1)肯定会发生错误。如果 DRR 发生溢出,则肯定要丢失所接收的数据。

在标准串口模式,出现溢出时 RSR 的内容被保存下来。由于在发生溢出例外后直到帧同步脉冲 FSR 的出现 RSRFULL 才会置位,只有在 RSRFULL 置位后使刚接收的数据丢失。用软件检测 RSRFULL 位且在 RSRFULL 置位后立即读出 DRR 可以避免数据的丢失。这是由于 CLKR 的频率低于相应的 CLKOUT 频率,RSRFULL 在帧同步脉冲出现时,CLKR 的下降沿才置位,使在后面的 CLKR 的上升沿开始接收数据。因此,为避免丢失数据而用于检测 RSRFULL 和读出 DRR 的数据的时间只有半个 CLKR 周期。

猝发模式接收操作流程如图 2-26 所示。

② 连续模式的发送与接收

对连续模式,在启动脉冲有效或以最高帧速度传输数据时,并不需要 FSX/FSR 端有帧同步脉冲。置 FSM=0,可选择串口工作在连续模式。

注意:在 FSM=0 时,虽然不需要帧同步脉冲,但也不能忽视它,因为不正常的帧同步脉冲也会引起传输错误。

工作在连续模式时,只有一个帧同步脉冲在对 DXR 加载第一个数据时产生,以后再也不

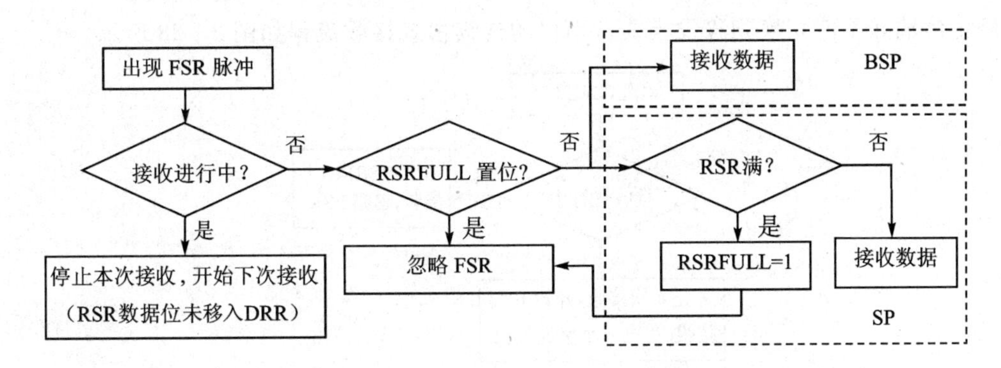

图 2-26　猝发模式的 SP/BSP 接收操作流程

会产生帧同步脉冲了。只要每次传输都及时地把数据加载到 DXR，就能保持不断地传输。一旦没有更新 DXR，像在猝发模式一样，传输就会停止，但信号有效。如果在传输停止后又重新加载 DXR，在采用内部帧同步脉冲时，又能产生一个帧同步脉冲并开始传输。

连续模式采用内部帧同步脉冲和采用外部帧同步脉冲的不同点与串口工作在猝发模式一样，如果选择外部帧同步脉冲，在加载 DXR 之后，产生一个帧同步脉冲并启动传送。只有对串口重新设置或复位，才能停止连续模式的传输。在传输的过程中简单地改变 FSM 位的设置或停止传输并不能切换到猝发模式。

连续模式发送操作流程如图 2-27 所示。

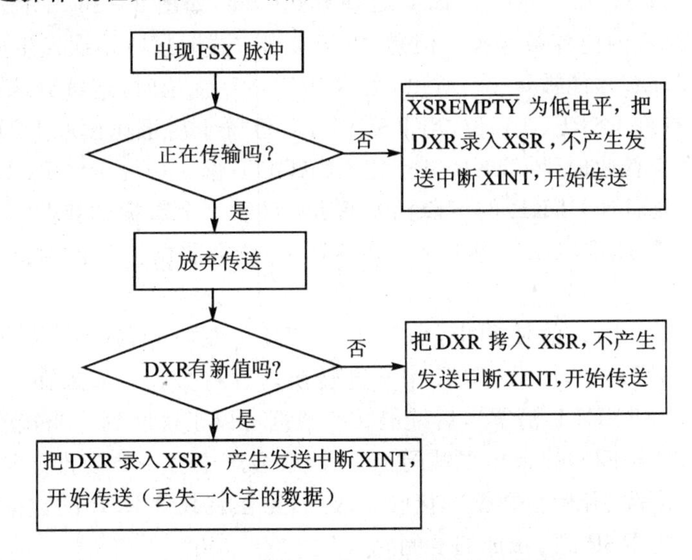

图 2-27　SP/BSP 串口的连续模式发送流程图

连续模式的接收与前面讨论的传送类似。在 FSR 端出现帧同步脉冲启动传输之后，不再需要帧同步脉冲。只要每次传输都能及时地读出 DRR，传输就能进行下去。如果在下一次的传输完成之后还未读出 DRR，接收将停止，RSRFULL 被置位，指示产生了溢出。

在标准串口和缓冲串口中产生溢出的情况有所不同。在标准串口模式，一旦发生溢出，读出 DRR 将在下一个字/字节的边界重新启动连续模式的传输，不再需要帧同步脉冲 FSR。在缓冲串口，直到读出 DRR 和重新发送帧同步脉冲 FSR 之后才开始重新传输。

连续模式的传输可以用重新设置串口来停止。在传输的过程中简单地改变 FSM 位的设置或停止传输并不能切换到猝发模式。串口的连续模式接收流程如图2-28所示。

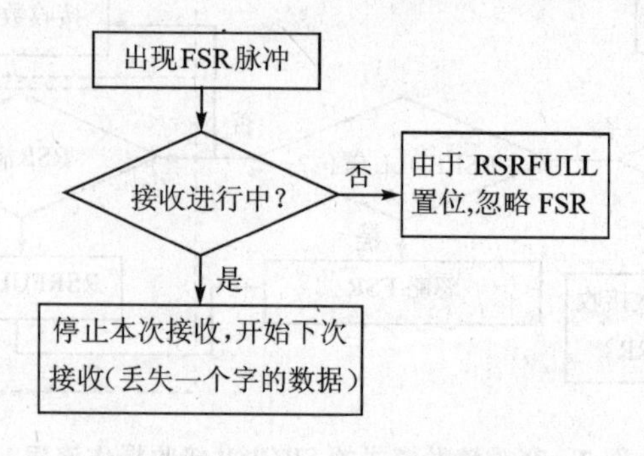

图2-28 SP/BSP连续模式接收流程

③ 串口工作注意事项

串口工作过程中可能会发生许多意外的传输错误情况。这些情况往往是随机的,例如接收溢出、发送不满以及转换过程中的帧同步脉冲丢失等。由于猝发模式与连续传输方式的错误不同,了解串口如何处理这些错误和出现错误时的状况,对有效地利用串口是非常重要的。

猝发模式:猝发模式接收溢出错误,通过SPC的RSRFULL位标志显示。当CPU没有读到传输过来的数据,而更多的数据仍被接收时,CPU会暂停串口接收,直到DRR中的数据被读出。因此,任何紧接的后续数据都会被丢失。

溢出时,标准串口SP和缓冲串口BSP处理方式不同,如图2-26所示。在标准串口SP情况下,溢出方式RSR的内容被保留。但是,由于溢出方式时接收错误发生后,下一个帧同步脉冲到来时,RSRFULL才能被置1。所以,当RSRFULL置位时,连续到来的数据已经丢失了。只有利用软件查询RSRFULL位,当RSRFULL位置1后迅速读取DRR,才可以避免数据丢失。但是,这要求接收时钟CLKR频率比CLKOUT慢。因为RSRFULL是在接收帧同步脉冲FSR期间接收时钟CLKR的下降沿被置位,而下一个数据的接收是在随后的CLKR的上升沿。因此,检测RSRFULL,然后读出DRR,以避免数据丢失的时间仅有半个CLKR周期。

在带缓冲标准串口BSP的使用中,由于RSRFULL在收到最后一位有效位时才置位,RSR来不及转换到DRR中,因此,RSR中全部转换内容将丢失。如果在下一个帧同步脉冲到来前,DRR被读(RSRFULL清零),后续的转换数据可以正确收到。当接收数据期间(数据正在从DR移入RSR期间),如果出现帧同步信号,就会产生另一类接收错误。如果发生这种情况,当前的接收被废除,开始新数据的接收。因此,正在装载到RSR的数据丢失,而DRR中的数据保留(不会产生RSR到DRR的复制)。

发送情况下,当XRS的内容正在移入DX时,发生一个帧同步信号,发送就会停止,XSR中的数据丢失。在帧同步发生的瞬间,无论DXR中的数据是什么都会送入XSR,并发送出去。然而,值得注意的是,只要DXR的最后一位发送出去,就立即产生串口发送中断XINT。另外,如果$\overline{\text{XSREMPTY}}$为0,并且帧同步脉冲发生,DXR中的原有数据移出。图2-25给出了在正常和错误状态下串口的发送流程图。

连续模式:在连续模式下,错误出现的形式更多,因为数据转换一直在进行。因此,发送停顿($\overline{\text{XSREMPTY}}$=0)在连续工作模式下是一个错误。就像在猝发模式下溢出RSRFULL=1的错误一样,在连续模式下,溢出和欠入分别产生接收和发送的停顿。所幸的是这两种错误不会产生灾难性后果，常常可以利用简单的读 DRR 或写 XSR 进行矫正。

在连续模式下的溢出错误，可以通过读 DRR 清 RSRFULL 位，恢复连续操作模式，并不要求帧同步脉冲。即使接收器没有接收到信号，接收仍保持原有的字符接收边界。因此，当 RSRFULL 由读 DRR 清零时，从正确的位置接收并开始读。在 BSP 中，由于要求帧同步重新开始连续接收，因此，需要重新建立位队列，以便重新开始接收。图 2-28 为连续工作模式下接收状态流程图。

在连续模式接收期间，如果发生帧同步脉冲，接收就会停止，因此，会丢失一个数据包（因为此时帧同步信号复位了 RSR 寄存器）。出现在 DR 的数据随后移入 RSR，再一次从第 1 位开始。注意，如果帧同步信号发生在 RSRFULL 清零之后，在下一个字的边界到来之前，也会产生一个接收停止状况。

另一种串口错误产生的原因是发送期间外部帧同步信号的出现，连续模式下，初始化帧同步之后，不再需要帧同步信号。如果发送期间出现一个不合适的时序帧同步信号，就会停止当前的信号发送，使 XSR 中的数据丢失，新的发送周期重新被初始化。每个数据发送之后，只要 DXR 被刷新，发送转换就会继续。图 2-26 为连续模式下发送状态流程图。

④ 串口操作举例

表 2-25 和表 2-26 分别给出了初始化串口和串口通信中断的服务子程序。描述此程序是以‘C5402 作为参考来说明的。

表 2-25 'C5402 串口的初始化程序

操作步骤	功能说明
(1) 复位并写入 0038H(或 0008H)到 SPC 寄存器初始化串口	使串口的发送端和接收端复位，设置串口采用内部产生 FSX 和 CLKX 信号方式，每传送 16 位的值都需要 FSX 或 FSR 脉冲
(2) 写入 0C00H 到 IFR 寄存器以清除任何已产生的串口中断	清除任何可能在初始化之前产生的串口中断
(3) 把 0C00H 逻辑或操作到 IMR 寄存器	置发送和接收中断使能。另一种经常选择的是把 0800H 或 0400H 逻辑或操作到 IMR 寄存器，使发送和接收同步，这样可以用一个中断服务子程序同时完成接收和发送操作
(4) 如果需要，清除 ST1 寄存器中的 INTM 位使中断全局使能	为了 CPU 响应中断，必须使中断全局使能
(5) 写入 00F8H(或 00C8H)到 SPC 寄存器启动串口	这一步使串口发送且接收端都退出复位且以第一步的设置开始工作
(6) 写入第一个数据到 DXR 寄存器(如果串口已连接到另一枚器件的串口并由本器件产生 FSX 信号，则在写入第一个数据 DXR 之前必须先进行握手操作)	如果 FSX 和 CLKX 信号是由内部产生，或串口已准备好等待第一个 FSX 信号，这一步将启动发送操作

表 2-26 'C5402 串口通信中断的服务子程序

操作步骤	功能说明
(1) 保存任何可能被修改的内容到堆栈	保护中断现场
(2) 读 DRR 寄存器或写 DXR 寄存器,或者既读 DRR 寄存器也写 DXR 寄存器。从 DRR 寄存器读出的值写到存储器中的预定单元。写入 DXR 寄存器的值从存储器中的预定单元读出	接收中断服务子程序,读接收到的数据;或发送中断服务子程序,写要发送的数据。如果发送和接收使用同一个子程序,则两项操作都进行
(3) 恢复第一步所保存的数	恢复中断现场
(4) 用 RETE 指令从中断服务子程序(ISR)返回并开放中断	开放中断以使 CPU 能够响应下一次中断

2. 缓冲串行接口 BSP

全双工的 BSP 串口提供了与其他串行设备,如解编码器、串行 A/D 转换器和微处理器通信接口。双缓冲 BSP 可以用 8、10、12 或 16 位的格式进行连续通信。BSP 产生帧同步脉冲和可编程频率的串行时钟用于发送和接收。帧同步脉冲和串行时钟信号的极性也是可编程的。最高工作频率是 CLKOUT(25 ns 时为 40 Mbps,30 ns 时为 50 Mbps)。BSP 的发送端具有脉冲编码调制模式(PCM),很容易与 PCM 接口。

如图 2-29 所示的缓冲串行接口 BSP 由与 'C54x 标准串口相似的全双工、双缓冲的串口和自动缓冲单元(ABU)组成。BSP 中的串口是 'C54x 标准串口的增强版本。ABU 的作用是在不需要 CPU 的干预下自动地直接对 'C54x 的内部存储器进行读写。

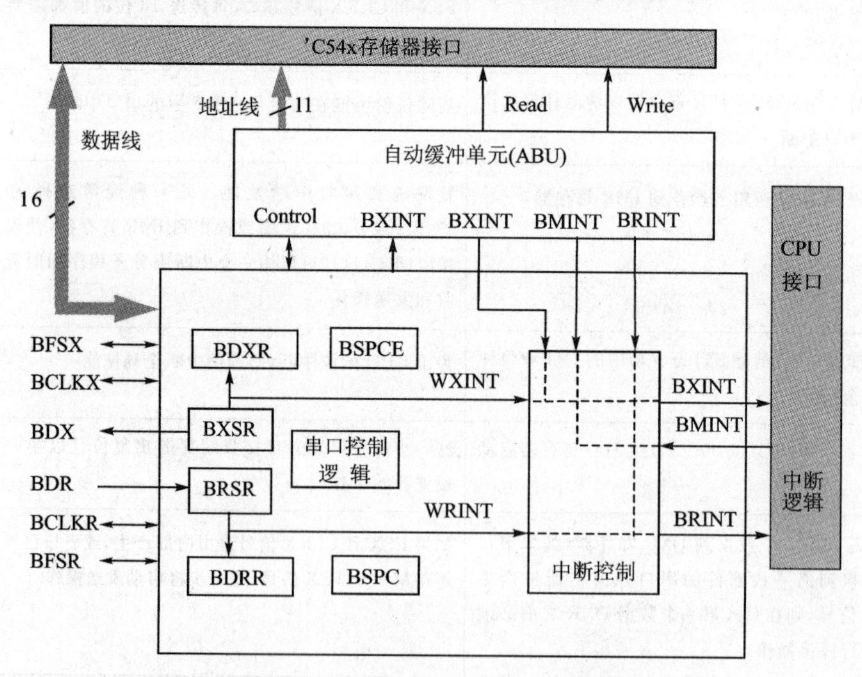

图 2-29 缓冲串行接口 BSP 结构框图

ABU 具有自己的循环地址寄存器，每个寄存器都有相应的地址产生单元。传送和接收缓冲区是驻留在 'C54x 内部存储器中特定的 2K 字的区域。CPU 也可以把这个存储器作为通用存储器使用。只有这个存储器可以用于串口的自动缓冲存储。

利用自动缓冲功能，在 ABU 的管理下，数据可以自动地在串口和 'C54x 的内部存储器之间传输。在 2K 字的自动缓冲存储块内的缓冲区的起始地址和长度都是可编程的。存储区空或满时可以向 CPU 产生中断。使用自动停止功能可以停止缓冲操作。

在接收或发送端可以设置各自的自动缓冲功能。如果不采用自动缓冲功能（标准模式），串口的数据传输与 'C54x 的标准串口相同。在这种工作方式下，ABU 不工作。每当 CPU 发送或接收一个字的数据，都产生中断信号 WXINT 或 WRINT 作为传送中断 BXINT 或接收中断 BRINT 申请。而在采用自动缓冲功能的情况下，只有在缓冲区的数据接收或传送了一半时才产生 BRINT 或 BXINT 中断申请。

缓冲串口操作的大部分与 'C54x 标准串口的操作相同。操作流程见前述图 2 - 25～图 2 - 28。

缓冲串口寄存器及其功能如表 2 - 27 所列。

表 2 - 27 缓冲串口寄存器及其功能

地 址	寄存器名称	说 明
0020H	BDRR	16 位缓冲串口数据接收寄存器
0021H	BDXR	16 位缓冲串口数据发送寄存器
0022H	BSPC	16 位缓冲串口控制寄存器
0023H	BSPCE	16 位缓冲串口控制扩展寄存器
…	BRSR	16 位缓冲串口数据接收移位寄存器
…	BXSR	16 位缓冲串口数据发送移位寄存器

(1) 标准模式下的缓冲串口的操作

这部分将讨论串口操作的标准模式 SP 与 BSP 操作的差别以及 BSP 提供的增强功能的特点。增强 BSP 功能在标准模式和自动缓冲模式下都是有效的。BSP 利用自己内存映射的数据发送寄存器、数据接收寄存器、串口控制寄存器（BDXR、BDRR、BSPC）进行数据通信，也利用附加控制寄存器 BSP 的控制扩展寄存器 BSPCE，处理它的增强功能和控制 ABU。BSP 发送和接收移位寄存器（BXSR、BRSR）不能用软件直接存取，但是具有双向缓冲能力。如果没有使用串口功能，BDXR、BDRR 寄存器可以用做通用寄存器。此时，BFSR 设置为无效，以保证初始化可能的接收操作。

注意：当自动缓冲使能时，对 BDXR、BDRR 的访问将受限。ABU 废除时，BDRR 只能进行读操作，BDXR 只能进行写操作。复位时，BDRR 只能进行写操作。BDXR 任何时间只要 ABU 没有被禁止都可以进行读操作。

标准串口 SP 与 BSP 的操作差别如表 2 - 28 所列。

表 2-28 SP 与 BSP 的操作差别

SPC 状态	SP	BSP
RSFULL=1	要求 RSR 满,且 FSR 出现。在连续模式下,只需 RSR 满	只需 BRSR 满
溢出时 RSR 数据保留	溢出时 RSR 数据保留	溢出时 BRSR 内容丢失
溢出后连续模式接收重新开始	只要 DRR 被读,接收重新开始	只有 BDRR 被读且 BFSR 到来,接收才重新开始
DRR 中进行 8,10,12 位传送时符号扩展	否	是
XSR 装载,$\overline{XSREMPTY}$清空,XRDY/XINT 中断触发	装载 DXR 时出现这种情况	装载 BDXR 且 BFSK 发生,出现这种情况
程序对 DXR 和 DRR 的存取	任何情况下都可以在程序控制下对 DRR 和 DXR 进行读写。注意:当串口正在接收时,DRR 的读得不到以前由程序所写的结果。另外,DXR 的重写可能丢失以前写入的数据,这与帧同步发送信号 FSX 和写的时序有关	不启动(ABU 没被废除)ABU 功能时,BDRR 只读,BDXR 只写。只有复位时,BDRR 可写,BDXR 任何时候都可读(ABU 没被废除)
最大串口时钟速率	CLKOUT/4	CLKOUT
初始化时钟要求	只有帧同步信号出现且初始化过程完成后退出复位。但是,如果在帧同步信号发生期间或之后$\overline{XRST}/\overline{RRST}$变为高电平,则帧同步信号丢失	标准 BSP 情况下,帧同步信号 FSX 出现后,需要一个时钟周期 CLKOUT 的延时,才能完成初始化过程。自动缓冲模式下,FSX 出现之后,需要 6 个时钟周期的延时,才能完成初始化过程

(2) BSP 的增强模式

BSP 的扩展功能包括可编程串口时钟速率、选择时钟和帧同步信号的正负极性,除了有串口提供的 8、16 位数据转换,还增加了 10、12 位数据转换。另外,BSP 允许设置忽略帧同步信号或不忽略。同时,利用 PMC 接口可提供一个详细的操作模式。

BSPCE 寄存器包含控制和状态位,这些位针对 BSP 和 ABU 的特殊增强功能。寄存器各位定义及其功能如表 2-29 所列。

表 2-29 BSPCE 寄存器说明

位	名 称	复位值	功 能 说 明
15~10	ABU 控制	—	用于自动缓冲单元(ABU)控制

续表 2-29

位	名称	复位值	功能说明
9	PCM	0	脉冲编码调制模式(PCM)控制位,用于设置串口工作在脉冲编码调制模式 PCM 模式只影响发送端,而 PCM 位不影响从 BDXR 寄存器到 BXSR 的数据传送。当 PCM=0,禁止 PCM 模式; 当 PCM=1,PCM 模式使能。 在 PCM 模式,只有 BDXR 中的最高位(bit15)为 0,BDXR 中的内容才能发送出去。如果 BDXR 中的最高位被置为 1,则 BDXR 中的内容不能发送出去,BDX 引脚在发送期间置为高阻状态
8	FIG	0	帧同步脉冲忽略位。该位用于连续模式接收和带有外部帧同步脉冲的连续模式发送 当 FIG=0,在第一个帧同步脉冲之后出现的帧同步脉冲重新启动传输 当 FIG=1,在第一个帧同步脉冲之后出现的帧同步脉冲被忽略
7	FE	0	格式扩展控制位。FE 位结合 SPC 寄存器中的 FO 位(参见表 2-26)用于指定传输的字长。当 FO FE=00 时,传输数据为 16 位字长;当 FO FE=01 时,传输数据为 10 位字长;当 FO FE=10 时,传输数据为 8 位字长;当 FO FE=11 时,传输数据为 12 位字长
6	CLKP	0	时钟极性控制位。该位用于指定发送和接收时采样数据的串口时钟的极性。当 CLKP=0,接收数据时在 BCLKR 信号的下降沿采样,发送数据时在 BCLKR 信号的上升沿移出数据;当 CLKP=1,接收数据时在 BCLKR 信号的上升沿采样,发送数据时在 BCLKR 信号的下降沿移出数据
5	FSP	0	帧同步脉冲极性控制位。该位用于控制帧同步脉冲(BFSX 和 BFSR)是高有效还是低有效 当 FSP=0,帧同步脉冲(BFSX 和 BFSR)高有效 当 FSP=1,帧同步脉冲(BFSX 和 BFSR)低有效
4~0	CLKDV	00011	内部发送时钟分频因子。当 BSPC 寄存器中的 MCM 位置为 1 时,片内时钟信号源驱动 CLKX 引脚的频率为 CLKOUT 的 1/(CLKDIV+1)。其中,CLKDV 的取值范围为 0~31。当 CLKDV 的取值为奇数或 0 时,CLKX 的占空比为 50 %。当 CLKDV 的取值为偶数(CLKDIV=2p)时,CLKX 的占空比取决于 CLKP:即如果 CLKP 是 0,高电平持续 $p+1$ 个周期及低电平持续 p 个周期;而当 CLKP 是 1,高电平持续 p 个周期及低电平持续 $p+1$ 个周期

上述扩展功能可以使串口在各方面的应用都十分灵活。尤其是在帧同步忽略的工作方式下,可以将 16 位传输字格式以外的各种传输字长压缩打包。这个特性可以用于外部帧同步信号的连续发送和接收工作状态。初始化之后,当 FIG=0,帧同步信号发生,转换重新开始。当 FIG=1,帧同步信号被忽略。例如,设置 FIG=1,可以在每 8、10、12 位产生帧同步信号的情况下实现连续 16 位的有效传输。如果不用 FIG,每一个低于 16 位的数据转换必须用 16 位格式,包括存储格式。由此可见,利用 FIG 可以节省缓冲内存。

(3) ABU自动缓冲单元

ABU的功能是自动控制串口与固定缓冲内存区中的数据交换，且独立于CPU自动进行。ABU利用5个存储器映射寄存器，包括地址发送寄存器AXR、块长度发送寄存器BKX、地址接收寄存器ARR、块长度接收寄存器BKR和串口控制寄存器BSPCE。前4个寄存器都是11位的片内外设存储器映射寄存器，但这些寄存器按照16位寄存器方式读，5个高位为0。如果不使用自动缓冲功能，这些寄存器可以作为通用寄存器使用。

发送和接收部分可以分别控制。当两个功能同时应用时，通过软件控制相应的串口寄存器BDXR或BDRR。当发送或接收缓冲区的一半或全部是满或空时，ABU也可以执行CPU的中断。在标准模式操作下，这些中断代替了接收和发送中断。在自动缓冲模式下，不会发生这种情况。

使用自动缓冲功能时，CPU也可以对缓冲区进行操作。如果ABU和CPU同时对缓冲区操作，就会产生时间冲突。此时，ABU的优先级更高，而CPU存取延时1个时钟周期。当ABU同时与串口进行发送和接收数据时，发送的优先级高于接收。此时，发送首先从缓冲区取出数据，然后延迟等待，当发送完成后再开始接收。

BSPCE寄存器的ABU控制位为高6位，各位功能如表2-30所列。

表2-30　BSPCE寄存器ABU控制位各位功能

位	名称	复位值	功能说明
15	HALTR	0	自动缓冲接收停止位。当HALTR=0，在缓冲区接收到一半数据时，继续操作；当HALTR=1，在缓冲区接收到一半数据时，自动缓冲停止工作。此时，BRE位清零，串口继续按标准模式工作
14	RH	0	这个接收位指明接收缓冲区的哪一半已经填满。RH=0，表示缓冲区的前半部分数据被填满，当前接收的数据正存入后半部分缓冲区。RH=1，表示后半部分数据缓冲区被填满，当前接收数据正填入前半部分缓冲区
13	BRE	0	自动接收使能控制。BRE=0，自动接收禁止，串口工作于标准模式。BRE=1，自动接收允许
12	HALTX	0	自动发送禁止。HALTX=0，当一半缓冲区数据发送完成后，自动缓冲继续工作。HALTX=1，当一半缓冲区数据发送完成后，自动缓冲停止。此时，BRE清零，串口继续工作于标准模式
11	XH	0	发送缓冲禁止位。XH=0，缓冲区前半部分数据发送完成，当前发送数据取自缓冲区的后半部分。XH=1，缓冲区的后半部分数据发送完成，当前发送数据取自缓冲区前半部分
10	BXE	0	自动发送使能位。BXE=0，禁止自动发送功能。BXE=1，允许自动发送功能
9～0	见表2-29中bit9～bit0		

自动缓冲单元ABU的工作过程：自动缓冲单元操作是在串口与自动缓冲单元2 K字的内存之间进行的。每一次工作在ABU的控制下，串口将取自指定内存的数据发送出去，或者将接收的串口数据存入指定内存。在这种工作方式下，传输每一个字的过程中不会产生中断，只有当发送或接收数据超过存储长度要求一半的界限时才会产生中断，这样避免

了 CPU 直接介入每一次传输带来的资源消耗。可以利用 11 位地址寄存器和块长度寄存器设定数据缓冲区的开始地址和数据区长度;发送和接收缓冲可以分别驻留在不同的独立存储区,包括重叠区域或同一个区域内。在自动缓冲工作中,ABU 利用循环寻址方式对这个存储区寻址,而 CPU 对这个存储区的寻址则严格执行存储器操作的汇编指令所选择的寻址方式进行。

循环寻址原理是:通过装载 BKX/BKR 满足实际要求缓冲区长度(长度－1),通过装载 ARX/ARR 给出 2 K 字缓冲区内的基地址和缓冲区数据起始地址实现初始化。一般情况下,初始化起始地址为 0,暗示为缓冲区的开始(即缓冲区顶端地址)。然而,也可以指定为缓冲区内的任意一点。一旦初始化完成,BKX/BKR 可以认为由两部分组成:高位部分相对于 BKX/BKR 的所有的 0 位置,低位部分相对于高位出现第一个 1 及其以后的位,并表明这个 1 所处的位置为第 N 位。同时,这个 N 位的位置也定义寻址寄存器为 ARH 和 ARL 两部分。缓冲区顶部地址(TBA)由高位为 ARH,而低位为 $N+1$ 个 0 组成的数来定义。缓冲区底部地址(BBA)由 ARH 和 BKL－1 决定,而当前数据缓冲区的位置由 ARX/R 的内容决定。长度为 BXR/R 的循环缓冲区必须开始于 N 位地址边界(地址寄存器的低 N 位为零)。这里 N 必须是满足不等式 2^N＞BKX/R 的最小整数,或者是在 2 K 字缓冲内存之内的最低端地址。缓冲区由两部分组成:第一部分的地址范围是 TBA≥(BKL/2),第二部分 BKL/2≥(BLK－1)。

ABU 缓冲区最小的块长度为 2,最大的块长度是 2 047。任何 2 047～1 024 个字的缓冲区开始于相对 ABU 存储区基地址的 0x0000 位置。如果地址寄存器(AXR、ARR)装载了当前指定的 ABU 缓冲区范围之外的地址,就会产生错误。后续的存取从指定的位置开始,不管这些位置是否已经超出了指定缓冲区之外。ARX/ARR 的内容会随着每一次访问继续增加直至达到下一个允许的缓冲区开始地址。然而,在后续的存取操作中,作为更新的循环缓冲开始地址,新的 ARX/ARR 内容用来进行正确的循环缓冲地址计算。

值得注意的是,任何由于不适当装载 ARX/ARR 的存取都可能会破坏某些存储空间的内容。如下的例子说明自动缓冲功能的应用。考虑一个长度为 5(BKX＝5)的发送缓冲区,长度为 8(BKR＝8)的接收缓冲区。

发送缓冲区开始于任何一个 8 的倍数的地址:

0000H,0008H,0010H,0018H,…,007F8H

接收缓冲区开始于任何一个 16 的倍数的地址:

0000H,0010H,0020H,…,07F0H

发送缓冲区开始于 0008H,接收缓冲区开始于 0010H。AXR 中的数据内容可以是 0008H～000CH 中的任何一个值。ARR 的内容为 0010H～0017H 之间的任何一个值。如果本例中 AXR 已经被装载了 000DH(长度为 5 的模块不能接收),存储器的存取一直执行,AXR 增加直到地址 0010H,它是一个可以接收的开始地址。注意:如果发生这种情况,AXR 就指定一个与接收缓冲区相同的地址,从而产生发送接收冲突,出现运行错误。当 XRDY 或 RRDY 变高,串行接口激活自动缓冲功能,表明一个字已经收到。然后完成要求的内存存取,如果已经完成了接收数据超过定义的缓冲区长度的一半,则产生一个中断。当中断产生时,BSPCE 中的 RH 和 XH 表明是哪一半数据已经被发送和接收。当选择废除自动缓冲功能时,在遇到下一半缓冲区边界时,BSPCE 中的自动使能位 BXE 和 BRE 被清零,以便禁止自动缓冲功能,不会产生任何进一步的请求。当发送缓冲被停止时,当前的 XSR 的内容和 DXR 内最后的值都会被发送完成。因为这些转换都已经被初始化,因此,当利用 HALTX 功能时,在穿越缓冲边界与发送实际停止之间通常会有时间延迟。如果必须识别发送的实际停止时间,必须利用软件查询到 XRDY=1、$\overline{\text{XSREMPTY}}$=0。接收时,利用 HALTR 功能,由于越过缓冲区边界时自动功能被停止,进一步接收数据会丢失,除非软件从这一点开始响应接收中断,因为不再由 ABU 自动转换来读 BDRR。

自动缓冲过程归纳如下:

① ABU 完成对缓冲存储器的存取。

② 工作过程中地址寄存器自动增加,直至缓冲区的底部;到底部后,地址寄存器内容恢复到缓冲存储器区顶部。

③ 如果数据到了缓冲区的一半或底部,就会产生中断,并刷新 XH/XL。

④ 如果选择禁止自动缓冲功能,当数据过半或到达缓冲区底部时,ABU 会自动停止自动缓冲功能。

(4) BSP 操作注意事项

以下将讨论 BSP 操作的系统级情况,包括初始化时序、ABU 的软件初始化和省电模式。

串口初始化时序:'C54x 系列充分利用了 DSP 的静态设计。串口时钟在转换或初始化之前不必工作,因此,如果 FSX/FSR 与 CLKX/CLKR 同时启动,仍然可以正常操作。不管串口时钟是否提前工作,串口初始化的时间以及最重要的串口脱离复位的时间是串口正常工作的关键。最重要的是串口脱离复位状态的时间和第一个帧同步脉冲的发生时间一致。

初始化时间要求在标准串口 SP 和缓冲串口 BSP 中是不同的。对于 SP 来说,可以在任何 FSX/FSR 的时间复位,但是,如果在帧同步信号之后或帧同步信号期间 XRST/RRST 置位,帧同步信号可能被忽略。在标准模式下进行接收操作,或外部帧同步发送(TXM=0)操作,BSP 必须在检测到有效的帧同步脉冲的那个时钟边沿之前,或至少有 2 个 CLKOUT 周期加 1/2 个串口时钟周期时复位,以便正常操作。在自动缓冲模式下,具有外部帧同步信号的接收和发送必须至少 6 个周期才能复位。

为了开始或重新开始在标准模式下的 BSP 操作,软件执行的步骤与标准串口初始化的过程一样。此外,BSPCE 被初始化以配置所希望的扩展功能。

BSP 发送初始化过程如表 2-31 所列。

表 2-31 BSP 发送初始过程

操作步骤	功能说明
(1) 复位和写入 0008H 到 BSPCE 寄存器,初始化串口	使串口的发送端和接收端复位;设置串口采用外部产生的 FSX 和 CLKX 信号方式,每传送 16 位的值都需要 FSX 脉冲
(2) 写入 0020H 到 IFR 寄存器	清除任何可能在初始化之前产生的串口中断
(3) 把 0020H 逻辑或到 IMR 寄存器	置发送中断使能
(4) 如果需要,清除 INTM 寄存器中的 ST1 位使中断全局使能	为了使 CPU 响应中断,必须使中断全局使能

续表 2 - 31

操作步骤	功能说明
(5) 写入 1400H 到 BSPCE 寄存器启动 ABU 发送	除非有另一个 FSX 脉冲出现,否则,一直到把缓冲区的所有数据都传送完为止
(6) 写入缓冲区起始地址到 AXR 寄存器	确定 ABU 缓冲区的起始地址
(7) 写入缓冲区大小到 BKX 寄存器	确定 ABU 缓冲区的大小
(8) 写入 0048H 到 BSPCE,以启动串口	使串口发送端退出复位并按照(1)～(5)的操作步骤所定义的条件进行

上述操作仅仅启动猝发模式的发送操作。有外部帧同步脉冲和外部时钟的发送操作,采用 16 位格式,选择帧同步脉冲高有效。设置 BSPCE 寄存器中的 BXE 位,启动发送的自动缓冲功能,设置 HALTX 位为 1,在发送完缓冲区一半的数据时自动停止传送。

BSP 接收初始化过程如表 2 - 32 所列。

表 2 - 32　BSP 接收初始化过程

操作步骤	功能说明
(1) 复位和写入 0000H 到 BSPCE 寄存器,初始化串口	使串口的发送端和接收端复位,设置串口可采用外部产生 FSX 和 CLKX 信号方式,每传送 16 位的值都需要 FSX 脉冲
(2) 写入 0010H 到 IFR 寄存器以清除任何已产生的串口中断	清除任何可能在初始化之前产生的串口中断
(3) 把 0010H 逻辑或操作到 IMR 寄存器	置接收中断使能
(4) 如果需要,清除 INTM 寄存器中的 STl 位使中断全局使能	为了 CPU 响应中断,必须使中断全局使能
(5) 写入 2160H 到 BSPCE 寄存器启动 ABU 接收	除非有另一个 FSR 脉冲出现,否则,一直连续接收
(6) 写入缓冲区起始地址到 ARR 寄存器	确定 ABU 缓冲区的起始地址
(7) 写入缓冲区大小到 BKR 寄存器	确定 ABU 缓冲区的大小
(8) 写入 0080H 到 BSPCE,以启动串口	使串口接收端退出复位且按照(1)～(5)操作步骤所定义的条件进行

(5) 省电模式时的 BSP 操作

'C54x 有几种省电模式,可以使一部分或全部操作停止工作,这样就可以比正常工作时显著地降低功耗。可以有几种方式进入省电模式:执行 IDLE 指令,使 $\overline{\text{HOLD}}$输入端为低电平,置 HM 状态位为 1。BSP 可以像其他片内外设一样,如定时器和标准串口,可以用发送中断或接收中断使 CPU 退出省电模式。

当在 IDLE 或$\overline{\text{HOLD}}$模式时,BSP 继续工作,如同标准串口一样。在 IDLE2/IDLE3 模式时,不像标准串口和其他片内外设要停止工作,BSP 可以继续工作。

在标准模式下,当器件工作于 IDLE2/IDLE3 模式时,如果 BSP 使用外部时钟及外部帧同步信号,则 BSP 继续工作。在执行 IDLE2 或 IDEL3 指令之前,如果 INTM=0,发送中断(BXINT)或接收中断(BRINT)可以使器件退出 IDLE2/IDLE3 模式。

在自动缓冲模式,如果 BSP 在器件处于 IDLE2/IDLE3 模式时,使用外部时钟和外部帧同步脉冲信号,则发生和接收中断会使内部 BSP 时钟恢复工作以完成 DXR 或 DRR 与存储器之间的数据传输。在传输完成后,BSP 内部时钟自动关闭,器件仍然处于 IDLE2/IDLE3 模式。如果在执行 IDLE2 或 IDEL3 指令之前,如果 INTM=0 且接收数据或发送数据到缓冲区的一半或全部时,ABU 的发送中断(BXINT)或接收中断(BRINT)可以使器件退出 IDLE2/IDLE3 模式。

3. McBSP 多通道缓冲串口

'C54x 提供高速、双向、多通道带缓冲串口 McBSP。它可以和其他 'C54x 器件、编码器等其他串口器件通信。

(1) McBSP 特点

'C54x 的多通道缓冲串行口(McBSP)是在标准串行口的基础上发展起来的,McBSP 的特点如下:

- 全双工通信;
- 双缓冲发送和三缓冲接收数据寄存器,允许连续的数据流;
- 独立的收发帧信号和时钟信号;
- 可以与工业标准的编/解码器、AICS(模拟接口芯片)以及其他串行 A/D、D/A 芯片接口;
- 数据传输可以利用外部时钟,也可由片内的可编程时钟产生;
- 当利用 DMA 为 McBSP 服务时,串行口数据读/写具有自动缓冲能力;
- 支持多种方式的传输接口;
- 可与 128 个通道进行收发;
- 支持传输的数据字长可以是 8 位、12 位、16 位、20 位、24 位或 32 位;
- 内置 μ 律和 A 律硬件压扩;
- 对 8 位数据的传输,可选择 LSB 先传或是 MSB 先传;
- 可设置帧同步信号和数据时钟信号的极性;
- 内部传输时钟和帧同步信号的可编程发生器。

(2) McBSP 结构及工作原理

McBSP 内部结构如图 2-30 所示,包括数据通路和控制通路两部分,并通过 7 个引脚与外部器件相连。

McBSP 的引脚功能如下:

引 脚	方 式	功 能	引 脚	方 式	功 能
CLKR	I/O/Z	接收时钟	DX	O/Z	串行数据发送
CLKX	I/O/Z	发送时钟	FSR	I/O/Z	接收帧同步
DR	I	串行数据接收	FSX	I/O/Z	发送帧同步

McBSP 的控制模块包括内部时钟发生器、帧同步信号发生器以及控制电路和多通道选择

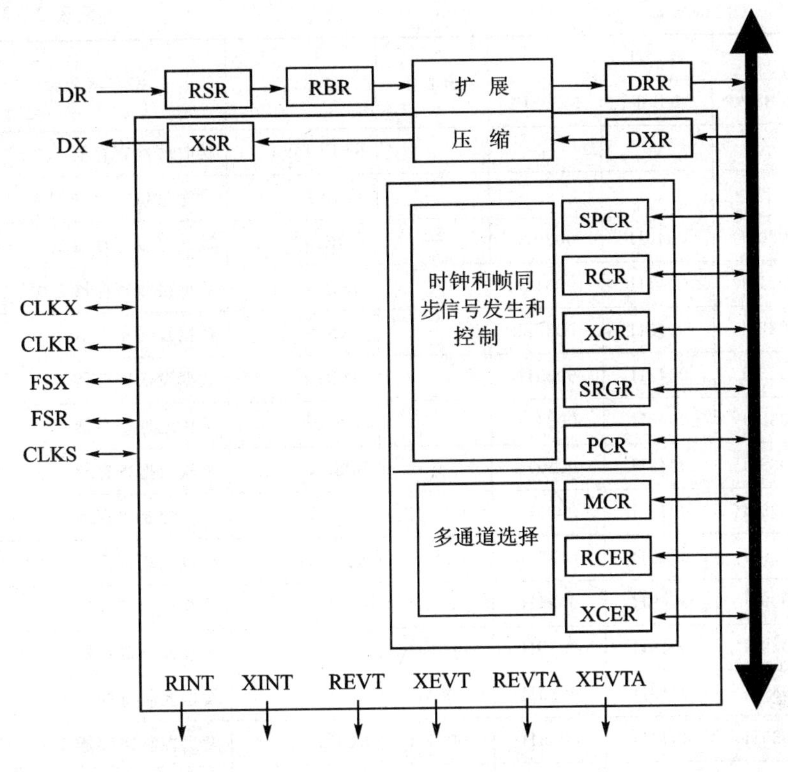

图 2-30　McBSP 内部结构

4 部分。主要功能是产生内部时钟、帧同步信号，并对这些信号进行控制、多通道的选择，产生中断信号 RINT 和 XINT，触发 CPU 的发送和接收中断以及产生同步事件 REVTA、XEVTA、REVT 和 XEVT 触发 DMA 接收和发送同步事件。

在时钟信号和帧同步信号控制下，接收和发送通过 DR 和 DX 引脚与外部器件直接通信。'C54x 内部 CPU 对 McBSP 的操作，利用 16 位控制寄存器，通过片内外设总线进行存取控制。如图 2-30 所示，数据发送过程为：首先写数据于数据发送寄存器 DXR[1,2]，然后通过发送移位寄存器 XSR[1,2]将数据经引脚 DX 移出发送。类似地，数据接收过程为：通过引脚 DR 接收的数据移入接收移位寄存器 RSR[1,2]，并复制这些数据到接收缓冲寄存器 RBR [1,2]，然后再复制到 DRR[1,2]，最后由 CPU 或 DMA 控制器读出。这个过程允许内部和外部数据通信同时进行。如果接收或发送字长 R/XWDLEN 被指定为 8、12 或 16 位模式时，DRR2、RBR2、RSR2、DXR2、XSR2 等寄存器不能进行写、读和移位操作。CPU 位或 DMA 控制器可以对其余的寄存器进行操作，这些寄存器及其地址映射列于表 2-33。

表 2-33　McBSP 寄存器表

地　址			子地址	名称缩写	寄存器名称
McBSP0	McBSP1	McBSP2			
—	—		—	RSR[1,2]	接收移位寄存器 1,2
—	—		—	RSR[1,2]	接收移位寄存器 1,2

续表 2 - 33

地 址			子地址	名称缩写	寄存器名称
McBSP0	McBSP1	McBSP2			
—	—	—	—	RBR[1,2]	接收缓冲寄存器 1,2
—	—	—	—	XSR[1,2]	发送移位寄存器 1,2
0020H	0040H	0030H	—	DRR2x	数据接收寄存器 2
0021H	0041H	0031H	—	DRR1x	数据接收寄存器 1
0022H	0042H	0032H	—	DXR2x	数据发送寄存器 2
0023H	0043H	0033H	—	DXR1x	数据发送寄存器 1
0038H	0048H	0034H	—	SPSAx	子块地址寄存器
0039H	0049H	0035H	—	SPSDx	子块数据寄存器
0039H	0049H	0035H	0000H	SPCR1x	串口控制寄存器 1
0039H	0049H	0035H	0001H	SPCR2x	串口控制寄存器 2
0039H	0049H	0035H	0002H	RCR1x	接收控制寄存器 1
0039H	0049H	0035H	0003H	RCR2x	接收控制寄存器 2
0039H	0049H	0035H	0004H	XCR1x	发送控制寄存器 1
0039H	0049H	0035H	0005H	XCR2x	发送控制寄存器 2
0039H	0049H	0035H	0006H	SRGR1x	采样率发生寄存器 1
0039H	0049H	0035H	0007H	SRGR2x	采样率发生寄存器 2
0039H	0049H	0035H	0008H	MCR1x	多通道寄存器 1
0039H	0049H	0035H	0009H	MCR2x	多通道寄存器 2
0039H	0049H	0035H	000aH	RCERAx	接收通道使能寄存器 A
0039H	0049H	0035H	000bH	RCERBx	接收通道使能寄存器 B
0039H	0049H	0035H	000cH	XCERAx	发送通道使能寄存器 A
0039H	0049H	0035H	000dH	XCERBx	发送通道使能寄存器 B
0039H	0049H	0035H	000eH	PCRx	引脚控制寄存器

McBSP 通过一系列存储器映射控制寄存器来进行配置和操作,采用子地址寻址方式。McBSP 通过复接器将一组子地址寄存器复接到存储器映射的一个位置上。复接器由子块地址寄存器(SPSAx)控制。子块数据寄存器(SPSDx)用于指定子地址寄存器中数据的读/写,其子地址映射方式如图 2 - 31 所示。这种方法的好处是可以将多个寄存器映射到一个较小的存储器空间。

为访问某个指定的子地址寄存器,首先要将相应的子地址写入 SPSAx,SPSAx 驱动复接器,使其与 SPSDx 相连,接入相应子地址寄存器所在的实际物理存储位置。当向 SPSDx 写入数据时,数据送入前面子地址寄存器中所指定的内嵌数据寄存器;当从 SPSDx 读取数据时,也接入前面子地址寄存器中所指定的内嵌数据寄存器。

下面以 McBSP0 为例,说明控制寄存器(SPCR10 和 SPCR20)的配置方法。

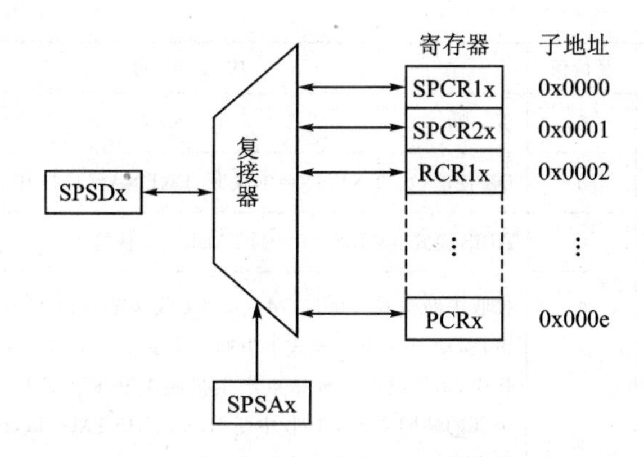

图 2-31 子地址映射示意图

```
SPSA0     .set   38H                     ;定义子地址寄存器映射位置
SPSD0     .set   39H                     ;定义子块数据寄存器映射位置
SPCR10    .set   00H                     ;定义 SPCR10 的映射子地址
SPCR20    .set   01H                     ;定义 SPCR20 的映射子地址
STM       #SPCR10,SPSA0                  ;将 SPCR10 的地址写入 SPSA0
STM       #K_SPCRl0_CONFIG,SPSD0         :将配置值写入 SPSD0
STM       #SPCR20,SPSA0                  ;将 SPCR2 的地址写入 SPSA0
STM       #K_SPCR20_CONFIG,SPSD0         ;将配置值写入 SPSD0
```

在将 SPCR10 和 SPCR20 的子地址写入 SPSA0 之后，再将数据写入 SPSD0，内部复接器就自动将配置数值 K_SPCR10_CONFIG 和 K_SPCR20_CONFIG 分别写入子地址寄存器 SPCR10 和 SPCR20 中，从而完成寄存器配置。

(3) 串行口配置　通过两个串行口控制寄存器(SPCR[1,2])和引脚控制寄存器(PCR)可以对串行口进行配置。这些寄存器包含了 McBSP 的状态信息，同时设置寄存器控制位可以获得所需的各种操作，如表 2-34、表 2-35 和表 2-36 所列。PCR 除了在通常串行口操作中配置 McBSP 引脚作为输入或输出外，在接收和(或)发送处于复位状态时，可以配置串行口作为通用 I/O 口。

表 2-34 串口控制寄存器 SPCR1

位	名 称	复位值	功 能 说 明	操作方式
15	DLB	0	数字循环返回模式；DLB=1 时，使能	R/W
14～13	RJUST	0	接收符号扩展和判别模式：RJUST=00，DRR[1,2]右对齐，最高位为 0；RJUST=01，DRR[1,2]右对齐，最高位为符号扩展位；RJUST=10，DRR[1,2]左对齐，最低位为 0；RJUST=11，保留	R/W
12～11	CLKSTP	0	时钟停止模式。CLKSTP=0X，废除时钟停止模式，对于非 SPI 模式为正常时钟。SPI 模式包括： CLKSTP=10，CLKXP=0，时钟开始于上升沿，无延时 CLKSTP=10，CLKXP=1，时钟开始于下降沿，无延时 CLKSTP=11，CLKXP=0，时钟开始于上升沿，有延时 CLKSTP=11，CLKXP=1，时钟开始于下降沿，有延时	R/W

续表 2-34

位	名 称	复位值	功 能 说 明	操作方式
10~8	RESERVED	0	保 留	R
7	DXENA	0	DX 使能位。DXENA=0,关断;DXENA=1,打开	R/W
6	ABIS	0	ABIS 模式。ABIS=0 废除;ABIS=1 使能	R/W
5~4	RINTM	0	接收中断模式。RINTM=00,接收中断 RINT 由 RRDY(字结束)驱动,在 ABIS 模式下由帧结束驱动;RINTM=01,多通道操作中,由块结束或帧结束产生接收中断 RINT;RINTM=10,一个新的帧同步产生接收中断 RINT;RINTM=11,由接收同步错误 RSYNCERR 产生中断 RINT	R/W
3	RSYNCERR	0	接收同步错误。RSYNCERR=0,无接收同步错误;RSYNCERR=1,探测到接收同步错误	R/W
2	RFULL	0	接收移位寄存器 RSR[1,2]满。RFULL=0,接收缓冲寄存器 RBR[1,2]未超限;RFULL=1,接收缓冲寄存器 RBR[1,2]满,接收移位寄存器 RSR[1,2]移入新字满,而数据接收 DRR[1,1]未读	R
1	RRDY	0	接收准备位。RRDY=0,接收器未准备好;RRDY=1,接收器准备好并从 DRR[1,2]读数据	R
0	$\overline{RRST}$	0	接收器复位,可以复位和使能接收器。$\overline{RRST}$=0,串口接收器被废除,并处于复位状态;$\overline{RRST}$=1,串口接收器使能	R/W

表 2-35 串口控制寄存器 SPCR2

位	名 称	复位值	功 能 说 明	操作方式
15~10	RESERVED	0		R
9	FREE	0	自由运行模式。FREE=0,废除自由运行模式;FREE=1,进入使能模式	R/W
8	SOFT	0	软件模式。SOFT=0,废除软件模式,SOFT=1,使能软件模式	R/W
7	$\overline{FRST}$	0	帧同步发送器复位 $\overline{FRST}$=0,帧同步逻辑电路复位,采样率发生器不会产生帧同步信号 FSG $\overline{FRST}$=1,在时钟发生器 CLKG 产生了(FPER+1)个脉冲后,发出帧同步信号 FSG,例如,所有的帧同步计数器由其编程值装载	R/W
6	$\overline{GRST}$	0	采样率发生器复位。$\overline{GRST}$=0,采样率发生器复位;$\overline{GRST}$=1,采样率发生器启动。CLKG 按照采样率发生器中的编程值产生时钟信号	R/W

续表 2-35

位	名　称	复位值	功 能 说 明	操作方式
5～4	XINTM	0	发送中断模式： XINTM=00 时，由发送准备好位 XRDY 驱动发送中断 XINTM=01 时，块结束或多通道操作时的帧同步结束驱动发送中断请求 XINT XINTM=10 时，新的帧同步信号产生发送中断请求 XINT XINTM=11 时，发送同步错误位 XSYNCERR 产生接收中断请求 RINT	R/W
3	XSYNCERR	0	发送同步错误位。XSYNCERR=0，无同步错误；XSYNCERR=1，探测到同步错误	R/W
2	$\overline{\text{XEMPTY}}$	0	发送移位寄存器 XSR[1,2]空 $\overline{\text{XEMPTY}}$=0，空；$\overline{\text{XEMPTY}}$=1，不空	R
1	XRDY	0	发送器准备位 XRDY=0，发送器未准备好 XRDY=1，发送器准备好发送 DXR[1,2]中的数据	R
0	$\overline{\text{XRST}}$	0	发送器复位和使能位 $\overline{\text{XRST}}$=0，串口发送器废除，且处于复位状态 $\overline{\text{XRST}}$=1，串口发送器使能	R/W

表 2-36　串口引脚控制寄存器 PCR

位	名　称	复位值	功 能 说 明	操作方式
15～14	保　留	0	保　留	R
13	XIOE	0	发送通用 I/O 模式：只有 SPCR2 中的 $\overline{\text{XRST}}$=0 时才有效。XIOEN=0，DX、FSX、CLKX 引脚配置为串口；XIOEN=1，引脚 DX 配置为通用输出，FSX、CLKX 引脚配置为通用 I/O。此时，这些引脚不能用于串口操作	R/W
12	RIOEN	0	接收通用 I/O 模式：只有 SPCR1 中的 $\overline{\text{RRST}}$=0 时才有效。RIOEN=0，DR、FSR、CLKR、CLKS 引脚配置为串口；RXIOEN=1，引脚 DR 和 CLKS 配置为通用 I/O 输入 FSR 和 CLKR 为通用 I/O	R/W
11	FSXM	0	发送帧同步模式：FSXM=0，帧同步信号由外部器件产生；FSXM=1，采样率发生器中的帧同步位 FSGM 决定帧同步信号	R/W
10	FSRM	0	接收帧同步模式：FSRM=0，帧同步脉冲由外部器件产生，FSR 为输入引脚；FSRM=1，帧同步脉冲由片内采样率发生器产生，除 SRGR 中的 GSYNC=1 情况外，FSR 为输出引脚	R/W

续表 2-36

位	名 称	复位值	功 能 说 明	操作方式
9	CLKXM	0	发送器时钟模式:CLKXM=0,CLKX 作为输入引脚输入外部时钟信号驱动发送器时钟;CLKXM=1,片上采样率发生器驱动 CLKX 引脚,此时,CLKX 为输出引脚 在 SPI 模式下(为非 0 值):CLKXM=0,McBSP 为从器件,时钟 CLKX 由系统中的 SPI 主器件驱动,CLKR 由内部 CLKX 驱动;CLKXM=1,McBSP 为主器件,产生时钟 CLKX 驱动它的接收时钟 CLKR	R/W
8	CLKRM	0	接收时钟模式。SPCRl 中 DLB=0 时,数字循环返回模式不设置,即 CLKRM=0,外部时钟驱动接收时钟;CLKRM=1,内部采样发生器驱动接收时钟 CLKR。SPCRl 中 DLB=1 时,数字循环返回模式设置,即 CLKRM=0,由 PCR 中 CLKXM 确定的发送时钟驱动接收时钟(不是 CLKR),CLKR 为高阻。CLKRM=1,CLKR 设定为输出引脚,由发送时钟驱动,发送时钟由 PCR 中的 CLKM 位定义驱动	R/W
7	保 留	0	保 留	R
6	CLKS_STAT	0	CLKS 引脚状态。当被选作通用 I/O 输入时,反映 CLKS 引脚的电平值	R
5	DX_STAT	0	DX 引脚状态。作为通用 I/O 输出用时,为 DX 的值	R
4	DR_STAT	0	DR 引脚状态。作为通用 I/O 输入时,为 DR 的值	R
3	FSXP	0	发送帧同步信号极性: FSXP=0,帧同步脉冲上升沿触发 FSXP=1,帧同步脉冲下降沿触发	R/W
2	FSRP	0	接收帧同步极性: FSRP=0,帧同步脉冲上升沿触发 FSRP=1,帧同步脉冲下降沿触发	R/W
1	CLKXP	0	发送时钟极性: CLKXP=0,发送数据在 CLKX 的上升沿采样 CLKXP=1,发送数据在 CLKX 的下降沿采样	R/W
0	CLKRP	0	接收时钟极性: CLKRP=0,接收数据在 CLKR 的下降沿采样 CLKRP=1,接收数据在 CLKR 的上升沿采样	R/W

(4) McBSP 多通道选择配置

用单相帧同步配置 McBSP 可以选择多通道独立的发送器和接收器工作模式,每一个帧代表一个时分多路(TDM)数据流。由(R/X)FRLEN1 指定的每帧的字数指明所选的有效通道数。当利用 TDM 数据流时,CPU 仅需要处理少数通道。因此,为了节省内存和总线带宽,多通道选择总是独立地使能来选定发送器和接收器。

如下的控制寄存器用于多通道操作:

① 多通道接收控制寄存器 MCRl 的功能描述如表 2-37 所列。

表 2-37　多通道接收控制寄存器 MCRl

位	名　称	复位值	功能说明	操作方式
15～9	保　留	0	保　留	R
8～7	RPBBLK	0	接收分区 B 块： RPBBLK=00,块 1,通道 16～31 RPBBLK=01,块 3,通道 48～63 RPBBLK=10,块 5,通道 80～95 RPBBLK=11,块 7,通道 112～127	R/W
6～5	RPABLK	0	接收分区 A 块： RPABLK=00,块 0,通道 0～15 RPABLK=01,块 2,通道 32～47 RPABLK=10,块 4,通道 64～79 RPABLK=11,块 6,通道 96～111	R/W
4～2	RCBLK	0	接收当前的块： RCBLK=000,块 0,通道 0～15 RCBLK=001,块 1,通道 16～31 RCBLK=010,块 2,通道 32～47 RCBLK=011,块 3,通道 48～63 RCBLK=100,块 4,通道 64～79 RCBLK=101,块 5,通道 80～95 RCBLK=110,块 6,通道 96～111 RCBLK=111,块 7,通道 112～127	R
1	保　留	0	保　留	R
0	RMCM	0	接收多通道选择使能： RMCM=0 时,使能所有 128 个通道 RMCM=1 时,系统默认,所有通道被禁止;可以通过使能相应的 RP(A/B)BLK 和 RCER(A/B)位,选择所需要的通道	W/R

② 多通道发送控制寄存器 MCR2 的功能描述如表 2-38 所列。

表 2-38　多通道发送控制寄存器 MCR2

位	名　称	复位值	功能说明	操作方式
15～9	保　留	0	保　留	R
8～7	XPBBLK	0	接收分区 B 块： XPBBLK=00,块 1,通道 16～31 XPBBLK=01,块 3,通道 48～63 XPBBLK=10,块 5,通道 80～95 XPBBLK=11,块 7,通道 112～127	R/W

续表 2-38

位	名 称	复位值	功 能 说 明	操作方式
6~5	XPABLK	0	接收分区 A 块: XPABLK=00,块 0,通道 0~15 XPABLK=01,块 2,通道 32~47 XPABLK=10,块 4,通道 64~79 XPABLK=11,块 6,通道 96~111	R/W
4~2	XCBLK	0	接收当前的块: XCBLK=000,块 0,通道 0~15 XCBLK=001,块 1,通道 16~31 XCBLK=010,块 2,通道 32~47 XCBLK=011,块 3,通道 48~63 XCBLK=100,块 4,通道 64~79 XCBLK=101,块 5,通道 80~95 XCBLK=110,块 6,通道 96~111 XCBLK=111,块 7,通道 112~127	R
1	保 留	0	保 留	R
0	XMCM	0	发送多通道选择使能: XMCM=00 时,所有通道均被使能,并没有被屏蔽(DX 在数据的发送期间总为有效) XMCM=01 时,系统默认,所有通道被禁止,并且被屏蔽;可以通过使能相应的 XP(A/B)BLK 和 XCER(A/B)位,选择所需要的通道,并且使所选择的通道不会被屏蔽,DX 总被驱动为有效 XMCM=10 时,所有通道被使能,但是被屏蔽;通过 XP(A/B) CLK 和 XCER(A/B)位使能的通道为非屏蔽的 XMCM=11 时,系统默认,所有通道被禁止,并且被屏蔽;可以通过使能相应的 XP(A/B)BLK 和 XCER(A/B)位,选择所需要的通道;通过 XP(A/B)BLK 和 XCER(A/B)位使能的通道为非屏蔽的;这种模式用于对称发送和接收操作	W/R

③ 通道使能寄存器(R/X)CER(A/B):接收通道使能分区 A 和 B(RCER(A/B))和发送通道使能分区 A 和 B(XCER(A/B))寄存器分别用于使能接收和发送的 32 个通道的任何一个。32 个通道中 A 和 B 区分别有 16 个,分别如图 2-32~图 2-35 所示。

A 区接收通道使能寄存器 RCERA 如图 2-32 所示。

位	15	14	13	12	11	10	9	8
名 称	RCEA15	RCEA14	RCEA13	RCEA12	RCEA11	RCEA10	RCEA9	RCEA8
位	7	6	5	4	3	2	1	0
名 称	RCEA7	RCEA6	RCEA5	RCEA4	RCEA3	RCEA2	RCEA1	RCEA0

图 2-32 A 区接收通道使能寄存器 RCERA 的结构

图 2-32 中各位的功能为：RCEA(15～0)，接收通道使能。若 RCEAn=0，在 A 区的相应块中，废除第 n 通道的接收；若 RCEAn=1，在 A 区的相应块中，使能第 n 通道的接收。该寄存器可进行读写操作，复位值为 0000H。

B 区接收通道使能寄存器 RCERB 结构如图 2-33 所示。

位	15	14	13	12	11	10	9	8
名　称	RCEB15	RCEB14	RCEB13	RCEB12	RCEB11	RCEB10	RCEB9	RCEB8
位	7	6	5	4	3	2	1	0
名　称	RCEB7	RCEB6	RCEB5	RCEB4	RCEB3	RCEB2	RCEB1	RCEB0

图 2-33　B 区接收通道使能寄存器 RCERB 的结构

图 2-33 中各位的功能为：RCEB(15～0)，接收通道使能。若 RCEBn=0，在 B 区的相应块中，废除第 n 通道的接收；若 RCEBn=1，在 B 区的相应块中，使能第 n 通道的接收。该寄存器可进行读写操作，复位值为 0000H。

A 区发送通道使能寄存器 XCERA 结构如图 2-34 所示。

位	15	14	13	12	11	10	9	8
名　称	XCEA15	XCEA14	XCEA13	XCEA12	XCEA11	XCEA10	XCEA9	XCEA8
位	7	6	5	4	3	2	1	0
名　称	XCEA7	XCEA6	XCEA5	XCEA4	XCEA3	XCEA2	XCEA1	XCEA0

图 2-34　A 区发送通道使能寄存器 RCERA 的结构

图 2-34 中各位的功能为：XCEA(15～0)，发送通道使能。若 XCEAn=0，在 A 区的相应块中，废除第 n 通道的发送；若 XCEAn=1，在 A 区的相应块中，使能第 n 通道的发送。该寄存器可进行读写操作，复位值为 0000H。

B 区发送通道使能寄存器 XCERB 结构如图 2-35 所示。

位	15	14	13	12	11	10	9	8
名　称	XCEB15	XCEB14	XCEB13	XCEB12	XCEB11	XCEB10	XCEB9	XCEB8
位	7	6	5	4	3	2	1	0
名　称	XCEB7	XCEB6	XCEB5	XCEB4	XCEB3	XCEB2	XCEB1	XCEB0

图 2-35　B 区发送通道使能寄存器 XCERB 的结构

图 2-35 中各位的功能为：XCEB(15～0)，发送通道使能。若 XCEBn=0，在 B 区的相应块中，废除第 n 通道的发送；若 XCEBn=1，在 B 区的相应块中，使能第 n 通道的发送。该寄存器可进行读写操作，复位值为 0000H。

利用多通道选择特性，CPU 无须干涉就可以使能 32 个一组静态的通信传输通道，除非需要重新分配通道。一帧内任意选择的通道数和通道组等可以在帧出现的时间段内，通过响应块结束中断刷新块分配寄存器来完成。注意，当改变所需通道时，决不能影响当前所选择的块。利用接收寄存器MCR1的RCBLK和发送寄存器MCR2的XCBLK可以分别读取当前所选块的内容。但是,如果MCR[1,2]中的(R/X)P(A/B)BLK位指向当前块,则辅助通道使能寄存器不可修改。同样,当指向或被改变指向当前选择的块时,MCR[1,2]中的(R/X)P(A/B)BLK位也不能被修改。注意,如果选择的通道总数小于等于16,总是指向当前的区,这种情况下,只有串口复位才能改变通道使能状态。

另外,如果SPCR[1,2]中RINT=01或XINT=01,在多通道操作期间,每一个16通道块边界处,接收或发送中断RINT和XINT就向CPU发出中断申请。这个中断表明一个区已经通过,如果相应的寄存器不指向该区,用户可以改变A或B区的划分。这些中断的时间长度为2个时钟周期。如果(R/X)MCM=0,则不会产生这个中断。

(5) 串行口的初始化

McBSP的复位有两种方式:一种是芯片复位,同时McBSP被复位;另一种是通过设置串口控制寄存器(SPCR)中的相应位,单独使McBSP复位。设置$\overline{XRST}$=$\overline{RRST}$=0将分别使发送和接收复位,$\overline{GRST}$=0将使采样率发生器复位。复位后,整个串口初始化为默认状态。所有计数器及状态标志均被复位,包括接收状态标志RFULL、RRDY及RSYNCERR;发送状态标志$\overline{XEMPTY}$、XRDY及XSYNCERR。

McBSP的控制信号,如时钟、帧同步和时钟源都是可以设置的。McBSP中各个模块的启动/激活次序对串口的正常操作极为重要。例如,如果发送端是主控者(负责产生时钟和帧同步信号),那么首先就必须保证从属者(在这里也是数据接收端)处于激活态,准备好接收帧信号以及数据,这样才能保证接收端不会丢失第一帧数据。

如果采用中断方式,需设置SPCR寄存器的(R/X)INTM=00B,这样当DRR寄存器中数据已经准备好或可以向DXR中写入数据时允许McBSP产生中断。McBSP的初始化步骤如下:

① 设置SPCR中的$\overline{XRST}$=$\overline{RRST}$=$\overline{FRST}$=0,将整个串口复位。如果在此之前芯片曾复位,则这步可省略。

② 设置采样率发生器寄存器(SRGR)、串口控制寄存器(SPCR)、引脚控制寄存器(PCR)和接收控制寄存器(RCR)为需要的值。注意不要改变第①步设置的位。

③ 设置SPCR寄存器中$\overline{GRST}$=1,使采样率发生器退出复位状态,内部的时钟信号CLKG开始由选定的时钟源按预先设定的分频比驱动。如果McBSP收发部分的时钟和帧同步信号都是由外部输入,则这一步可省略。

④ 等待2个周期的传输时钟(CLKR/X),以保证内部正确同步。

⑤ 在中断选择寄存器中,映射XINT0/1和(或)RINT0/1中断。

⑥ 使能所映射的中断。

⑦ 如果收发端不是帧信号主控端(帧同步由外部输入),设置$\overline{XRST}$=1或$\overline{RRST}$=1,使之退出复位态,此时作为从属的收发端已准备好接收帧同步信号。新的帧同步中断信号((R/X)INTM=10B)将唤醒该收发端。

⑧ 使帧信号主控端退出复位态。

⑨ 如果FSGM=1(帧同步由采样率发生器产生),设置$\overline{FRST}$=1,使能帧同步产生,8个CLKG周期后开始输出第一个帧同步信号。如果FSGM=0,将在每次DXR向XSR中复制数据时产生帧同步,$\overline{FRST}$位无效。不管怎样,此时主控端开始传输数据。

一旦McBSP初始化完毕,每一次数据单元的传输都会触发相应的中断,可以在中断服务程序中完成 DXR 的写入或是 DRR 的读出。McBSP 具体应用见第 7 章。

4. TDM 时分复用串口

TDM 时分复用串口功能允许 TMS320C54x 器件可与最多 8 个其他器件进行时分串行通信。因此，TDM 接口提供了简单有效的多处理器应用接口。TDM 是串口操作的扩展集，利用 TDM 串口控制寄存器 TSPC 的 TDM 位，串口可以被配置为多处理模式（TDM＝1）或独立模式（TDM＝0）。

时分操作是将与不同器件的通信按时间依次划分为时间段，周期性的按时间顺序与不同的器件通信的工作方式。每个器件占用各自的通信时段（通道），循环往复传送数据。图2－36所示是一个 8 通道的 TDM 系统，各通道的发送或接收相互独立。

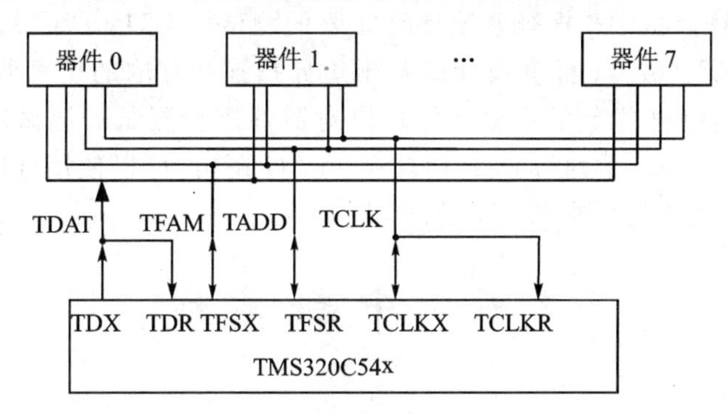

图 2－36　TDM 时分连接示意图

TDM 串口操作通过 6 个存储器映射寄存器（TRCV、TDXR、TSPC、TCSB、TRTA、TRAD）和 2 个其他专用寄存器（TRSR 和 TXSR，这 2 个寄存器不直接对程序存取，只用于双向缓冲）完成。

TDM 数据接收寄存器（TRCV）：16 位，保存接收的串行数据，功能与 DDR 相同。

TDM 数据发送寄存器（TDXR）：16 位，保存发送的串行数据，功能与 DXR 相同。

TDM 串口控制寄存器（TSPC）：16 位，包含 TDM 的模式控制或状态控制位。第 0 位是 TDM 模式控制位：当 TDM＝1，为多路通信方式；当 TDM＝0，为普通串口通信方式。其他各位的定义与 SPC 相同。

TDM 通道选择寄存器（TCSR）：16 位，规定所有与其通信器件的发送时间段。

TDM 发送/接收地址寄存器（TRTA）：16 位，低 8 位（RA0～RA7）为 TMS320C54x 的接收地址，高 8 位（TA0～TA7）为发送地址。

TDM 接收地址寄存器（TRAD）：16 位，存留 TDM 地址线的各种状态信息。

TDM 数据接收移位寄存器（TRSR）：16 位，控制数据的接收保存过程，从信号的输入引脚到接收寄存器 TRCV，与 RSR 功能类似。

TDM 数据发送移位寄存器（TXSR）：控制从 TDXR 来的数据到输出引脚 TDX 发送出去，与 XSR 功能相同。TDM 串口硬件接口连接，4 条串口总线上可以同时连接 8 个串口通信器件进行分时通信。这 4 条线定义分别为：时钟 TCLK、帧同步 TFAM、数据 TDAT 及附加地址 TADD，见图 2－36。

2.5.8 JTAG 接口

IEEE 1149.1 标准测试存取和边界扫描逻辑是国际电工电子协会(IEEE)于 1990 年颁布的专用于高密度集成器件及板级系统仿真测试的国际标准,又称 JTAG 标准。JTAG 的全称是 Joint test access group,在 1985 年首先由欧洲几家大的芯片制造公司联合提出,于 1990 年被 IEEE 吸收并正式编号为 1149.1。主要作用是取代传统的集成电路及其板级系统的测试方法,通过 JTAG 测试端口的 4 个必选引脚:工作模式选择引脚 TMS(test mode select input)、串行数据输入引脚 TDI(test data input)、串行数据输出引脚 TDO(test data output)和 JTAG 端口工作时钟引脚 TCK(test clock input)和一个可选的异步 JTAG 复位引脚 TRST(Test reset input)即可对整个芯片及板级系统进行完整的测试。'C54x DSP 的 JTAG 测试逻辑就是 TI 公司根据 IEEE 1149.1 标准设计的基于边界扫描和存取的仿真调试逻辑接口。具有 JTAG 逻辑的器件支持通过专用的硬件仿真口对器件进行测试和调试功能,这些功能符合 IEEE 1149.1 标准。'C54x 系列的 DSP 均具有 JTAG 逻辑,可以使用 TI 公司专用仿真工具实现对 TI DSP 的实时在线仿真和测试功能。

2.6 中断系统

2.6.1 中断系统概述

中断可以由硬件触发或者软件触发,中断信号使 'C54X 系列的 DSP 暂停正在执行的程序,并进入中断服务程序(ISP)。通常,当需要送一个数至 'C54x DSP(如 A/D 变换),或者从 'C54x DSP 取一个数(如 D/A 转换器),就可以通过硬件向 'C54x DSP 发出中断请求信号。中断也可以为声明特殊事件的信号(如定时器已经完成计数)。

'C54x DSP 既支持软件中断,也支持硬件中断。

(1) 由程序指令(INTR、TRAP 或 RESET)请求的软件中断。

(2) 由外部物理设备信号请求的硬件中断。该中断有两种形式:

① 受外部中断口信号触发的外部硬件中断;

② 受片内外设信号触发的内部硬件中断。

当同时有多个硬件中断被触发时,'C54x DSP 按照中断优先级别的高低(1 表示优先级最高)分别对它们进行服务。关于硬件中断优先级,可以参考 2.6.3 节的介绍。

1. 中断分类

每个 'C54x DSP 的中断,无论是硬件还是软件中断,可以分成如下两大类:

(1) 第一类是可屏蔽中断　这些中断都可以用软件来屏蔽或使能的硬件和软件中断。'C54x DSP 最多可以支持 16 个用户可屏蔽中断(SINT15～SINT0)。每种处理器只使用其中的一个子集。例如 'C5402 只使用 14 个可屏蔽中断。对 'C5402 来说,这 14 个中断的硬件名称如下:

① INT3～INT0;

② RINT0、XINT0、RINT1 和 XINT1(串行口中断);

③ TINT、$T1NT_1$(定时器中断);

④ HPINT(主机接口)DMAC0～DMAC5。

(2)第二类是非屏蔽中断　这些中断是不能够屏蔽的。'C54x DSP 总是响应这一类中断，并从主程序转移到中断服务程序(ISR)。'C54x DSP 的非屏蔽中断包括所有的软件中断，以及两个外部硬件中断$\overline{RS}$(复位)和$\overline{NMI}$(也可以用软件声明$\overline{RS}$和$\overline{NMI}$中断)。

$\overline{RS}$是一个对 'C54x DSP 所有操作方式产生影响的非屏蔽中断，而$\overline{NMI}$中断不会对 'C54x DSP 的任何操作模式产生影响。$\overline{NMI}$中断被声明时，禁止所有其他中断。

2. 处理中断的步骤

'C54x DSP 处理中断分如下 3 个步骤：

(1) 接收中断请求　通过软件(程序代码)或硬件(引脚或片内外设)请求挂起主程序。如果中断源正在请求一个可屏蔽中断，则当中断被接收到时中断标志寄存器(IFR)的相应位被置 1。

(2) 应答中断　'C54x DSP 必须应答中断请求。如果中断是可屏蔽的，则预定义条件满足与否决定 'C54x DSP 如何应答该中断。如果是非屏蔽硬件中断和软件中断，中断应答是立即的。

(3) 执行中断服务程序(ISR)　一旦中断被应答，'C54x DSP 执行中断向量地址所指向的分支转移指令，并执行中断服务程序(ISR)。

2.6.2　中断标志寄存器(IFR)及中断屏蔽寄存器(IMR)

1. 中断标志寄存器(IFR)

图 2-37 所示的中断标志寄存器是一个 'C5402 存储器映射的 CPU 寄存器，可以识别和清除有效的中断。当一个中断出现时，IFR 中的相应的中断标志位置 1，直到 CPU 识别该中断为止。以下 4 种情况都会将中断标志清除：

15~14	13	12	11	10	9	8	7	6	5	4	3	2	1	0
resvd	DMAC5	DMAC4	BXINT1 或 DMAC3	BRINT1 或 DMAC2	HPINT	INT3	TINT1 或 DMAC1	DMAC0	BXINT0	BRINT0	TINT0	INT2	INT1	INT0

图 2-37　'C5402 DSP 的中断标志寄存器(IFR)

(1) 'C54x DSP 复位($\overline{RS}$引脚为低电平)；

(2) 中断得到处理；

(3) 将 1 写到 IFR 中的适当位，相应的尚未处理完的中断被清除；

(4) 利用合适的中断号执行 INTR 指令。

IFR 的任何位的值为 1 时，表示有一个未决的中断。为了清除一个中断，可以将 1 写到 IFR 相应的中断位。所有未决的中断可以通过将 IFR 的当前内容写回到 IFR 来清除。

2. 中断屏蔽寄存器(IMR)

图 2-38 所示芯片 'C5402 的中断标志寄存器(IMR)也是一个存储器影射的 CPU 寄存器，主要用来屏蔽外部和内部中断。如果状态寄存器 ST1 中的 INTM 位＝0，IMR 寄存器中的某一位为 1，就使能相应的中断。$\overline{RS}$和$\overline{NMI}$都不包括在 IMR 中，因为 IMR 对这两个中断无任何影响。用户可以对 IMR 寄存器进行读写操作。

15~14	13	12	11	10	9	8	7	6	5	4	3	2	1	0
resvd	DMAC5	DMAC4	BXINT1 或 DMAC3	BRINT1 或 DMAC2	HPINT	INT3	TINT1 或 DMAC1	DMAC0	BXINT0	BRINT0	TINT0	INT2	INT1	INT0

图 2-38　'C5402 DSP 的中断标志寄存器(IMR)

2.6.3　接收应答中断请求及中断处理

1. 接收中断请求

一个中断的完成是由硬件器件和软件指令请求来实现。当产生一个中断请求时,IFR 寄存器中相应的中断标志位被置位。不管中断是否被处理器应答,该标志位都会被置位。当相应的中断被响应后,该标志位自动被清除。

(1) 硬件中断请求　外部硬件中断由外部中断口的信号发出请求,而内部硬件中断由片内外设的信号发出中断请求。例如,对于 'C5402 器件,硬件中断可以由如下信号端发出请求:

① INT3~INT0 引脚;

② $\overline{RS}$和$\overline{NMI}$引脚;

③ RINT0、XINT0、RINT1 和 XINT1(串行口中断);

④ TINT(定时器中断);

⑤ HPINT(主机接口)、DMAC0~DMAC5。

表 2-39 列出了 TMS320C5402 器件的中断源。

(2) 软件中断请求　软件中断由如下程序指令发出中断请求:

① INTR　该指令允许执行任何一个中断服务程序。指令操作数(K 中断号)表示 CPU 分支转移到哪个中断向量地址。表 2-39 列出了用于指向每个中断向量位置的操作数 K。当应答 INTR 中断时,ST1 寄存器的中断模式位(INTM)被设置为 1,并用以禁止可屏蔽中断。

② TRAP　该指令执行的功能与 INTR 指令一致,但不用设置 INTM 位。

③ RESET　该指令执行一个非屏蔽软件复位,可以在任何时候被使用并将 'C54x 的 DSP 置于已知状态。RESET 指令影响 ST0 和 ST1 寄存器,但不会影响 PMST 寄存器。当应答 RESET 指令时,INTM 位被设置为 1,用以禁止可屏蔽中断。

2. 应答中断

硬件或软件中断发送了一个中断请求后,CPU 必须决定是否应答该中断请求。软件中断和非屏蔽硬件中断会立刻被应答,可屏蔽中断仅仅在如下条件满足后才被应答。

(1) 最高优先级　当超过一个硬件中断同时被请求时,'C54x DSP 按照中断优先级响应中断请求。表 2-39 列出了 'C5402 DSP 的硬件中断优先级。

(2) INTM 位清 0　ST1 的中断模式位(INTM)使能或禁止所有可屏蔽中断。

① 当 INTM=0,所有非屏蔽中断被使能。

② 当 INTM=1,所有非屏蔽中断被禁止。

当响应一个中断后,INTM 位被置 1。如果程序使用 RETE 指令退出中断服务程序(ISR)后,从中断返回后 INTM 重新使能。使用硬件复位($\overline{RS}$)或执行 SSBX INTM 语句(禁止中断)会将 INTM 位置 1。通过执行 RSBX INTM 语句(使能中断),可以复位 INTM 位。INTM 不会自动修改 IMR 或 IFR 寄存器。

(3) IMR 屏蔽位为 1　每个可屏蔽中断在 IMR 寄存器中都有自己的屏蔽位。为了使能一个中断，可以将其屏蔽位置 1。

INTR 指令会强制 PC 到相应地址，并且获取软件向量。当 CPU 读取软件向量的第一个字时，它会产生 $\overline{\text{IACK}}$（中断应答）信号，并清除相应的中断标志位。

对于被使能的中断，当产生 $\overline{\text{IACK}}$（中断应答）信号时，在 CLKOUT 的上升沿，地址位 A6～A2 会指明中断号。如果中断向量驻留在片内存储器，并且用户想查看这些地址，'C54x DSP 必须在地址可见模式下工作（AVIS=1），以便中断号被译码。如果当 'C54x DSP 处于 Hold 模式并且当 HM=0，则会产生一个中断。当 $\overline{\text{IACK}}$ 信号有效时，地址不可见。

表 2-39　TMS320C5402 中断和优先级

中断号	优先级	名　称	向量位置	功　能
0	1	$\overline{\text{RS}}$/SINTR	0	复位（硬件和软件复位）
1	2	$\overline{\text{NMI}}$/SINT16	4	非屏蔽中断
2	—	SINT17	8	软中断＃17
3	—	SINT18	C	软中断＃18
4	—	SINT19	10	软中断＃19
5	—	SINT20	14	软中断＃20
6	—	SINT21	18	软中断＃21
7	—	SINT22	1C	软中断＃22
8	—	SINT23	20	软中断＃23
9	—	SINT24	24	软中断＃24
10	—	SINT25	28	软中断＃25
11	—	SINT26	2C	软中断＃26
12	—	SINT27	30	软中断＃27
13	—	SINT28	34	软中断＃28
14	—	SINT29	38	软中断＃29
15	—	SINT30	3C	软中断＃30
16	—	$\overline{\text{INT0}}$/SINT0	40	外部用户中断＃0
17	3	$\overline{\text{INT1}}$/SINT1	44	外部用户中断＃1
18	4	$\overline{\text{INT2}}$/SINT2	48	外部用户中断＃2
19	5	TINT0/SINT3	4C	定时器 0 中断
20	6	BRINT0/SINT4	50	McBSP＃0 接收中断
21	7	BXINT0/SINT5	54	McBSP＃0 发送中断
22	8	DMAC0/SINT7	58	DMA 通道 0 中断
23	9	TINT1/DMAC1/SINT7	5C	定时器 1（默认）/DMA 通道 1 中断
24	10	$\overline{\text{INT3}}$/SINT8	60	外部用户中断＃3
25	12	HPINT/SINT9	64	HPI 中断

续表 2-39

中断号	优先级	名 称	向量位置	功 能
26	13	BRINT1/DMAC2/SINT10	68	McBSP＃1接收中断/DMA通道2中断
27	14	BXINT1/DMAC3/SINT11	6C	McBSP＃1发送中断/DMA通道3中断
28	15	DMAC4/SINT12	70	DMA通道4中断
29	16	DMAC5/SINT13	74	DMA通道5中断
120～127	—	保 留	78～7F	保 留

3. 执行中断服务程序(ISR)

当应答中断后,CPU会采取如下的操作:

(1) 保存程序计数器(PC)值(返回地址)到数据存储器的堆栈顶部;

注意:程序计数器扩展寄存器(XPC)不会压入堆栈的顶部,也就是说,它不会保存在堆栈中。因此,如果ISR位于和中断向量表不同的页面,用户必须在分支转移到ISR之前压入XPC到堆栈中。FRET[E]指令可以用于从ISR返回。

(2) 将中断向量的地址加载到PC;

(3) 获取位于向量地址的指令(分支转移被延时,并且用户也存储了一个2字指令或两个1字指令,则CPU也会获取这2个字);

(4) 执行分支转移,转到中断服务程序(ISR)地址(如果分支转移被延时,则在分支转移之前会执行额外的指令);

(5) 执行ISR直到一个返回指令中止ISR;

(6) 从堆栈中弹出返回地址到PC中;

(7) 继续执行主程序。

为了确定哪个向量地址分配到哪个中断,参考表2-39。

4. 保存中断上下文

当执行一个中断服务程序时,有些寄存器必须保存在堆栈中。当程序从ISR返回时(使用RC[D]、RETE[D]或RETF[D]指令),用户软件代码必须恢复这些寄存器的上下文。只要堆栈不超出存储器空间,那么用户就可以管理堆栈。

当保存和恢复上下文时,应该考虑如下几点:

(1) 当使用堆栈保存上下文时,必须按相反的方向执行恢复。

(2) 在恢复ST1寄存器的BRAF位之前,应该恢复BRC位。如果没有按照这个顺序操作,那么若BRC=0,则BRAF位被清除。

5. 中断等待时间

执行一个中断之前,'C54x DSP要完成流水线中除了处于预取指和取指阶段指令的所有指令。因此最大的中断等待时间依赖于流水线的内容。对于那些被等待状态扩展的指令和重复指令则需要更多时间来处理一个中断。

在允许执行一个中断之前,单重复指令(RPT和RPTZ)要求完成下一条指令的所有重复执行,以保护被重复指令的上下文。这种保护是必须的,因为这些指令在流水线执行的是并行操作,并且这些操作的上下文不能在ISR中保存。

因为保持(Hold)模式优先于中断，所以它也可以延时一个中断。当 CPU 处于保持(Hold)模式($\overline{\text{HOLD}}$信号被声明)时，并且中断向量指向外部存储器，如果此时产生一个中断，那么这个中断直到$\overline{\text{HOLD}}$被释放(保持模式结束)才会被执行。然而，如果处理器处于并行保持(Hold)(即 HM=0)，并且中断向量表指向内部存储器，那么 CPU 会响应该中断，而不管$\overline{\text{HOLD}}$状态如何。

在 RSBX INTM 指令和程序的下一条指令之间，不会处理中断。如果在 RSBX INTM 指令译码阶段发生一个中断事件，CPU 总要先完成 RSBX INTM 指令和其下一条指令，然后再处理中断。等待完成这些指令可以确保下一个中断到来之前，在 ISR 中执行一个返回指令(RET)，以防止堆栈溢出。如果 ISR 以 RETE(可自动使能中断)指令结束，那么就不需要 RSBX INTM 指令。与 RSBX INTM 指令类似，SSBX INTM 指令和其后一条指令之间不能被中断。

注意：$\overline{\text{RS}}$不会被多周期指令延时，而$\overline{\text{NMI}}$可以被多周期指令和$\overline{\text{HOLD}}$信号延时。

6. 中断操作流程

一旦将一个中断传送给 CPU，CPU 会按照如图 2-39 所示的方式进行操作。

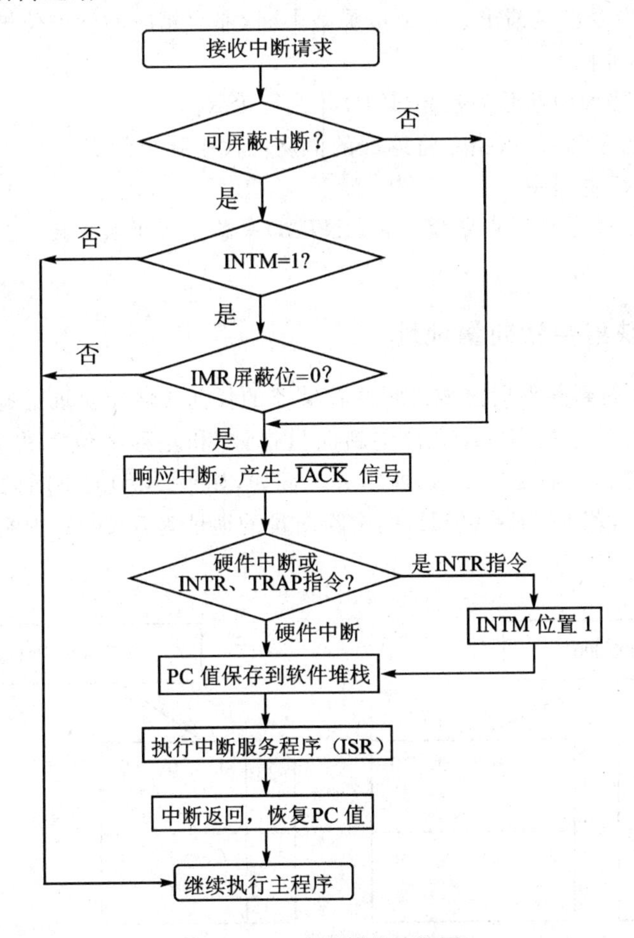

图 2-39　中断操作流程图

具体操作按可屏蔽中断其步骤如下和不可屏蔽中断 2 类。

(1) 如果请求的是一个可屏蔽中断,则操作过程如下:

① 设置IFR寄存器的相应标志位;

② 测试应答条件(INTM=0且相应的IMR=1)。如果条件为真,则CPU应答该中断,产生一个$\overline{\text{IACK}}$(中断应答)信号;否则,忽略该中断并继续执行主程序;

③ 当中断已经被应答后,IFR相应的标志位被清除,并且INTM位被置1(屏蔽其他可屏蔽中断);

④ PC值保存到堆栈中;

⑤ CPU分支转移到中断服务程序(ISR)并执行ISR;

⑥ ISR由返回指令结束,该指令将返回的值从堆栈弹出给PC;

⑦ CPU继续执行主程序。

(2) 如果请求的是一个非屏蔽中断,则操作过程如下:

① CPU立即应答中断,产生一个$\overline{\text{IACK}}$(中断应答)信号;

② 如果中断是由$\overline{\text{RS}}$、$\overline{\text{NMI}}$或INTR指令请求的,则INTM位被置1(屏蔽其他可屏蔽中断);

③ 如果INTR指令已经请求了一个可屏蔽中断,那么相应的标志位被清除为0;

④ PC值保存到堆栈中;

⑤ CPU分支转移到中断服务程序(ISR)并执行ISR;

⑥ ISR由返回指令结束,该指令将返回的值从堆栈中弹出给PC;

⑦ CPU继续执行主程序。

注意:INTR指令通过设置中断模式位(INTM)来禁止可屏蔽中断,但是TRAP指令不会影响INTM。

2.6.4 重新映射中断向量地址

中断向量可以映射到除保留区域外程序存储器的任何128字页面的起始位置。中断向量地址是由PMST寄存器中的IPTR(9位中断向量指针)和左移2位后的中断向量序号(中断向量序号为0～31,左移2后变成7位)所组成。例如,如果$\overline{\text{INT0}}$的中断向量号为16或10H,左移2位后变成40H,若IPTR=001H,则中断向量的地址为00C0H,中断向量地址产生过程如图2-40所示。

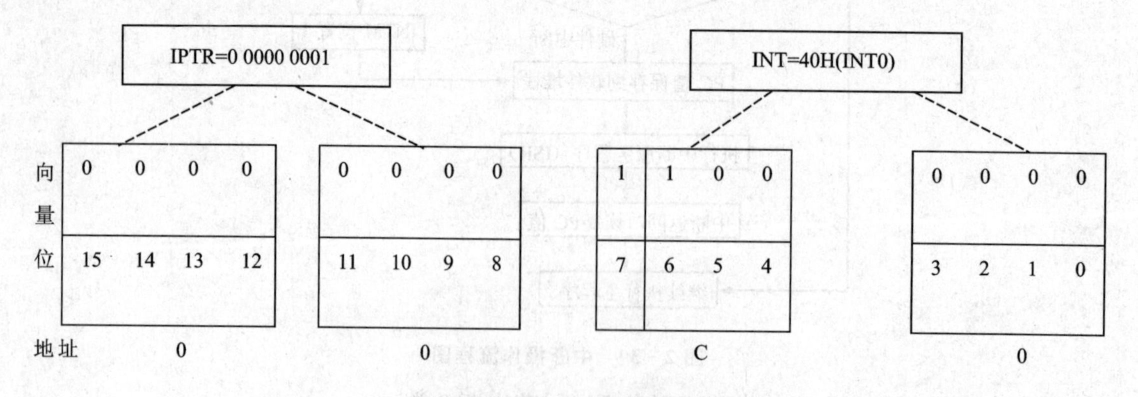

图2-40　中断向量地址产生

复位时，IPTR 的所有位被置 1(IPTR＝1FFH)，并按此值将复位向量映射到程序存储器的 511 页空间。所以，硬件复位后总是从 0FF80H 开始执行程序。加载除 1FFH 之外的值到 IPTR 后，中断向量可以映射到其他地址。例如，用 0001H 加载 IPTR，那么中断向量就被移到从 0080H 单元开始的程序存储器空间。

注意：硬件复位($\overline{RS}$)向量不能被重新映射，因为硬件复位会加载 1 到 IPTR 所有的位。因此，硬件复位向量总是指向程序空间的 FF80H 位置。

2.7　流水线结构

'C54x 的 CPU 有一条指令流水线加速了指令执行。流水线共分为 6 级，如图 2-41 所示。这 6 级流水线是相互独立的，允许指令的不同周期重叠执行。在任何一个给定的周期内，流水线各级上都会有 1～6 条指令的不同操作在运行。这 6 级流水线功能介绍如下：

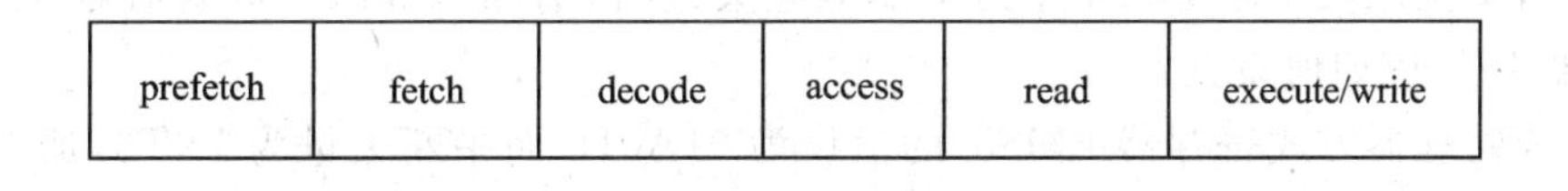

图 2-41　6 级指令流水线示意图

预取程序地址(prefetch)：将下一条要执行的指令地址提供给程序地址总线 PAB。

取程序指令(fetch)：从程序总线 PB 上取程序指令，并放入指令寄存器 IR 中。

指令译码(decode)：指令寄存器 IR 的内容被译码，并决定在 CPU 和数据地址产生单元 DAGEN 中，产生什么样的操作类型和控制顺序。

存取准备(access)：数据地址产生单元输出要存取数据的地址到数据地址总线 DAB 和 CAB 上。

读操作(read)：从数据总线 DB 和 CB 上读数据的同时把将要写的数据地址提供给写地址总线 EAB。

执行/写操作(execute/write)：指令被执行同时通过数据写总线 EB 完成写操作。

指令的多级流水线重叠执行，提高了指令执行的效率。但也会发生由于程序转移而带来的清空流水线并重新装入新指令的操作，或者是 DSP 的片上资源有限，因竞争使用而造成的流水线冲突。

在第一种情况中，若程序在多分支反复转移的情况下，指令的执行效率也许由于流水线反而降低了。但是这种情况很少发生，因为统计表明大部分程序指令的执行具有局部化原理(在局部范围内进行)，所以这种清空造成的延时比起指令流水线所产生的效率来讲是微不足道的。

第二种情况是由于 DSP 内部的多总线并行、多逻辑单元并行(运算单元、地址产生单元等)、高速(一个周期内可以访问两次片内存储器)操作、片上存储器分块(单存取、双存取两类及每类内分块)、多级指令流水线和有限的内部寄存器等影响。使得 DSP 在高速运行时难免有时会发生资源冲突(总线冲突、存储器访问冲突、寄存器冲突、其他资源冲突)，从而导致流水线冲突。在这种情况下，很多冲突 DSP 本身可以通过延时缓冲来解决，但有些冲突必须由程序员自己解决;否则程序运行就可能不正确。具体方法是重新调整相关部分指令顺序,或插入NOP空操作指令,或改用其他指令和寻址方式,或在访问一个寄存器之前做必要的延时,或调整数据和程序的存储位置,以适应存储器分块和减少冲突的要求等。关于冲突的详细解决方法可参考TI DSP技术手册"TMS320C54x DSP Reference Set Volume 1:CPU and Peripherals"。

习 题

2.1 本书叙述中的DSP、DSP核和CPU各是什么?它们有何联系与区别?

2.2 通过TMS320C54x DSP内部总线结构,说明冯·诺伊曼结构计算机和哈佛结构计算机的区别?

2.3 TMS320C54X DSP采用硬件乘法器完成17 * 17bits带符号乘运算,而软件乘法器(微代码指令)也能完成同样的运算,请问它们有什么区别?

2.4 当要使用硬中断INT3作为中断响应矢量时,请问可屏蔽中断寄存器IMR和中断标志寄存器IFR应如何设置?

2.5 若处理器方式寄存器PMST的值设为01A0H,而中断矢量为INT3,那么在中断响应时,程序计数器指针PC的值为多少?

2.6 TMS320C54x DSP存储器有3个独立的可选空间组成:程序、数据和I/O空间。而'C54x存储空间的配置是受MP/MC、OVLY和DROM 3个位控制的。如果想使片上RAM同时映射到数据空间和程序空间,那么MP/MC、OVLY和DROM的值应如何设置?

2.7 TMS320C54x CPU有一条指令流水线加速了指令执行,请问流水线分为几级,分别叙述各级的功能?

2.8 DSP响应中断的条件有哪些?响应中断时DSP自动进行哪些操作?

2.9 取整操作与饱和处理是如何控制和操作的?

2.10 DSP如何与不同速度的片外存储器及其他外设进行数据交换?

2.11 TMS320C54x可进行移位操作,它的移位范围是多少?

2.12 从硬件上讲,TMS320C54x是如何实行McBSP串口子地址寄存器的定义的?

2.13 为什么说应尽量利用DSP的片内存储器?

2.14 如何操作通用I/O引脚XF和$\overline{BIO}$?

2.15 TMS320C54x DSP的片内定时器有什么用途?

第3章 TMS320C54x硬件系统设计

TMS320C54x系列DSP所具有的哈佛结构、高速并行处理能力、低功耗以及强大的嵌入功能使得它在通信、自动控制、信号及图像的处理等多种领域得到广泛应用。在应用中，解决DSP系统的硬件及接口设计是一个至关重要的问题。本章主要以'C54x系列的TMS320UC5402 DSP芯片为例，讨论TMS320C54x系列DSP的硬件接口设计方法，介绍一些常用的接口芯片及其使用方法。

3.1 TMS320C54x硬件系统组成部分

TMS320C54x硬件系统基本组成如图3-1所示。下面逐一介绍其简单原理和设计方法。

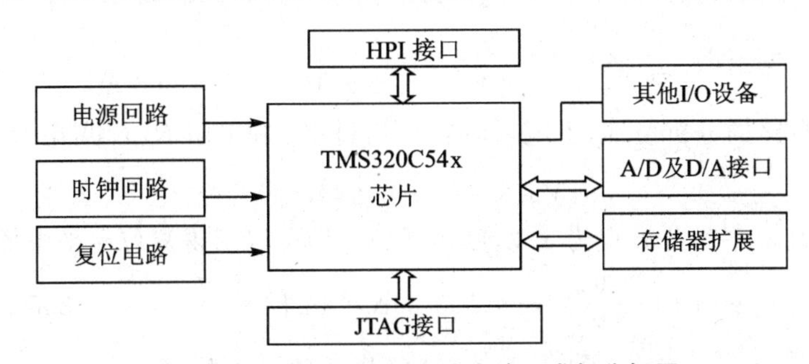

图3-1 TMS320C54x硬件系统组成部分框图

3.2 TMS320C54x的时钟及复位电路设计

3.2.1 时钟电路设计

一般'C54x芯片的时钟电路有两种。一种是利用芯片内部的振荡电路与X1、X2/CLK引脚之间连接的一只晶体和两个电容组成并联谐振电路，如图3-2所示。它可以产生与外加晶体同频率的时钟信号。电容C_1、C_2通常在0～30 pF之间选择，它们可对时钟频率起到微调作用。另一种方法是采用封装好的晶体振荡器，将外部时钟源直接输入X2/CLK引脚，而将X1引脚悬空，如图3-3所示。由于这种方法简单方便，系统设计一般采用此种方法。

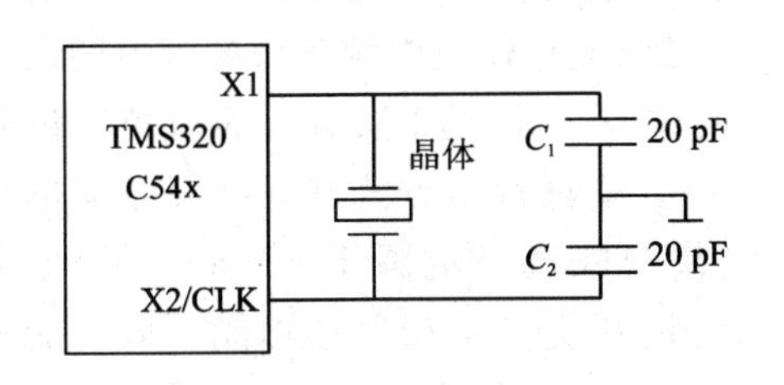

图3-2 内部振荡电路

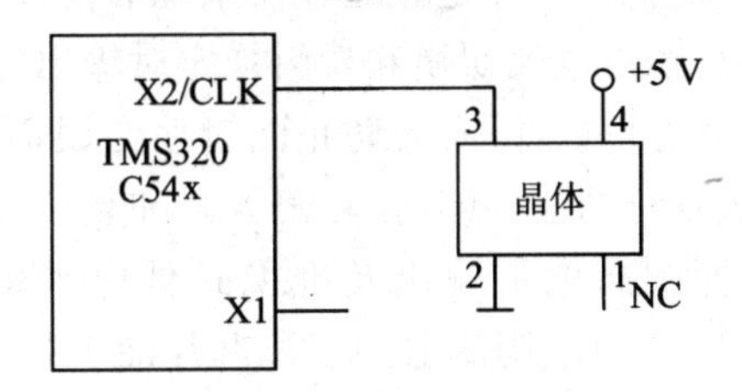

图3-3 晶体振荡电路

3.2.2 复位电路设计

'C54x DSP 可以通过复位引脚$\overline{RS}$使 'C54x 复位到一个已知状态。为保证 DSP 可靠复位，$\overline{RS}$引脚必须为低电平，且保持至少 2 个主频(CLKOUT)时钟周期。当复位发生时，DSP 终止程序运行，并使程序计数器 PC 复位为 0FF80H，地址总线也变为 0FF80H，数据总线为高阻，$\overline{PS}$、$\overline{MSTRB}$和 R/W 等信号为高电平。复位脉冲消失后约 5 个时钟周期，DSP 开始从 0FF80H 处取代码执行。

在设计复位电路时，一般应考虑两种复位需要：一个是上电复位；另一个是工作中的复位。在系统刚接通电源时，复位电路应处于低电平以使系统从一个初始状态开始工作。这段低电平时间应该大于系统的晶体振荡器启振时间，以便避开振荡器启振时的非线性特性对整个系统的影响。通常，晶振需要 100～200 ms 的稳定时间，则上电复位时间应该≥200 ms。工作中复位则要求复位的低电平至少保持 6 个时钟周期，以使芯片的初始化能够正确完成。

1. RC 复位电路

图 3-4 是一个简单的上电复位加手动复位电路，由图可见，这是一个 RC 电路。该电路的时间常数

$$\tau = RC = 50\times 10^{3}\ \Omega\times 10\times 10^{-6}\ \mu\text{F} = 500\ \text{ms}$$

由一阶 RC 电路的分析可知，上电后电容 C 通过 V_{CC}和电阻 R 充电，电容 C 两端的电压为

$$V_{RS} = (1 - e^{-\frac{1}{\tau}})\times V_{CC} \tag{3-1}$$

设低电平与高电平的分界点为 2 V，则由式(3-1)可以求得复位电平由低变高的时间是

$$t_0 = -\tau\ \ln\left(1 - \frac{V_{RS}}{V_{CC}}\right) = -500\times 10^{-3}\ \ln\left(1 - \frac{2}{5}\right)\ \text{ms} = 255\ \text{ms}$$

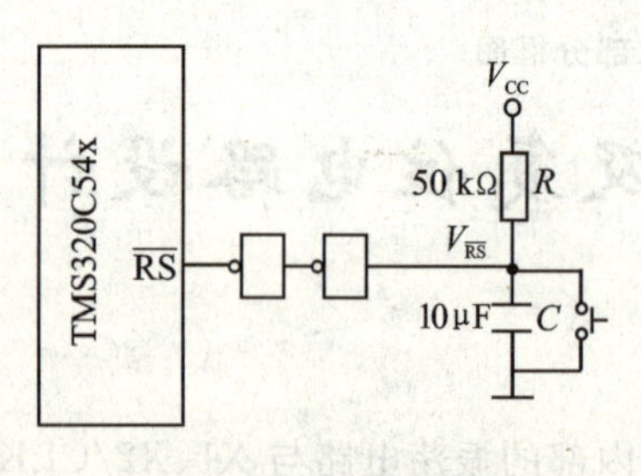

图 3-4 上电复位电路

RC 复位电路成本较低，一般情况下能够保证系统正常复位。但其功耗较大，可靠性差；当电源出现瞬态降落时，由于 RC 的响应速度较慢，无法产生符合要求的复位脉冲。另外电阻、电容受工作环境特别是温度的影响较大，会给复位门限值的设计带来困难。由于 DSP 系统的时钟频率较高，在运行中极易产生干扰和被干扰，甚至出现掉电和死机现象，因此在 'C54x 应用系统中一般都不采用这种 RC 复位电路，而使用性能全、价格低和可靠性高的集成自动监控复位芯片电路。

2. 带有监控功能的复位电路

监控复位芯片是微处理器系统的监控复位集成电路，它提供上电复位、掉电复位、电压跌落复位、备份电池切换和看门狗定时输出等多种功能；可以监控供电电源和微处理器的活动状态；提供复位脉冲，有效防止因时序错误而出现的误操作等。其中，3 只引脚的监控复位芯片仅提供复位功能，其复位输出方式和复位门限均可选择。复位输出方式有漏极开路低电平输出、推挽式高电平输出及推挽式低电平输出等。复位门限选择范围 1.6～5.0 V，步长为 100 mV。4 只引脚的监控复位芯片除了提供上述功能外，还提供手动复位功能。该功能可通过一个按键开关来实现。5 只以上引脚的监控复位芯片不仅提供看门狗功能，还提供双复位

输出或双复位输入等功能。下面对这些功能作一些简单介绍。

(1) 复位输出　根据芯片的不同可分为低电平复位或高电平复位两种。低电平复位输出的芯片工作原理是:当电源电压低于复位门限时,复位输出电平由高变低,并一直保持低电平直至电源电压高于复位门限且延迟了一个固定的复位脉冲宽度时间之后才变为高电平。而高电平复位输出的芯片与上述过程恰好相反。大多数 SOT 封装的复位芯片可提供 5 种标准的复位门限。MAX6314/MAX6315 则有较宽范围的用户可选门限电压,其复位门限有 2.5～5.0 V,而级差 100 mV 的各种电压规范,最小复位时间为 1 ms、20 ms、140 ms 或 1 120 ms 等。

(2) 看门狗功能　看门狗用来监视微处理器的状态。若微处理器在看门狗定义的时间内没有输出,看门狗没有收到触发信号,则说明软件操作不正常(陷入死循环或掉人陷阱等),这时监控复位芯片会立即产生一个复位脉冲去复位微处理器。看门狗的计数时间是可以选择的。许多 5 脚以上封装的监控复位芯片都带有看门狗定时器,如 MAX823 输出低电平复位脉冲,MAX824 输出高电平复位脉冲。而 MAX6316/MAX6317/MAX6320 还具有用户可选定门限电压、输出结构、复位时间延迟和看门狗定时延迟等多种可选功能。

(3) 备用电源切换和存储器写保护功能　当电源电压跌落到复位门限以下且低于后备电源电压时,后备电源切换到被保护的 SRAM,保证不丢失存储数据。如 MAXl691 内含一个 3 V、125 mA/h 的锂电池,具有对 CMOS、SRAM 或 EEPROM 写保护以及看门狗等功能。

图 3-5 是用带有看门狗功能和电压监测功能的专用复位芯片 MAX706 组成的复位电路。

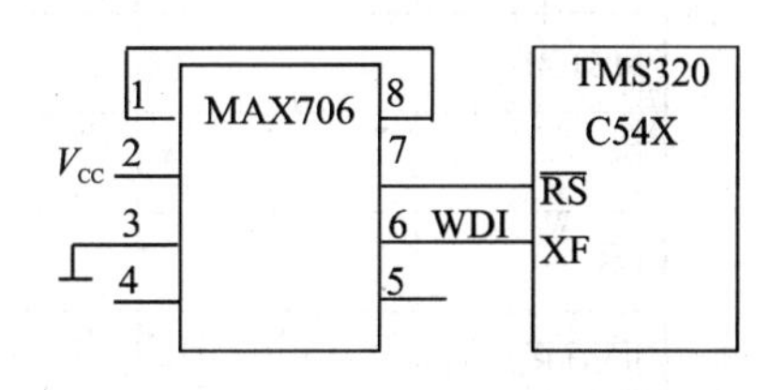

图 3-5　专用复位芯片的复位电路

3.3　供电系统设计

现在新一代的 DSP 均向着低电源电压、低功耗方向发展,工作电压为 3.3 V 甚至更低。为了进一步降低 DSP 功耗,又不影响与外围设备的接口,TI 新一代 DSP 内核的 CPU 工作电压与其片内 I/O 设备的工作电压也不相同。I/O 设备的电源电压(DV_{DD})一般是 3.3 V,CPU 内核工作电压(CV_{DD})是 3.3 V、2.5 V 或 1.8 V 甚至更低。这样,一片 DSP 上就有两个不同的电源电压,并且往往这两个电源电压加电的顺序也有要求,这要根据各个不同 DSP 芯片的数据手册来定。所以 TI 和其他公司也提供了许多单路或双路电源电压供电芯片。图 3-6 示出了使用 TI 公司的电源芯片实现的 TMS320C5402 DSP 的供电系统方案。TMS320UC5402 DSP 的 CPU 工作电压是 1.8 V,片内 I/O 设备工作电压是 3.3 V。TPS76318 是将 5 V 直流

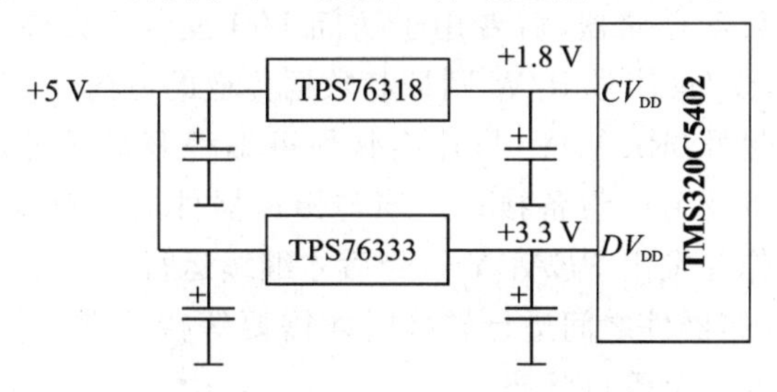

图 3-6　TMS320C5402 供电系统设计

电压转换为 1.8 V 的电压调整器;TPS76333 是将 5V 直流电压转换为 3.3 V 的电压调整器。它们分别为 DSP 芯片的 CPU 和片内 I/O 设备提供工作电压。

3.4 外部存储器和 I/O 扩展设计

'C54x DSP 的外部接口包括数据总线、地址总线和一组用于访问片外存储器与 I/O 端口的控制信号。'C54x DSP 的外部程序或数据存储器以及 I/O 扩展的地址和数据总线复用,完全依靠片选和读写选通配合时序控制完成外部程序存储器、数据存储器和扩展 I/O 的操作。表 3-1 列出了 'C54x DSP 的主要扩展接口控制信号。

表 3-1 'C54x DSP 的主要扩展接口控制信号

信号名称	'C541～'C546	'C548～'C5410	'C5402	'C5420	描 述
A0～A15	15～0	22～0	19～0	17～0	地址总线位数
D0～D15	15～0	15～0	15～0	15～0	数据总线位数
$\overline{\text{MSTRB}}$	√	√	√	√	外部存储器选通控制信号
$\overline{\text{PS}}$	√	√	√	√	外部程序存储器选通信号
$\overline{\text{DS}}$	√	√	√	√	外部数据存储器选通信号
$\overline{\text{IOSTRB}}$	√	√	√	√	I/O 接口选通控制信号
$\overline{\text{IS}}$	√	√	√	√	I/O 接口选通信号
R/$\overline{\text{W}}$	√	√	√	√	读/写信号
READY	√	√	√	√	数据准备完成
$\overline{\text{HOLD}}$	√	√	√		保持请求
$\overline{\text{HOLDA}}$	√	√	√		保持应答
$\overline{\text{MCS}}$	√	√	√		微状态完成
$\overline{\text{IAQ}}$	√	√	√		指令地址获取
$\overline{\text{IACK}}$	√	√	√		中断响应

外部接口总线是一组并行接口。它有两个互相排斥的选通信号$\overline{\text{MSTRB}}$和$\overline{\text{IOSTRB}}$。前者用于访问外部程序或数据存储器,后者用于访问 I/O 设备。另外,与之相对应的还有三个选通信号$\overline{\text{PS}}$、$\overline{\text{DS}}$和$\overline{\text{IS}}$,而读/写信号 R/$\overline{\text{W}}$ 则控制数据传送的方向。

外部数据准备输入信号(READY)与片内软件可编程等待状态发生器一起,可以使处理器与各种速度的存储器以及 I/O 设备接口。当与慢速器件通信时,CPU 处于等待状态,直到慢速器件完成了它的操作并发出 READY 信号后才继续运行。

有时,在两个外部存储器件之间进行转换时才需要等待状态。在这种情况下可编程的分区转换逻辑可以自动插入一个等待状态。

当外部器件需要访问 'C54x DSP 的外部程序、数据和 I/O 存储空间时,可以利用 HOLD

和 HOLDA 信号（保持工作模式），使外部器件可以控制 'C54x DSP 外部总线，从而可以访问 'C54xDSP 的外部资源。保持工作模式有两种类型，即正常模式和并行 DMA 模式。

当 CPU 访问片内存储器时，数据总线置于高阻态。然而地址总线以及存储器选择信号（程序空间选择信号$\overline{PS}$、数据空间选择信号$\overline{DS}$以及 I/O 空间选择信号）均保持先前的状态，此外，$\overline{MSTRB}$、$\overline{IOSTRB}$、R/$\overline{W}$、$\overline{IAQ}$和$\overline{MCS}$信号均保持在无效状态。如果处理器工作模式状态寄存器（PMST）中的地址可见位（AVIS）置1，那么 CPU 执行指令时的内部程序存储器的地址就出现在外部地址总线上，同时$\overline{IAQ}$信号有效。

当 CPU 寻址外部数据或 I/O 空间时，扩展地址线被驱动为逻辑状态0。当 CPU 寻址片内存储器并且 AVIS 位置1，也会出现这种情况。

3.4.1　外扩数据存储器电路设计

TMS320C54x 根据型号的不同，可以配置不同大小的内部 RAM。考虑程序的运行速度、系统的整体功耗以及电路的抗干扰性能，在选择芯片时应当尽量选择内部 RAM 空间大的芯片。但是在某些情况下需要大量的数据运算和存储，因此必须考虑外部数据存储器的扩展问题。常用的数据存储器分为静态存储器（SRAM）和动态存储器（DRAM）。

如果系统对外部数据存储的运行速度要求不高，可以采用常规的静态 RAM，如果兼顾 TMS320C54x 的运行速度，可以采用高速数据存储器如 ICSI64LV16。这个芯片的电源电压为3.3 V，与 TMS320C54x 外设电压相同，并有64 K字、128 K字容量的芯片型号可供选择。ICSI64LVl6 分别有16条地址和数据线，控制线包括片选$\overline{CE}$、读选通$\overline{OE}$、写允许$\overline{WE}$、高位字节选通$\overline{UB}$和低位字节选通$\overline{LB}$。

图3-7为 'C5402 与 ICSI64LV16 连接示意图。地址、数据线分别相连，片选信号$\overline{CS}$与 'C5402 的数据选通线$\overline{DS}$（或$\overline{DS}$与$\overline{MSTRB}$相或后）相连。因为 ICSI64LV16 的写允许有一个单独的控制端$\overline{WE}$，低电平有效，与 'C5402 的读/写控制端 R/$\overline{W}$时序逻辑对应，所以，R/$\overline{W}$ 与$\overline{WE}$直接相连。根据 ICSI64LV16 的真值表3-2所列，写过程中不受读允许$\overline{OE}$电平的影响，因此读允许$\overline{OE}$直接接地。$\overline{LB}$是低字节（bit7～0）R/$\overline{W}$ 控制，$\overline{UB}$是高字节（bit15～8）读/写控制。字读/写（bit15～0）时，这两个引脚均为低电平。

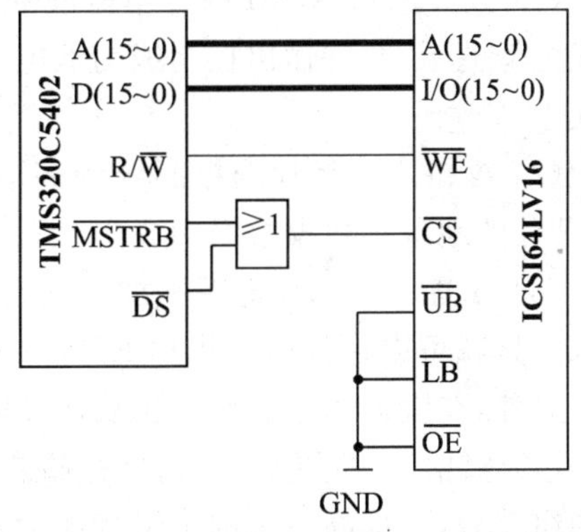

图3-7　数据存储器扩展电路

表3-2　ICS64LV16 真值表

工作模式	$\overline{WE}$	$\overline{CS}$	$\overline{OE}$	$\overline{LB}$	$\overline{UB}$	I/O0～I/O7	I/O8～I/O15	V_{CC}的电流
未选中	X	H	X	X	X	高阻态	高阻态	I_{sb1}, I_{sb2}
禁止输出	H	L	H	X	X	高阻态	高阻态	I_{CC}
	X	L	X	H	H	高阻态	高阻态	

续表 3-2

工作模式	$\overline{WE}$	$\overline{CS}$	$\overline{OE}$	$\overline{LB}$	$\overline{UB}$	I/O0～I/O7	I/O8～I/O15	V_{CC}的电流
读	H	L	L	L	H	Dout	高阻态	I_{CC}
	H	L	L	H	L	高阻态	Dout	
	H	L	L	L	L	Dout	Dout	
写	L	L	X	L	H	Dout	高阻态	I_{CC}
	L	L	X	H	L	高阻态	Din	
	L	L	X	L	L	Din	Din	

3.4.2　外扩程序存储器电路设计

'C54x程序地址总线为16～23条,根据不同的芯片配置的地址总线数各不相同。数据总线16条,可以与16条数据总线的各种程序存储器连接。这里主要应该考虑的是芯片控制逻辑。以'C5402和AT公司生产的AT29LV1024 FlashROM为例,介绍'C54x的程序存储器具体扩展方法。'C5402有20条地址线,最多可以扩展到1 M字的程序存储空间。程序存储器的扩展主要是存储器与DSP之间的时序配合。但是,'C54x的程序存储器与数据存储器以及I/O扩展使用同样的地址和数据线。所以,不同存储器和I/O之间控制逻辑的配合也要认真考虑(详细请参见TI公司参考手册)。

程序存储器ROM的3种工作方式如下:

(1) 读　因为ROM内容不能改变,所以,程序存储器只能进行读操作。如果存储器的片选线为低电平,允许输出控制线为低电平,此时,地址线选中的存储单元的内容就出现在数据总线上。

(2) 维持　一旦片选控制线为高电平,说明不选择这个芯片,存储器处于维持状态。此时,芯片的地址和数据总线为高阻状态,不占用地址和数据总线。

(3) 编程　在编程电源端加上规定的电源数值,片选端和读允许端加入要求的电平,通过写入工具就可以将数据固化到ROM中去。

另外,在设计程序存储器扩展电路时,应注意以下几点:

(1) 根据应用系统容量选择存储芯片容量　选取原则是尽量选择大容量芯片,以减少芯片的组合数量,提高系统的抗干扰能力及系统的性能价格比。

(2) 参数选择　根据CPU工作频率,选取最大读取时间、电源容差、工作温度等主要参数的程序存储器的型号。

(3) 兼容问题　选择逻辑控制芯片,以满足程序扩展与数据扩展、I/O扩展的兼容问题。AT29LV1024是1 M位的Flash ROM,其引脚定义和引脚功能特性如表3-3所示。

表3-3　引脚功能表

引 脚 名	功能说明	特　性
A0～A15	地址线	
I/O0～I/O15	数据线	单向输出、高阻

续表 3-3

引脚名	功能说明	特　性
$\overline{OE}$	输出使能	双向三态、输入、输出、高阻
$\overline{WE}$	写使能	低电平有效
$\overline{CE}$	片选	低电平有效

AT29LV1024 分别有 16 条地址和数据线，有 3 条控制线，分别是片选$\overline{CS}$、编程写入线$\overline{WE}$和读允许线$\overline{OE}$。AT29LV1024 的固化程序需要利用专门写入工具进行离线程序固化，所以，电路设计中编程选择控制端$\overline{WE}$应该为高电平。它的正常工作电压是 3.3 V，与 'C5402 的片上外设电压相同。由于 'C5402 的外设存储器、I/O 共用地址和数据总线，在不进行程序读操作时，AT29LV1024 的数据和地址线一定处于高阻状态，否则，影响与地址和数据总线相连接的存储器和 I/O 的正常工作。根据程序存储器读写时序、程序存储器选通信号$\overline{PS}$满足要求，在程序存储器读信号出现时，$\overline{PS}$=0，写信号出现时，$\overline{PS}$=1。同时，当$\overline{PS}$=0 时，外部存储器选通控制信号$\overline{MSTRB}$=0，因此可以将$\overline{PS}$(或$\overline{PS}$与$\overline{MSTRB}$相或)与 AT29LV1024 的片选端$\overline{CS}$连接。如果仅仅扩展一个程序存储器，可以将 'C5402 的存储器选通控制信号$\overline{MSTRB}$与 AT29LV1024 读允许线$\overline{OE}$相连。从程序存储器读时序可知：当$\overline{PS}$=0 时，$\overline{MSTRB}$=0，可以对存储器进行读操作；当$\overline{PS}$=1 时，程序存储器挂起，$\overline{MSTRB}$的状态对存储器没有影响。还可以将 AT29LV1024 的读允许端$\overline{OE}$直接接地，即当芯片不被选中时，任何操作都不起作用，这种接法可以节省一条控制线$\overline{MSTRB}$。单一的程序存储器扩展电路如图3-8所示。

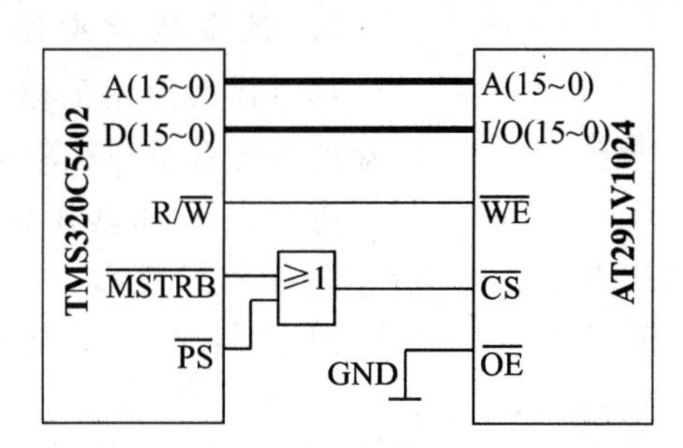

图 3-8　程序存储器扩展电路

3.4.3　I/O(输入/输出接口)扩展电路设计

由于 TMS320C54x 的片内通用 I/O 资源有限，而实际应用中，很多情况需要通过输入/输出接口完成外设与 DSP 的联系，因此一个电子系统中往往要进行 I/O 口的扩展。下面以常用 I/O 输入设备键盘和 I/O 输出设备显示器为例，介绍如何实现 TMS320C54x 的 I/O 口扩展设计。

1. 液晶显示电路设计

显示器是常用的输出设备，使用液晶模块可以很方便地作为 I/O 设备与 TMS320C54x 芯片相连。下面介绍 TMS320C5402 芯片和 EPSON 的液晶模块 TCM-A0902 的接口设计。

TCM-A0902 的引脚功能如表 3-4 所列。

表 3-4　TCM-A0902 的引脚功能说明

引脚符号	I/O 方向	功能说明
V_{dd}	I	电源+
V_{ss}	I	电源地
RESET	I	复位(1=初始化)
$\overline{CS}$	I	片 选
RD	I	读信号线
$\overline{WE}$	I	写信号线
A_0	I	寄存器选择
DB0～DB7	I	数据线

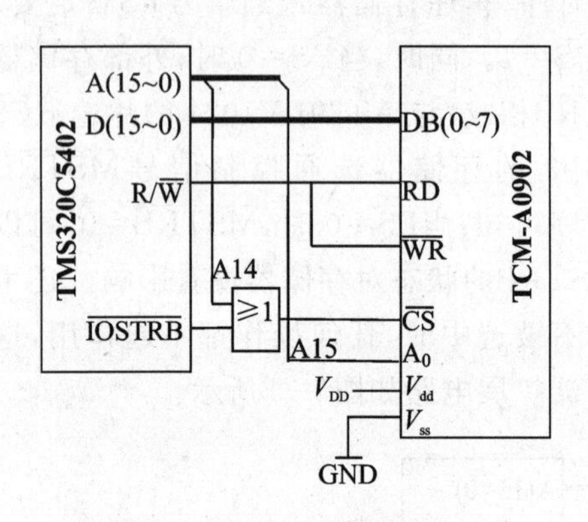

图 3-9　液晶显示接口电路

液晶模块作为扩展的 I/O 设备,占用两个 I/O 地址,液晶的 A_0 引脚为数据寄存器和命令寄存器选择引脚。当 $A_0=1$ 时,对液晶的数据寄存器操作;当 $A_0=0$ 时,对液晶的命令寄存器操作。所以扩展的液晶模块占用两个 I/O 口地址,数据端口地址为 0BFFFH,命令端口地址为 3FFFH。因此,液晶显示器与 TMS320C5402 的接口设计如图 3-9 所示。

2. 键盘接口电路设计

键盘作为常用的输入设备应用十分广泛。而键盘的按键数量往往较多,通常采用锁存器系统通过对键盘的写和读操作实现键盘对系统的操作。下面介绍通过锁存器 74HC573 扩展一个 3×5 的矩阵式键盘。74HC573 是一个带有输出使能和锁存控制端的锁存缓冲器,表 3-5 为其引脚说明,表 3-6 为 74HC573 的真值表。

表 3-5　74HC573 的引脚说明

序　号	符　号	功　能
1	$\overline{OE}$	输出使能
11	LE	锁存控制
2～9	1D～8D	数据输入
12～19	1Q～8Q	数据输出

表 3-6　74HC573 的真值表

输　入			输　出
$\overline{OE}$	LE	D	
L	H	H	H
L	H	L	L
H	L	X	Q_0
H	X	X	Z

TMS320C54x 这种方式的键盘扩展占用两个 I/O 端口地址,读键盘地址为 0EFFFH,写键盘端口地址 0DFFFH。键盘扩展 I/O 接口设计如图 3-10 所示。

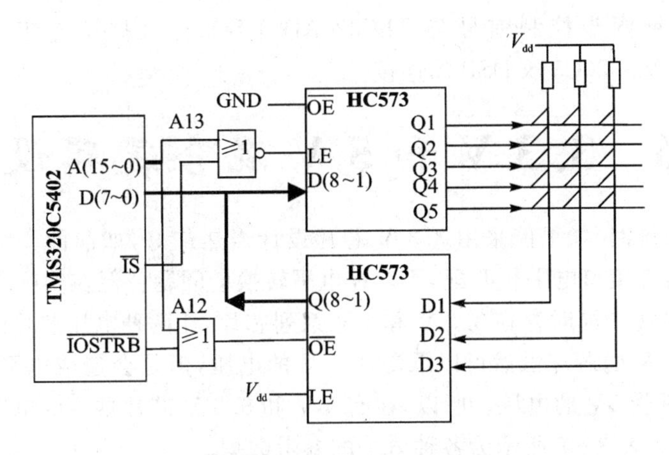

图 3-10　键盘接口电路

3.5　A/D 和 D/A 接口设计

TMS320C54x 有多个 McBSP(多通道缓冲串口),通常用于 A/D 转换器和 D/A 转换器的数据传递接口。以 TI 公司的音频编解码器(TLC320AD50)的接口设计为例说明 A/D 和 D/A 接口电路设计。

TLC320AD50 提供了高分辨率的模拟信号转换电路,即数/模(D/A)转换和模/数(A/D)转换。该接口芯片采用了重复采样的Σ-△技术,并且在 A/D 转换前,信号经过内插滤波器的滤波处理,和抽取滤波器的滤波处理。

TLC320AD50 通过同步串行接口与 DSP 相连接。因为 TLC320AD50 支持主/从模式,所以多信道或多输入输出可以通过一个串行接口执行。TLC320AD50 具有如下特征:

(1) 要求直流 3.3 V 数字供电和直流 5 V 的模拟供电;

(2) 同步串行接口;

(3) 要求一阶抗混叠滤波器;

(4) 2 补码数据格式的 88 dB 动态范围的 ADC 和 DAC;

(5) 可编程的 ADC 和 DAC 转换率;

(6) 可编程的输入和输出增益控制;

(7) 最大转换速率为 22.05 kHz。

使用同步串行口来发送控制配置和执行参数的信息,并由多个数据寄存器来实现。通过设置寄存器的值来确定器件的操作和执行模式。抗混叠输入低通滤波器是一阶的 RC 滤波器,可以连接在 TLC320AD50 和输入信号之间。

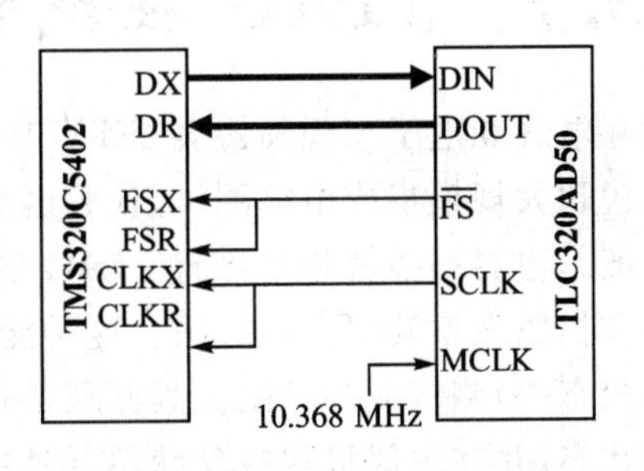

图 3-11　TLC320AD50 和 TMS320CC54x 接口图

TLC320AD50 仅仅有一个帧同步信号,应该将 'C54x/FSR 和 'C54x/FSX 帧同步信号与 TLC320AD50/FS 引脚相连接,'C54x/CLKX

和'C54x/CLKR时钟同步控制信号与TLC320AD50/SCLK引脚相连接。图3-11所示为TLC320AD50和TMS320C54x DSP的连接。

3.6 3.3 V和5 V混合逻辑设计

在设计DSP系统时,如果能采用3.3 V芯片设计当然最好,如前面介绍的接口设计所选芯片均为3.3 V,器件接口电平相匹配,不存在电平转换的问题。但在实际中往往还不能避免混合设计,在一个系统中同时存在3.3 V和5 V系列芯片,让两种电压芯片的输入输出直接连接是不行的,因为5 V的芯片虽然可以承受3.3 V的电压,但是会造成电平逻辑混乱;同理,3.3 V芯片更不能承受5V的电压。所以,在有5 V和3.3 V芯片共存的电路中就存在一个混合逻辑设计的问题。表3-7所示为各种电平的参考数据。

表3-7 5V TTL、CMOS和3.3V逻辑电平参考数据

逻辑电压	5 V CMOS/V	5 V TTL/V	3.3 V逻辑电平/V
V_{OH}	4.4	2.4	2.4
V_{OL}	0.5	0.4	0.4
V_{IH}	3.5	2.0	2.0
V_{IL}	1.5	0.8	0.8
V_t	2.5	1.5	1.5

注意:表中的V_{OH}为输出高电平的最低值;V_{OL}为输出低电平的最高值;V_{IH}为输入高电平的最低值;V_{IL}为输入低电平的最高值;V_t为"0"、"1"电平的分界值。

从表中可以看出,在5 V TTL电平和3.3 V逻辑电平间存在电平匹配问题,例如在程序存储器AT29C257与TMS320VC5402接口的时候就必须有电平转换,电平转换的芯片有SN74LVTH245和QS3245等。

从目前的趋势来看,使用低电压的3.3 V系列的芯片已经是发展方向。因此在设计的时候应尽量使用3.3 V供电芯片,这样可以设计成一个低功耗的系统,还可以避免混合系统设计中的电平变换问题。

3.7 JTAG在线仿真调试接口电路设计

国际电气和电子工程师协会IEEE 1990年公布的1149.1标准,有时又称JTAG标准,是针对现代超大规模集成电路测试、检验困难而提出的基于边界扫描机制和标准测试存取口的国际标准。边界扫描就是对含有JTAG逻辑的集成电路芯片边界引脚(外引脚)通过软件完全控制和扫描观察其状态的方法。这种能力使得高密度的大规模集成芯片在线(在电路板上及工作状态中)测试成为可能。其原理是在芯片的输入/输出引脚内部安排存储单元,用来保存引脚状态,并在内部将这些存储单元连接在一起,通过一个输入脚TDI引入和一个输出脚TDO引出。正常情况下,这些存储单元(边界单元)是不工作的,在测试模式下存储单元存储输入/输出口状态,并在测试存储口(TAP)的控制下输入/输出。

IEEE 1149.1 标准颁布后，TI 公司为其以后的 DSP 器件均设置符合国际标准的 JTAG 逻辑测试口，通过 JTAG 测试口访问和调试 TI DSP 芯片。仿真电缆和 DSP JTAG 测试口的连接是通过一个 14 脚的插头座（仿真头）来实现的。仿真头上信号连接关系如图 3－12 所示，其中主要引脚 TDI 和 TDO 是测试数据的输入和输出，TMS 是测试模式选择，TCK 和 TCK_RET 是测试时钟的输出和返回。

图 3－13 是当仿真座与 DSP 距离大于 15.24 cm（6 英寸）时，DSP 芯片 JTAG 逻辑测试口和 14 脚的仿真座之间的连接关系。当二者距离小于 15.24 cm（6 英寸）时，如图 3－14 所示，它们之间可以不加缓冲驱动器。图中的上拉电阻建议大于等于 4.7 kΩ。

信号	引脚	引脚	信号
TMS	1	2	$\overline{\text{TRST}}$
TDI	3	4	GND
PD(V_{cc})	5	6	No key
TDO	7	8	GND
TCK_RET	9	10	GND
TCK	11	12	GND
EMU0	13	14	EMU1

图 3－12　仿真头信号连接关系图

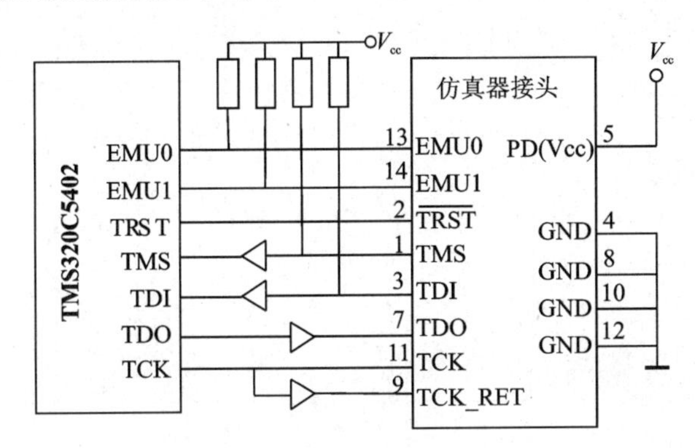

图 3－13　DSP 芯片 JTAG 逻辑测试口和 14 脚的仿真座距离大于 15.24 cm 的连接图

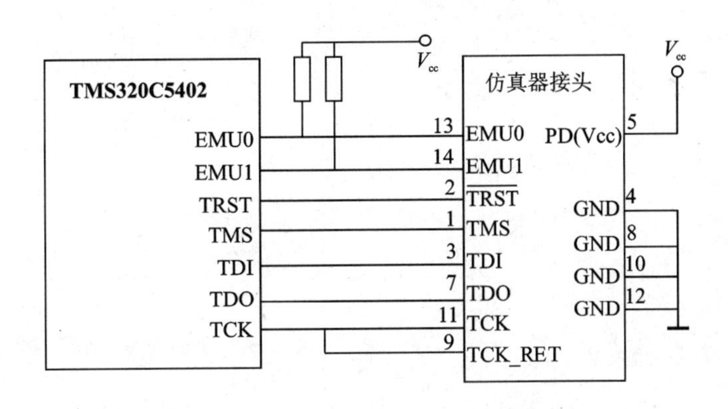

图 3－14　DSP 芯片 JTAG 逻辑测试口和 14 脚的仿真座距离小于 15.24 cm 的连接图

习　题

3.1　如何在 DSP 系统中实现看门狗功能？

3.2　对于 TMS320C54x 系统，一般用外扩 I/O 接口实现显示模块与 DSP 的数据交换；假设液晶显示模块为 TCM-A0902，数据端口地址为 AFFFH，命令端口地址为 CFFFH，硬件电路如何实现（显示模块 TCM-A0902 的引脚说明见 3.4 节）？

3.3　在JTAG接口电路设计中,仿真器与DSP芯片的距离很重要。如何根据它们的距离完成硬件电路的接口设计?

3.4　DSP的并口总线与串口各有何用途?哪种速度快?哪种连线简单?

3.5　设计TMS20CV5402所需要的外扩16位32 K数据存储器空间、外扩16位32 K程序存储器空间(假设32 K数据存储器占用数据存储空间的0000H~7FFFH段;32 K程序存储器占用程序存储空间的8FFFH~FFFFH段;外扩存储器芯片有如下控制端:$\overline{WE}$为写允许控制端信号,$\overline{CE}$为片选信号和$\overline{OE}$读允许端信号)。

第4章　TMS320C54x 指令系统

4.1　指令系统概述

TMS320C54x 是 TMS320 系列中的一种定点数字信号处理器(DSP)。它的汇编指令系统包括汇编语言指令、汇编伪指令、宏指令和链接指令。它的书写形式有两种：助记符形式和代数式形式。本章主要介绍助记符指令系统，内容包括指令的表示方法、指令的分类及特点和指令的寻址方式，并列出了指令系统。该指令系统速查表见附录 A，供使用时参考。

由于 'C54x 系列 DSP 的 CPU 内核结构均相同，所以其汇编语言程序向下兼容。因此，本章介绍的 'C54x 指令系统适用于所有具有相同 CPU 内核的 'C54x DSP，尽管这些 DSP 的型号可能不同。'C54x DSP 汇编语言和单片机、微机等一般汇编语言的组成和结构类似，但学习时要注意它们的不同点。关键是在了解一般内容后，要多上机练习、深刻体会，才能真正掌握 DSP 汇编语言编程。

4.2　汇编源程序格式

汇编语言程序设计是 TMS320C54x 应用软件设计的基础。汇编源程序由汇编伪指令、汇编语言指令、宏汇编指令和注释组成。汇编器每行最多只能读 200 个字符，所以源语句的字符数每行不能超过 200。一旦超过 200 个，汇编器将截去行尾的多余字符并给出警告信息。

4.2.1　汇编源程序语句格式

'C54x 汇编源程序语句格式含有 4 个域，一般格式如下：

助记符指令格式

[标号][:]　助记符　[操作数列表]　[;注释]

例如：

```
begin:  STM    #40,   AR1       ;将立即数 40 传送给辅助寄存器 AR1
```

代数指令格式

[标号][:]　代数指令　[;注释]

例如：

```
begin:  AR1 = #40               ;将立即数 40 传送给辅助寄存器 AR1
```

1. 标号域

对于所有 'C54x 汇编和大多数汇编伪指令，标号都是可选项，但伪指令.set 和.equ 除外，二者需要标号。使用标号时，必须从源语句的第一列开始。一个标号允许最多有 32 个字符：A～Z、a～z、0～9、_和 $。第一个字符不能是数字。标号对大小写敏感，如果在启动汇编器时,用到了—c 选项,则标号对大小写不敏感。标号后可跟一个冒号“:”,也可不跟。如果不用标号,则第一列上必须是空格、分号或星号。

标号值和它所指向的语句所在单元的值(地址或汇编时段程序计数器的值)是相同的。例如:若用.word 伪指令初始化几个字,即:

```
START:  .word   0AH,3,7
```

标号 START 的值和存放 0AH 数据单元的地址值是一样的。如果标号在一行中单独出现,则它的值是下一行指令的地址值(或段程序计数器的值)。

例如:

```
3    0050         Here:
4    0050    0003     .word    3
```

则标号 Here 的值是 0050H。

2. 指令域

标号域后面是指令域,它不能从第一列开始,一旦从第一列开始,它将被认作标号。指令域包括以下指令码之一:汇编语言指令、汇编伪指令和宏指令。

3. 操作数域

操作数域是操作数列表。操作数可以是常量、符号,或是常量和符号的混合表达式。操作数之间用逗号分开。

汇编器允许在操作数前使用前缀来指定操作数(常数、符号或表达式)是地址还是立即数或间接地址。前缀的使用规则如下:

#:前缀,表示其后的操作数是立即数。用#做前缀,即使操作数是地址,也将被作为立即数对待。例如代数指令:Label:B=B+#123(助记符指令:ADD #123,B),将操作数#123 作为立即数和 B 累加器内容相加并再赋给 B 累加器。

立即数符号#,一般用在汇编语言指令中,也可使用在伪指令中;表示伪指令后的立即数,一般很少用。

如:

A=A+#10

.byte #10

在第一个语句中,立即数是必需的,它告诉汇编器 10 是立即数而不是地址,其功能是把 10 加到累加器 A 中。在第二个语句中,表示立即数的#号一般没有,汇编器也认为操作数是一个立即数 10,用来初始化一个字节。

*:前缀,表示其后的操作数是间接地址。汇编器将此操作数作为间接地址对待,它将操作数中的内容作为地址。例如指令 Label:A=*AR4(助记符指令:LD *AR4,A)。汇编器将 AR4 中的内容作为地址,将此地址单元的内容传送给 A 累加器。

@:前缀,表示其后的操作数是采用直接寻址或绝对地址寻址的地址。直接寻址产生的地址是@后操作数(地址)和数据页指针或堆栈指针的组合。例如指令:label:@XYZ+=#10(助记符指令:ADD #10,@XYZ),完成的功能是:在状态寄存器 ST1 中 CPL=0 时,数据页指针 DP 所指页内,偏移量为 XYZ 变量地址低 7 位数值大小的地址单元内容和 10 相加并存回到该地址单元中(@XYZ 所指单元)。助记符指令中使用直接寻址方式时@号可以省略,但代数指令中不能省略。

4. 注释域

注释可以从一行的任一列开始直到行尾。任一 ASCII 码(包括空格)都可以组成注释。注释在汇编文件列表中显示,但不影响汇编。如果注释从第一列开始,就用";"号或"*"号开头,否则用";"号开头。"*"号在第一列出现时,仅仅表示此后内容为注释。

综上所述,在编写汇编语句时,应遵循下列规则:

① 语句的开头只能是标号、空格、星号或分号。

② 标号是可选项,如果使用,必须从第一列开始。

③ 每个域之间必须由一个或多个空格来分开;制表符等同于空格的作用。

④ 注释是可选项,其开始于第一列的注释用星号或分号(*或;)来标明,开始于其他列的注释必须由分号开头。

⑤ 源语句的字符数每行不能超过 200 个。

4.2.2　汇编语言常量

'C54x 汇编器支持 7 种类型的常量:二进制整数、八进制整数、十进制整数、十六进制整数、字符常量、汇编时间常量和浮点数常量。

汇编器在内部把常量作为 32 位量。常量不能进行符号扩展。例如,常量 FFH 等同于 00FFH(16 进制)或 255(10 进制),但不是－1。

1. 二进制整数常量

二进制整数常量最多由 16 个二进制数字组成,其后缀为 B(或 b)。如果少于 16 位,汇编器将向右对齐并在左面补零。下列二进制整数常量都是有效的:

00000000B、 0100000b、 01b、 1111000B

2. 八进制整数常量

八进制整数常量最多由 6 个八进制数字组成,其后缀为 Q(或 q)。下列八进制整数常量都是有效的:

10Q、 100000q、 226Q

3. 十进制整数常量

十进制整数常量由十进制数字串组成,范围从－32 768～32 767 或从 0～65 535。下列十进制整数常量都是有效的。

1000、　－32768、　25

4. 十六进制整数常量

十六进制整数常量最多由 4 个十六进制数字组成,其后缀为 H(或 h)。数字包括十进制数 0～9 和字符 A～F 及 a～f。它必须由十进制值 0～9 开始,也可以由前缀(0x)标明十六进制。如果少于 4 位,汇编器将把数位右对齐。下列十六进制整数常量都是有效的。

78h、　0FH、　37Ach、　0x37AC

5. 字符常量

字符常量由单引号括住的一个或两个字符组成。它在内部由 8 位 ASCII 码来表示一个字符。两个连着的单引号用来表示带单引号的字符。只有两个单引号的字符也是有效的，被认作值为0。如果只有一个字符，汇编器将把位向右对齐。下列字符常量都是有效的：

'a'　(内部表示为61H)

'C'　(内部表示为43H)

'为D'(内部表示为2744H)

6. 汇编时常量

用.set伪指令给一个符号赋值，则这个符号等效于一个常量。在表达式中，被赋的值固定不变。例如：

shift　　.set　　3

A=#shift　;　将3赋给A累加器

7. 浮点数常量

浮点数常量是由一串十进制数字及小数点、小数部分和指数部分组成，如下所示：

+(-)nnn.nnn E(e) + (-)nnn

整数　　小数　　指数

nnn表示十进制字符串，小数点一定要有，否则数据是无效的。如3.e5是有效的浮点数常量，而3e5是无效数字。指数部分是10的幂。下列浮点数常量都是有效的，即

3.0、　3.14、　.3、　-0.314e13、　+314.59e-2

4.2.3　字符串

字符串是由双引号括起来的一串字符。两个连续的双引号可以表示带双引号的字符串。字符串的长度可变并且为伪指令所用。字符在内部由8位ASCII码表示。下列的字符串都是有效的：

"Sample program"(定义了一个14个字符的字符串：sample program)

"PLAN"C""(定义了一个8个字符的字符串：PLAN"C")

下列情况中伪指令使用字符串：

① 说明文件，例如：.copy　"filename"

② 说明段名，例如：.sect　"sectionname"

③ 说明数据初始化，例如：.byte　"charstfing"

④ 作为.string伪指令的操作数，例如：.string　"ABCD"

4.2.4　符　号

符号可用于标号、常量和替代其他字符；符号名最多可为32位字符数字串(A～Z、a～z、0～9、_和$)，第一位不能是数字，字符间不能有空格；符号对大小写敏感，汇编器把ABC、Abc、abc认作不同的符号。用-c选项可以使汇编器不区分大小写。符号只有在汇编程序中定义后才有效。除非使用.global伪指令声明才是一个外部符号。

用做标号的符号代表程序中对应位置的地址；标号在程序中必须唯一。助记符操作码和汇编伪指令名(不带前缀)是有效的标号名；标号也能作为.bss伪指令的操作数。

例如：

　　.global　labell

```
        NOP
label2  ADD  label1,B    ;将 label1 的标号地址加到 B 累加器中
        B    label2
```

符号常量(用.set 定义的)不能重新定义。DSP 内部的寄存器名和 $ 等都是汇编器已预先定义了的全局符号。

4.2.5　表达式

表达式是由运算符隔开的常量、符号或常量和符号序列。表达式值的有效范围从 −32 768～32 767。有 3 个主要因素影响表达式的运算顺序:圆括号、优先级、同级运算顺序。

圆括号( ):圆括号内的表达式先运算,不能用{ }或[ ]来代替圆括号。例如:8/(4/2)=4(先运算 4/2)。

优先级(precedence groups):'C54x 汇编程序的优先级使用与 C 语言相似。优先级高的运算先执行,圆括号内的运算其优先级最高。

同级内的运算顺序:从左到右。例如:8/4 * 2=4,但 8/(4 * 2)=1。

1. 运算符及优先级

表 4-1 列出了表达式中可用的运算符及优先级。表中运算符的优先级是从上到下,同级内从左到右。

表 4-1　表达式的运算符及其优先级

<table>
<tr><th>符　号</th><th>运算符含义</th><th>运算顺序</th></tr>
<tr><td>+, −, ～</td><td>取正、取负、按位求补</td><td>从左到右</td></tr>
<tr><td>*, /, %</td><td>乘、除、求模</td><td>从左到右</td></tr>
<tr><td><<, >></td><td>左移,右移</td><td>从左到右</td></tr>
<tr><td>+, −</td><td>加,减</td><td>从左到右</td></tr>
<tr><td><, <=</td><td>小于,小于等于</td><td>从左到右</td></tr>
<tr><td>>, >=</td><td>大于,大于等于</td><td>从左到右</td></tr>
<tr><td>!=　=</td><td>不等于,等于</td><td>从左到右</td></tr>
<tr><td>&</td><td>按位与</td><td>从左到右</td></tr>
<tr><td>^</td><td>按位异或</td><td>从左到右</td></tr>
<tr><td>|</td><td>按位或</td><td>从左到右</td></tr>
</table>

2. 表达式溢出

当算术运算在汇编中被执行时,汇编器将检查溢出状态。无论上溢还是下溢,它都会给出一个被截短的值的警告信息。但在作乘法时,不检查溢出状态。

3. 条件表达式

汇编器在任何表达式中都支持关系运算符,这对条件汇编特别有用。关系运算符包括如下几种:

=　　等于　　　　　　==　　等于

！＝　不等于

＜　小于　　　＜＝　小于等于

＞　大于　　　＞＝　大于等于

条件表达式的值为真,赋值为 1;为假;赋值为 0;表达式两边的操作数类型必须相同。

4. 表达式的合法性

表达式中使用符号时,汇编器对符号在表达式中的使用有一些限制;由于符号的属性不同(定义不同)使表达式存在合法性问题。符号的属性分为 3 种:外部的、可重定位的和绝对的。用伪指令. global 定义的符号是外部符号。在汇编阶段和执行阶段,符号值、符号地址不同的符号是可重定位符号,相同的是绝对符号。

含有乘、除法的表达式中只能使用绝对符号。表达式中不能使用未定义符号。

4.3 汇编语言指令系统

与所有的微处理器助记符指令一样,'C54x 的助记符指令也是由操作码和操作数两部分组成。在汇编前,操作码和操作数都用助记符表示。例如:指令 LD　＃0FFH,　A 的执行结果是将立即数 0FFH 传送至累加器 A。

4.3.1 指令系统中的符号和缩写

在 'C54x 汇编语言的源语句中,有很多的符号和缩写。本节先介绍所用到的符号和缩写,见表 4-2 和表 4-3。

表 4-2　指令系统中的符号和缩写

符　号	定　义
A	累加器 A
ALU	算术逻辑运算单元
AR	辅助寄存器,泛指
ARx	指定某一特定的辅助寄存器(0≤x≤7)
ARP	ARP 是 ST0 中的 3 位辅助寄存器指针位,指出当前辅助寄存器为 AR(APR)
ASM	ST1 中的 5 位累加器移位方式位(—16≤ASM≤15)
B	累加器
BRAF	ST1 中的执行块重复指令标志位
BRC	块重复计数器
BITC	BITC 是 4 位数,由它决定用位测试指令测试所指定数据存储单元中的哪一位(0≤ BITC ≤15)
C16	ST1 中的双 16 位/双精度算术运算方式位
C	ST0 中的进位位
CC	2 位条件码(0≤CC≤3)

续表 4-2

符　号	定　义
CMPT	ST1 中的 ARP 修正方式位
CPL	ST1 中的直接寻址编译方式位
Cond	表示一种条件的操作数，用于条件执行指令
[d],[D]	延时选项
DAB	D 地址总线
DAR	DAB 地址寄存器
dmad	16 位立即数数据存储器地址（0≤dmad≤65 535）
Dmem	数据存储器操作数
DP	ST0 中的 9 位数据存储器页指针（0≤DP≤511）
dst	目的累加器（A 或 B）
Dst_	另一个目的累加器：如果 dst＝A，则 dst_＝B；如果 dst＝B，则 dst_＝A
EAB	E 地址总线
EAR	EAB 地址寄存器
extpmad	23 位立即数表示的程序存储器地址
FRCT	ST1 中的小数方式位
hi(A)	累加器的高 16 位（位 31～16）
HM	ST1 中的保持方式位
IFR	中断标志寄存器
INTM	ST1 中的中断屏蔽位
K	少于 9 位的短立即数
K3	3 位立即数（0≤K3≤7）
K5	5 位立即数（－16≤K5≤15）
K9	9 位立即数（0≤K9≤511）
lk	16 位长立即数
Lmem	利用长字寻址的 32 位单数据存储器操作数
mmr,MMR	存储器映像寄存器
MMRx,MMRy	存储器映像寄存器，AR0～AR7 或 SP
n	XC 指令后面的字数，n＝1 或 2
N	RSBX 和 SSBX 指令中指定修改的状态寄存器： N＝0 状态寄存器 ST0；N＝1 状态寄存器 ST1
OVA	ST0 中的累加器 A 的溢出标志
OVB	ST0 中的累加器 B 的溢出标志
OVdst	目的累加器（A 或 B）的溢出标志

续表 4-2

符　号	定　义
OVdst－	另一个目的累加器(A 或 B)的溢出标志
OVsrc	源累加器(A 或 B)的溢出标志
OVM	ST1 中的溢出方式位
PA	16 位立即数表示的端口地址(0≤PA≤65 535)
PAR	程序存储器地址寄存器
PC	程序计数器
pmad	16 位立即数程序存储器地址(0≤pmad≤65 535)
Pmem	程序存储器操作数
PMST	处理器工作方式状态寄存器
prog	程序存储器操作数
[R]	舍入选项
rnd	舍入
RC	重复计数器
RTN	RETF[D]指令中用到的快速返回寄存器
REA	块重复结束地址寄存器
RSA	块重复起始地址寄存器
SBIT	用 RSBX 和 SSBX 指令所修改的指定状态寄存器的位号(4 位数)(0≤SBIT≤15)
SHFT	4 位移位数(0≤SHFT≤15)
Sind	间接寻址的单数据存储器操作数
Smem	16 位单数据存储器操作数
SP	堆栈指针
src	源累加器(A 或 B)
ST0,ST1	状态寄存器 0,状态寄存器 1
SXM	ST1 中的符号扩展方式位
T	暂存器
TC	ST0 中的测试/控制标志
TOS	堆栈顶部
TRN	状态转移寄存器
TS	由 T 寄存器的 5～0 位所规定的移位数(－16≤TS≤31)
uns	无符号数
XF	ST1 中的外部标志状态位
XPC	程序计数器扩展寄存器
Xmem	在双操作数指令以及某些单操作数指令中所用的 16 位双数据存储器操作数
Ymem	在双操作数指令中所用的 16 位双数据存储器操作数

表 4－3　操作码中的符号和缩写

符　号	定　义
A	数据存储器的地址位
ARX	指定辅助寄存器的 3 位数区
BITC	4 位码区
CC	2 位条件码区
CCCC CCCC	8 位条件码区
COND	4 位条件码区
D	目的(dst)累加器位:D=0,累加器 A;D=1,累加器 B
I	寻址方式位:I=0,直接寻址方式;I=1,间接寻址方式
K	少于 9 位的短立即数区
MMRX	指定 9 个存储器映像寄存器中的某一个的 4 位数(0≤MMRX≤8)
MMRY	指定 9 个存储器映像寄存器中的某一个的 4 位数(0≤MMRY≤8)
N	单独一位数
NN	决定中断形式的 2 位数
R	舍入(rnd)选项位:R=0,不带舍入执行指令;R=1,对执行结果舍入处理
S	源(src)累加器位:S=0,累加器 A;S=1,累加器 B
SBIT	状态寄存器的 4 位位号数
SHFT	4 位移位数(0≤SHFT≤15)区
SHIFT	5 位移位数(－16≤SHIFT≤15)区
X	数据存储器位
Y	数据存储器位
Z	延迟指令位:Z=0,不带延迟操作执行指令;Z=1,带延迟操作执行指令

这里列出的符号和缩写用于指令手册解释指令操作码的组成。例如,指令 LD　Smem,[SHIFT],　dst　是一条双字指令,它的操作码如下:

15	14	13	12	11	10	9	8	7	6	5	4	3	2	1	0
0	1	1	0	1	1	1	1	1	A	A	A	A	A	A	A
0	0	0	0	1	1	0	D	0	1	0	S	H	I	F	T

4.3.2　指令系统中的记号和运算符

TMS320C54x 指令手册中解释指令所用的一些记号见表 4－4。

表 4-4 指令系统中所用的记号

<table>
<tr><th>记 号</th><th>含 义</th></tr>
<tr><td>黑体字符</td><td>指令手册中每条指令黑体字部分表示操作码:例如 ADD Xmem,Ymem,dst。可以利用各种 Xmem 和 Ymem 值,但指令操作码必须用黑体字符</td></tr>
<tr><td>斜体字符</td><td>指令语句中的斜体字符表示变量:例如 ADD Xmem,Ymem,dst 可以利用各种 Xmem 和 Ymem 值作为变量</td></tr>
<tr><td>[X]</td><td>方括号内的操作数是任选的,例如 ADD Smem[,SHIFT],src[,dst]必须用一个 Smem 值和源累加器,但移位和目的累加器是任选的</td></tr>
<tr><td>#</td><td>在立即寻址指令中所用的常数前缀。#用在那些容易与其他寻址方式相混淆的指令中。例如:
RPT #15 ;短立即数寻址,下一条指令重复执行 16 次
RPT 15 ;直接寻址,下一条指令重复执行的次数取决于存储器中的数值</td></tr>
<tr><td>(abc)</td><td>小括号表示一个寄存器或一个存储单元的内容,例如:(src)表示源累加器中的内容</td></tr>
<tr><td>x→y</td><td>x 值被传送到 y(寄存器或存储单元)中,例如:(Smem)→dst 指的是将数据存储单元中的内容加载到目的累加器</td></tr>
<tr><td>r(n−m)</td><td>寄存器或存储单元 r 的第 n～m 位,例如:src(15～0)指的是源累加器中的第 15～0 位</td></tr>
<tr><td><<nn</td><td>左移 nn 位(负数为右移)</td></tr>
<tr><td>‖</td><td>并行操作指令</td></tr>
<tr><td>\\</td><td>循环左移</td></tr>
<tr><td>//</td><td>循环右移</td></tr>
<tr><td>$\overline{X}$</td><td>X 取反(1 的补码)</td></tr>
<tr><td>|X|</td><td>X 取绝对值</td></tr>
<tr><td>AAH</td><td>AA 代表一个十六进制数</td></tr>
</table>

指令系统中所用的运算符号见表 4-5。

表 4-5 指令系统中所用的运算符号

符 号	运 算	求值顺序
+ − ～	一元加法、减法、1 的补码	从右到左
* / %	乘法,除法,取模	从左到右
+ −	加法,减法	从左到右

4.3.3 指令系统分类

'C54x 指令系统有 2 种分类方法：

① 按指令的功能分类；

② 按执行指令所要求的周期分类。

按指令的功能，'C54x 指令系统又可以分成 4 大类：

① 算术运算指令；

② 逻辑运算指令；

③ 程序控制指令；

④ 加载和存储指令。

每一大类指令又可细分为若干小类。附录 A 列出了上述 4 大类指令一览表。在这些表中给出了指令的助记符方式、代数式方式、功能以及指令的字数和执行周期数。需要说明的是，表中的指令字数和执行周期数均假定采用片内 DARAM 作为数据存储器。当利用长偏移间接寻址或者以 Smem 绝对寻址时，应当增加一个字和一个机器周期。需要更为详细的信息，可参阅 TMS320C54x DSP Reference Set Volume 2:Mnemonic Instruction Set。

最后简述重复指令问题。'C54x 的重复指令可以使其下一条指令重复执行，重复执行的次数等于指令的操作数加 1，最大重复次数为 65 536。一旦重复指令被译码，包括 $\overline{\text{NMI}}$ 在内的所有中断(不包括 $\overline{\text{RS}}$)都被禁止，直到重复循环完成。但是 'C54x 在执行一次重复循环时是可以响应 $\overline{\text{HOLD}}$ 信号的，这取决于 ST1 中的状态位 HM：若 HM=1，暂停重复操作；否则重复操作继续进行。

'C54x 对乘法/累加、块传送等指令可以执行重复操作。重复操作的结果使这些多周期指令在第一次执行后变成单周期指令。当然，有些指令是不能重复的，在编程时需要注意。

为了便于读者查阅指令，附录 A 中列出了 TMS320C54x 汇编语言指令系统一览表。

4.4 寻址方式

指令的寻址方式是指当硬件执行指令时，寻找指令所指定的参与运算的操作数的方法。不同的寻址方式为编程提供了极大的柔性编程操作空间，可以根据程序要求采用不同的寻址方式，提高程序的速度和代码效率。

'C54x 提供了 7 种基本的数据寻址方式：

① 立即数寻址，指令中嵌有一个固定的数；

② 绝对地址寻址，指令中有一个固定的地址；

③ 累加器寻址，按累加器内的地址去访问程序存储空间中的一个单元；

④ 直接寻址，指令中的低 7 位是一个数据页内的偏移地址，而所在的数据页由数据页指针 DP 或 SP 决定；该偏移地址加上 DP 和 SP 的值决定了在数据存储器中的实际地址；

⑤ 间接寻址，按照辅助寄存器中的地址访问寄存器；

⑥ 存储器映射寄存器寻址，修改映射存储器中的值，不影响当前 DP 或 SP 的值；

⑦ 堆栈寻址，把数据压入和弹出系统堆栈；

下述内容对这几种寻址方式作进一步说明。

4.4.1　立即数寻址

在立即数寻址中,指令里包括了立即操作数。在一条指令中可对两种立即数编码:一种是短立即数(3、5、8或9位),另一种是16位的长立即数。立即数可包含在单字或双字指令中。3位,5位,8位或9位立即数包含在单字指令(指令代码只有一个字)中,16位立即数包含在双字指令中。在一条指令中,立即数的长度是由所使用的指令类型决定的。表4-6列出了可使用立即数的各条指令及指令中立即数的比特数。

表4-6　支持立即数寻址的指令

3位和5位立即数	8位立即数	9位立即数	16位立即数
LD	FRAME	LD	ADD ADDM
	LD		AND ANDM
	RPT		OR ORM
			ST STM
			XOR XORM
			RPT RPTZ
			MAC SUB
			BITF CMPT
			LD

例如:LD #10H,A　　;把立即数10H装入累加器A

　　RPT #99　　;将紧跟在此条语句后面的语句重复执行99+1次

此例中,操作数99是短立即数,与操作码在同一字中。其指令代码格式如下:

BIT: 15 14 13 12 11 10 9 8	7 6 5 4 3 2 1 0
操作码	操作数

操作数是16位长立即数的指令均为双字指令,操作码占一个字,操作数紧跟其后也占一个字。例如,RPT #0FFFH;将紧跟在此条语句后面的语句重复执行1000H次。其指令代码格式如下:

BIT: 15 14 13 12 11 10 9 8 7 6 5 4 3 2 1 0
操作码(16位)
操作数(16位)

立即数寻址的语法中有一点需要注意,应在数值或符号前面加一个"#"号来表示一个立即数,否则就会被认为是一个地址。例如:把立即数80H装入累加器A,其正确的指令为LD #80H,A。如果漏掉了"#"号,指令LD 80H,A就变成了把偏移地址80H决定的单元中的内容装到累加器A中去。

4.4.2　绝对地址寻址

绝对地址寻址方式的指令中包含的是所寻找操作数的16位单元地址,可以是单元地址或

16 位符号常数。绝对地址总是 16 位，所以绝对地址寻址指令的指令代码至少是两个字。

绝对地址寻址有以下 4 种类型：

1. 数据存储器地址(dmad)寻址

数据存储器地址(dmad)寻址是用一个符号或一个数来确定数据空间中的一个地址。用在以下指令中：

MVDK　Smem,dmad	;把一个单数据存储器操作数 Smem 的内容复制到另一个通过 dmad 寻址的数据存储单元(寻找目的地址)
MVDM　dmad,MMR	;把数据从一个数据存储单元 dmad 复制到另一个存储器映射寄存器 MMR 中(寻源址)
MVKD　dmad,Smem	;把数据从一个数据存储器单元移到另一个数据存储单元。源数据存储器单元是由一个 16 位立即数 dmad 寻址
MVMD　MMR,dmad	;把数据从一个存储器映射寄存器转移到一个数据存储器单元(dmad)中

例如，把数据空间中 SAMPLE 标注的地址里的数复制到由 AR5 辅助寄存器指向的数据存储单元中去：MVKD SAMPLE，* AR5；此例中 SAMPLE 标注的地址就是一个 dmad 值。

2. 程序存储器地址(pmad)寻址

程序存储器地址(pmad)寻址是用一个符号或一个具体的数来确定程序存储器中的一个地址。用在以下指令中：

FIRS　Xmem,Ymem,pmad	;实现一个对称的有限冲击响应滤波器 B=B+A * (pmad)，A=(Xmem+Ymem)<<16
MACD　Smem,pmad,src	;一个数据存储器值 Smem 与一个程序存储器单元 pmad 的值相乘和 Src 的值相加，结果存入 Src 中；另外，Smem 值装入到 T 寄存器中和紧接 Smem 地址的数据单元中
MACP　Smem,pmad,src	;同 MACD，只是 Smem 值不装入紧接 Smem 地址的数据单元中
MVPD　pmad, Smem	;把一个值从通过 Pmad 寻址的程序存储器单元中转移到一个由 Smem 寻址的数据存储器单元中
MVDP　Smem, pmad	;把一个值从通过 Smem 寻址的数据存储器单元中转移到一个由 Pmad 寻址的程序存储器单元中

例如，把用 table 标注的程序存储器单元中的一个字复制到辅助寄存器 AR5 所确定的数据存储器单元中去。如 MVPD　table，* AR5；此例中 table 标注的地址就是一个 pmad 值。

又如：RPT ＃100H

MVPD (1000H)，* AR0＋

以上两条指令实现将程序存储器从地址 1000H 到 1100H 单元内容复制到 AR0 指定的数据存储器的相应单元中。

3. 端口地址(PA)寻址

端口寻址使用一个符号或一个 16 位数来确定 I/O 空间存储器中的一个地址，实现对 I/O 设备的读和写。用于下面两条指令：

PORTR　PA,Smem	;从一个外部 I/O 口 PA(地址为 16 位立即数)中并把一个 16 位数读入到指定的数据存储器单元 Smem 中

PORTW　　Smem,PA　　;把一个数据存储器单元 Smem 中 16 位数写到指定的外部 I/O 口 PA(地址为 16 位立即数)

4. *(lk)寻址

它是用一个符号或一个常数来确定数据存储器中的一个地址。适用于支持单数据存储器操作数的指令。lk 是一个 16 位数或一个符号,它代表数据存储器中的一个单元地址。

例如,把地址为 BUFFER 的数据单元中的数据装到累加器 A 中,如

LD　　*(BUFFER),A

(lk)寻址的语法允许所有使用 Smem 寻址的指令去访问数据空间的任意单元而不改变 DP 的值,也不用对 AR 进行初始化。当采用绝对寻址方式时,指令长度将在原来的基础上增加一个字。值得注意的是,使用 *(lk)寻址方式的指令不能与循环指令(RPT,RPTZ)一起使用。

4.4.3 累加器寻址

累加器寻址是用累加器中的数作为一个地址。这种方式可用来对存放数据的程序存储器寻址。共有两条指令可以采用累加器寻址:

READA　　Smem

WRITA　　Smem

READA 是把累加器 A(bit15~0)所确定的程序存储器单元中的一个字,传送到单数据存储器(Smem)操作数所确定的数据存储器单元中。WRITA 是把 Smem 操作数所确定的数据单元中的一个字,传送到累加器 A(bit15~0)确定的程序存储器单元中去。

应该注意的是,在大部分 'C54x 芯片中,程序存储器单元由累加器 A 的低 16 位确定,但 'C548 以上的 'C54x 芯片有 23 条地址线,它的程序存储器单元就由累加器的低 23 位确定。

4.4.4 直接寻址

在直接寻址中,指令代码包含了数据存储器地址的低 7 位。这 7 位 dma 作为偏移地址(每一数据页只有 128 个数据单元 00H~7FH,所以偏移地址只能是 7 位)与数据页指针(DP)或堆栈指针(SP)相结合共同形成 16 位的数据存储器实际地址。虽然直接寻址不是偏移寻址的唯一方式,但这种方式的优点是每条指令代码只有一个字。直接寻址的语法是用一个符号或一个常数来确定偏移地址。

使用直接寻址方式时,一般在偏移地址操作数前加@号以表明是直接寻址。助记符指令可以省略@号,但代数指令中不能省略。例如把存储器单元 SAMPLE 中的内容加到累加器 B 中的助记符指令 ADD SAMPLE,B(代数指令:B+=@SAMPLE),就是将数据存储器地址 SAMPLE 的低 7 位放到指令码中,而 SAMPLE 地址的高 9 位由 DP 或 SP 决定。

图 4-1 给出了使用直接寻址的指令代码的格式;表 4-7 给出了直接寻址的各位说明。

15~8	7	6~0
操作码	I=0	数据存储器地址

图 4-1　直接寻址的指令代码的格式

表 4-7 直接寻址的各位的说明

位	名 称	功 能
15～8	操作码	这 8 位包含了指令的操作码
7	I	I＝0，表示指令使用的寻址方式为直接寻址方式
6～0	数据存储器地址	这 7 位包含了指令的数据存储器地址偏移

DP 和 SP 都可以与 dma 偏移地址相结合产生实际地址。位于状态寄存器 ST1 中的编译方式位(CPL)(位 14)决定选择采用哪种方式来产生实际地址。

CPL＝0　dma 域与 9 位的 DP 域相结合形成 16 位的数据存储器地址。

CPL＝1　dma 域加上 SP 的值形成 16 位的数据存储器地址。

在以 DP 为基准的直接寻址中，指令寄存器中 7 位的 dma 与 9 位的 DP 连接在一起形成实际地址。图 4-2 给出了这两个值是怎样组成数据地址的。

15 14 13 12 11 10 9 8 7 6 5 4 3 2 1 0

Value from the DP	Value from the IR (dma)

图 4-2 以 DP 为基准的直接寻址

因为 DP 值的范围是从 0～511(2^9-1)，所以以 DP 为基准的直接寻址把存储器分成 512 页。而 7 位的 dma 范围从 0～127，所以每页有 128 个可访问的单元。换句话说，DP 指向 512 页中的一页，dma 就指向了该页中的特定单元。访问第 1 页的单元 0 和访问第 2 页的单元 0 的唯一区别是 DP 的值变了。DP 的值可由 LD 指令装入。RESET 指令将 DP 赋为 0。注意，数据页指针不能用上电进行初始化，因为在上电后它处于不定状态。所以，没有初始化数据页指针的程序就可能工作不正常。所有的程序都必须对数据页指针作初始化。

如：DP＝1，dmad＝03H　0080H＋03H＝0083H

在以 SP 为基准的直接寻址中，指令寄存器中的 7 位 dma 作为一个正偏移与 SP 相加得到有效的 16 位数据存储器地址。图 4-3 给出了这两个值是怎样形成实际地址的。

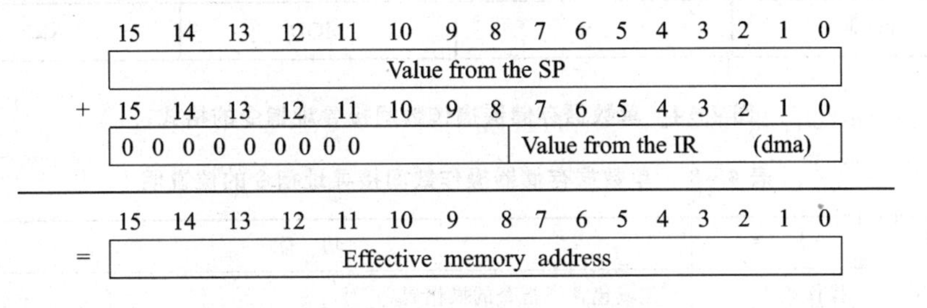

图 4-3 以 SP 为基准的直接寻址

SP 可指向存储器中的任意一个地址；Dma 可指向当前页中一个明确的单元，从而允许访问存储器任意基地址中的连续的 128 个单元。

注意：DP 指向存储空间的某一页，SP 指向存储空间的 0 任意地址；它们都是对数据存储空间起作用。

4.4.5 间接寻址

在间接寻址中,64K字数据空间任意一个单元都可通过一个辅助寄存器中的16位地址进行访问。'C54x有8个16位辅助寄存器(AR0～AR7)。两个辅助寄存器算术单元(ARAU0和ARAU1)根据辅助寄存器ARx的内容进行操作,完成无符号的16位地址算术运算。

间接寻址主要用在需要存储器地址以步进方式连续变化的场合。当使用间接寻址方式时,辅助寄存器内容(地址)可以被修改(增加或减少)。特别是可以提供循环寻址和位倒序寻址。循环缓冲大小寄存器BK用在循环寻址中。辅助寄存器AR0除了作为一般间接寻址使用外,还专门用于索引和位倒序寻址方式中。间接寻址方式很灵活,不仅能从存储器中读或写一个16位数据操作数,而且能在一条指令中访问两个数据存储单元,即从两个独立的存储器单元读数据,或读一个存储器单元的同时写另一个存储器单元,或者读写两个连续的存储器单元。

间接寻址有两种方式:单操作数寻址、双操作数寻址。

单操作数寻址:从存储器中读或写一个单16位数据操作数。

双操作数寻址:在一条指令中访问两个数据存储器单元(即从两个独立的存储器单元读数据,或读一个存储器单元的同时写另一个存储器单元,或读写两个连续的存储器单元)。

1. 单操作数寻址

单操作数寻址是指一条指令中,只有一个存储器操作数(即从存储器中只存取一个操作数)。

使用间接寻址方式可以在指令执行存取操作前或后修改要存取操作数的地址(或不改),可以加1、减1或加一个16位偏移量或用AR0中的值索引(indexing)寻址。这样结合在一起共有16种间接寻址的类型。表4-9列出了间接寻址方式中对单数据存储器操作数的寻址类型。

单数据存储器操作数间接寻址指令的格式见图4-4,各位功能说明见表4-8。

15~8	7	6~3	2~0
pcode	I=1	MOD	ARF

图4-4 单数据存储器操作数间接寻址指令的格式

表4-8 单数据存储器操作数间接寻址指令的位说明

位	名　称	功　能
15～8	操作码	8位域包含了指令的操作码
7	I	I=1,表示指令的寻址方式为间接寻址
6～3	方式(MOD)	4位的方式域定义了间接寻址的类型。表中将详细说明MOD域的各种类型

续表 4-8

位	名　称	功　能
2～0	ARF	3 位辅助寄存器域定义寻址所使用的辅助寄存器，ARF 由状态寄存器 ST1 中的兼容方式位(CMPT)决定： CMPT=0 为标准方式。ARF 确定辅助寄存器，不管 ARP 的值。在这种方式下 ARP 不能被修改，必须一直设为 0 CMPT=1 为兼容方式。如果 ARF=0 就用 ARP 来选择辅助寄存器；否则，用 ARF 来确定。访问完成后，ARF 的值装入 ARP。汇编指令中的 * AR0 表示 ARP 所选择的辅助寄存器

表 4-9　单数据存储器操作数的间接寻址类型

MOD 域	操作码语法	功　能	说　明
0000	* ARx	Addr=ARx	ARx 包含了数据存储器地址
0001	* ARx−	Addr=ARx ARx=ARx−1	访问后，ARx 中的地址减 1
0010	* ARx+	Addr=ARx ARx=ARx+1	访问后，ARx 中的地址加 1
0011	* +ARx	Addr=ARx+1 ARx=ARx+1	在寻址之前，ARx 中的地址加 1
0100	* ARx−0B	Addr=ARx ARx=B(ARx−AR0)	访问后，从 ARx 中以位倒序进位的方式减去 AR0
0101	* ARx−0	Addr=ARx ARx=ARx−AR0	访问后，从 ARx 中减去 AR0
0110	* ARx+0	Addr=ARx ARx=ARx+AR0	访问后，把 AR0 加到 ARx 中去
0111	* ARx+0B	Addr=ARx ARx=B(ARx+AR0)	访问后，把 AR0 以倒序进位的方式加到 ARx 中去
1000	* ARx−%	Addr=ARx ARx=circ(ARx−1)	访问后，ARx 中的地址以循环寻址的方式减 1
1001	* ARx−0%	Addr=ARx ARx=circ(ARx−AR0)	访问后，从 ARx 中的地址以循环寻址的方式减去 AR0
1010	* ARx+%	Addr=ARx ARx=circ(ARx+1)	访问后，ARx 中的地址以循环寻址的方式加 1
1011	* ARx+0%	Addr=ARx ARx=circ(ARx+AR0)	访问后，把 AR0 以循环寻址的方式加到 ARx 中

续表 4-9

MOD域	操作码语法	功　能	说　明
1100	*ARx(1k)	Addr=ARx+1k ARx=ARx	ARx和16位的长偏移(1k)的和用来作为数据存储器地址;ARx本身不被修改
1101	*+ARx(1k)	Addr=ARx+1k ARx=ARx+1k	在寻址之前,把一个带符号的16位的长偏移(1k)加到ARx中,然后用新的ARx的值作为数据存储器的地址
1110	*+ARx(1k)%	Addr=circ(ARx+1k) ARx=circ(ARx+1k)	在寻址之前,把一个带符号的16位的长偏移以循环寻址的方式加到ARx中,然后再用新的ARx的值作为数据存储器的地址

在表4-9中,*+ARx间接寻址方式只用在写操作中。*ARx(1k)和*+ARx(1k)是间接寻址中加固定偏移量的一种类型。这种类型中的一个16位偏移量被加到ARx寄存器中。该寻址方式,在辅助寄存器ARx内容不修改(用*ARx(1k)寻址),而对于存取数据阵列或结构中一个特殊单元时特别有用。当辅助寄存器被修改时(用*+ARx(1k)寻址),特别适合于按固定步长寻址操作数的操作。这种类型指令不能用在单指令重复中(RPT、RPTZ),另外指令的执行周期也多一个。

索引寻址是间接寻址的一种类型。在这种类型中,ARx的内容在存取的前后被减去或加上AR0的内容,以达到修改ARx内容(修改地址)的目的。此种类型比16位偏移量方便,指令字短。*ARx-0和*ARx+0就是该种类型,还有两种特殊的寻址类型,以%符号表示的为循环寻址,以B符号表示的为位倒序寻址,如*ARx+0%和*ARx+0B。

下面分别介绍表4-9中提到的DSP独有的循环寻址方式和位倒序寻址方式。

(1) 循环寻址

许多算法如卷积、相关和FIR滤波等,都是多数据的乘加,因此都需要在存储器中实现一个循环缓冲器。在这些算法中,一个循环缓冲器就是一个包含了最近数据的滑动窗口。当新的数据到来时,缓冲器窗口就会覆盖最旧的数据。循环缓冲器实现的关键是循环寻址的实现。循环缓冲器大小寄存器(BK)确定了循环缓冲器的大小。大小为R的循环缓冲器必须从一个低N位为零边界开始(即循环缓冲器基地址的最低N位必须为0),N是满足$2^N>R$的最小整数。R的值必须装入BK寄存器。

循环缓冲器的有效基地址(EFB)是用户选定的辅助寄存器(ARx)的低N位置0后所得到的值;循环缓冲器的尾地址(EOB)通过用BK的低N位代替ARx的低N位而得到;循环缓冲器的索引寻址就是ARx的低N位寻址,步长就是加到辅助寄存器或从辅助寄存器中减去的值。

使用循环寻址一定要遵循以下3条规则:

① 循环缓冲器的开头地址应位于2^N地址边界上(即循环缓冲器基地址的最低N位必须为0),2^N应大于循环缓冲器大小R。

② 循环寻址的步长必须小于循环缓冲器的大小。

③ 循环缓冲器第一次被寻址时,辅助寄存器ARx必须指向循环缓冲器;循环寻址时,先用一个ARx内容作为地址指向循环缓冲区中;用ARx中的低N位作为循环缓冲区的偏移量

进行寻址,然后再根据以下循环寻址算法修正 ARx 中的低 N 位偏移量。

例如,含有 31 个字的循环缓冲器必须从最低 5 位为 0 的地址开始(即 xxxx xxxx xxx0 0000_2),且 31 这个值必须装入 BK。又例如,一个含有 32 个字的循环缓冲器必须从最低 6 位为 0 的地址开始(即 xxxx xxxx xx00 0000_2)。

循环寻址的执行过程为:

```
if   0≤index+step<BK   then
     index=index+step
  else if   index+step≥BK   then
          index=index+step-BK   then
  else if   index+step<0
     index=index+step+BK
```

其中 index 是 ARx 中的低 N 位,step 是循环寻址的步长。

例 4-1　在循环模式下,使用 MAC 指令实现 16 阶 256 点 FIR 滤波器。代数式为

$$y_n = \sum_{k=0}^{N-1} a_k x(n-k)$$

程序片段如下:

```
fir_init
    STM #1, AR0                                   ;赋索引值为 1
    STM #INPUT,AR6
    STM #FIR_COFF_BUF, AR5                        ;AR5 指向系数缓冲器首地址
    STM #(FIR_DATA_BUF+K_FIR_BFFR-1),AR4          ;AR4 指向采样缓冲器尾地址
    STM #OUTBUF,AR7
fir_task:
    STM #255,BRC                                  ;重复 256 次
    RPTBD fir_filter_loop-1
    STM #K_FIR_BFFR,BK                            ;FIR 缓冲器大小
    PORTR PA1, *AR6                               ;从端口 PA1 读入新数据;
    LD   *AR6, A                                  ;装入输入样值
fir_filter:
    STL A, *AR4+%                                 ;用最新的样值代替最旧的样值,该语句执
                                                  行完,AR4 指向采样缓冲器首地址
    RPTZ A,(K_FIR_BFFR-1)
    MAC *AR4+0%,*AR5+0%,A                         ;滤波
    STH A, *AR7+                                  ;存储 FIR 滤波输出值到输出缓冲区
Fir_filter_loop
    RET
```

注意:fir_filter 在第一次执行前,系数寄存器 AR5 指向系数缓冲器的首地址;采样数据寄存器 AR4 指向存放最旧数据的地址单元。而 BK 要赋值=FIR 阶数(块循环内或外赋值) BRC 要赋值=FIR 点数(块循环外赋值)-1。

(2) 位倒序寻址

ARx－0B 和 ARx＋0B 是间接寻址的位倒序寻址类型。间接寻址的 ARx 中的内容与 AR0 中内容以位倒序的方式相加产生 ARx 中的新内容，即进位是从左向右，而不是从右向左。

位倒序寻址主要应用于 FFT 运算中，可以提高 FFT 算法的执行速度和在程序中使用存储器的效率。FFT 运算主要实现采样数据从时域到频域的转换，服务于信号分析；FFT 要求采样点(假设为 8 点)的输入顺序是 X(0) X(4) X(2) X(6) X(1) X(5) X(3) X(7)，输出顺序才是 X(0) X(1) X(2) X(3) X(4) X(5) X(6) X(7)。采用位倒序寻址的方式正好符合 FFT 算法的要求。

例如，以下是 0110 与 1100 以位倒序的方式相加，即

$$\begin{array}{r} 0110 \\ +\ 1100 \\ \hline 1001 \end{array}$$

假设辅助寄存器是 8 位的，AR2 表示了在存储器中数据的基地址($0110\ 0000_2$)，AR0 的值为 $0000\ 1000_2$。下列给出了在位倒序寻址中 AR2 值修改的顺序和修改后 AR2 的值。

```
*AR2+0B    ;AR2=0110 0000     (第 0 值)
*AR2+0B    ;AR2=0110 1000     (第 1 值)
*AR2+0B    ;AR2=0110 0100     (第 2 值)
*AR2+0B    ;AR2=0110 1100     (第 3 值)
*AR2+0B    ;AR2=0110 0010     (第 4 值)
*AR2+0B    ;AR2=0110 1010     (第 5 值)
*AR2+0B    ;AR2=0110 0110     (第 6 值)
*AR2+0B    ;AR2=0110 1110     (第 7 值)
```

表 4-10 给出了索引步长的位模式和 AR2 的低 4 位的关系，其中包含了位倒序寻址(输入数据为 16 点实数)。

表 4-10 位倒序寻址

原 序	位模式	位倒序模式	位倒序
0	0000	0000	0
1	0001	1000	8
2	0010	0100	4
3	0011	1100	12
4	0100	0010	2
5	0101	1010	10
6	0110	0110	6
7	0111	1110	14
8	1000	0001	1
9	1001	1001	9

续表 4-10

原　序	位模式	位倒序模式	位倒序
10	1010	0101	5
11	1011	1101	13
12	1100	0011	3
13	1101	1011	11
14	1110	0111	7
15	1111	1111	15

下面是位倒序寻址的编程：

位倒序寻址的方式有两种：输入数据为实数和复数。输入数据为实数时，在这种寻址方式中，AR0 存放的整数 N 是 FFT 点数的一半；输入数据为复数时，AR0 存放的整数 N 是 FFT 点数。

位倒序寻址方式可以实现在同一个缓冲区内需要交换的两个单元内容互换，不需要再开辟缓冲区，如例 4-2 所示。亦可以输入数据和位倒序后的数据分别存放在两个块不同的缓冲区中，如例 4-3 所示。

例 4-2　实现 16 点实数的 FFT 位倒序，而位倒序前后数据放在同一缓冲区中。

```
            .data
            .align 0x1000
m_n:        .word 0,1,2,3,4,5,6,7,8,9,10,11,12,13,14,15
            .text
N           .set 16
M_start:
            AR0=#(N/2)              ;AR0 存放 FFT 变换点数的一半值
            AR2=#m_n                ;AR2、AR3 指向存放数据的缓冲区的第一个单元
            AR3=#m_n
            BRC=#N/2                ;循环 N/2 次
            Blockrepeat(#m_end)
M_begin:    mar(*AR2+0B)            ;位倒序寻址
            mar(*AR3+)
            A=AR2
            B=AR3
            A-=B
            If(ALT)goto M_begin
            A=*AR2
            B=*AR3
            *AR2=B
            *AR3=A
m_end:      nop
```

```
        .end
```

例 4-3 实现 8 点复数 FFT 位倒序寻址(8 点复数实际输入 16 个数据,8 个实部,8 个虚部),位倒序前后数据放在两个不同的缓冲区中。

```
            .title "FFT_BITRR.ASM"
            .mmregs
            .def start
input       .usect "d_input",20             ;采样数据输入缓冲区
output      .usect "d_output",20            ;位倒序后数据缓冲区
k_fir_size  .set 8                          ;FFT 点数
bit_rev:
start:      stm #input ,AR1                 ;采样数据输入缓冲区首地址给 AR1
            RPT #2*K_FFT_SIZE-1             ;将 2N 个采样数据装入采样数据缓冲区
            PORTR PA1,*AR1+
            STM #input,AR3                  ;采样数据输入缓冲区首地址给 AR3
            STM #output,AR2                 ;位倒序后数据缓冲区首地址给 AR2
            STM #K_FFT_SIZE-1,BRC           ;FFT 点数-1 装入 BRC
            RPTBD BIT_R_END-1
            STM  #K_FFT_SIZE,AR0            ;FFT 点数装入 AR0,准备位倒序
            MVDD *AR3+,*AR2+
            MVDD *AR3-, *AR2+
            MAR (*AR3+0B)                   ;0 为零
BIT_R_END:.END
```

下图为每次执行完位倒序后,助寄存器指向的地址单元及相应单元内的内容。

AR3　0C10H　0C12H　0C14H　OC16H　OC18H　OC1AH　OC1CH　OC1EH

R0	I0	R1	I1	R2	I2	R3	I3	R4	I4	R5	I5	R6	I6	R7	I7

AR2　OC30H

R0	I0	R4	I4	R2	I2	R6	I6	R1	I1	R5	I5	R3	I3	R7	I7

0C10H—— 0C18H—— 0C14H—— OC1CH—— 0C12H—— OC1AH—— OC16H——OC1EH

FFT 算法已把输入作为复数,如输入为实数,一是可补 N 个 0,变成 N 点复数,增加运算量;二是可将 N 点实数变为 $N/2$ 点复数,最后将结果进行处理。

2. 双操作数寻址方式

双数据存储器操作数寻址用在完成两个读或一个读并进行一个存储的指令中。这些指令只有一个字长且只能以间接寻址的方式工作。其指令格式见图 4-5,各位功能说明见表 4-11。用 Xmem 和 Ymem 来代表这两个数据存储器操作数。Xmem 表示读操作数;Ymem

15~8	7 6	5 4	3 2	1 0
Opcode	Xmod	Xar	Ymod	Yar

图 4-5 双数据存储器操作数间接寻址指令格式

在读两个操作数时表示读操作数，在一个读并行一个写的指令中表示写操作数。如果源操作数和目的操作数指向了同一个单元，在并行存储指令中(例如 ST ‖ LD)，读在写之前执行。如果一个双操作数指令(如 ADD)指向了同一辅助寄存器，而这两个操作数的寻址方式不同，那么就用 Xmod 域所确定的方式来寻址。

表 4－11　双数据存储器操作数间接寻址指令代码的位功能说明

位	名　称	功　　能
15～8	操作码	这 8 位包含了指令的操作码
7～6	Xmod	定义了用于访问 Xmem 操作数的间接寻址方式的类型
5～4	Xar	这两位确定了包含 Xmem 地址的辅助寄存器
3～2	Ymod	定义了用于访问 Ymem 操作数的间接寻址方式的类型
1～0	Yar	这两位确定了包含 Ymem 的辅助寄存器

表 4－12 列出了由指令的 Xar 和 Yar 域选择的辅助寄存器。

表 4－12　由指令的 Xar 和 Yar 域选择的辅助寄存器(只能是 AR2～AR5)

Xar or Yar 域	辅助寄存器
00	AR2
01	AR3
10	AR4
11	AR5

表 4－13 列出了双数据存储器操作数寻址的类型，更改域的值(Xmod 和 Ymod)，汇编器的语法以及每种类型的功能。

表 4－13　双数据存储器操作数间接寻址的类型

Xmod 或 Ymod 域	操作码语法	功　能	说　明
00	* ARx	Addr＝ARx	ARx 是数据存储器地址
01	* ARx－	Addr＝ARx ARx＝ARx－1	访问后，ARx 中的地址减 1
10	* ARx＋	Addr＝ARx ARx＝ARx＋1	访问后，ARx 中的地址加 1
11	* ARx＋0%	Addr＝ARx ARx＝ circ(ARx＋AR0)	访问后，AR0 以循环寻址的方式加到 ARx 中

4.4.6　存储器映射寄存器寻址

存储器映射寄存器寻址用来修改存储器映射寄存器而不受当前数据页指针(DP)或堆栈指针(SP)的值的影响。因为 DP 和 SP 的值在这种模式下不需要改变，因此写一个寄存器的开销是最小的。存储器映射寄存器寻址既可以在直接寻址中使用，也可以在间接寻址中使用。

在直接寻址方式下,让数据存储器地址的高 9 位置 0,而不管 DP 或 SP 的值;在间接寻址方式下只使用当前辅助寄存器的低 7 位。例如:AR1 用来指向一个存储器映射寄存器,其包含的值为 FF25H。既然 AR1 的低 7 位是 25H 且 PRD 的地址为 0025H,那么 AR1 指向了定时器周期寄存器。执行后,存放在 AR1 中的值为 0025H。

只有 8 条指令能使用存储器映射寄存器寻址:

```
LDM    MMR,dst        ;将 MMR 内容装入累加器
MVDM   dmad, MMR      ;将数据存储器单元内容装入 MMR
MVMD   MMR,dmad       ;将 MMR 的内容录入数据存储器单元
MVMM   MMRx,MMRy      ; MMRx,MMRy 只能是 AR0～AR7
POPM   MMR            ;将 SP 指定单元内容给 MMR,然后 SP＝SP＋1
PSHM   MMR            ;先 SP＝SP－1,然后将 MMR 内容给 SP 指定单元
STLM   src,MMR        ;将累加器的低 16 位给 MMR
STM    ＃1k,MMR       ;将一个立即数给 MMR
```

4.4.7 堆栈寻址

系统堆栈用来在中断和子程序期间自动存入程序计数器,用来保护现场或传递参数。处理器使用一个 16 位存储器映射寄存器的堆栈指针来对堆栈寻址,它总是指向存放在堆栈中的最后一个数据。

共有 4 条使用堆栈寻址方式访问堆栈的指令:

PSHD 把一个数据存储器的值压入堆栈;

PSHM 把一个存储器映射寄存器的值压入堆栈;

POPD 把一个数据存储器的值弹出堆栈;

POPM 把一个存储器映射寄存器的值弹出堆栈。

4.5 汇编伪指令

汇编伪指令是汇编语言程序的一个重要组成内容,它给程序提供数据并且控制汇编过程。用户可以用它们来完成以下任务:

① 将代码和数据汇编并进入特定的段;

② 为未初始化的变量保留存储器空间;

③ 控制展开列表的形式;

④ 存储器初始化;

⑤ 汇编条件块;

⑥ 定义全局变量;

⑦ 指定汇编器可以获得宏的特定库;

⑧ 检查符号调试信息。

伪指令和它所带的参数必须写在一行,伪指令可以带有标号和注释。标号一般不作为伪指令语法的一部分列出;但有些伪指令必须带有标号,此时,标号作为伪指令的一部分出现。下面分别对汇编指令作简要介绍。

4.5.1 段定义伪指令

段定义伪指令的作用是划分汇编语言程序的各个部分在适当的段中。段定义伪指令有以下 5 条：

.bss 为未初始化的变量保留空间；

.data 通常包含了初始化的数据；

.sect 定义已初始化的带命名段，并将紧接着的代码或数据存入该段；

.text 该段包含了可执行的代码；

.usect 在一个未初始化的有命名的段中为变量保留空间。

其中，.bss 和.usect 伪指令创建未初始化的段；.text、.data 和.sect 伪指令创建已初始化的段。

注意：如果默认段定义伪指令，汇编器将所有程序都汇编到.text 段中。

下面介绍各个段定义伪指令的使用。

1. 未初始化段的段定义伪指令

未初始化的段占用 'C54x DSP 的存储空间，它通常被分配在 RAM 中。这些段在目标文件中并没有实际的内容，只是保留一定的存储空间，程序运行时可以使用这些空间来产生或存储变量。

使用.bss 和.usect 建立未初始化的数据空间，每次启动这两个伪指令，都会在相应的段保留所需的空间。句法如下：

```
        .bss    symbol ,size in words [,blocking flag][, alignment flag]
symbol  .usect  "section name",  size in words[,blocking flag][, alignment flag]
```

句法中各项含义如下：

符号(symbol)：指向使用.bss 和.usect 伪指令所保留的第一个数据存储单元，并与所储存的变量相对应。别的段可以使用它，也可以将其作为全局符号(使用.global 伪指令)。

字数大小(size in words)：表示保留空间的大小，以保存的单元数目表示。

模块标志(blocking flag)：是可选择的参数。如果它的值大于 0，汇编器将连续保留同样大小的空间。

定位标志(alignment flag)：是一个可选参数。如果它的值大于 0，这个段将从一个长字边界开始。

段名(section name)：用户为此段起的名字。

.text、.data 和.sect 伪指令使汇编器停止当前正在汇编的段，转而开始汇编这些伪指令指定的段。但.bss 和.usect 伪指令并没有结束当前段，它们只是使汇编器临时离开当前段到它们指定的段中，过后又回到当前段。.bss 和.usect 伪指令可以在已初始化段中的任何位置出现，而不会影响已初始化段的内容。

2. 已初始化段的段定义伪指令

已初始化的段包括可执行的代码或已初始化的数据。装载程序时这些在目标文件里的段被放在 'C54x 的存储空间中。每个已初始化的段都可以独立地重新定位，也可以访问在其他段中定义的符号，链接器自动处理段间引用。有 3 条已初始化段的段定义伪指令句法为

```
.text [value]
.data [value]
```

. sect"section name"[,value]

使用上列伪指令时,汇编器停止将代码汇编到当前段中(这些伪指令暗含结束当前段的操作)。然后将以后的代码都汇编到这些伪指令特指的段中,直到遇到其他的. text、. data 和. sect指令。value 是指定段程序计数器 SPC 的开始值。

如果当前要启动一个段程序计数器,则在第一次遇到这条指令时就要设置,且只能设置一次。默认时,SPC 从 0 开始。

段是通过一种叠加的过程来建立的。例如在汇编器第一次遇到. data 伪指令时,. data 段是空的,第一条. data 指令后面的语句都被汇编在. data 段中(直到汇编器遇到. text 和. sect 伪指令为止)。如果后来又在其他的段中遇到. data 指令,汇编器会将其后的语句加到前面已经在. data 段中的语句里。这样虽然程序中是多个. data 段分散在各处,但汇编器只创建一个. data段,它可以连续地被分配到内存中。

3. 已命名的段定义伪指令

已命名段是用户自己创建的,可以同默认的 . text、. data、. bss 段一样使用,但它们之间是单独汇编的。比如重复使用. text 指令在目标文件中建立一个. text 段,链接的时候,该段就作为一个单一的整块被分配到内存中。假如有一部分可执行代码,例如一个初始化子程序,若不想用. text 来分配,则将这部分代码汇编到一个已命名的段中,那么它将不在. text 中汇编,并可以单独将它分配到内存中。命名段也可以汇编已初始化的、不在. data 段中的数据及可以为那些未初始化的、不在. bss 段的变量保留空间。上面介绍的两个段定义伪指令. usect 和. sect可以创建已命名的段。

. usect 段定义伪指令创建同. bss 段一样使用的命名段,它在 RAM 中为变量保留空间。. sect段定义伪指令创建像默认的. text 和. data 一样的段,可包含代码和数据,而且有可重定位的地址。

上述伪指令中 section name 是用户命名的段名,最多可以创建 32 767 个独立命名的段,段名最多可以有 200 个字母。

4. 段定义伪指令举例

下面是一个使用段定义伪指令的程序例子的列表文件。它说明了汇编过程中段定义伪指令的使用和 SPC 的修改方式。列表中一行有 4 个区域:Field 1 是源代码行计数器,Field 2 是段程序计数器,Field3 是目标代码,Field 4 是汇编源语句。

该程序文件汇编后产生了 5 个段,如图 4-6 所示。

. text 段　包含 7 个 16 位的目标代码字;

. data 段　包含 9 个目标代码字;

vectors 段　由. sect 伪指令产生的已命名段,包含两个字的初始化数据;

. bss 段　保留了 10 个字的存储器空间;

newvars 段　由. usect 指令产生的已命名段,保留了 15 个字的存储器空间。

```
9        ***************************************************
10       **          assemble an initialized table into . data          **
11       ***************************************************
12 000000                                 . data
13 000000 0001    coffe             . word 1,2,3
```

```
   000001 0002
   000002 0003
14      ******************************************************
15      **           reserve space in .bss for a variable    **
16      ******************************************************
17 000000                    .bss buffer,10
18      ******************************************************
19      **                         still into .data          **
20      ******************************************************
21 000003 0004              .word 4,5,6
   000004 0005
   000005 0006
22      ******************************************************
23      **           assemble code into the .text section    **
24      ******************************************************
25 000000                .text
26
27 000000        _c_int00:
28 000000 F073            B start
   000001 0002
29
30 000002 EA04   start:   LD #004h,DP                 ;置数据页指针
31 000003 7718            STM #1000h,SP               ;置堆栈指针
   000004 1000
32 000005 F7BB            SSBX INTM
33      ******************************************************
34      **           another initialized table into .data    **
35      ******************************************************
36 000006               .data
37 000006 0007   iva     .word 7,8,9
   000007 0008
   000008 0009
38      ******************************************************
39      **         define another section for more variables **
40      ******************************************************
41 000000        var2    .usect "newvars",10
42 00000a        usym    .usect "newvars",5
43      ******************************************************
44      **         assemble more code into the .text section **
45      ******************************************************
46 000006               .text
47 000006 E823   bk0:    LD #0023h,A
48      ******************************************************
```

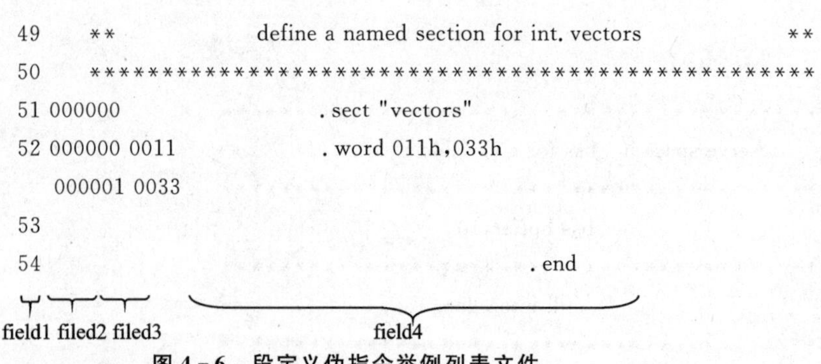
```
49      **              define a named section for int. vectors              **
50      ******************************************************************
51 000000                      .sect "vectors"
52 000000 0011                 .word 011h,033h
   000001 0033
53
54                                          .end
```


图 4-6 段定义伪指令举例列表文件

4.5.2 常数初始化伪指令

初始化常数伪指令共有 24 条,这里仅介绍其中常用的和主要的伪指令。

1. .bes 和.space 伪指令

这两条指令的功能是在当前段保留确定数目的位。汇编器给保留的位填零。如果想保留一定数目的字,可以通过保留(字数 * 16)个位来实现。

当在.bes 段中使用标号时,该标号指向保留位的第一个字。

当在.space 段中使用标号时,该标号指向保留位的最后一个字。

例如:RES_1 .bes 20

　　　RES_2 .space 17

2. .byte、.int、.word、.float、.xfloat、.long、.xlong、.string 和.pstring 伪指令

(1) .byte 把一个或多个 8 位的值放入当前段中连续的字中。该指令类似于.word,不同之处在于.word 中的每个值的宽度限制为 16 位。

例如:.byte 0BAH

(2) .int 和.word 把一个或多个 16 位数存放到当前段的连续字中。

(3) .float 和 .xfloat 计算以 IEEE 格式表示的单精度(32 位)浮点数,并存放在当前段的连续字中,高位先存;.float 能自动按域的边界排列,.xfloat 不能。

(4) .long 和.xlong 把 32 位数存放到当前段的连续字中;.long 能够自动按长字边界排列,.xlong 不能。

(5) .string 和.pstring 把 8 位的字符从一个或多个字符串中传送到当前段中,.string 类似于.byte。

(6) .pstring 也是 8 位宽度,但它是把两个字符打包成一个字,如果字符串没有占满最后一个字,剩下的加填零。

注意:.byte、.word、.int、.long、.string、.pstring、.float、.xfloat、和.field 是.struct/.endstruct序列的一部分时,它们不会对存储器进行初始化,只是定义各个成员的空间大小。

例 4-4 比较了.byte、.int、.word、.float、.xfloat、.long、.xlong 和.string 的用法。其中代码是已经汇编后的列表文件。

例 4-4 初始化常数伪指令示例的列表文件:

```
22 000003 00AA                 .byte 00aah,00bbh
   000004 00BB
```

```
23 000005 0CCC          .word 0ccch
24 000006 0EEE          .xlong 0eeeefffh
   000007 EFFF
25 000008 EEEE          .long   0eeeeffffh
   000009 FFFF
26 00000a DDDD          .int   0ddddh
27 00000b 3FFF          .xfloat 1.9999
   00000c FCB9
28 00000e 3FFF          .float 1.9999
   00000f FCB9
29 000010 0068          .string "help"
   000011 0065
   000012 006C
   000013 0070
```

3. .field 伪指令

该指令是把一个数放入当前字的特定数目的位域中。使用.field 可以把多个域打包成一个字。汇编器不会增加 SPC(段程序计数器)的值直至填满一个字。例 4－5 给出了一个打包成一个字的例子。在这个例子中,假设下列代码已经被汇编为列表文件。注意其中 SPC 的值在前 3 个域中没有改变(这 3 个域打包成一个字),在当前字的剩余位小于域定义的位数时,该域就从下一个字开始,而上一个字的剩余位填 0。

例 4－5　.field 伪指令的使用示例的列表文件:

```
0000    6000      .field          3,3
5       0000      6400    .field      8,6
6       0000      6440    .field      16,5
7       0001      0123    .field      01234H,20
        0002      4000
8       0003      0000    .field      01234H,32
        0004      1234
```

该例的执行结果如图 4－7 所示。

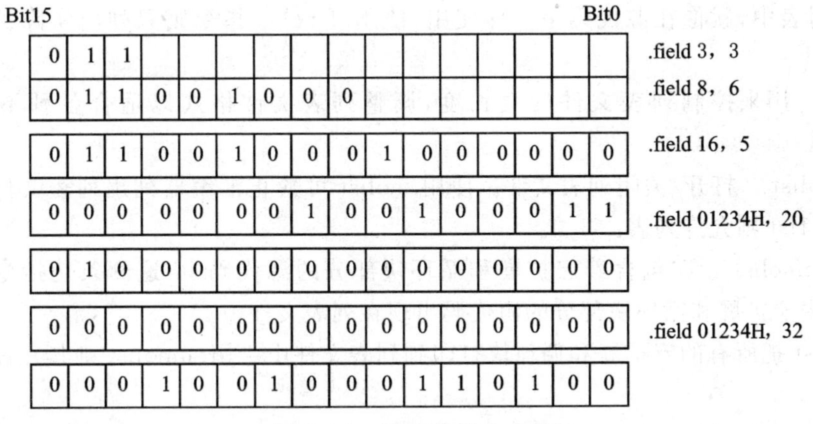

图 4－7　.field 伪指令功能图

4.5.3 段程序计数器定位指令.align

.align 伪指令使段程序计数器 SPC 对准 1 字(16 位)～128 字的边界,这保证了紧接着该指令的代码从一个字或页的边界开始。如果 SPC 已经位于选定的边界,它就不会增加了。.align伪指令的操作数必须等于 2^0～2^{16}之间的一个 2 的幂值(尽管超过 2^7的值没有意义)。不同值的操作数代表了不同的边界定位要求。操作数为 1 是让 SPC 对准字边界;为 2 是让 SPC 对准长字(偶地址)边界;为 128 是让 SPC 对准页边界。当.align 不带操作数时,其默认值为 128,即对准页边界。

例 4-6 示范了该指令的用法,其内容是已经汇编后生成的列表文件。

例 4-6 align 伪指令用法的列表文件:

```
1   0000 4000      .field    2,3
2   0000 4160      .field    11,8
3                  .align    2
4   0002 0045      .string   "ERT"
    0003 0052
    0004 0054
5                  .align
6   0080 0004      .byte     4
```

4.5.4 输出列表格式指令.drlist/.drnolist

.drlist/.drnolist　该伪指令的作用是将汇编指令加入/不加入列表文件。使用.drnolist 伪指令,禁止以下汇编指令加入列表文件,而用.drlist 指令则恢复列表:

.asg	.eval	.length	.mnolist	.var
.break	.fclist	.mlist	.sslist	.width
.emsg	.fcnolist	.mmsg	.ssnolist	.wmsg

.fclist/.fcnolist　在含有条件汇编的源代码中包含着没有产生代码的假条件块的部分,这两条伪指令的功能就是允许/禁止假条件块出现在列表文件中。可以使用.fclist 把假条件块放在列表中,就像在源代码中一样使用;使用.fcnolist 指令则只列出实际被汇编的条件块。

.length　用来控制列表文件的页长度,调整列表文件格式以适合各种不同的输出设备。

.list/.nolist　打开/关闭列表文件。使用.nolist 可禁止汇编器列出列表文件中选定的源语句,使用.list 则允许列表。

.mlist/.mnolist　在包含着宏扩展和循环块部分的源代码中,这两条伪指令是用来打开/关闭程序中宏扩展和循环块部分的源代码出现在列表文件中。

使用.mlist 把所有的宏扩展和循环块打印到列表文件中。用.nmolist 则禁止相应部分列入列表文件中。

.page　在输出列表中产生新的一页。

.tab　定义制表键(tab)的大小。

. title　为汇编器提供一个打印在每一页顶部的标题。

. width　控制列表文件的页宽度，调整列表以适应各种不同的输出设备。

. option 控制列表文件中的某些特性。下面是各指令操作数代表的意义：

B 把 BYTE 指令的列表限制在一行；

L 把 LONG 指令的列表限制在一行；

M 在列表中关闭宏扩展；

R 复位 B、M、T 和 W 选项；

T 把 STRING 指令的列表限制在一行；

W 把 WORD 指令的列表限制在一行；

X 产生一个符号交叉参照列表。

4.5.5　引用其他文件的伪指令

. copy/. include 伪指令告诉汇编器开始从其他文件中读源语句。当汇编器读完以后，继续从当前文件中读源语句。从. copy 文件中读的语句会打印在列表中，而从. include 文件中读的语句不会打印在列表中。

. def 确认一个在当前模块中定义的且能被其他模块使用的符号；汇编器把这个符号存入符号表中。

. global 声明一个外部符号，使其他模块在连接时可以使用。如果在当前段定义了该符号，那么该符号就可以被其他模块使用，与. def 功能相同；如果在当前段没有定义该符号，则使用了其他模块定义的符号，与. ref 功能相同。

一个未定义的全局符号只有当它在程序中使用的时候，链接器才对其进行处理。

. ref 确认一个在当前模块中使用但在其他段中定义的符号。汇编器把这个符号标注成一个未定义的外部符号，且把它装入目标符号表中，以便链接器能还原它的定义。

. mlib 向汇编器提供一个包含了宏定义的文档库的名称。当汇编器遇到一个在当前库中没有定义的宏，就在. mlib 确认的库中查找。

4.5.6　条件汇编指令

. if/. elseif/. else/. endif 告诉汇编器按照表达式值的条件汇编一块代码。

. if 表示一个条件块的开始，如果条件为真就汇编紧接着的代码。

. elseif 表示如果. if 的条件为假，而. elseif 的条件为真，就汇编紧接着的代码，. endif 结束该条件块。

. loop/. break/. endloop 告诉汇编器按照表达式值的循环汇编一块代码。

. loop 标注一块循环代码的开始；. break 告诉汇编当表达式为假时，继续循环汇编；当表达式为真时，立刻转到. endloop 后的代码；. endloop 标注一个可循环块的末尾。

4.5.7　汇编时的符号定义伪指令

汇编时的符号指令是使有意义的符号名与常数值或字符等相互等同。

. asg 规定一个字符串与一个替代符号相等，并将其存放在替代表中。当汇编器遇到一个替代符号，就用对应的字符串代替该符号。替代符号可以重新定义。

. eval 计算一个表达式的值并把结果传送到与一个替代符号等同的字符串中。该指令在处理计数器时非常有用。例如:

```
.asg     1,X
.loop
.byte    X,10H
.break   X=4
.eval    X+1,X
.endloop
```

. label 定义一个专门的符号以表示当前段内装入时的地址,而不是运行时的地址,大部分编译器创建的段具有可以重新定位的地址。编译器对每一段进行编译时就好像段地址是从零开始的,然后连接器再把该段重定位在装入和运行的地址上。关于装入地址和运行地址的正确使用可参考 TI 公司《TMS320C54x 汇编语言工具用户指南》一书。

. set/. equ 这两条指令把一个常数值等效成一个符号,存放在符号表中且不能被清除。例如:

```
BVAL    .set    O100H
        .byte   BVAL  BVAL*2,BYAL+12
        B BVAL
```

. set 和. equ 不产生目标代码,故这两条指令是一样的,可交换使用。

. struct/. endstruct 和. tag 前两条伪指令用来建立一个类似于 C 的结构定义;. tag 是给类似于 C 的结构特性分配一个标号;. struct/. endstruct 允许把信息组织成一个结构,将相似元素组织在一起。该伪指令不与存储器产生联系,它们只是创建一个能重复使用的符号模板;. tag 伪指令给一个结构分配一个标号。这就简化了符号表示,也提供了结构嵌套的能力;. tag指令也不与存储器产生联系,在它被使用之前必须定义结构名称。具体使用可参考 TI 公司的《TMS320C54x 汇编语言工具用户指南》。

例如:

```
TYPE     .struct                  ;STRUCT TAG DEFINITION
X        .int
Y        .int
T_LEN    .endstruct
COORD    .tag   TYPE              ;DECLARE COORD(COORDINATE)
         .add   COORD.Y,A
         .bss   COORD,T_LEN       ;ACTUAL MEMORARY ALLOCATION
```

4.5.8 其他方面的汇编伪指令

. algebraic 告诉汇编器输入文件是代数指令源代码。如果在汇编时没有使用－mg 汇编选项,该指令必须出现在程序文件的第一行。

. end　结束汇编。它是一个程序的最后一个源语句。

. mmregs　定义存储器映射寄存器('C54x 片上寄存器)的替代符号。

. version　确定所用指令系统的 DSP 处理器名,如:541、542、543 等。

下面的指令是用户用来定义自己的错误和警告提示信息：

.emsg　把用户定义的错误信息发送到标准输出设备中，并增加错误计数，以及禁止汇编器产生目标文件。

.mmsg　把汇编信息发送到标准的输出设备中；.mmsg 与.emsg 和.wmsg 的功能是相同的，但它不设置错误计数或警告计数，而且不会影响目标文件的创建。

.wmsg　把用户定义的警告信息发送到标准的输出设备中；.wmsg 功能和.emsg 一样，只是增加了警告计数，而不是错误计数，不会影响目标文件的创建。

4.6　宏语言

编译器支持宏语言，能让用户创建自己的指令。这在某程序多次执行一个特殊任务时是相当有用的。宏语言的功能包括：

① 定义自己的宏和重新定义已存在的宏；

② 简化较长的或复杂的汇编代码；

③ 访问归档器创建的宏库；

④ 处理一个宏中的字符串；

⑤ 控制宏扩展列表。

本节主要介绍宏的定义和宏调用。使读者对宏汇编有一个概念性的认识，进一步的学习可参考 TI 公司的《TMS320C54X 汇编语言工具用户指南》。

程序设计中经常要执行一些多次使用的重复程序段。在这种情况下可以将该程序段定义为一个宏，在程序需要反复执行该程序段时就调用这个宏，从而避免多次重复该程序段的源语句，简化和缩短源程序。

如果想多次调用一个宏，而每次带的是不同的数据，可以在宏定义里设定所带参数。这样就可以每次把不同的参数传递到调用的宏中。使用一个宏分 3 个过程：定义宏、调用宏和扩展宏。下面对每一个宏过程作简要介绍：

1. 定义宏

使用宏之前必须对它进行定义。可以用以下两种方法来定义宏：

(1) 宏可以在源文件起始处或者在.include/.copy 文件中定义。其格式为：

```
宏名  .macro[参数 1],[…],[参数 n]
        汇编语句或宏指令
        [.mexit]
        .endm
```

注　意：

① 定义的宏名如果与某条指令或以前的宏定义重名，就将代替它们。汇编语句是每次调用宏时执行的汇编语言指令或汇编伪指令；宏指令用来控制展开宏；[mexit]的功能类似于 goto endm 语句，它在错误测试确认宏展开失败时相当有用，.endm 结束宏定义；在编程中[mexit]可有可无。

② 为了把注释包括在宏定义中，而又不会出现在宏展开中，可以在注释前加一感叹号。如果需要让注释出现在宏展开中，可以使用星号或分号。

(2) 宏也可以在宏库中定义:一个宏库是由归档器建立的,采用归档格式的文件集合。归档文件(宏库)的每一个文件都包含着一个与文件名相对应的宏定义。宏名和文件名必须是相同的,其扩展名为.asm。

注意:在宏库中的文件必须是未被编译过的源文件。可以使用.mlib指令访问一个宏库。其语法为:

.mlib 宏库文件名

2. 调用宏

定义了宏之后,就可以在源程序中通过把宏名用做操作指令来调用宏,这被称之为宏调用。其格式为:

宏名 [参数1],[…],[参数n]

3. 扩展宏

当源程序调用宏时,编译器会将宏展开。汇编器通过变量把用户的参数传递给宏。用宏定义来代替宏调用语句以及对源代码进行汇编。在默认状态下,宏展开会在列表文件中列出。可以使用.mnolist指令关掉宏展开列表。

下面给出的是一个宏定义、调用和扩展的例子:

例4-7 宏定义、调用和扩展。

```
          1    *
          2    *
          3    *             add3
          4    *
          5    *             ADDRP=P1+P2+P3
          6
          7                  add3   .macro P1,P2,P3,ADDRP
          8                  LD   P1,A
          9                  ADD   P2,A
         10                  ADD   P3,A
         11                  STL   A,ADDRP
         12                  .endm
         13
         14                  .global abc, def, ghi, adr
         15                  add3   abc, def, ghi, adr
1 000000 1000!               LD abc, A
1 000001 0000!               ADD def, A
1 000002 0000!               ADD hgi, A
1 000003 8000!               STL A, adr
```

4.7 链接伪指令

链接器的主要作用是根据链接命令或链接命令文件(.cmd文件),将一个或多个COFF

目标文件链接起来，生成存储器映射文件（.map文件）和可执行的输出文件（.out文件）。链接器提供命令语言来控制存储器结构、输出段的定义以及将变量和符号地址建立联系，通过MEMORY伪指令定义和产生存储器模型来构成系统存储器，SECTIONS伪指令确定输出各段放在存储器的什么位置。下面分别介绍这两个指令。

1. MEMORY指令

链接器应当确定输出各段放在存储器的什么位置。要达到这个目的，首先要有一个目标存储器模型，MEMORY命令就是用来规定目标存储器模型的。通过这条命令，可以定义系统中所包含的各种形式的存储器，以及它们占据的地址范围。

'C54x DSP芯片的型号不同或者所构成的系统的用处不同，其存储器的配置也可能是不相同的。通过MEMORY指令，可以进行各式各样的存储器配置，在此基础上再用SECTIONS指令将各输出段定位到所定义的存储器。例如以下给出的命令文件（部分）除了输入文件和－o选项外，就是MEMORY指令。

```
/*    Example command file with MEMORY directive         */
file.obj      file2.obj                /* Input files    */
-o prog.out                            /* options        */
MEMORY
{
  PAGE0:    ROM:                origin=c00H,   length=1000H
  PAGE1:    SCRATCH:            origin=60H,    length=20H
            ONCHIP:             origin=80H,    length=200H
}
```

本例中MEMORY命令所定义的系统的存储器配置如下：

程序存储器　4K字ROM，起始地址为C00H，取名为ROM；

数据存储器　32字RAM，起始地址为60H，取名为SCRATCH；

　　　　　　512字RAM，起始地址为80H，取名为ONCHIP。

MEMORY指令的一般句法如下：

```
MEMORY
{
   PAGE0:  name 1[(attr)]:   orign=constant, length=constant;
   PAGE1:  name n[(attr)]:   orign=constant, length=constant;
}
```

在链接器命令文件中，MEMORY指令用大写字母，紧随其后用大括号括起的是一个定义存储器范围的清单。

其中，PAGE：对一个存储空间加以标记，每一个PAGE代表一个完全独立的地址空间。页号n最多可规定255，取决于目标存储器的配置。通常PAGE0定为程序存储器，PAGE1定为数据存储器。如果没有规定PAGE，则链接器就当做PAGE0。

Name：对一个存储区间取名。一个存储器名字可以包含8个字符，A～Z、a～z、

$、.、_均可。对链接器来说,这个名字并没有什么特殊的含义,它们只不过是用来标记存储器的区间而已。对链接器来说,存储器区间名字都是内部记号,因此不需要保留在输出文件或者符号表中。不同PAGE上的存储器区间可以取相同的名字,但在同一PAGE内的名字不能相同,且不许重叠配置。

Attr:　这是一个任选项,为命名区规定1～4个属性。如果有选项,应写在括号内。当输出段定位到存储器时,可利用属性加以限制。属性选项一共有4项:

R　规定可以对存储器执行的读操作;

W　规定可以对存储器执行的写操作;

X　规定存储器可以装入可执行的程序代码;

I　规定可以对存储器进行初始化。

如果一项属性都没有选中,就可以将输出段不受限制的定位到任何一个存储器位置。任何一个没有规定属性的存储器(包括所有默认方式的存储器)都有全部4项属性。

Origin:规定一个存储区的起始地址。键入origin、org或o都可以。这个值是一个16位二进制常数,可以用十进制、八进制或十六进制数表示。

Length:规定一个存储区的长度,键入length、len或l都可以。这个值是一个16位二进制常数,可以用十进制、八进制或十六进制数表示。

Fill:　这是一个任选项(不常用,在句法中未列出),为没有定为输出段的存储器空单元充填一个数,键入fill或f均可。这个值是两个字节的整型常数,可以用十进制、八进制或十六进制数,如fill=0FFFFH。

2. SECTIONS 指令

SECTIONS指令的任务如下:

- 说明如何将输入段组合成输出段;
- 在可执行程序中定义输出段;
- 规定输出段在存储器中的存放位置;
- 允许重新命名输出段。

SECTIONS命令的一般句法如下:

```
SECTIONS
{
    name:[property,property,property,………]
    name:[property,property,property,………]
    name:[property,property,property,………]
}
```

在链接器命令文件中,SECTIONS命令用大写字母,紧随其后用大括号括起的是关于输出段的详细说明。每一个输出段的说明都从段名开始。段名后面是一行说明段的内容和如何给段分配存储单元的性能参数。一个段可能的性能参数有:

(1) Load allocation 定义将输出段加载到存储器中的什么位置。

句法：load=allocation，　或者用大于号代替“load=”
　　　〉allocation　　　　或者省掉“load=”
　　　allocation

其中 allocation 是关于输出段地址的说明，即给输出段分配存储单元。具体写法有多种形式，例如：

.text：load=0x1000　　将输出段.text 定位到一个特定的地址
.text：load>ROM　　将输出段.text 定位到命名为 ROM 的存储区
.bss：load>(RW)　　将输出段.bss 定位到属性为 R、W 的存储区
.text：align=0x80　　将输出段.text 定位到从地址 0x80 开始字边界
.bss：load=block(0x80)　　将输出段.bss 定位到一个 n 字储存器块的任何一个位置(n 为 2 的幂次)
.text：PAGE0　　将输出段 text 定位到 PAGE0

如果要用一个以上参数，可以将它们排成一行，例如：

.text：>ROM align 16 PAGE2

或者，为阅读方便，可以用括号括起来：

.text：load=(ROM align (16) PAGE(2))

(2) Run allocation 定义输出段在存储器的什么位置上开始运行。

句法：run=allocation 或者用大于号代替等号，如 run>allocation。

链接器为每个输出段在目标存储器中分配两个地址：一个是加载地址，另一个是执行程序地址。通常，这两个地址是相同的，可以认为每个输出段只有一个地址。有时想把程序加载区和运行区分开(先将程序加载到 ROM，然后在 RAM 中以较快的速度运行)，只要用 SECTIONS 命令让链接器对这个段定位两次就行了：一次是设置加载地址，另一次是设置运行地址。例如：

fir：load=ROM，run=RAM

(3) Input sections 定义由哪些输入段组成输出段。

句法：{input _setions}

大多数情况下，在 SECTIONS 命令中是不列出每个输入文件的输入段的段名的：

```
SECTIONS
{
    .text:{ *(.text)}
    .data:{ *(.data)}
    .bss:  { *(.bss)}
}
```

这样，在链接时，链接器就将所有输入文件的.text 段链接成.text 输出段(其他段也一样)。当然，也可以用明确的文件名和段名来规定输入段，如：

```
SECTIONS
{
```

```
    .text:                       /*创建 .text 输出段 */
    {
       f1.obj(.text)             /*链接来自 f1.obj 的.text 段*/
       f2.obj(sec1)              /*链接来自 f2.obj 的.sec1 段*/
       f3.obj                    /*链接来自 f3.obj 的所有段 */
       f4.obj(.text,sec2)        /*链接来自 f4.obj 的.text 段和 sec2 段   */
    }
}
```

(4) Section type 为输出段定义特殊形式的标记。

句法：type＝COPY　或者

　　　type＝DSECT　或者

　　　type＝NOLOAD

这些参数将对程序的处理产生影响，这里就不作介绍了。

(5) Fill value 对未初始化空单元定义一个数值。

句法：fill＝value　或者

　　　name ：......{.....}＝value

最后，需要说明的是，在实际编写链接命令文件时，许多参数是不一定要用的，因而可以大大简化。对此，可以参看 5.2.2 小节中例 5－3 和例 5－4 链接命令文件的编写方法。

3. MEMORY 和 SECTIONS 命令的默认算法

如果没有利用 MEMORY 和 SECTIONS 命令，链接器就按默认算法来定位输出段：

```
MEMORY
{
   PAGE0:  PROG:   orign=0x0080, length=0xFF00;
   PAGE1:  DATA:   orign=0x0080, length=;0xFF80
}
SECTIONS
{
   .text:    PAGE=0
   .data :   PAGE=0
   .cinit:   PAGE=0
   .bss:     PAGE=1
}
```

在默认 MEMORY 和 SECTIONS 命令情况下，链接器将所有的.text 输入段链接成一个.text 输出段，成为一个可执行的输出文件；所有的.data 输入段组合成.data 输出段。又将.text和.data 段定位到配置为 PAGE0 上的存储器，即程序存储空间。所有的.bss 输入段则组合成一个.bss 输出段，并由链接器定位到配置为 PAGE1 上的存储器，即数据存储空间。

如果输入文件中包含有自定义已初始化段(如上面的.cinit 段)，则链接器将它们定位到程序存储器，紧随.data 段后，如果输入文件中包括有自定义未初始段，则链接器将它们定位到数据存储器，并紧随.bss 段之后。

习　题

4.1　写出汇编语言指令的格式，并说明应遵循怎样的规则？

4.2　TMS320C54x 有几种寻址方式？它们是什么？

4.3　绝对地址寻址有哪几种？它们可以访问哪些地址空间？有什么特点？

4.4　直接寻址有两种方式，它们是什么？如何控制？当 SP＝2000H，DP＝2，偏移地址为 25H 时，分别寻址的是哪个存储空间的哪个地址单元？

4.5　循环寻址和位倒序寻址是 DSP 数据寻址的特殊之处，试叙述这两种寻址的特点和它们在数字信号处理算法中的作用。

4.6　在数据存储器中开辟一段循环缓冲区，缓冲区大小为 64。试写出缓冲区首地址和缓冲区大小寄存器的内容。

4.7　将数组 $Y=\{1,2,3,4\}$ 重复复制到数组 X，执行结果为 $X=\{1,2,3,4,1,2,3,4\}$，试用最高效的寻址方式写出完成该功能的完整程序。

4.8　DSP 特有的位倒序寻址主要应用于 FFT 算法中，针对复数 FFT 和实数 FFT，相应的位倒序寻址索引应如何确定？

4.9　试用重复指令写出将程序存储器从地址单元 1000H 到 1080H 区间段的内容复制到数据存储空间从 2000H 开始的地址空间中。

4.10　DSP 的寄存器是通过寄存器名访问，还是对某个存储器地址访问？哪种较方便？

4.11　堆栈寻址的作用是什么？压栈和弹出堆栈操作是如何实现的？

4.12　汇编程序中的伪指令有什么作用？其中的段定义伪指令和链接命令文件内容有无联系？

4.13　已初始化段和未初始化段的含义是什么？由哪些伪指令来完成它们的定义？

4.14　试编写宏定义和宏调用的程序片断，实现程序中的延时功能(延时时间不限)。

4.15　如何建立目标存储器模型，并且将定义的各段配置到目标存储器中？

4.16　如果一个用户在编写完 'C54x 汇编源程序后，未编写相应的 linker 命令文件，即开始汇编、链接源程序，生成可执行目标代码文件。这个目标代码文件中的各个段是如何安排的，程序能正确运行吗？

4.17　试写出将程序空间从 2000H～200FH 连续地址单元的实数以位倒序的方式复制到数据存储空间从 3000H～300FH 连续的地址单元中的程序片断。

4.18　试写出将数据空间从 2000H～200FH 连续地址单元的复数以位倒序的方式复制到数据存储空间从 3000H～300FH 连续的地址单元中的程序片断。

第5章 TMS320C54x的软件开发与设计

当系统的硬件和处理算法基本确定，并且选定 TMS320C54x 作为核心处理器时，下一步的工作重点就是软件系统的开发设计。它包含两个方面：一是选择适当的编程语言编写程序；二是选择合适的开发环境和工具。TMS320C54x 有非集成的开发环境和集成的开发环境 Code Composer Studio 5000(CCS5000)，开发语言可以采用汇编语言编程、C/C++编程和采用二者混合编程。

5.1 TMS320C54x 软件开发过程

图 5-1 给出了 'C54x DSP 软件开发流程图。图中阴影部分是最常用的软件开发路径，其余部分是任选的。

对图 5-1 的框图作简要说明：

C 编译器(C compiler) 将 C 语言源程序自动地编译为 'C54x 的汇编语言源程序。

汇编器(assembler) 将汇编语言源文件汇编成机器语言 COFF 目标文件。源文件中包括指令、汇编命令以及宏命令。

链接器(linker) 把汇编器生成的、可重新定位的 COFF 目标模块组合成一个可执行的 COFF 目标模块。当链接器生成可执行模块时，要调整对符号的引用，并解决外部引用的问题。它也可以接收来自文档管理器中的目标文件，以及链接以前运行时所生成的输出模块。

归档器(archiver) 将一组文件(源文件或目标文件)集中为一个文档文件库。例如，把若干个宏文件集中为一个宏文件库。汇编时，可以搜索宏文件库，并通过源文件中的宏命令来调用。也可以利用文档管理器，可以方便地替换、添加、删除和提取文件库文件。

助记符指令——代数式指令翻译器(mnemonic-to-algbraic translator utility) 将包含助记符的汇编语言源文件转换成包含代数指令的汇编语言源文件。

建库实用程序(library-build utility) 用来建立用户用 C 语言编写的支持运行库函数。链接时，用 rts. src 中的源文件代码和 rts. lib 中的目标代码提供标准的支持运行库函数。

十六进制转换程序(hex conversion utility) 可以很方便地将 COFF 目标文件转换成 TI、Intel、Motorola 或 Tektronix 公司的目标文件格式。转换后生成的文件可以下载到 EPROM 进行编程。

绝对制表程序(absolute lister) 将链接后的目标文件作为输入，生成. abs 输出文件，而对. abs 文件汇编产生包含绝对地址(而不是相对地址)的清单。如果没有绝对制表程序，所生成的清单可能是冗长的，并要求进行许多人工操作。

交叉引用制表程序(cross-reference lister) 利用目标文件生成一个交叉引用清单，列出所链接的源文件中的符号以及它们的定义和引用情况。

图 5-1 所示的开发过程，其目的是产生一个可以由 'C54x 目标系统执行的模块。然后，可以用下面列出的调试工具中的某一种工具来修正或改进程序：

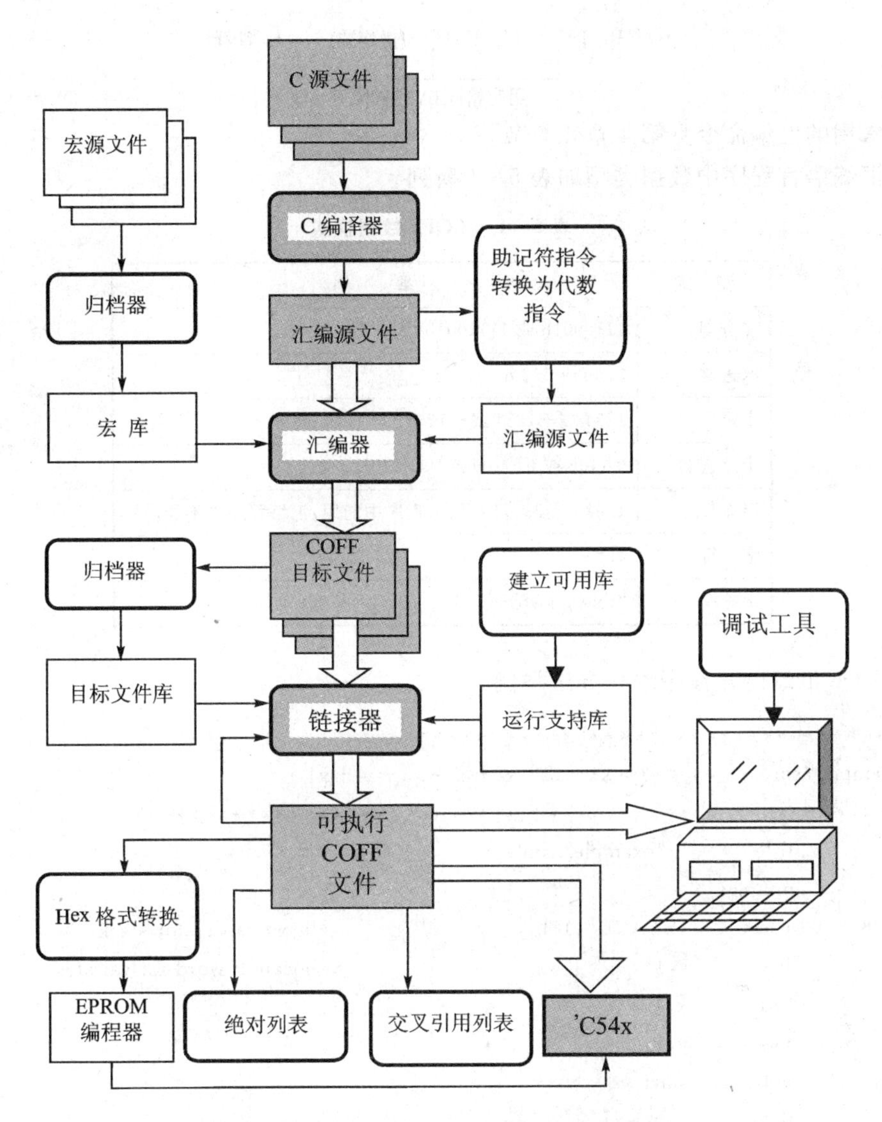

图 5-1　TMS320C54x 软件开发流程图

(1) 软件仿真器(simulator)；

(2) 可扩展的开发系统仿真器(XDS510)；

(3) 评价模板(EVM)。

5.2　汇编语言编程

5.2.1　汇编语言程序的编写方法

(1) 汇编语言源程序以.asm 为其扩展名。

(2) 汇编语言源程序的每一行都可以由 4 个部分组成。详细内容见第 4 章 4.1 节。其句法如下：

[标号][：] [助记符] [操作数] [；注释]

用空格或TABS键隔开

(3) 常用的汇编命令见第 4 章 4.2 节。

(4) 汇编语言程序中数据类型如表 5-1 所列。

表 5-1 COFF 数据模式

型　式	举　例
二进制	1110001b 或 1111001b
八进制	226q 或 572 q
十进制	1234 或＋1234 或－1234
十六进制	0A40h 或 0A40H 或 0x0A40H
浮点数	1.623e－23(仅 C 语言程序中能用，汇编程序中不能用)
字　符	'D'
字符串	"this is a string"

例 5-1 汇编语言程序编写方法举例：

```
****************************************************
* example.asm      y =a1 * x1+a2 * x2+a3 * x3+a4+x4 *
****************************************************
         .title    "example.asm"
         .mmregs
STACK    .usect    "STACK",10h                    ;allocate space for stack
         .bss      a,4                            ;allocate 9 word for variates
         .bss      x,4
         .bss      y,1
         .def      start
         .data
table:   .word     1,2,3,4                        ;data follow...
         .word     8,6,4,2
         .text                                    ;code follow...
start:   STM       #0,SWWSR                       ;adds no wait states
         STM       #STACK+10h,SP                  ;set stack pointer
         STM       #a,AR1
         RPT       #7                             ;move 8 values
         MVPD      table, *AR1+                   ;from program memory
                                                  ; into data memory
         CALL      SUM                            ;call SUM subrotine
end:     B         end
SUM:     STM       #a,AR3                         ;the subrotine implement
         STM       #x,AR4                         ;multiply-accumulate
```

```
        RPTZ    A,#3
        MAC     *AR3+,*AR4+,A
        STL     A,@y
        RET
        .end
```

5.2.2　汇编语言程序的编辑、汇编和链接过程

汇编语言源程序编辑完成，必须经过汇编和链接才能运行。图 5-2 给出了汇编语言程序的开发过程，具体过程如下：

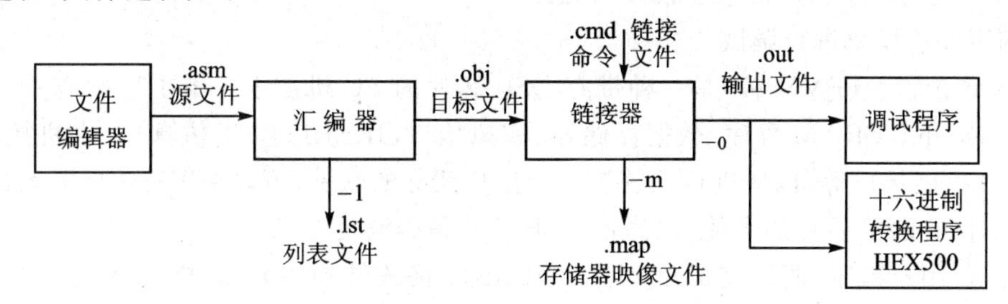

图 5-2　汇编语言程序的编辑、汇编和链接过程

(1) 编辑：可利用诸如 EDIT.COM 那样的文本编辑器，按照 5.2.1 节的方法编写汇编语言源程序***.asm。

(2) 汇编：利用 'C54x 的汇编器 ASM500 对已经编辑好的一个或多个源文件分别进行汇编，并生成.lst(列表)文件和.obj(目标)文件。常用的汇编器命令为：asm500　%1　-s　-1　-x。

其中：%1 用源文件名代入；

　　-s　将所有定义的符号放在目标文件的符号表中；

　　-1　产生一个列表文件；

　　-x　产生一个交叉汇编表，并把它附加到列表文件的最后。

(3) 链接：利用 'C54x 的链接器 LNK500，根据链接器命令文件(.cmd)对已汇编过的一个或多个目标文件(.obj)进行链接，生成存储器映像文件(.map)和输出文件(.out)。

常用的链接命令为：lnk500　%1.cmd。

其中：%1 为程序名。链接后生成的.out 文件是一个可执行文件。

(4) 调试：对输出文件(.out)调试有多种手段，现简要介绍如下：

① 利用仿真器进行调试

软件仿真器(simulator)是一种很方便的软件调试工具，它不需要目标硬件，只要在 PC 机上运行就行了。它可以仿真 'C54x DSP 芯片内包括中断以及输入/输出的各种功能，从而可以在非实时条件下(在 PC 机上仿真速度一般约为每秒几百条指令)，完成对用户程序的调试。

'C54x 的仿真器为 SIM54XW.EXE，执行时可用命令 SIM54XW.%1，其中%1 为经过链接后生成的输出文件名。有关软件仿真器的调试方法将在第 6 章中介绍。

② 利用硬件仿真器进行调试

’C54x的硬件仿真器(emulator)为可扩展的开发系统XDS510,它是一块不带DSP芯片的、插在PC机上与用户目标系统之间的ISA卡,它需要用户提供带’C54x DSP芯片的目标板。

TI公司早期产品的硬件仿真器,是将仿真器的电缆插头插入用户目标板DSP芯片的相应位置。其缺点是电缆引脚必须与DSP芯片引脚一一对应,限制了它的应用。由于’C54x(以及’C3x、’C5x、’C2xx和’C62x/’C67x等)DSP芯片上都有仿真引脚,它们的硬件仿真器称为扫描仿真器。’C54x的硬件扫描仿真器采用JTAG IEEE1149.1标准,仿真插头共有14个引脚,扫描仿真器通过仿真头将PC机中的用户程序代码下载到目标系统的存储器,并在目标系统内实时运行,这给程序调试带来了很大的方便。

③ 利用评价模块进行调试

’C54x评价模块(EVM板)是一种带有DSP芯片的PC机插卡。卡上还配有一定数量的硬件资源,128 KB SRAM程序/数据存储器、模拟接口、IEEE1149.1仿真口、主机接口、串行口以及I/O扩展接口等,以便进行系统扩展。用户建立的软件,可以在EVM板上运行。通过运行,可以评价DSP芯片的性能,以确定DSP芯片是否满足要求。

(5) 固化用户程序:调试完成后,利用HEX500格式转换器对ROM编程(为掩膜ROM提供文件),或对EPROM编程,最后安装到用户的应用系统中。

1. 公用目标文件格式(COFF)

TMS320C54x DSP汇编源程序经汇编器和链接器运行后创建目标文件,这种目标文件的格式称为公用目标文件格式(COFF)。公用目标文件格式将程序划分为若干段,每段含有特定的代码和数据。这样在编写汇编语言程序时,程序员对程序的结构可以从段(如代码段、数据段)的角度去考虑,更有利于模块化编程。’C54x的汇编器和链接器都提供了创建和管理这些段的伪指令。下面对COFF格式中的一些概念作基本介绍,使之更有助于读者对伪指令的掌握。

(1) COFF文件中的段

段就是一段代码或数据,或是保留的空间。目标文件被分成各个段,这些数据段和代码段在内存空间中占据各自的位置。目标文件中的各个段是分开的而且是不同的。COFF目标文件总是包含3个默认段:.text、.data和.bss段。.text段通常包含可执行代码;.data段一般包含已经初始化的数据(程序运行时所需的具体数据);.bss段通常为变量保存空间(未初始化段)。

另外汇编器、链接器允许用户自己创建、命名和链接已经命名的段,这些段如同.data、.text和.bss段一样使用,不过有各自的名字。

段有两种基本的类型:初始化的段(.data\.text\.sect)和未初始化的段(.bss\.usect)。详细介绍见第4章的4.5节。

链接器的功能之一是可以将这些段再放到目标存储器中,这种功能叫重定位。因为大多数系统都有多种类型的存储器,段的使用能更有效地分配目标存储器。每个段都是可独立重定位的,可以放在目标存储器中任何已定义的块里。例如定义一个段,再将这个程序段放到有ROM的目标存储器中。

图5-3说明了目标文件的段和假设的目标存储器之间的关系。

(2) 段程序计数器

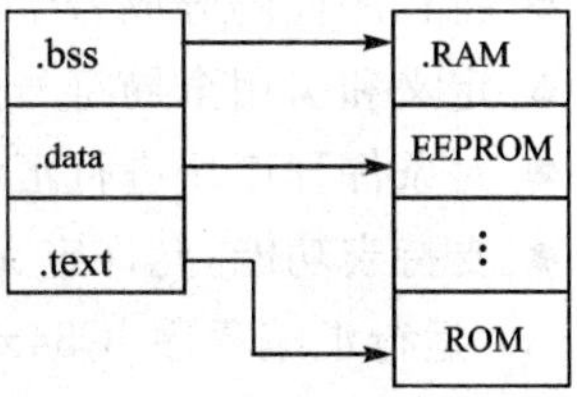

汇编器为每个段提供一个单独的段程序计数器 SPC。SPC 表示一个代码或数据段中的当前计数值(地址)。最初汇编器将其设为 0,当代码或数据被放入段时,相应的 SPC 值就会增加;下次继续往这个段中存放代码或数据时,SPC 已经记下了上次的值,并在这个值的基础上继续增加。

图 5-3　段与目标存储器

汇编器的每个段最初都是从 0 地址开始计数,链接器根据段在存储器分配空间中的位置重新给它们定位。

(3) COFF 文件中的符号

COFF 文件有一个符号表,表内有关于程序中符号的信息。链接器执行重定位时要用到它,调试工具提供符号调试时也使用此表。符号分内部符号和外部符号。内部符号就是在本模块中定义和使用的符号。外部符号是指在某个模块中定义,但在另外的模块中引用的符号。可以使用.def、.ref、.global 伪指令定义符号为外部符号:.def 在当前模块中定义,可以在其他模块中使用;.ref 是在当前模块中引用但在其他模块中已定义的符号;.global 可以是上面两种情况中的任何一种。下列代码段说明了这些定义:

```
     .def   x              ;定义外部符号 x
     .ref   y              ;引用外部符号 y
x:   ADD  #56h,A           ;定义 x
     B    y                ;引用 y
```

.def x,说明 x 是一个在本模块中定义的外部符号,其他模块可以引用该符号;.ref y,说明 y 已在其他模块中定义,并作为本模块中将要引用的符号。

链接器将 x 和 y 都放在目标文件的符号表中,当此目标文件同其他目标文件链接时,x 项将定义其他文件中引用的 x;y 项则让链接器查找其他文件符号表中 y 的定义。链接器必须使所有的引用与相应定义相匹配,链接器若不能找到一个符号的定义,就会给出错误信息,从而禁止链接器产生一个可执行的目标文件模块。

符号表是程序中所有符号信息的集合。汇编器遇到外部符号(定义或引用)时,总要在符号表中产生该符号的一项。但汇编器并不对其他类型的符号产生符号项目表,因为链接器并不需要它们。比如程序标号并不包括在符号表中,除非用.global 说明。有时为了符号调试,将程序中每个符号的项目放入符号表里是很有用的,这需要在汇编时使用-s 参数。

2. 汇　编

如图 5-1 所示,汇编器(汇编程序)的作用,就是将汇编语言源程序转换成机器语言目标文件。这些目标文件都具有公共目标文件的格式(COFF)。

汇编语言源程序文件中可能包含下列汇编语言要素:

- 汇编伪指令;
- 汇编语言指令;
- 宏指令。

汇编器的功能是:

- 将汇编语言源程序汇编成一个可重新定位的目标文件(.obj)。
- 如果需要,可以生成一个列表文件(.1st)。

● 将程序代码分成若干段,每个段的目标代码都有一个 SPC(段程序计数器)管理。

● 定义和引用全局符号,需要的话还可以在列表文件后面附加一个交叉引用表。

● 对条件程序块进行汇编。

● 支持宏功能,允许定义宏指令。

(1) 运行汇编程序 'C54x 的汇编程序(汇编器)名为 asm500. exe。要运行汇编程序,可键入如下命令:

asm500 [input file[object file[listing file]]][—options]

其中:asm500 为运行汇编程序 asm500. exe 命令。

input file 为汇编源程序名。如果不键入扩展名,则汇编程序就用默认扩展名. asm;如果不键入文件名,则汇编程序就会提示一个文件名。

源文件中可以是助记指令,也可以是代数式指令,但不能用这两种指令混合汇编。要声明是代数式指令系统,可用—mg 选项;否则(默认情况)为助记符指令系统。

object file 为由汇编程序建立的目标文件名。如果没有提供扩展名,则汇编程序就用. obj 扩展名;如果没有提供目标文件名,则汇编程序就用输入文件名为目标文件名。

listing file 为汇编程序建立的列表文件名。如果没有提供列表文件名,则汇编程序就不建立列表文件,除非用—1(小写 L)选项。在后一种情况下,汇编程序就用输入文件名作为列表文件名,如果没有提供扩展名,则汇编程序就用. 1st 作为扩展名。

—options 为选项。选项名对大小写字母不敏感。选项前一定要有一短画线(连字符)。选项可以出现在命令行上命令后的任何位置。无参数单字选项可以组合在一起,例如,—1c 就等于—1—c,有参数的单字选项,例如—i,必须单独选用。Asm500 的选项列于表 5-2。

表 5-2 汇编器 asm500 的选项

选 项	含 义
—a	建立一个绝对列表文件。当选用—a 时,汇编器不产生目标文件
—c	使汇编语言中文件大小没有区别
—d	为名字符号设置初值。格式为—d name[=value],这与汇编文件开始处插入 name. set[=vlaue]是等效的;如果 value 漏掉了,此名字符号被设置为 1
—he	为选定的文件复制到汇编模块。格式为—he file name 所选定的文件被插入到源文件语句的前面,复制的文件将出现在汇编列表文件中
—hi	将选定的文件包含到汇编模块。格式为—hi file name 所选定的文件插入到源文件的前面,所插入的文件不出现在汇编列表文件中
—i	规定一个目录。汇编器可以在这个目录下找到. copy、. include 或. mlib 指令所命名的文件。格式为—Ipath name 最多可规定 10 个目录,每一条路径名的前面都必须加上—I 选项
—l	(小写 L)生成一个列表文件
—mg	源文件是代数式指令
—q	抑制汇编的标题以及所有的进展信息

续表 5-2

选　项	含　义
—s	把所有定义的符号放进目标文件的符号表中。汇编程序通常只将全局符号放进符号表中。当利用—s 选项时，所定义的标号以及汇编时定义的常数都放进符号表内
—x	产生一个交叉引用表，并将它附加到列表文件的最后，还在目标文件上加上交叉引用信息。即使没有要求生成列表文件，汇编程序总还是要建立列表文件的

表 5-2 所列选项中，—1、—s 以及—x 选项用得最多，这样，运行汇编程序的命令为：

asm500　%1—s—x

其中，%1 为源文件名，该源程序经汇编后生成一个列表文件、目标文件、符号表（在目标文件中）以及交叉引用表（在列表文件中）。

(2) 列表文件

汇编器对源程序汇编时，如果采用—l(小写 L)选项，汇编后将生成一个列表文件。列表文件中包括源程序语句和目标代码。例 5-2 给出了例 5-1 汇编后生成的一个列表文件的例子，用来说明它的各部分内容。

例 5-2　列表文件举例：

```
TMS320C54x COFF Assembler      Version 3.50    Wed Jul 28 14:56:34 2004
Copyright (c) 1996—1999 Texas Instruments Incorporated
example.asm                              PAGE   1
   1
   3                            .mmregs
   4 000000        STACK        .usect     "STACK",10H          ;allocate space for stack
   5 000000                     .bss       a,4                  ;allocate9 word for variates
   6 000004                     .bss       x,4
   7 000008                     .bss       y,1
   8                            .def       start
   9 000000                     .data
  10 000000 0001   table:       .word      1,2,3,4              ;data follow...
     000001 0002
     000002 0003
     000003 0004
  11 000004 0008                .word      8,6,4,2
     000005 0006
     000006 0004
     000007 0002
  12 000000                     .text      ;code follow...
  13 000000 7728   start:       STM        #0,SWWSR             ;adds no wait states
     000001 0000
  14 000002 7718                STM        #STACK+10H,SP        ;set stack pointer
     000003 0010—
```

```
15 000004 EC07            RPT     #7                ;move 8 values
16 000005 7C91            MVPD    table, * AR1+     ;from program memory
   000006 0000"
17                        ; into data memory
18 000007 F074            CALL    SUM               ;call SUM subrotine
   000008 000B'
19 000009 F073     end:   B       end
   00000a 0009'
20 00000b 7713    SUM:    STM     #a,AR3            ;the subrotine Implement
   00000c 0000-
21 00000d 7714            STM     #x,AR4            ;multiply-accumulate
   00000e 0004-
22 00000f F071            RPTZ    A,#3
   000010 0003
23 000011 B09A            MAC     * AR3+, * AR4+,A
24 000012 8008-           STL     A,@y
25 000013 FC00            RET
26                        .end
field 1 field 2 field 3   field4
```

每个列表文件的顶部都有两行汇编程序的标题、一行空行以及页号行。Title命令提供的文件名打印在页号行左侧,页号打印在此行的右侧。

源文件的每一行都会在列表文件中生成一行,列出了SPC的数值和目标代码。

如例5-2所示,列表文件可以分为4部分:

Field 1:源程序语句的行号用十进制数表示。有些语句(.tiltle)只列行号,不列语句。汇编器可能在一行的左边加一个字母,表示这一行是从一个包含文件汇编的。汇编器还可能在一行的左边加一个数字,表示这是嵌入的宏展开或循环程序块。

Field 2:段程序计数器(SPC)用十六进制数表示。所有的段(.text.、.data、.bss以及有名字的段)都有SPC。有些命令对SPC不发生影响,此时这部分为空格。

Field 3:目标代码用十六进制表示。所有指令经汇编都会产生目标代码。目标代码后面的一些记号表示在链接时需要重新定位:

!　　未定义的外部引用;

'　　.text段重新定位;

"　　.data段重新定位;

+　　.sect段重新定位;

-　　.bss和.usect段重新定位。

Field 4:源程序语句。这一部分包含被汇编器搜索到的源程序的所有字符。汇编器可以接收的每行为200个字符。

(3) 交叉引用清单

在运行汇编程序时,只要利用-x选项,就可以在列表文件的最后有一交叉引用清单。清单列出了交叉引用的符号、定义和引用的位置。例如,紧接例5-2列表文件之后的交叉引用清单如下：

```
TMS320C54x COFF Assembler      Version 3.50      Wed Jul 28 14:56:34 2004
Copyright (c) 1996－1999 Texas Instruments Incorporated
example.asm                        PAGE   2
LABEL               VALUE        DEFN     REF
.TMS320C540         000001        0
.TMS320C541         000000        0
.TMS320C541A        000000        0
.TMS320C542         000000        0
.TMS320C543         000000        0
.TMS320C544         000000        0
.TMS320C545         000000        0
.TMS320C545LP       000000        0
.TMS320C546         000000        0
.TMS320C546LP       000000        0
.TMS320C548         000000        0
.TMS320C549         000000        0
STACK               000000-       4         14
SUM                 00000b        20        18
__far_mode          000000        0
__lflags            000000        0
__no_fret           000000        0
__stores_bug        000000        0
a                   000000-       5         20
end                 000009'       19        19
start               000000'       13        8
table               000000"       10        16
x                   000004-       6         21
y                   000008-       7         24
```

其中：

LABLE 栏列出了汇编时定义和引用的每一个符号。

VALUE 包含十六进制数，它们是赋给符号的值或者描述符号属性的名称。值后面还跟有描述符号属性的字符，表 5－3 列出了这些字符或名称及其含义。

Definition－DEFN 栏列出了定义符号的语句编号。如果此符号未加定义，则此栏是空格。

Reference－REF 栏列出了引用此符号的语句的行号。如果此栏是空格，表示此符号还没有被引用过。

表 5－3　交叉引用清单中符号的属性

字符或名称	含　义
REF	外部引用(.global 符号)
UNDF	未曾定义过

续表 5-3

字符或名称	含　义
'	在.text 段定义的符号
"	在.data 段定义的符号
+	在.sect 段定义的符号
-	在.bss 或.usect 段定义的符号

3. 链　接

链接器的主要任务是:根据链接命令或链接命令文件(.cmd 文件),将一个或多个 COFF 目标文件链接起来,生成存储器映像文件(.map)和可执行的输出文件(.out)(COFF 目标模块),如图 5-4 所示。

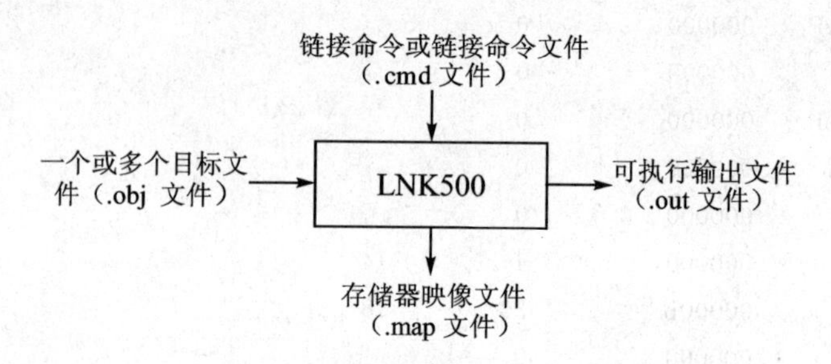

图 5-4　链接时的输入、输出文件

在链接过程中,链接器将各个目标文件合并起来,并完成以下工作:

- 将各个段配置到目标系统的存储器;
- 将各个符号和段重新定位,并给它们指定一个最终的地址;
- 解决输入文件之间未定义的外部引用。

本节主要介绍 'C54x 链接器的运行方法、链接命令文件的编写以及多个文件系统的链接等内容。

(1) 运行链接程序 'C54x 的链接器(链接程序)名为 lnk500.exe。运行链接器有 3 种方法:

① 键入命令:lnk500

此时链接器就会提示:

Command files:　要求键入一个或多个命令文件

Object file[.obj]　要求键入一个或多个需要链接的目标文件名。默认扩展名为.obj,文件名之间要用空格或逗号分开

Output file[a.out]:要求键入一个输出文件名,也就是链接器生成的输出模块名。如果此项默认,链接器将生成一个名为 a.out 的输出文件

Options:　这是附加的链接选项,选项前应加一短画线,选项的内容将在后面介绍。也可以在命令文件中安排链接选项

如果没有链接器命令文件(有关.cmd 文件,将在后面详细介绍),或者默认输出文件名,或者不给出链接选项,则只要在相应的提示行后键入回车键即可。但是,目标文件名一定要给

出，其后缀（扩展名）可以默认。

② 键入命令：lnk500 file.obj file2.obj －o link.out

上述链接器命令是链接 file1 和 file2 的两个目标文件，生成一个名为 link.out 的可执行输出文件。选项－o link.out 默认时，将生成一个名为 a.out 的输出文件。

③ 键入命令：lnk500 linker.cmd

执行上述命令前，已把要链接的目标文件名、链接选项以及存储器配置要求等编写到链接器命令文件 linker.cmd 中。有关链接器命令文件的编写方法将在后面介绍。

以第②种方法所举链接命令为例，如写成链接命令文件 linker.cmd，则应包含如下内容：

file1.obj;

file2.obj;

－o link.out。

(2) 链接器选项

在链接时，一般通过链接器选项（如前面的－o）控制链接操作。链接器选项前必须加一短画线"－"。除－l（小写 L）和－I 选项外，其他选项的先后顺序并不重要。选项之间可以用空格分开。表 5－4 列出了常用的 'C54x 链接器选项。

表 5－4　链接器 lnk500 常用选项

选　项	含　义
－a	生成一个绝对地址的、可执行的输出模块。所建立的绝对地址输出文件中不包含重新定位信息。如果既不用－a 选项也不用－r 选项，链接器就像规定－a 选项那样处理
－ar	生成一个可重新定位、可执行的目标模块。这里采用了－a 和－r 两个选项（可以分开写成－a －r，也可以连在一起写作－ar），与－a 选项相比，－ar 选项还在输出文件中保留有重新定位的信息
－e global_symbol	定义一个全局符号，这个符号所对应的程序存储器地址，就是使用开发调试这个链接后的可执行文件时程序开始执行时的地址（称为入口地址），当加载器将一个程序加载到目标存储器时，程序计数器（PC）被初始化到入口地址，然后从这个地址开始执行程序
－f fill_value	对输出模块各段之间的空单元设置一个 16 位数值（fill_value）如果不用－f 选项，则这些空单元格统统置 0
－i dir	更改搜索文档库算法，先到 dir（目录）中搜索。此选项必须出现在－l 选项之前
－l filename	命名一个文档库文件作为链接器的输入文件；filename 为文档库某个文件名。此选项必须出现在－i 选项之后
－m filename	生成一个.map 映像文件，filename 是映像文件的文件名；.map 文件中说明了存储器的配置、输入、输出段布局以及外部符号重定位之后的地址等
－o filename	对可执行输出模块命名。如果默认，则此文件名为 a.out

续表 5-4

选项	含义
—r	生成一个可重新定位的可输出模块。当利用—r 选项且不用—a 选项时,链接器生成一个不可执行的文件。例如 lnk500 - r file1. obj file2. obj 此链接命令将 file1. obj 和 file2. obj 两个目标文件链接起来,并建立一个名为 a. out(默认情况)的可重新定位的输出模块。输出文件 a. out 可以与其他的目标文件重新链接,或者在加载时重新定位

4. 链接器命令文件

对于如下链接器命令:

lnk500　a. obj　b. obj　—m　prog. map　—o　prog. out

可以将上述命令行中的内容写成一个链接器命令文件 link. cmd(扩展名为. cmd 文件名自定)。其内容如下:

```
a. obj              /* First object file linked       */
b. obj              /* Second object file linked      */
—m prog. map        /* Option to specify map file     */
—o prog. out        /* Option to specify output file  */
```

链接器命令变为:

lnk500 link. cmd

可以将两个目标文件 a. obj 和 b. obj 链接起来,并生成一个映像文件 prog. map 和一个可执行的输出文件 prog. out,其效果与前面带—m 和—o 选项的链接器命令完全一样。

链接器按照命令文件中的先后次序处理输入文件,并从中读出命令和进行处理。链接器对命令文件名的大小写是敏感的。空格和空行是没有意义的,但可以用做定界符。

例 5-3 给出了链接器命令文件的一个例子。

例 5-3　链接器命令文件举例:

```
a. obj      b. obj                /*  Input filename        */
—o prog. out                      /*  Option                */
—m prog. map                      /*  Option                */
MEMORY                            /*  MEMORY   directive    */
{
    PAGE 0:      ROM:  origin=1000h,    length=0100h
    PAGE 1:      RAM:  origin=0100h,    length=0100h
}
SECTIONS                          /* SECTIONS      directive  */
{
    . text>ROM
    . data>ROM
    . bss>RAM
}
```

链接器命令文件都是 ASCII 码文件，由例 5－3 可见，它主要包括以下内容：

① 输入文件名，就是要链接的目标文件和文档库文件，或者是其他的命令文件（如果要调用另一个命令文件作为输入文件，此句一定要放在本命令文件的最后，因为链接器不能从新调用的命令文件返回）。

② 链接器选项。这些选项既可以用在链接器命令行，也可以编在命令文件中。

③ MEMORY 和 SECTIONS 都是链接器命令。MEMORY 命令定义目标存储器的配置，SECTIONS 命令规定各个段放在存储器的位置。有关这两条命令的用法，详见 4.7 节。

链接器命令文件中，也可以加注释。注释的内容应当用/＊和＊/符号括起来。

注意：在链接命令文件中，不能采用下列符号作为段名或符号名：

align	DSECT	len	o	run
ALIGN	f	length	org	RUN
attr	fill	LENGTH	origin	SECTIONS
ATTR	FILL	load	ORIGIN	spare
block	group	LOAD	page	type
BLOCK	GROUP	MEMORY	PAGE	TYPE
COPY	l(小写 L)	NOLOAD	range	UNION

这里将通过两个例子说明多个文件系统的链接方法。

以例 5－1 中的 example.asm 源程序为例，将复位向量列为一个单独的文件，对两个目标文件进行链接。

① 编写复位向量文件 vector.asm 见例 5－4。

例 5－4　复位向量文件 vectors.asm：

```
*************************************
* Reset vector for example.asm *
*************************************
        .title  "vector.asm"
        .ref    start
        .sect   ".vectors"
rst:    B   start
        .end
```

vector.asm 文件中引用了 example.asm 中的标号“start”，这是在两个文件之间通过.ref 和.def 命令实现的。

② 编写 example.asm，见例 5－1。example.asm 文件中，.def　start 是用来定义语句标号 start 的汇编命令，start 是源程序.text 段开头的标号，供其他文件引用。

③ 分别对两个源文件 example.asm 和 vector.asm 进行汇编，生成目标文件 example.obj 和 vector.obj。

④ 编写链接命令文件 example.cmd。此命令文件链接 example.obj 和 vector.obj 两个目标文件（输入文件），并生成一个映像文件 example.map 以及一个可执行的输出文件 example.out，标号“start”是程序的入口。

假设目标存储器的配置如下：

程序存储器

EPROM　E000H～E0FFH

VECS　FF80H～FF83H

数据存储器

SPRAM　0060H～007FH

DARAM　0080H～017FH

链接器命令文件如例 5-5 所示。

例 5-5　链接命令文件 example. cmd：

```
vectors. obj
example. obj
－o example. out
－m example. map
－e start
MEMORY
{
   PAGE 0：
          EPROM：   org＝0E000H，   len＝100H
          VECS：    org＝0FF80H，   len＝04H
   PAGE 1：
          SPRAM     org＝0060H，    len＝20H
          DARAM     org＝0080H，    len＝100H
}
SECTIONS
{
          . text      ：＞ EPROM    PAGE 0
          . data      ：＞ EPROM    PAGE 0
          . bss       ：＞ SPRAM    PAGE 1
          STACK       ：＞ DARAM    PAGE 1
          . vectors   ：＞ VECS     PAGE 0
}
```

例 5-5 中，在程序存储器中配置了一个空间 VECS，它的起始地址 0FF80H，在从 0FF80H 复位向量处跳转到主程序。

在 example. cmd 文件中，为了在软件仿真屏幕上从 start 语句标号起显示程序清单，且 PC 也指向 start(0e000H)，使用命令－e start，它是软件仿真器的入口地址命令。

⑤ 链接。链接后生成一个可执行的输出文件 example. out 和映像文件 example. map(见例 5-6)。

例 5-6　映像文件 example. map：

```
OUTPUT FILE NAME：        <example. out>
ENTRY POINT SYMBOL：      "address：0000e000
MEMORY CONFIGURATION
```

```
            name        origin        length        attributes    fill
PAGE 0:     EPROM       0000e000      000000100     RWIX
            VECS        0000ff80      000000004     RWIX
PAGE 1:     SPRAM       00000060      000000020     RWIX
            DARAM       00000080      000000100     RWIX
SECTION  ALLOCATION MAP
output                                              attributes/
section     page        origin        length        input sections
. text      0           0000e000      00000016
                        0000e000      00000000      vectors. obj(. text)
                        0000e000      00000016      example. obj(. text)
data        0           0000e016      00000008
                        0000e016      00000000      vectors. obj(. data)
                        0000e016      00000008      example. obj(. data)
. bss       1           00000060      00000009      UNINITIALIZED
                        00000060      00000000      vectors . obj(. bss)
                        00000060      00000009      example. obj(. bss)
STACK       1           00000080      00000010      UNINITIALIZED
                        00000080      00000010      example. obj(STACK )
vectors     0           0000ff80      00000002
                        0000ff80      00000002      vectors. obj(. vector)
GLOBAL      SYMBOLS
address     name                      address       name
00000060    . bss                     00000060      . bss
0000e016    . data                    00000069      end
0000e000    . text                    0000e000      . start
0000e01e    . edata                   0000e000      . text
00000069    end                       0000e016      etext
0000e016    etext                     0000e016      . data
0000e000    start                     0000e01e      . edata
[7 symbols]
```

将上述可执行输出文件 example. out 装入目标系统就可以运行了。系统复位后，PC 首先指向 0FF80H，这是复位向量地址。在这个地址上，有一条 B start 指令，程序马上跳转到 start 语句标号，从程序起始地址 0e000H 开始执行主程序。

5.3　C 语言编程

前面介绍了采用汇编语言编写 TMS320C54x 应用程序的方法以及相应的开发工具。采用手工编写的汇编语言程序虽然具有执行速度快的优点，但用汇编语言编写程序是比较费时费力的。为了提高开发程序的效率，同时使程序能和高级语言接轨，目前许多 DSP 器件都提供有高级语言的编译器。这样除了对于一些运算量较大或对运算时间要求很严格的程序代码,例如实时信号处理系统中的关键代码外,一般性的代码就可采用高级语言编写,从而缩短程序的开发周期,同时还可以使汇编语言编写的程序被高级语言所调用。TMS320C54x DSP 芯片提供有 C/C++编译器,因此可以采用通用的 C/C++语言来开发应用程序。本节介绍采用高级 C/C++语言编写和开发 TMS320C54x 应用程序的方法,重点说明 TMS320C54x C/C++编译器的使用方法,以及如何建立 TMS320C54x 采用 C/C++语言编程的命令文件和 TMS320C54x C/C++的运行时间支持库。

5.3.1　'C54xDSP C 优化编译器

为加速产品的快速开发和代码维护,TI 公司为 DSP 开发者提供了一套用于 TMS320 DSP 的 C 优化编译器。该优化编译器将 ANSI 标准 C 语言文件转变为高效的 TMS320 汇编语言源文件,再通过 TMS320 的汇编器和链接器,生成 DSP 的可执行代码。

'C54x C 优化编译器工具包括以下几个部分:

(1) 分析器(parser)

将 C 源文件输入到分析器中,分析器检查其有无语义、语法错误,然后产生程序的内部表示——中间文件。它的运行分两个阶段:一是预处理代码;二是分析代码。

(2) 优化器(optimizer)

优化器是分析器和代码产生器之间一个可选择的途径。其输入是由分析器产生的中间文件的格式(.if)。优化器对其优化后,产生一个高级版本的文件(.opt),它与中间文件的格式相同。运行优化器时,优化级别是可选的。

(3) 代码产生器(code generator)

分析器产生的文件(.if)或由优化器产生的文件(.opt)作为输入,通过代码产生器将产生一个汇编语言源文件。

(4) 内部列表公用程序(inter list utility)

编译器产生的汇编文件和 C 源文件作为输入,公用程序产生扩展的汇编源文件,包含 C 文件中的语句和汇编语言注解。

(5) 汇编器(assembler)

汇编器将代码产生器产生的汇编语言文件作为输入,产生一个 COFF 目标文件。

(6) 链接器(linker)

汇编器产生的 COFF 目标文件作为输入,而链接器产生一个可执行的目标文件。

以上(1)、(2)、(3)项属于 'C54x C 编译器部分,(4)、(5)、(6)项属于编译软件包自带,各项均已集成在 CCS 环境中。

C 编译器的执行过程如图 5-5 所示。

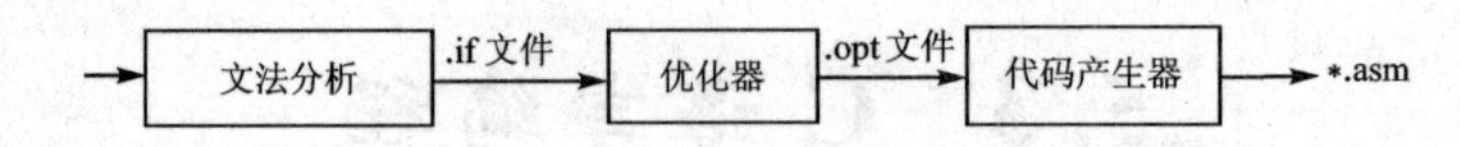

图 5-5　C 编译器的执行过程

图中的 3 步可以分步执行,也可以一步到位生成汇编语言源程序。现逐个分析如下。

1. 启动分析器

编译 'C54x C 程序的第 1 步就是启动 C 分析器。分析器源文件执行其预处理功能,检查语法，最后产生一个中间文件，作为代码产生器或优化器的输入。以下是启动分析器的命令：

ac500　input　file[output file] [options]

ac500　启动分析器的命令。

options　可选项。选项不同，对分析器的操作产生的影响也不同。分析器所设定的主要选项功能见表 5－5。

表 5－5　分析器选项及功能

分析器选项	功　能
－pe	使能嵌入的 C＋＋模式
－pi	关闭定义的直接插入(单－O3 优化—直执行直接插入)
－pk	允许 K&R 兼容
－pl	产生一个原始列表文件
－pm	组织多个源文件来完成程序级优化
－pr	使能放松模式，忽略严格的 ISO(国际标准化)规范
－ps	使能严格的 ISO 模式
－px	产生交互列表文件
－rtti	使能运行类型信息

2. 启动优化器

编译 'C54x 程序时，是否对其进行优化是个可选项。C 源文件被分析后，可以选择使用优化器对中间文件进行处理，以提高其执行的速度，并减小 C 程序的规模。优化器读中间文件时，会按所选择的优化级对其进行优化，最后再产生一个与原中间文件有着相同格式的中间文件，此文件能使代码产生器产生更有效的代码。以下是启动优化器的命令：

opt500[input file[outfile]][options]

opt500　启动优化器的命令。

options 影响优化器对输入文件的处理见表 5－6。

表 5－6　影响优化器对输入文件的处理

优化器选项	功　能
－o0	在 0 级别优化(寄存器优化)
－o1	在 1 级别优化(0 级别优化附加局部优化)
－o2 or －o	在 2 级别优化(1 级别优化附加全局优化)
－o3	在 3 级别优化(2 级别优化附加文件优化)
－ol0	声明文件改变了一个标准库函数
－ol1	声明文件包含但不改变标准库中定义的函数
－ol2	文件没有声明或改变标准库函数，－ol0 和－ol1 不起作用
－on0	不产生优化信息文件
－on1	产生优化信息文件

续表 5-6

优化器选项	功　能
—on2	产生详细的优化信息文件
—op0	具有被其他模式调用的函数和在其他模块中被修改的全局变量
—op1	没有被其他模式调用的函数,但有在其他模块中被修改的全局变量
—op2	没有被其他模式调用的函数或在其他模块中被修改的全局变量
—op3	具有被其他模式调用的函数,但没有在其他模块中被修改的全局变量
—os	将优化器的注释和汇编源文件语句交互地列在一起
—oi size	在选择—o3 选项时,指定直接插入函数的大小

注　意:

(1) 0 级别优化包括以下几个内容:

- 完成控制流图简化;
- 给变量分配寄存器;
- 删除无用代码;
- 在函数说明内展开调用。

(2) 1 级别优化除完成 0 级别的所有优化外,还包括如下内容:

- 完成局部复制和/复制传播;
- 消除无用分配;
- 删除公共表达式。

(3) 2 级别优化除完成 1 级别的所有优化外,还包括如下内容:

- 循环优化;
- 删除外部公共子表达式;
- 删除外部无用分配;
- 完成循环展开。

(4) 3 级别优化除完成 2 级别的所有优化外,还包括如下内容:

- 消除所有永不调用的函数;
- 简化永不使用返回值的函数;
- 记录函数说明,以便当调用者被优化时知道被调用函数的属性;
- 识别文件级变量特征。

3. 启动代码产生器

编译 'C54x 程序的第 3 步是启动代码产生器。将分析器或优化器产生的中间文件转换为汇编语言源文件,可以被修改或作为汇编器的输入文件。代码产生器产生可再进入并重定位的代码,这些代码被汇编和链接后,可以存储在 ROM 中。要将代码产生器作为独立的程序启动,需输入:

cg500[input file[output file]] [options]

cg500　启动代码产生器的命令。

options 影响代码产生器处理输入文件的方式如表 5-7 所列。

表 5-7　代码产生器选项及功能

代码产生器选项	功　能
—ma	使用一种特定的重叠技术
—me	压缩中断产生的 C 环境代码
—mf	所有调用指令为远调用，并且所有返回指令为远返回
—ml	压缩延迟分支转移的使用
—mn	使能被—g 停止的优化操作
—mo	禁止后端优化器
—mr	禁止不可中断的 RPT 指令
—ms	伪最小代码空间而优化
—rar1	保存 AR1 寄存器
—rar6	保存 AR6 寄存器

4. 启动内部列表公用程序

编译 'C54x C 程序的第 4 步是一个可选项。文件被编译完以后，可以将内部列表公用程序作为单独的程序来运行。内部列表公用程序的命令：

clist asmfile[outfile][options]

clist 激活内部列表公用程序的命令；而 asmfile 编译器产生的汇编语言文件的名字；Outfile 为进行内部列表后输出的文件的名字。若用户没有提供，内部列表公用程序就会以汇编文件名加. cl 扩展名为其命名。

调用交互列表工具最简单的方法是使用—s 选项。—s 选项可以防止编译器命令程序删除交互列出的汇编语言文件。输出的汇编文件可被正常汇编。

5. 直接调用 C 编译器

调用 C 编译器的命令如下：

c1500[options] filenames [—z][1inker options][object fles]

命令中：c1500　运行编译器和汇编器的命令；

options　影响解释命令程序处理输入文件的选项；

filenames　一个或多个 C 源文件、汇编语言源文件或目标文件；

—z　调用链接器的选项；

Linker options　控制链接过程的选项；

Object files　编译器产生的目标文件名。

c1500 的变元具有 3 种类型，即编译器选项、链接器选项和文件。

—z 选项和它的相关信息(链接器选项和目标文件)必须跟在命令行中所有的文件名和编译选项之后。在命令行中的其他选项和文件名可以任何顺序指定。例如，如果希望编译 2 个名为 symtab. c 和 file. c 的文件，汇编第 3 个名为 seek. asm 的文件，并链接产生一个可执行文件，则可以输入如下形式的命令：

c1500 symtab. c file. c　seek. asm -z-llnk. cmd-l rts500. 1ib

Options常用的选项如表5-8所列。

表5-8　编译器常用的选项

编译器选项	功　能
-@ filename	将文件的内容附加到命令行。使用该选项可避免由于某些主机操作系统对命令行长度的限制。在命令文件一行的开始使用"#"或";"来包含注释
-c	压缩链接器并覆盖指定链接的-z选项
-d name[=def]	为预处理器预先定义常数名。这等效于在每个C源文件的前面插入#define name def。如果忽略选项[=def],则name设置为1
-g	产生由C源代码级调试器使用的符号调试伪指令,并允许在汇编器中对汇编源代码进行调试
-gn	禁止所有符号调试输出。不建议使用该选项,因为它会使调试和大部分分析结果禁止输出
-gp	允许优化代码的函数级嵌入。通常,-g或-gw选项用于产生调试指令,但是这些选项会严重限制所产生代码的优化,从而降低代码的性能。将-gp和一个优化选项(-o0～-o3)一起使用,则允许优化代码的函数级嵌入,而不妨碍代码的优化
-gt	使用可选的STABS调试格式来对使能符号调试。对于使用不能阅读DWARF格式的调试器,则必须使用该选项才能允许调试
-gw	产生由C/C++源程序级调试器所使用的DWARF符号调试指令,并且使能汇编器中的汇编源程序的调试
-I directory	添加目录到编译器搜索#include文件的目录列表中
-k	保留来自编译器的汇编语言输出文件
-n	指定的源文件只进行编译,但不汇编和链接;会改写-z选项;输出为编译器产生的汇编语言
-q	压缩所有编译产生的标题和过程信息,仅输出源文件名和错误信息
-r register	全局保留寄存器,以便使代码产生器和优化器不能像普通寄存器使用它
-s	使用交互列表工具(interlist)。该工具将优化器的注释或C/C++源代码与汇编源代码混合
-ss	使用交互列表工具(interlist)。将初始的C/C++源代码与编译器产生的汇编语言代码混合
-U name	取消预先定义的常数名。该选项可以覆盖指定常数的任何-d项
v value	指定目标处理器。value可以为541、542、543、545、546、548、549;5402、5410和5420等
-z	对指定的目标文件运行链接

上述C优化编译器操作都是用命令的方式实现的。那么,这些命令在CCS中又如何设置呢?下面举一个例子说明。

首先进入CCS界面,选择project-option项。这时在屏幕上会出现如图5-6所示的对话框。框中Compiler就是上面讲述的C优化编译器,Linker是链接器,Assembler是汇编器。单击Compiler就可以进入优化编译器。其中Category窗口提供如下选择:

Parser　　分析器

Optimizer　　优化器

Code Gen　　代码产生器

Assembly　　汇编源文件选项(将C语言转换成汇编语言文件时的选项)

这些选项选中后，便可以在相应的窗口按前面所述方法设置其命令参数。实际上，在CCS开发环境中，使用build指令可以一次完成编译、链接，只要根据需要来选择以上讲述的选项参数，就可以达到满意的效果。

可以按以下操作进行参数设置：

(1) 在建立项目文件并将此文件添加到项目文件之后(详细内容可参考可视化CCS一节)，选择project - option项，然后单击Compiler。

(2) 按需求选择选项。假如只是一般的需求，例如在程序中设置断点并产生符号调试信息、产生汇编列表文件以及对C源文件进行列表，则可以在图5-6的第一个框中键入：—g—al—ss就可以了。

(3) 对于C程序，一般都要选择优化器(如果不选，汇编代码较长，影响程序的运行速度)，可在图5-6的第一个框中键入：—o3(或—o0、—o1、—o2)就可以了。优化后的效率会大大提高。

(4) 对于其他的需求，可根据本章讲述的分析器、优化器等选项参数进行选择，选择之后，在图5-6的第一个框中键入所选择的选项即可。

(5) 选择链接器选项，单击project - option项，然后单击linker，屏幕上将会出现图5-6相似的框图。对于一般的需求，在第一个框中键入：—c—o paixu. c —x 即可(paixu. out 为paixu. c生成的可执行文件)。

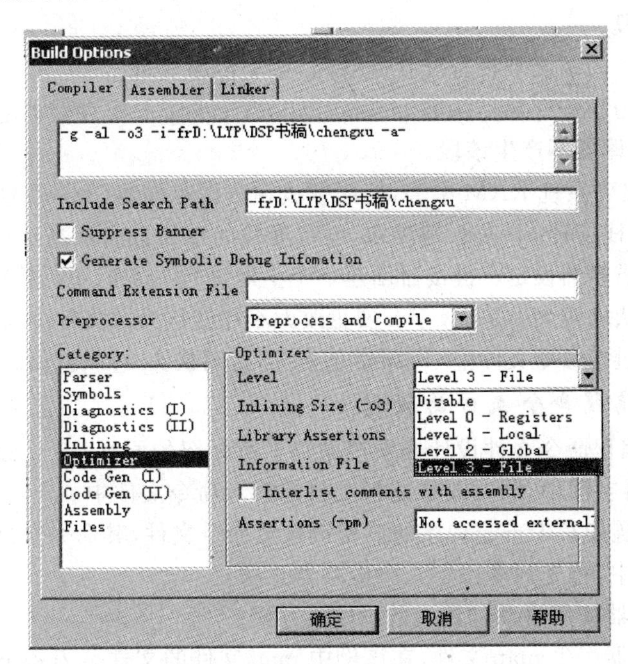

图 5-6 编译器选项设置

5.3.2 C语言编程链接命令文件的设计

C程序的开发过程：

(1) 建立一个项目 * . mak。

(2) 用编辑器编辑一个或多个C程序源文件，如：file1. c、file2. c添加到 * . mak 中。

(3) 对C程序进行编译形成汇编语言源文件 file1. asm 和 file2. asm。

(4) 根据实际应用编辑一个命令文件,file1. cmd。

(5) 汇编-链接。

那么如何去编写. cmd 文件,首先看C编译器生成哪些段。

1. C编译器生成的段

C编译器对C语言程序编译后生成7个可以重定位的代码和数据段。它们分别是已初始化段和未初始化段。

(1) 已初始化段:已初始化段包含数据和可执行代码。C编译器产生如下4个已初始化段:

. text 段　包括可执行代码、字符串和常量。

. cinit 段　包括初始化常量和常数表。

. const 段　为字符串常量和以 const 关键字定义的常量。

. switch 段　用于开关(switch)语句的数据表。

通常. text、. cinit 和. switch 段可以链接到系统 ROM 或 RAM 中去,但必须放在程序存储空间(page0);而. const 段可以链接到系统 ROM 或 RAM 中去,但必须放在数据存储器(page 1)。

(2) 未初始化段:未初始化段用于保留存储空间(通常为 RAM)。程序可在运行时使用这些空间来创建和存储变量。C编译器产生以下未初始化段:

. bss 段　保留全局和静态变量空间。在程序开始运行时,C的引导(boot)程序将数据从 cinit 段复制到. bss 段。

. Stack 段　为C的系统堆栈分配存储空间,用于传递变量。

. Sysmem 段　为动态存储器函数 malloc、calloc、realloc 分配存储器空间。若C程序未用到这些函数,则C编译器不产生该段。

以上3个段链接到系统 RAM 中去,但必须放在数据存储器(page 1)中。

C编译器利用堆栈指针 SP 来管理堆栈,运行堆栈的增长方向从高地址到低地址。堆栈段(. stack段)的大小由链接器设定。链接器创建一个全局符号_stack_size,并给它分配一个与堆栈大小一样的数据,默认堆栈大小是1K字。要更改大小在链接命令文件中写入- stack 数值即可。. system 段的大小由链接命令文件中- heap 数值定义,否则默认. system 段的大小为1K字。

2. C/C++编程命令文件的设计

独立C/C++编程命令文件设计必须遵循以上所介绍的原则,将C编译器生成的所有段定义到合适的存储器空间中,同时要将运行支持库写入命令文件中。

例5-7是一个链接C/C++程序的典型链接器命令文件,其命令文件为 link. cmd。为了链接程序,在该文件中,首先列举以下几个链接器选项:

-c　告诉链接器使用自动初始化的 ROM 方式;

-m　告诉链接器产生 map 文件,在该例中 map 文件的文件名为 example. map;

-o　告诉链接器产生可执行的目标模块,模块名为 example. out。

其次,命令文件列出了所有要链接的目标文件。C程序包括3个C模块:main. c \file1. c 和 file2. c。它们将被编译和汇编,分别产生3个名为 main. obj\file1. ob 和 file2. obj 的目标文件。所有这些单个文件都被链接在一起。最后命令文件列出链接器必须搜索的所有目标库,库由-1链接器选项指定。因为这是一个C程序,所以必须将运行时间支持库 rts. 1ib 包括在内。该命令文件还为. stack 和. system 段分别开辟了 100H 个地址空间。

例 5-7　独立 C/C++编程命令文件：

```
-c
-m file.map
-o file.out
main.obj
file1.obj
file2.obj
-l rts.lib
-stack 100H
-heep 100H
MEMORY
    {
        PAGE 0:PROG:origin=80H, 1ength=0EFDOH
        PAGE 1:DATA:origin=80H, 1ength=03f80H
    }
    SECTIONS
    {
        .text       >PROG PAGE 0
        .cinit      >PROG PAGE 0
        .switch     >PROG PAGE 0
        .bss        >DATA PAGE 1
        .const      >DATA PAGE 1
        .sysmem     >DATA PAGE 1
        .stack      >DATA PAGE 1
}
```

5.4　用 C 语言和汇编语言混合编程

用 C 语言开发 DSP 程序不仅使 DSP 开发的速度大大加快，而且开发出来的 DSP 程序可读性和可移植性都大大增强，程序修改也极为方便。采用 C 编译器的优化功能可以提高 C 代码的效率，有时 C 代码的效率甚至接近于手工代码的效率。在 DSP 芯片的运算能力不是十分紧张时用 C 语言开发 DSP 程序是非常合适的。但在一般情况下，C 代码的效率还是无法与手工编写的汇编代码的效率相比，如 FFT 程序等。因为即使是最佳的 C 编译器，也无法在任何情况下都能最佳地利用 DSP 芯片所提供的各种资源，如 TMS320C54x 所提供的循环寻址和可用于 FFT 的位倒序寻址等。用 C 语言编写的中断程序，虽然可读性很好，但只要进入中断程序(不管程序中是否用到)，中断程序就会对寄存器进行保护，从而降低中断程序的效率。如果中断程序频繁被调用，那么即使是一条指令也会影响全局。此外，用 C 语言编程，DSP 芯片的某些硬件控制也不如用汇编语言方便，有些甚至无法用 C 语言实现。因此，通常 DSP 应用程序往往需要用 C 语言和汇编语言的混合编程方法来实现，以达到最佳的利用 DSP 芯片软、硬件资源的目的。

用C语言和汇编语言的混合编程方法主要有以下3种。

(1) 独立编写C程序和汇编程序,分开编译或汇编形成各自的目标代码模块,然后用链接器将C模块和汇编模块链接起来。例如,FFT程序一般采用汇编语言编写,对FFT程序用汇编器进行汇编形成目标代码模块,与C模块链接就可以在C程序中调用FFT程序。

(2) 直接在C程序的相应位置嵌入汇编语句。

(3) 对C程序进行编译生成相应的汇编程序,然后对汇编程序进行手工优化和修改。

下面将主要对前两种方法进行介绍。

1. 独立的C模块和汇编模块接口

这是一种常用的C模块和汇编模块接口方法。采用这种方法需要注意的是,在编写汇编程序和C程序时必须遵循有关的调用规则和寄存器规则。如果遵循了这些规则,那么C函数和汇编函数之间接口是非常方便的。C程序既可以调用汇编程序,也可以访问汇编程序中定义的变量。同样,汇编程序也可以调用C函数或访问C程序中定义的变量。

编写独立的TMS320C54x汇编模块,最重要的是必须遵守定点C编译器所定义的函数调用规则和寄存器使用规则。遵循了这两个规则就可以保证所编写的汇编模块不破坏C模块的运行环境。C模块和汇编模块可以相互访问各自定义的函数或变量。在编写独立的汇编程序时,必须注意以下几点:

(1) 不论是用C语言编写的函数还是用汇编语言编写的函数,都必须遵循寄存器使用和函数调用规则。

(2) 必须保护函数要用到的几个特定寄存器。这些特定的寄存器包括:AR1、AR6、AR7和SP。其中,如果SP正常使用的话,则不必明确加以保护,换句话说,只要汇编函数在函数返回时弹出压入的对象,实际上就保护了SP。其他寄存器则可以自由使用。

(3) 中断程序必须保护所有用到的寄存器。

(4) 从汇编程序调用C函数时,以逆序方式将参数压入堆栈,第一个参数被放入累加器中。

(5) 调用C函数时只保护了几个特定的寄存器,而其他寄存器C函数是可以自由使用的。

(6) 长整型和浮点数在存储器中存放的顺序是低位字在低地址,高位字在高地址。

(7) 如果函数有返回值,则返回值存放在累加器ACC中。

(8) 汇编模块不能改变由C模块产生的.cinit块,如果改变其内容则会引起不可预测的后果。

(9) 编译器在所有的标识符(函数名、变量名等)前加一下画线“_”。因此,编写汇编语言程序时,必须在C程序可以访问的所有对象前加“_”。例如,在C程序中定义了变量x,如果在汇编程序中要使用,即为_x。如果仅在汇编中使用,则只要不加下画线,即使与C程序中定义的对象名相同,也不会造成冲突。

(10) 任何在汇编程序中定义的对象或函数,如果需要在C程序中访问或调用,则必须用汇编指令.global定义。同样,如果在C程序中定义的对象或函数需要在汇编程序中访问或调用,在汇编程序中也必须用.global指令定义。

(11) 编译模式CPL指示采用何种指针寻址,如果CPL=1,则采用堆栈指针SP寻址;如果CPL=0,则选择页指针DP进行寻址。当CPL=1时,寻址直接地址数据单元的方法只能采用间接绝对寻址模式。例如,汇编程序将C中定义的全局变量global_var的值放入累加器,可写为如下形式。

LD *(global_var),A;由于编译器编译时CPL=1,因此如果在汇编函数中设置CPL=

0,那么在汇编程序返回前必须将其重新设置为 1。

下面是一个在 C 程序中嵌入汇编程序的例子。

例 5-8　在 C 程序中嵌入汇编程序。

C 程序如下:

```
extern int asmfunc();          /* 定义外部汇编函数 */
int gvar;                      /* 定义全局变量 */
main()
{
int i;
i=asmfunc(i);                  /* 调用函数 */
}
```

汇编程序如下:

```
_asmfunc:
        ADD  *(_gvar),A        ;A+gvar→A,注参数 i 在调用时被传递到 A
        STL  A,*(_gvar)        ;返回值在 A 中
        RETD                   ;返回
```

2. 在 C 程序中访问汇编程序变量

从 C 程序中访问在汇编程序中定义的变量或常数需根据变量或常数定义的方式采取不同的方法。总的来说,可以分为 3 种不同的情形:变量在. bss 块中定义;变量不在. bss 块中定义和常数。

(1) 对于访问. bss 命令定义变量,可用如下方法实现:

- 采用. bss 命令定义变量;
- 用. global 命令定义为外部变量;
- 在变量名前加一下画线“_”;
- 在 C 程序中将变量表示成为外部变量。

采用上述方法后,在 C 程序中就可以访问汇编程序变量。例 5-9 给出了在 C 程序中访问. bss 定义的汇编变量。

例 5-9　C 程序中访问. bss 定义的汇编变量。

汇编程序如下:

```
.bss          _var,1          ;定义变量
.global       _var            ;表示成为外部变量
```

C 程序如下:

```
extern int var ;              /* 外部变量 */
var=1;                        /* 访问变量 */
```

(2) 对于访问不在. bss 块中定义的变量,其方法比较复杂一些。在汇编程序中定义的常数表是这种情形的常见例子。为此,必须定义一个指向该变量的指针,然后在 C 程序中间访问这个变量。在汇编程序中定义常数表时,可以为这个表定义一个独立的块,也可以在现有的

块中定义。之后,说明指向该表起始的全局标号。如果定义为独立块,则可以在链接时将它分配至任意可用的存储空间中。在C程序中访问该表时,必须另外说明一个指向该表的指针,如例5-15所示。

例5-10 在C程序中访问汇编常数表。

汇编程序如下:

```
        .global    _sine              ;定义外部变量
        .sect      "sine_tab"         ;定义一个独立块
_sine:                                ;常数表起始地址
        .word      0
        .word      50
        .word      100
        .word      200
```

C程序如下:

```
extern int sine[];                    /*定义外部变量*/
int   *sine_pointer=sine;             /*定义一个C指针*/
f=sine_pointer[2];                    /*访问sine_pointer*/
```

(3) 对于在汇编程序中用.set和.global命令定义的全局常数,也可以在C程序中访问,只是访问的方法更为复杂。一般C程序或汇编程序中定义的变量,符号表实际上包含的是变量值的地址,而非变量值本身。然而在汇编中定义的常数,符号表包含的是常数的值。而编译器不能区分符号表中哪些是变量值,哪些是变量地址。因此,在C程序中访问汇编程序中的常数不能直接用常数的符号名,而应在常数名之前加一个地址操作符"&"。如在汇编程序中的常数名为_x,则在C程序中的值应为&x,如例5-11所示。

例5-11 在C程序中访问汇编常数。

汇编程序如下:

```
_table_size     .set     10000              ;常数定义
                .global     _table_size     ;定义为全局
```

C程序如下:

```
extern   int table_size;
#define   TABLE_SIZE    ((int)(&table_size))
...
for(i=0;i<TABLE_SIZE;++i)
```

3. 在汇编程序中访问C程序变量

编写独立的汇编程序时,经常需要访问在C程序中定义的全局变量或数组。例5-12和5-13介绍如何在汇编程序中访问C程序定义的全局变量和全局数组。

例5-12 访问在C程序中定义的全局变量。

C程序如下:

```
int i,j;
```

```
main()
{
}
```

汇编程序如下：

```
.global   _i;                     /* 定义 i 为全局变量 */
.global   _j;                     /* 定义 j 为全局变量 */
LD      *(_i),A
STL     A,*(_j)
```

例 5-13 访问在 C 程序中定义的全局数组。

C 程序如下：

```
int speech_in[160],speech_out[160];
main()
{
}
```

汇编程序如下：

```
.global   _speech_in           ;定义_speech_in 为全局变量
.global   _speech_out          ;定义_speech_out 为全局变量
.text
LD       #_speech_in,B
STLM     B,AR2                 ;AR2=数组 speech_in 的起始地址
LD       #_speech_out,A        ;AR3=数组 speech_out 的起始地址
STLM     A,AR3
LD       #160-1,A
STLM     A,BRC
NOP
NOP
RPTB   exchange-1
MVDD     *AR+,*AR3+            ;for(i=0;i<160;i++)speech_out[i]=speech_in[i];
Exchange:
```

4. 在 C 程序中直接嵌入汇编语句

在 C 程序中嵌入汇编语句是一种直接的 C 模块和汇编模块接口方法。采用这种方法一方面可以在 C 程序中实现用 C 语言难以实现的一些硬件控制功能，如修改中断控制寄存器、中断使能、读取状态寄存器和中断标志寄存器等。另一方面，也可以用这种方法在 C 程序中的关键部分用汇编语句代替 C 语句以优化程序。

采用这种方法的一个缺点是容易破坏 C 环境，因为 C 编译器在编译嵌入了汇编语句的 C 程序时并不检查或分析所嵌入的汇编语句。

嵌入汇编语句的方法比较简单，只需在汇编语句的左、右加上双引号，用小括弧将汇编语句括住，在括弧前加上 asm 标识符即可。例如

asm(“汇编语句”)；

在C程序中直接嵌入汇编语句的一种典型应用是控制DSP芯片的一些硬件资源。如在C程序中可用下列汇编语句实现一些硬件和软件控制。

```
asm(" RSBX  INTM ")        ;/*开中断*/
asm(" SSBX  XF   ")        ;/*置XF为高电平*/
asm(" NOP        ");
asm(" RSBX  OVM  ");        /*设置溢出保护模式*/
asm(" SSBX  SXM  ");        /*设置符号扩展模式*/
asm(" SSBX  CPL  ");        /*设置编译模式CPL=1*/
```

采用这种方法改变C变量的数值很容易改变C环境，所以程序员必须对C编译器及C环境有充分的理解，才能对C变量进行自由操作。与独立编写汇编程序实现混合编程相比，这种方法的优点是：

(1) 程序的管理　程序的入口和出口由C程序自动管理，不必手工编写汇编程序来实现。

(2) 程序结构清晰　由于这种方法保留了C程序的结构(如变量的定义等)，因此程序的结构清晰，可读性好。

(3) 程序调试方便　由于C程序中的变量全部由C程序来定义，因此，采用C源码调试器可以方便地观察C变量。

下面将举例说明用汇编语句嵌入C程序实现变量操作。

例5-14　在C程序中直接嵌入汇编语句：

```
int add_sub(int,int[]);
main()
{
int i,k;
int a,b[3],result;
a=1;
for(i=0;i<3i++)  b[i]=i+1;
result=add_sub(a,b);
}
  add_sub(int a,int b[])
{
   int i;
   int sum;
  asm("  LD   *AR5,B");
  asm("  STLM B,*AR1   ")          ;/*AR1=&b*/
  asm("  STL  A,*AR2")             ;/*sum=a,a传递到累加器中*/
  asm("  RPT   #2     ");
  asm("  ADD *AR1+,A");
  asm("  STL  A,*AR2");
  return(sum);
  }
```

需要特别注意的是，采用这种方法，对程序进行编译时不能使用优化功能，否则将使程序产生不可预测的结果。

5.5　引导方式设计

TMS320C54xx 系列的各种 DSP 其引导方式差异很大，硬件电路连接和引导代码的生成都应根据器件说明书，分别用不同方法来完成。

TMS320VC5402 支持多种引导方式，当 DSP 复位时，若 $MP/\overline{MC}=1$，DSP 就直接从片外地址 FF80H 开始执行指令，FF80H 必须放 16 位的指令码；当 $MP/\overline{MC}=0$，DSP 进入引导方式，将依次根据 DSP 的一些引脚电平来决定采用何种引导方式。实际上，DSP 执行从片内的 F800H 开始的固化程序，此程序从 DSP 外部读入用户程序，这个过程称为引导。引导结束后，DSP 跳转到用户程序。

'VC5402 引导方式流程如图 5－7 所示。

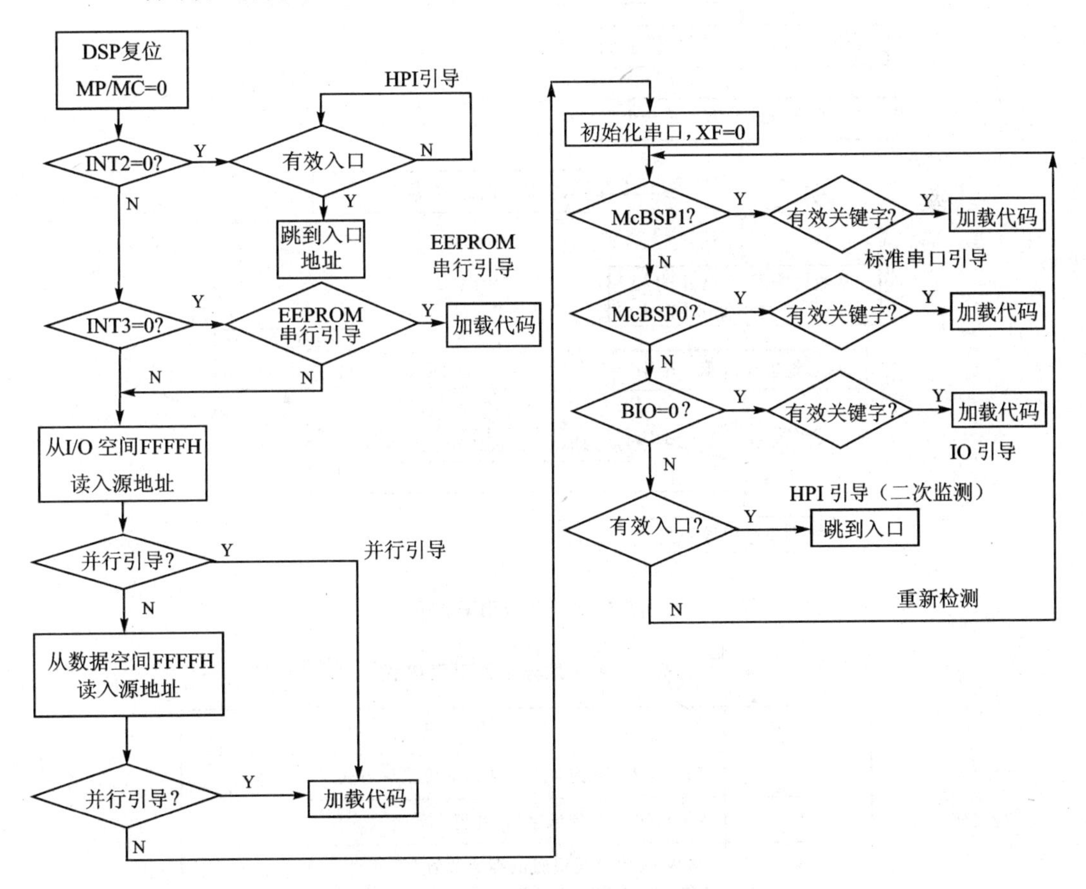

图 5－7　'VC5402 引导方式流程图

由于篇幅所限，详细内容可访问 http//focus. ti. com/lit//an/SPRA618A. pdf。这里仅介绍并行引导方式及其实现方法。其中 8 位并行引导是最经济、最常用的引导方式。图 5－8 详细给出了并行引导流程。

DSP 先在 I/O 空间检测，再在数据空间检测是否为有效的并行引导方式。DSP 首先从 I/O(或数据)空间 FFFFH 地址读取一个 16 位数，作为引导代码表的存储起始地址，规定此地址位于数据空间 4000H～FFFFH(对应 DSP 的片外数据空间)。引导表开始的一个 16 位字或 2 个 8 位字表示是否是 8 位/16 位的并行引导方式。引导表的后续内容如表 5-9 及表 5-10 所列。

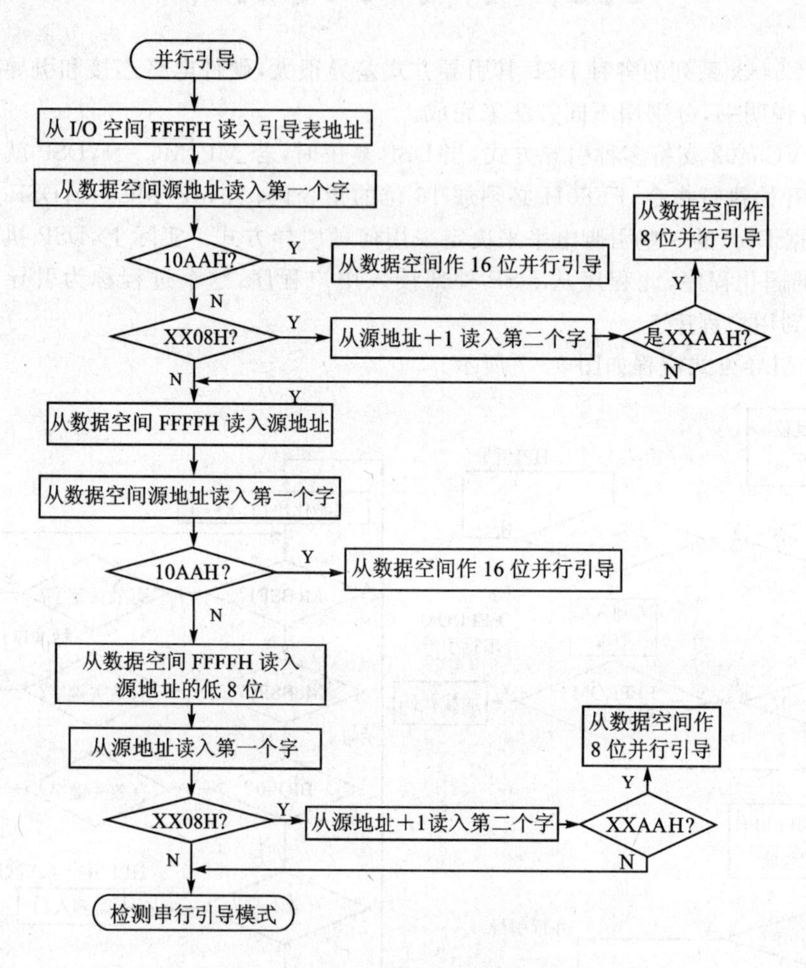

图 5-8　并行引导流程

表 5-9　并行 8 位引导模式

字　节	内　容
1	08H,16 位字的高字节,表示 8 位引导方式
2	AAH,16 位字的低字节,并行引导方式的标志
3	SWWSR 寄存器设置的高字节值
4	SWWSR 寄存器设置的低字节值
5	BSCR 寄存器设置的高字节值
6	BSCR 寄存器设置的低字节值
7	程序入口地址 XPC 的高字节
8	程序入口地址 XPC 的低字节

续表 5-9

字　节	内　　容
9	程序入口地址 PC 的高字节
10	程序入口地址 PC 的低字节
11	第一个加载块大小的高字节
12	第一个加载块大小的低字节
13	第一个加载块目的地址 XPC 的高字节
14	第一个加载块目的地址 XPC 的低字节
15	第一个加载块目的地址 PC 的高字节
16	第一个加载块目的地址 PC 的低字节
17	第一个加载块第一个字的高字节
·	第一个加载块第一个字的低字节
… …	… … … … …
·	第一个加载块最后一个字的低字节
·	第二个加载块大小的高字节，若此字为 0，表示无后续块
·	第二个加载块大小的低字节，若此字为 0，表示无后续块
… …	… … … … …
·	最后一个块最后一个字的低字节
·	0(所有块结束标志)

表 5-10　并行 16 位引导模式

08AA 或 10AA(并行装载模式)
SWWSR 寄存器的初始值
BSCR 寄存器的初始值
用户程序入口地址的 XPC
用户程序入口地址的 PC(.TEXT 段首地址)
第一段用户程序长度
第一段用户程序入口地址的 XPC
第一段用户程序入口地址的 PC
第一段代码
第二段用户程序长度
第二段用户程序入口地址的 XPC
第二段用户程序入口地址的 PC
第二段代码
⋮
0X0000(表示所有自举表结束)

为了正确地生成这种引导表,必须按照以下步骤操作,所用的软件工具 'C54x 代码产生工具包的版本应等于或高于 1.2,因为早期的软件包不支持 VC5402 的各种引导方式。

(1) 启动汇编器时必须带－V549 参数,这是因为早期的 C54X 与 VC5402 有差别。

(2) 在链接器对程序的各个段进行重定位时,要注意这些段只能放到 DSP 系统中有可用 RAM 的地址区间。

(3) 运行格式转换工具 hex500 有两种形式:

当命令参数较少时,可以用 DOS 命令,即

hex500 －t test －o test.lsb －o test.msb

这表示从 test.out 生成 16 位引导码(默认为 16 位),高、低字节分别放在两个 TI 格式的文件中:test.msb 和 test.lsb。

当命令参数较多时,可将命令参数写到一个 cmd 文件(代码转换命令文件)中,再运行 hex500 test.cmd。而代码转换命令文件 test.cmd 内容为:

```
test.out                /* 输入待转换文件 */
-e      1400H           /* 程序入口点:XPC=0,PC=1400H */
-i                      /* 输出文件为 Intel 格式 */
-boot                   /* 所有块/区(SECTIONS)都引导 */
-bootorg 4000H          /* 从并口地址 4000H 引导 */
-memwidth   8           /* 存储器位宽为 8 位 */
-0 test.mcs             /* 输出文件名 */
```

test.out 文件中定义了两个段,已经被链接命令文件(cmd 文件)分别定义在 3000H 开始和 1400H 开始的程序空间。hex500 分别将这两个段作为两个块,附上描述信息,写在文件 test.mcs 中。实际应用中,像 test.mcs 这样的引导表中的每个块可以包括多个段,通常的作法是在链接命令中将若干段连续写在一个块中。下面举例说明引导文件格式。

例 5－15 8 位并行引导文件 test.mcs。

test.mcs 文件的第一行格式为:

:20 4000 00 08AA 7FFF F800 0000 1400 0065 0000 3000 F273 1400 …1736 42

自左向右第 10 列开始才是引导表的实际内容,而此行最后 2 个 ASCII 码是校验码。在此行中:20 4000 00 这前 9 个 ASCII 码和最后的 42 两个码都是描述信息,以下按自左向右的顺序依次介绍前若干个码的含义:

: 格式标志,每行第一个码都是这个符号;

20 此行实际的有用引导表代码字节数,即 32 个字节,此值是从 08AA7FF 到 1736;

4000 此行代码将写入 EPROM 等固化存储器 4000H 开始的区域,即将 32 字节有用代码写到存储器地址 4000H～401FH;第 2 行对应码应是 4020;

00 此行为数据类型,00 表示代码,01 表示文件结束;

08 引导表的第 1 个字节;

AA 引导表的第 2 个字节,08AA 表示 8 位并行引导;

7FFF SWWSR 寄存器的初值,使所有片外访问为 7 等待;

F800 BSCR 寄存器的初值;

0000 程序入口地址的 XPC 值;

1400　程序入口地址的 PC 值，引导结束后，DSP 从 1400H 开始执行；
0065　第一块引导代码的大小；
0000　第一块引导代码的目的地址的 XPC 值；
3000　第一块引导代码的目的地址的 PC 值；
F273　第一块引导代码的第一个字(16 位)；
1400　第一块引导代码的第 2 个字(16 位)，F273 1400 表示的指令是 BD 1400(跳转到 1400H)；
⋮
1736　第一块引导代码的最后一个字(16 位)；

在文件的最后一行是结束标志：00000001FF。

例 5-16　16 位并行引导文件。

```
1651 1 100 0 1F0;描述信息
00x10aa;16 位并行引导方式
0x7FFF;SWWSR 设置为 7FFFH
0XF800;BSCR 设置为 F800H
0X0000;自举表入口 XPC=0X0000
0X1000;自举表入口地址 PC=0X1000
0X0160;第一段代码的长度为 0X0160
0X0000;第一段代码入口地址 XPC=0X0000
0X1000;第一段代码入口地址 PC=0X1000
0xEA00;以下为第一段代码内容
0x7718
0x3000
0xF7BB
0xF7B8
:
:
0x0010;第二段代码长度为 0X0010
0x0000;第二段代码入口地址 XPC=0X0000
0x2000;第二段代码入口地址 PC=0X2000
0x00C0;以下为第二段代码
0x00F9
0x00A4
0x00B0
0x0099
:
:
0X0080;第三段代码长度
0X0000;第三段代码入口地址 XPC=0X0000
```

0X3400;第三段代码入口地址 PC＝0X3400

0xF073;以下为第三段代码

0x1000

0x0xF495

F495

0x0000

0x0000

:

:

0x0000;所有自举表的结束

用户选用的 EPROM/Flash 编程器如果能识别 Intel 格式,则可以自动将 test.out 文件内容转化为二进制码,二进制码就是写入到 EPROM 等存储器中的实际内容。如果用户的编程器型号已过时,只识别二进制码,则需要用转换程序先将 Intel 格式转换为二进制码文件,可用的转换程序很多。除了将 test.mcs 文件写入存储器 4000H 地址外,还应将地址 FFFEH、FFFFH 分别写为 40H、00H。

如上所述是一个常用的简单引导文件范例。hex500 程序的功能很多,可以产生多种格式的文件,也可以产生 2 个文件,分别存放 16 位字的高字节和低字节,适合于用 16 位并行模式引导 DSP,2 个文件的内容应分别写在 2 片 8 位 EPROM 存储器中。

习 题

5.1 COFF 文件格式中的段是如何定义的,它们的作用是什么?

5.2 DSP 的软件编程有几种方式?各有什么特点?

5.3 链接命令文件有什么作用?在生成 DSP 代码过程中何时发挥这些作用?

5.4 用 C 语言设计时 C 编译器会产生哪些代码段?它们包含哪些内容?如何将它们配置到目标存储器中?

5.5 C 语言和汇编语言混合编程时,如何进行符号变量的联系?如何进行子程序调用?

5.6 叙述集成设计环境 CCS 生成代码的过程和 DOS 命令生成代码有何不同?

5.7 如何由 out 文件生成可写入 EPROM/Flash 的代码?

5.8 DSP 编程可采用 C 或汇编编程,两种编程方法各有何优缺点?

5.9 要使程序能够在 DSP 上运行,必须生成可执行文件。请说出能使 DSP 源程序生成可执行文件所需要的步骤。

5.10 在文件的链接过程中,需要用到 Linker 命令文件。请按如下要求设计一个命令文件,要求如下:

中断向量表　起始地址:7 600H,长度:80H;

源程序代码　在中断向量之后;

初始化数据　起始:1f10H,长度:40H;

未初始化数据　在初始化数据之后,长度为 10H;

输入文件为 example.obj 和 example1.obj;

生成 example. map 文件和 example. out 文件；

程序入口地址为 start。

5.11　由 'C54x 汇编器、链接器所产生的可执行文件不能使 EPROM 所接受。请问使用什么方法能将其转换为 EPROM 所能接受的可执行文件？

5.12　如何将汇编语言助记符指令转换成为代数指令？

5.13　boot_loader 引导方式有哪些？试写出 16 位并行引导表的格式。

第 6 章　汇编语言程序设计

6.1　程序的控制与转移

TMS320C54x 具有丰富的程序控制与转移指令，利用这些指令可以执行分支转移、循环控制以及子程序操作。基本的程序控制指令如表 6－1 所列。

表 6－1　基本的程序控制指令

分支转移指令		执行周期	子程序调用指令		执行周期	子程序返回指令		执行周期
B	next	4	CALL	sub	4	RET		5
BACC	src	6	CALA	src	6			
BC	next，cond	5/3	CC	sub，cond	5/3	RC	cond	5/3

注：5/3 表示条件成立为 5 个机器周期，不成立为 3 个机器周期；cond 为条件。

分支转移指令改写 PC，以改变程序的流向。子程序调用指令将一个返回地址压入堆栈，执行返回指令时复原。

1. 条件算符

条件分支转移指令或条件调用、条件返回指令都用条件来限制分支转移、调用和返回操作。条件算符分成两组，每组组内又分成 2 类或 3 类，如图 6－1 所示。

第1组：

EQ	NEQ	OV
LEQ	GEQ	
LT	GT	NOV

第2组：

TC	C	BIO
NTC	NC	NBIO

图 6－1　条件算符

选用条件算符时应当注意以下 3 点：

(1) 第 1 组　组内两类条件可以与/或，但不能在组内同一类中选择两个条件算符与/或。当选择两个条件时，累加器必须是同一个。例如，可以同时选择 AGT 和 AOV，但不能同时选择 AGT 和 BOV。

(2) 第 2 组　可从组内 3 类算符中各选一个条件算符与/或，但不能在组内同一类中选 2 个条件算符与/或。例如，可以同时测试 TC，C 和 BIO，但不能同时测试 NTC 和 TC。

(3) 组与组之间的条件只能“或”。

例 6－1　条件分支转移。

```
RC   TC                          ;若 TC=1，则返回；否则往下执行
CC sub,BNEQ                      ;若累加器 B≠0，则调用 sub；否则往下执行
```

```
BC new,AGT,AOV                ;若累加器 A>0 且溢出,则转至 new;否则往下执行
```

单条指令中的多个(2～3 个)条件是"与"的关系。如果需要两个条件相"或",只能分两句写(写成两条指令)。如例 6-1 中最后一条指令改为"若累加器 A 大于 0 或溢出,则转移至 new",可以写成如下两条指令:

```
BC   new,AGT
BC   new,AOV
```

2. 循环操作 BANZ

在程序设计时,经常需要重复执行某段程序,利用 BANZ(当辅助寄存器不为 0 时转移)指令执行循环计数和操作是十分方便的。

例 6-2　计算 $y=\sum_{i=1}^{5} x_i$ 。程序如下:

```
        .title     "example2.asm"
        .mmregs
STACK   .usect     "STK",10H             ;堆栈的设置
        .bss       x , 5                 ;为变量分配 6 个字的存储空间
        .bss       y , 1
        .def       start
        .data
table:  .word      10,20,30,40,50        ;x1,x2,x3,x4,x5
        .text
start:  STM        #0 , SWWSR            ;插入 0 个等待状态
        LD         #0 , DP
        STM        # STACK+10H,SP        ;设置堆栈指针
        STM        # x,AR1               ;AR1 指向 x
        RPT        # 4
        MVPD       table, * AR1+
        LD         # 0,A
        CALL       SUM
end:    B          end
SUM:    STM        # x,AR3
        STM        # 4,AR4
Loop:   ADD        * AR3+,A              ;程序存储器
        BANZ       loop, * AR4-
        STL        A,@ y
        RET
        .end
```

命令文件:example2.cmd

```
vectors.obj
example2.obj
-o example2.out
-m example2.map
```

```
-e start
MEMORY
{
PAGE 0:
        EPROM:org=0E000H   len=0100H
        VECS:  org=0FF80H  len=0004H
PAGE 1:
        SPRAM:org=0060H   len=0020H
        DARAM:org=0080H   len=0100H

}
SECTIONS
{       .vectors     :VECS      PAGE   0
        .text:       >EPROM     PAGE   0
        .data        :>EPROM    PAGE   0
        .bss         :>SPRAM    PAGE   1
        STK          :>DARAM    PAGE   1
}
```

例 6-2 中用 AR2 作为循环计数器,设初值为 4,共执行 5 次加法。也就是说,应当用迭代次数减 1 后加载循环计数器。

执行结果:数据存储单元 0065H 的内容为 0096H。

3. 比较操作 CMPR

编程时,经常需要数据与数据进行比较,这时利用比较指令 CMPR 是很合适的。CMPR 指令是测试所规定的 AR 寄存器(AR1~AR7)与 AR0 的比较结果。如果所给定的测试条件成立,则 TC 位置 1;然后,条件分支转移指令就可以根据 TC 位的状态进行分支转移。注意,所有比较的数据,都是无符号操作数。例如,比较操作后条件分支转移:

```
            STM       #5,AR1
            STM       #10,AR0
loop:…
            …
            …
            …
            CMPR      LT,AR1
            BC        loop,TC
```

6.2 堆栈的使用方法

TMS320C54x 提供一个用 16 位堆栈指针(SP)寻址的软件堆栈。当向堆栈中压入数据时,堆栈从高地址向低地址增长。堆栈指针是减在前、加在后,即先 SP-1,再压入数据,先弹出数据后 SP+1。

如果程序中要用到堆栈,必须先进行设置,方法如下:

```
size        .set        100
stack       .usect      "STK",size
            STM         # stack + size,SP
```

上述语句是在数据 RAM 空间开辟一个堆栈区。前两句是数据 RAM 中自定义一个名为 STK 的保留空间,共 100 个单元。第 3 句是将这个保留空间的高地址加 1(# stack + size)赋给 SP,作为栈底,如图 6-2 所示。自定义未初始化段 STK 究竟定位在数据 RAM 中的什么位置,应当在链接器命令文件中规定。

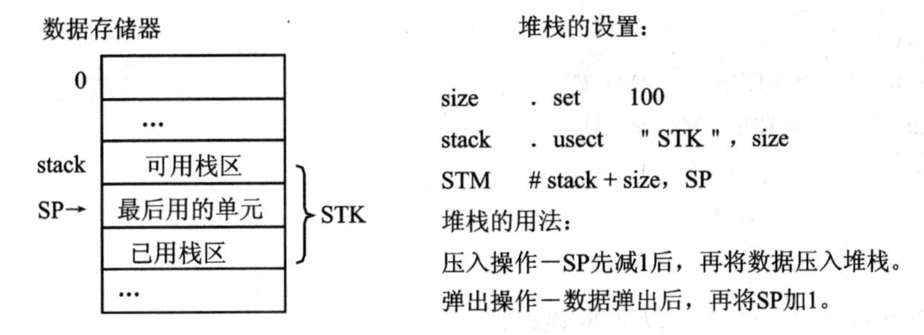

图 6-2 堆 栈

设置堆栈之后,就可以使用堆栈了。例如:

```
CALL   pmad         ;(SP)—1→SP,(PC)+2→TOS
                    ;pmad→PC
RET                 ;(TOS)→PC,(SP)+1→SP
```

例 6-3 堆栈的使用(example3.asm)。

```
            .title      "example3.asm"
            .mmregs
size        .set        100
stack       .usect      "STK",size          ;堆栈的设置
            .def        start
            .text
start:      STM         # 0 SWWSR           ;插入 0 个等待状态
            STM         # stack + size,SP   ;设置堆栈指针
            LD          # 1234H,A
            STM         #100,AR1
            MVMM        SP,AR7
loop:       STL         A, * AR7—
            BANZ        loop, * AR1—
            .end
```

命令文件:example3.cmd

```
vectors.obj
example3.obj
—o example3.out
```

```
-m example3.map
-e start
MEMORY
{
  PAGE 0:
  EPROM: org=0E000H    len=0100H
  VECS:  org=0FF80H    len=0004H
  PAGE 1:
  DARAM: org=0080H     len=0100H
}
SECTIONS
{     .vectors   :>VECS     PAGE  0
      .text      :> EPROM   PAGE  0
      .data      :>EPROM    PAGE  0
      STK        :>DARAM    PAGE  1
}
```

堆栈区应开辟多大,是按照以下步骤来确定的。

(1) 先开辟一个大堆栈区(见图 6-3)且用已知数充填:

执行以上程序后(example3.asm),堆栈区中的所有单元均填充 1234H,如图 6-3 所示。

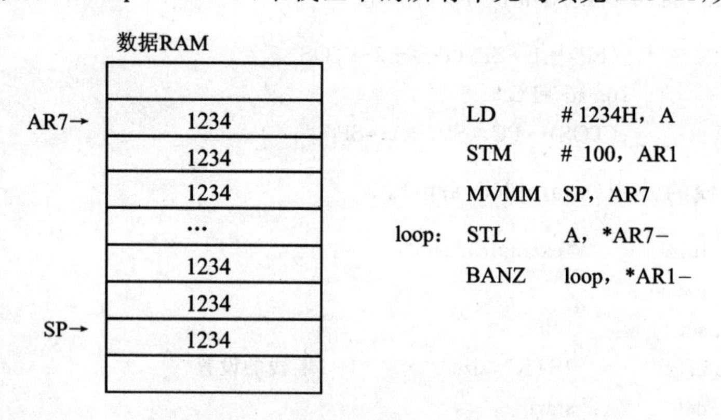

图 6-3　堆栈区被已知数填充

(2) 运行程序,执行所有的操作。

(3) 暂停。检查堆栈中的数值(见图 6-4),从中可以看出总共填充了 101 个存储单元。

(4) 填充的数据区去掉最高地址单元才是实际需要的堆栈空间。

```
Memory (Data: Hex - C Style)
0x0080:  stack
0x0080:  0x1234 0x1234 0x1234 0x1234 0x1234 0x1234 0x1234 0x1234 0x1234
0x0089:  0x1234 0x1234 0x1234 0x1234 0x1234 0x1234 0x1234 0x1234 0x1234
0x0092:  0x1234 0x1234 0x1234 0x1234 0x1234 0x1234 0x1234 0x1234 0x1234
0x009B:  0x1234 0x1234 0x1234 0x1234 0x1234 0x1234 0x1234 0x1234 0x1234
0x00A4:  0x1234 0x1234 0x1234 0x1234 0x1234 0x1234 0x1234 0x1234 0x1234
0x00AD:  0x1234 0x1234 0x1234 0x1234 0x1234 0x1234 0x1234 0x1234 0x1234
0x00B6:  0x1234 0x1234 0x1234 0x1234 0x1234 0x1234 0x1234 0x1234 0x1234
0x00BF:  0x1234 0x1234 0x1234 0x1234 0x1234 0x1234 0x1234 0x1234 0x1234
0x00C8:  0x1234 0x1234 0x1234 0x1234 0x1234 0x1234 0x1234 0x1234 0x1234
0x00D1:  0x1234 0x1234 0x1234 0x1234 0x1234 0x1234 0x1234 0x1234 0x1234
0x00DA:  0x1234 0x1234 0x1234 0x1234 0x1234 0x1234 0x1234 0x1234 0x1234
0x00E3:  0x1234 0x1234 0x0000 0x0000 0x0000 0x0000 0x0000 0x0000 0x0000
```

图 6-4　堆栈填充结果

6.3　加减法和乘法运算

在数字信号处理中,乘法和加法运算是非常普遍的,这里举几个例子。

例 6-4　计算 $z=x+y-w$。程序如下:

```
        .title      "example4.asm"
        .mmregs
STACK   .usect      "STK",10H           ;堆栈的设置
        .bss        x,1                 ;为变量分配 4 个字的存储空间
        .bss        y,1
        .bss        w,1
        .bss        z,1
        .def        start
        .data
table:  .word       30,20,25            ;x,y,w
        .text
Start:  STM         #0,SWWSR            ;插入 0 个等待状态
        STM         STACK + 10H,SP      ;设置堆栈指针
        STM         #x,AR1              ;AR1 指向 x
        RPT         #2                  ;移入 3 个数据
        MVPD        table,*AR1+         ;程序存储器
        CALL        SUMB
end:    B           end
SUMB:   LD          @x,A
        ADD         @y,A
        SUB         @w,A
        STL         A,@z
        RET
        .end
```

命令文件:example4.cmd

```
example4.obj
-o example4.out
-m example4.map
-e start
MEMORY
{
PAGE 0:
    EPROM: org=0E000H,len=0100H
    VECS:  org=0FF80H,len=0004H
PAGE 1:
    SPRAM: org=0060H,len=0020H
```

```
    DARAM: org=0080H, len=0100H
}
SECTIONS
{
    .text     :>EPROM    PAGE 0
    .data     :>EPROM    PAGE 0
    .bss      :>SPRAM    PAGE 1
    STK       :>DARAM    PAGE 1
}
```

计算结果如表6-2所列。

表6-2　加法运算计算结果

变量	数据存储空间地址	存储内容
x	0060H	001EH
y	0061H	0014H
w	0062H	0019H
z	0063H	0019H

例6-5　计算 $y=mx+b$。程序如下：

```
            .title      "example5.asm"
            .mmregs
STACK       .usect      "STACK",10H             ;堆栈的设置
            .bss        x ,1                    ;为变量分配4个字的存储空间
            .bss        m,1
            .bss        b,1
            .bss        y,1
            .def        start
            .data
table :     .word       3,15,20                 ;m,x,b
            .text
Start:      STM         # 0,SWWSR               ;插入0个等待状态
            STM         STACK + 10H,SP          ;设置堆栈指针
            STM         # x,AR1                 ;AR1指向x
            RPT         # 2                     ;移入3个数据
            MVPD        table, * AR1+           ;程序存储器
            CALL        SU
end:        B           end
SU:         LD          @ x,T
            MPY         @ m,A
            ADD         @ b, A
            STL         A,@ y
            RET
```

```
          .end
```

命令文件：

```
example5.obj
-o example5.out
-m example5.map
-e start
MEMORY
{
PAGE 0:
    EPROM: org=0E000H,len=0100H
    VECS:  org=0FF80H,len=0004H
PAGE 1:
    SPRAM: org=0060H,len=0020H
    DARAM: org=0080H,len=0100H
}
SECTIONS
{
    .text    :>EPROM   PAGE 0
    .data    :>EPROM   PAGE 0
    .bss     :>SPRAM   PAGE 1
    STACK    :>DARAM   PAGE 1
}
```

计算结果如表 6-3 所列。

表 6-3　加聚法计算结果

变　量	数据存储空间地址	存储内容
m	0060H	0003H
x	0061H	000FH
b	0062H	0014H
y	0063H	0041H

例 6-6　计算 $y=x_1 \times a_1 + x_2 \times a_2$。程序如下：

```
          .title     "example6.asm"
          .mmregs
STACK     .usect     "STACK",10H          ;堆栈的设置
          .bss       x1,1                 ;为变量分配 5 个字的存储空间
          .bss       x2,1
          .bss       a1,1
          .bss       a2,1
          .bss       y,1
          .def       start
          .data
```

```
table :     .word    3,4, 5,6           ;x1,x2,a1,a2
            .text
Start:      STM      # 0,SWWSR          ;插入 0 个等待状态
            STM      STACK + 10H,S      ;设置堆栈指针
            STM      # x1,AR1           ;AR1 指向 x1
            RPT      # 3                ;移入 4 个数据
            MVPD     table, * AR1+      ;程序存储器
            CALL     SUM
end:        B        end
SUM:        LD       @ x1,T
            MPY      @ a1,B
            LD       @ x2,T
            MAC      @ a2,B
            STL      B,@ y
            RET
            .end
```

命令文件:

```
example6.obj
-o example6.out
-m example6.map
-e start
MEMORY
{
PAGE 0:
    EPROM: org=0E000H,len=0100H
    VECS:  org=0FF80H,len=0004H
PAGE 1:
    SPRAM: org=0060H,len=0020H
    DARAM: org=0080H,len=0100H
}
SECTIONS
{
    .text    :>EPROM   PAGE 0
    .data    :>EPROM   PAGE 0
    .bss     :>SPRAM   PAGE 1
    STACK    :>DARAM   PAGE 1
}
```

计算结果如表 6-4 所列。

表 6-4　计算结果

变量	数据存储空间地址	存储内容
x_1	0060H	0003H
x_2	0061H	0004H
a_1	0062H	0005H
a_2	0063H	006H
y	0064H	0027H

上述例子说明加、减法，求解直线方程以及计算一个简单的乘积和是如何实现的。所举例子中的指令都是单周期指令。

例 6-7　计算 $y=\sum_{i=1}^{4}a_ix_i$ 。

这是一个典型的乘法累加运算，在数字信号处理中用得很多。有关它的编程设计已在第 5 章的例子中介绍过了，这里不再重复。

例 6-8　在例 6-7 的 4 项乘积 $a_ix_i(i=1,2,3,4)$ 中找出最大值，并存放在累加器 A 和数据存储空间单元 0068H 中。程序如下：

```
        .title      "example8.asm"
        .mmregs
STACK   .usect      "STACK",10H         ;堆栈的设置
        .bss        a,4                 ;为变量分配 9 个字的存储空间
        .bss        x,4
        .bss        y,1
        .def        start
        .data
table : .word       1,5,3 ,4            ;a1,a2,a3,a4
        .word       8,6,7 ,2            ;x1,x2,x3,x4
        .text
Start:  STM         # 0,SWWSR           ;插入 0 个等待状态
        STM         # STACK + 10H,SP    ;设置堆栈指针
        STM         # a,AR1
        STM         #7
        MVPD        table, * AR1+
        CALL        MAX
end:    B           end
MAX:    STM         # a,AR1
        STM         # x,AR2
        STM         # 2,AR3
        LD          * AR1+,T
        MPY         * AR2+,A             ; 第一个乘积在累加器 A 中
loop:   LD          * AR1+ ,T
```

```
        MPY     *AR2+ ,B        ;其他乘积在累加器B中
        MAX     A               ;累加器A和B比较,选大的存在A中
        BANZ    loop, *AR3-     ;此循环中共进行3次乘法和比较
        STL     A,@y
        RET
        .end
```

命令文件

```
example8.obj
-o example8.out
-m example8.map
-e start
MEMORY
{
PAGE 0:
    EPROM: org=0E000H,len=0100H
    VECS:  org=0FF80H,len=0004H
PAGE 1:
    SPRAM: org=0060H,len=0020H
    DARAM: org=0080H,len=0100H
}
SECTIONS
{
    .text   :>EPROM   PAGE 0
    .data   :>EPROM   PAGE 0
    .bss    :>SPRAM   PAGE 1
    STACK   :>DARAM   PAGE 1
}
```

计算结果如表6-5所列。

表6-5 例6-8计算结果

变 量	数据存储空间地址	存储内容
a_1	0060H	0001H
a_2	0061H	0005H
a_3	0062H	0003H
a_4	0063H	0004H
x_1	0064H	0008H
x_2	0065H	0006H
x_3	0066H	0007H
x_4	0067H	0002H
y	0068H	001EH

6.4　重复操作

TMS320C54x 有 RPT(重复下条指令),RPTZ(累加器清 0,并且重复下条指令)以及 RPTB(块重复指令)3 条重复操作指令。利用这些指令进行循环,比用 BANZ 指令快得多。

1. 重复执行单条指令

重复指令 RPT 或 RPTZ 允许重复执行紧随其后的那一条指令。如果要重复执行 n 次,则重复指令中应规定计数值为 $n-1$。由于重复指令只需要取指一次,与利用BANZ 指令进行循环相比,效率要高得多。特别是对那些乘法累加和数据传送的多周期指令(如 MAC,MVDK,MVDP 与 MVPD 等指令),在执行一次之后就变成单周期指令,大大提高了运行速度。

例 6-9　对一个数组进行初始化,即 x[5]={0,0,0,0,0}。

```
.bss     x,5
STM      # x,AR1
LD       # 0H,A
RPT      # 4
STL      A, * AR1+
```

或者

```
.bss     x,5
STM      # x,AR1
RPTZ     A, # 4
STL      A, * AR1+
```

应当指出的是,在执行重复操作期间,CPU 是不响应中断的($\overline{RS}$除外)。当 TMS320C54x 响应$\overline{HOLD}$信号时,若 HM=0,CPU 继续执行重复操作;若 HM=1,则暂停重复操作。

2. 块程序重复操作

块程序重复操作 RPTB 将重复操作的范围扩大到任意长度的循环中。由于块程序重复指令 RPTB 的操作数是循环的结束地址,而且,其下条指令就是重复操作的内容,因此必须先用 STM 指令将所规定的循环次数加载到块重复计数器(BRC)中。

RPTB 指令的特点:对任意长度的程序段的循环开销为 0,其本身是一条 2 字 4 周期指令;循环开始地址(SRA)是 RPTB 指令下一条指令的存储地址,结束地址(REA)由 RPTB 指令的操作数决定。

例 6-10　对数组 x[5]中的每个元素加 1。程序如下:

```
         .bss     x,5
start :  LD       # 1,16,B
         STM      # 4,BRC
         STM      # x,AR4
         RPTB     next - 1
         ADD      * AR4,16,B,A
         STH      A, * AR4+
```

```
next:     LD        # 0,B
```

在本例中,用next－1作为结束地址是恰当的。如果用循环回路中最后一条指令(STH指令)的标号作为结束地址,若最后一条指令是单字指令程序可以正确执行;若是双字指令就不能正确执行。该语句段在执行RPTB指令之前,数组x[5]中的每个元素为2,块重复执行完时,数组x[5]中的每个元素变为3。

与RPTB指令相比,RPT指令一旦执行,不会停止操作,即使有中断请求也不会响应;而RPTB指令是可以响应中断的,这一点在程序设计时需要注意。

将例6-9和例6-10组合成一个完整的程序,实现对数组初始化后再对每个元素加1。程序如下:

```
            .title      "example9.asm"
            .mmregs
STACK       .usect      "STACK",10H
            .bss        x,5
            .def        start
            .text
start:      STM         # x,AR1
            LD          # 2H,A                  ;将数组每个元素初始化为2
            RPT         # 4
            STL         A,* AR1+
            LD          # 1,16,B                ;B←10000H,为每个元素加1做准备
            STM         # 4,BRC                 ;BRC←04H
            STM         # x,AR4
            RPTB        next－1                 ;next－1为循环结束地址
            ADD         * AR4,16,B,A
            STH         A,* AR4+
next:       LD          # 0,B
end:        B           end
            .end
```

命令文件;

```
example10.obj
－o example10.out
－m example10.map
－e start
MEMORY
{
PAGE 0:
    EPROM: org=0E000H,len=0100H
    VECS:  org=0FF80H,len=0004H
PAGE 1:
    SPRAM: org=0060H,len=0020H
    DARAM: org=0080H,len=0100H
```

```
}
SECTIONS
{
    .text     :>EPROM   PAGE 0
    .data     :>EPROM   PAGE 0
    .bss      :>SPRAM   PAGE 1
    STACK     :>DARAM   PAGE 1
}
```

计算结果如表 6-6 所列。

表 6-6　例 6-10 计算结果(一)

变　量	数据存储空间地址	块重复语句执行前存储内容	块重复执行完存储内容
x_1	0060H	0002H	0003H
x_2	0061H	0002H	0003H
x_3	0062H	0002H	0003H
x_4	0063H	0002H	0003H
x_5	0064H	0002H	0003H

下面程序用数据块传送数据,实现对数组初始化后再对每个元素加 1。

```
              .title        "zhao1.asm"
              .mmregs
STACK         .usect        "STACK",10H
              .bss          x,5
              .data
table :       .word         1H,2H,3H,4 H ,5H    ;初始化 x1,x2,x3,x4,x5
              .def          start
              .text
start:        STM           # x,AR1
              RPT           # 4
              MVPD          table, * AR1+
              LD            # 1,16,B
              STM           # 4,BRC
              STM           # x,AR4
              RPTB          next-1
              ADD           * AR4,16,B,A
              STH           A, * AR4+
next:         LD            # 0,B
end:          B             end
              .end
```

命令文件同上例。

计算结果如表 6-7 所列。

表 6-7　例 6-10 计算结果(二)

序　号	数据存储空间地址	块重复语句执行前存储内容	块重复执行完存储内容
x_1	0060H	0001H	0002H
x_2	0061H	0002H	0003H
x_3	0062H	0003H	0004H
x_4	0063H	0004H	0005H
x_5	0064H	0005H	0006H

3. 循环的嵌套

执行 RPT 指令时用到 RC 寄存器(重复计数器);执行 RPTB 指令时要用到 BRC,RSA 和 RSE 寄存器。由于两者用了不同的寄存器,因此,RPT 指令可以嵌套在 RPTB 指令中,实现循环的嵌套。当然,只要保存好有关的寄存器,RPTB 指令也可嵌套在另一条 RPTB 指令中,但效率并不高。

图 6-5 是一个三重循环嵌套结构,内层、中层和外层三重循环分别采用 RPT,RPTB,BANZ 指令,重复执行 $N-1$,$M-1$ 和 L 次。

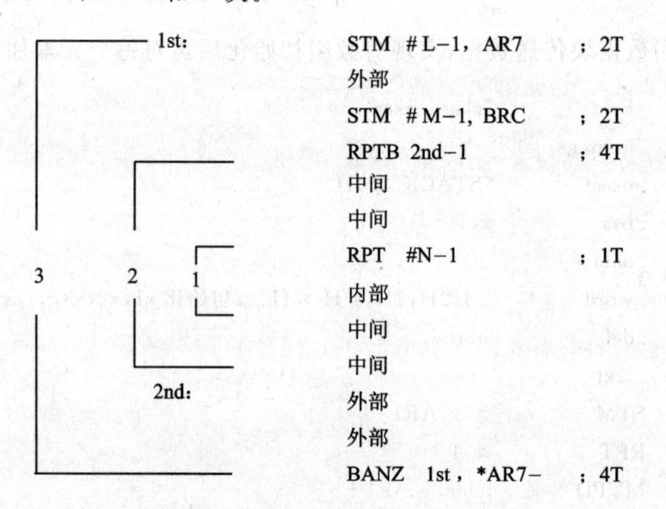

图 6-5　三重循环嵌套结构

上述三重循环的开销如表 6-8 所列。

表 6-8　三层循环指令与开销

循　环	指　令	开销(机器周期数)
1(内层)	RPT	1
2(中层)	RPTB	4+2 (加载 BRC)
3(外层)	BANZ	4+2 (加载 AR7)

6.5 数据块传送

TMS320C54x 有 10 条数据传送指令,如表 6－9 所列。

表 6－9　数据传送指令

数据存储器←→数据存储器	W/C	数据存储器←→MMR	W/C
MVDK　Smem，dmad	2/2	MVDM　dmad，MMR	2/2
MVKD　dmad，Smem	2/2	MVMD　MMR，dmad	2/2
MVDD　Xmem，Ymem	1/1	MVMM　mmr，mmr	1/1
程序存储器←→数据存储器	W/C	程序存储器(Acc)←→数据存储器	W/C
MVPD　Pmad，Smem	2/3	READA　Smem	1/5
MVDP　Smem，Pmad	2/4	WRITA　Smem	1/5

注：W/C——指令的字数/执行周期数；
Smem——数据存储器地址；
MMR——任何一个存储器映像寄存器；
dmad——16 位立即数数据存储器地址；
Pmad——16 位立即数程序存储器地址；
mmr——AR0～AR7 或 SP；
Xmem，Ymenm——双操作数数据存储器地址。

这些指令的特点如下：

(1) 传送速度比加载和存储指令要快；

(2) 传送数据不需要通过累加器；

(3) 可以寻址程序存储器；

(4) 与 RPT 指令相结合(重复时,这些指令都变成单周期指令),可以实现数据块传送。

1. 程序存储器→数据存储器

重复执行 MVPD 指令,实现程序存储器至数据存储器的数据传送,在系统初始化过程中是很有用的。这样,就可以将数据表格与文本一道驻留在程序存储器中,复位后将数据表格传送到数据存储器,从而不需要配置数据 ROM,使系统成本降低。

例 6－11　数组 x[5]＝{1,2,3,4,5}初始化。程序如下：

```
        .title      "example11.asm"
        .mmregs
STACK   .usect      "STACK", 10H
        .bss        x, 5
        .data
table:  .word       1, 2, 3, 4, 5
        .def        start
        .text
start:  STM         #x, AR1
        RPT         #4
        MVPD        table, *AR1+        ;程序存储器传送到数据存储器
end:    B           end
        .end
```

2. 数据存储器→数据存储器

在数字信号处理(如 FFT)时,经常需要将数据存储器中的一批数据传送到数据存储器的另一个地址空间。

例 6-12 编写一段程序将数据存储器中的数组 x[20]复制到数组 y[20]。x[20]={ 1,2,3,4,5,6 ,7,8,9, 10, 11,12,13,14,15,16,17,18,19,20},该组数据存放在程序存储空间。程序如下:

```
        .title    "example12 . asm"
        .mmregs
STACK   .usect    "STACK",30H
        .bss      x,20
        .bss      y,20
        .data
table:  .word     1,2,3,4,5,6,7,8,9,10,11,12,13,14 ,15,16,17,18,19,20
        .def      start
        .text
start:  STM       # x,AR1
        RPT       # 19
        MVPD      table, * AR1 +              ;程序存储器传送到数据存储器
        STM       # x,AR2
        STM       # y,AR3
        RPT       # 19
        MVDD      * AR2 +, * AR3 +            ;数据存储器传送到数据存储器
end:    B         end
        .end
```

命令文件:

```
example12 . obj
— o example12. out
— m example12. map
— e start
MEMORY   {
        PAGE 0:
            EPROM: org = 0E000H   len = 01F80H
            VECS:  org = 0FF80H   len = 00080h
        PAGE 1:
            SPRAM: org = 00060H   len = 00030H
            DARAM: org = 00090H   len = 01380H
        }
SECTIONS {
            .vectors: >  VECS    PAGE 0
            .text: >     EPROM PAGE 0
            .data: >     EPROM PAGE 0
            .bss: >      SPRAM  PAGE 1
```

```
        STACK：>   DARM   PAGE1
    }
```

20 个数据从 0060H～0073H 传送到 0074H～0087H，结果如图 6-6 所示。

```
Memory (Data: Hex - C Style)
0x0060:  x
0x0060:  0x0001 0x0002 0x0003 0x0004 0x0005 0x0006 0x0007 0x0008
0x0068:  0x0009 0x000A 0x000B 0x000C 0x000D 0x000E 0x000F 0x0010
0x0070:  0x0011 0x0012 0x0013 0x0014
0x0074:  y
0x0074:  0x0001 0x0002 0x0003 0x0004 0x0005 0x0006 0x0007 0x0008
0x007C:  0x0009 0x000A 0x000B 0x000C 0x000D 0x000E 0x000F 0x0010
0x0084:  0x0011 0x0012 0x0013 0x0014
```

图 6-6　数据传送结果

6.6　双操作数乘法

TMS320C54x 片内的多总线结构，允许在一个机器周期内通过两个 16 位数据总线（CB 总线和 DB 总线）寻址两个数据和系数，如图 6-7 所示。

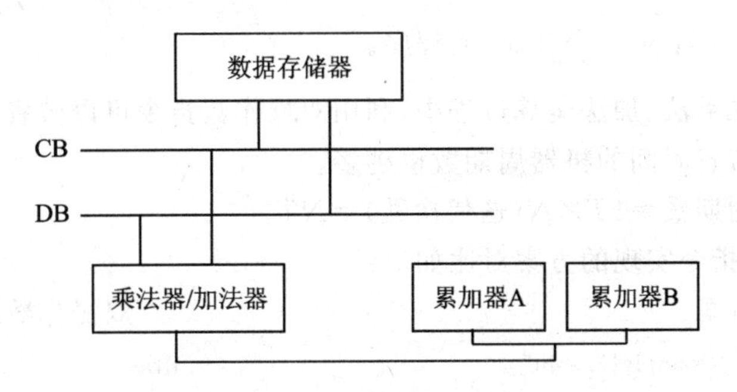

图 6-7　双操作数乘法

如果要计算 $y=mx+b$，则单操作数和双操作数实现方法的比较如表 6-10 所列。

表 6-10　单/双操作数编程比较

单操作数方法	双操作数方法
LD　@ m,T MPY　@ x,A ADD　@ b,A STL　A,@ y	MPY　* AR2, * AR3,A ADD　@ b,A STL　A,@ y

用双操作数指令编程的特点为：

(1) 用间接寻址方式获得操作数，且辅助寄存器只能用 AR2～AR5；

(2) 占用的程序空间小；

(3) 运行的速度快。

双操作数 MAC 型的指令有 4 种，如表 6-11 所列。MACP 指令与众不同，它规定一个程序存储器的绝对地址，而不是 Ymem 。因此，这条指令就多一个字（双字指令），执行时间也长（需 3 个机器周期）。

表 6-11 MAC 型双操作数指令

指 令	功 能
MPY Xmem,Ymem,dst	dst = Xmem * Ymem
MAC Xmem,Ymem,src[, dst]	dst = src + Xmem * Ymem
MAS Xmem,Ymem,src[, dst]	dst = src - Xmem * Ymem
MACP Xmem,Pmad, src[, dst]	dst = src + S mem * Pmad

注：Smem—数据存储器地址； Xmem,Ymem—双操作数数据存储器地址；
src—源累加器； Pmad—16 位立即数程序存储器地址。
dst—目的累加器；

对 Xmem 和 Ymem 只能用以下辅助寄存器及寻址方式：

辅助寄存器：AR2 寻址方式：* ARn
AR3 * ARn +
AR4 * ARn−
AR5 * ARn + 0%

例 6-13 编制求解 $y = \sum_{i=1}^{20} a_i x_i$ 的程序。

本例主要说明在乘法、加法运算过程中，利用双操作数指令可以节省机器周期。连续的乘法、加法运算越多，节省时间的机器周期数也越多。

节省的总机器周期数＝$1T \times N$(迭代次数)＝NT。

用单/双操作数指令实现的方案对比如下：

单操作数指令方案：

```
        .title  "example13.asm"
        .mmergs
STACK.usect     "STACK",30H
        .bss    a,20
        .bss    x,20
        .bss    y,2
        .data
table:  .word   1,2,3,4,5,6,7,8,9,10 ,11. 12
        .word   13,14,15,16,17,18,19,20
        .word   21,22,23,24,25,26,27,28
        .word   29,30,1,2,3,4,5,6,7,8 ,9 ,10
        .def    start
        .text
start:  STM     # a,AR1
        RPT     # 39
        MVPD    table, * AR1+
        LD      # 0,B
        STM     # a ,AR2
        STM     # x,AR3
```

双操作数指令方案：

```
        .title  "example13b.asm"
        .mmerges
STACK   .usect  "STACK",30H
        .bss    a,20
        .bss    x,20
        .bss    y,2
        .data
table:  .word   1,2,3,4,5,6,7,8,9,10,11. 12
        .word   13,14,15,16,17,18,19,20
        .word   21,22,23,24,25,26,27,28
        .word   29,30,1,2,3,4,5,6,7,8 ,9 ,10
        .def    start
        .text
start:  STM     # a,AR1
        RPT     # 39
        MVPD    table, * AR1+
        LD      # 0,B
        STM     # a ,AR2
        STM     # x,AR3
```

```
        STM     # 19,BRC
        RPTB    done-1
        LD      * AR2+,T
        MPY     * AR3+,A
        ADD     A,B
done:   STH     B,@ y
        STL     B ,@ y + 1
end:    B       end
        . end
```

结果：w a　CLK　1229

```
        STM     # 19,BRC
        RPTB    done-1
        MPY     * AR2+, * AR3+,A
        ADD     A,B
done:   STH     B,@ y
        STL     B ,@ y+1
end:    B       end
        . end
```

结果：w a　CLK　1081

例 6-14　进一步优化求解 $y = \sum_{i=1}^{20} a_{xi}$ 的程序。

在例 6-13 中，利用双操作数指令进行乘法累加运算，完成 N 项乘积求和需 $2N$ 个器周期。如果将乘法累加器单元、多总线以及硬件循环操作结合在一起，可以形成一个优化的乘法累加程序。完成一个 N 项乘积求和的操作，只需要 $N+2$ 个机器周期。程序如下：

```
            . title     "example14. asm"
            . mmergs
STACK       . usect     "STACK",30H
            . bss       a,20
            . bss       x,20
            . bss       y,2
            . def       start
            . data
table:      . word  1, 2,3,4,5,6,7,8,9,10,11, 12,13,14,15, 16,17,18,19,20
            . word  21,22,23,24,25,26,27,28,29,30,1,2,3,4,5,6,7,8 ,9 ,10
            . text
start:      STM         # 0,SWWSR
            STM         # STACK +30H,SP
            STM         # a,AR1
            RPT         # 39
            MVPD        table, * AR1+
            CALL        SUM                 ;调子程序 SUM
            end:        B end
SUM:        STM         # a,AR3             ;子程序 SUM
            STM         # x,AR4             ;乘积求和
            RPTZ        A,# 19
            MAC         * AR3+, * AR4+,A
            STL         A,@ y
            STH         A,@ y+1
            RET
            . end
```

例 6-13 和例 6-14 的数据 a、x 存放在 0062H～0089H 数据存储单元中,求和结果为 0974H,存放在 0060H 和 0061H 数据存储单元中,如图 6-8 所示。

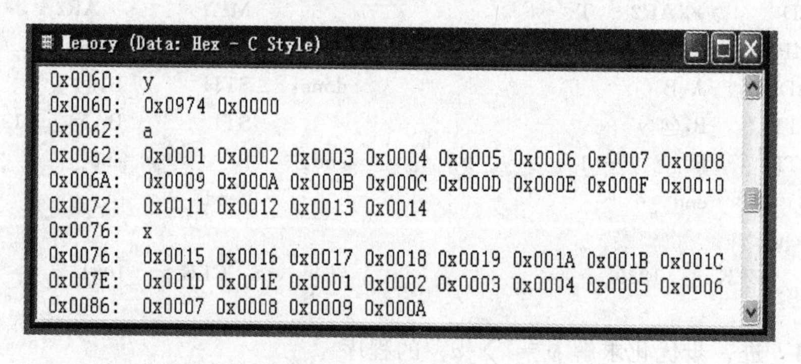

图 6-8 数据在数据存储单元中的表示

6.7 长字运算和并行运算

1. 长字指令

TMS320C54x 可以利用长操作数(32 位)进行长字运算。长字指令如下:

```
DLD     L mem,dst          ; dst = Lmem
DST     src,Lmem           ; Lmem = src
DADD    Lmem,src[,dst ]    ; dst =src +Lmem
DSUB    Lmem,src[ ,dst ]   ; dst =src -Lmem
DRSUB   Lmem,src[ ,dst ]   ; dst = Lmem -src
```

除 DST 指令(存储 32 位数要用 EB 总线 2 次,需要 2 个机器周期)外,都是单字、单周期指令,也就是在单个周期内同时利用 CB 总线和 DB 总线,得到 32 位操作数。

长操作数指令中的一个重要问题是高 16 位和低 16 位操作数在存储器中的排序问题。因为按指令中给出的地址存取的总是高 16 位操作数,所以就有两种数据排列方法。

(1) 偶地址排列法

指令中给出的地址为偶地址,存储器中低地址存放高 16 位操作数。[例 6-15]的程序为偶地址排列。表 6-12 所列为偶地址排序法执行前后结果比较。

表 6-12 偶地址排列法执行前后结果比较

执行前	执行后
A = 00 0000 0000H	A = 00 6CAC BD90H
AR3 = 0100H	AR3 = 0102H
(0100H) = 6CACH (高字)	(0100H) = 6CACH
(0101H) = BD90H (低字)	(0101H) = BD90H

例 6-15

```
        .title          "example15. asm"
```

```
        .mmregs
STACK   .usect  "STACK",10H
        .bss    a,2
        .bss    y,2
        .def    start
        .data
table   .word   06CACH,0BD90H
        .text
start:  STM     #0,SWWSR
        STM     #STACK+10H,SP
        STM     #a,AR1+
        RPT     #1
        MVPD    table,*AR1+
        STM     #a,AR3
        DLD     *AR3+,A
end:    B       end
        .end
```

命令文件：

```
Example15.obj
-o example15.out
-m example15.map
-e start
MEMORY {
    PAGE 0:
        EPROM: org = 0E000H  len = 01F80H
        VECS:  org = 0FF80H  len = 00080H
    PAGE 1:
        SPRAM: org = 00100H  len = 00020H
        DARAM: org = 00120H  len = 01380H
    }
SECTIONS      {
    .vectors: >  VECS PAGE 0
    .text: >     EPROM PAGE 0
    .data: >     EPROM PAGE 0
    .bss: >      SPRAM PAGE 1
    STACK: >     DARAM PAGE 1
        }
```

(2) 奇地址排列法

指令中给出的地址为奇地址，存储器中低地址存放低 16 位操作数。下面的程序为奇地址排列。表 6-13 所列为奇地址排列法执行前后结果比较。

表6-13 奇地址排列法执行前后结果比较

执行前	执行后
A = 00 0000 0000H	A = 00 BD90 6CACH
AR3 = 0101H	AR3 = 0103H
(0100H) = 6CACH (低字)	(0100H) = 6CACH
(0101H) = BD90H (高字)	(0101H) = BD90H

例6-16

```
            .title      "example16.asm"
            .mmregs
STACK       .usect      "STACK",10H
            .bss        a,2
            .bss        y,2
            .def        start
            .data
table       .word       0BD90H,06CACH
            .text
start:      STM         #0,SWWSR
            STM         #STACK+10H,SP
            STM         #a,AR1
            RPT         #1
            MVPD        table,*AR1-
            STM         #a,AR3
            DLD         *AR3+,A
end:        B           end
            .end
```

命令文件：

```
example16.obj
-o example16.obj
-m example16.map
-e start
MEMORY {
      PAGE 0:
            EPROM: org = 0E000H   len = 01F80H
            VECS:  org = 0FF80H   len = 00080H
            PAGE 1:
            SPRAM: org = 00100H   len = 00020H
            DARAM: org = 00121H   len = 01380H
      }
SECTIONS {
      .vectors:>    VECS    PAGE 0
```

```
.text: >      EPROM PAGE 0
.data: >      EPROM PAGE 0
.bss: >       SPRAM PAGE 1
STACK: >      DARAM PAGE 1
```

在使用时，应选定一种方法。这里推荐采用偶地址排列法，将高 16 位操作数放在偶地址存储单元中。

例 6－17　计算 $Z_{32} = X_{32} + Y_{32}$ 。

标准运算：

```
        .title      "example17.asm"
        .mmregs
STACK   .usect      "STACK", 10H
        .bss        xhi,1
        .bss        xlo,1
        .bss        yhi,1
        .bss        ylo,1
        .bss        zhi,1
        .bss        zlo, 1
        .def        start
        .data
table:  .word       1678H,2345H
        .word       1020H,0345H
        .text
start:  STM         #0,SWWSR
        STM         STACK+10H,SP
        STM         #xhi,AR1
        RPT         #3
        MVPD        table, * AR1+
        LD          @xhi,16,A
        ADDS        @xlo,A
        ADD         @yhi,16,A
        ADDS        @ylo,A
        STH         A,@zhi
        STL         A,@zlo
end:    B           end
        .end
```

长字运算：

```
        .title      "example17.asm"
        .mmregs
STACK   .usect      "STACK",10H
        .bss        xhi,2,1,1
        .bss        yhi ,2,1,1
        .bss        zhi,2,1,1
        .def        start
        .data
table:  .long       16782345H,10200345H
        .text
start:  STM         # 0,SWWSR
        STM         #STACK+10H,SP
        STM         #xhi,AR1
        RPT         #3
        MVPD        table, * AR1+
        DLD         @xhi,A
        DADD        @yhi,A
        DST         A,@zhi
end:    B           end
        .end
```

命令文件：

```
example17.obj
-o example17.out
-m example17.map
-e start
MEMORY
{
```

```
PAGE 0:
EPROM:   org=0E000H,len=0100H
VECS:    org=0FF80H,len=0004H
PAGE 1:
SPRAM:   org=00060H,len=00030H
DARAM:   org=00090H,len=01380H
}
SECTIONS
{
.text    :>EPROM  PAGE 0
.data    :>EPROM  PAGE 0
.bss     :>SPRAM  PAGE 1
STACK:>DARAM  PAGE 1
}
```

此程序实现了32位加法,标准运算占用6个字的存储空间和6个指令周期,长字运算占用3个字的存储空间和3个指令周期,结果如图6-9所示。

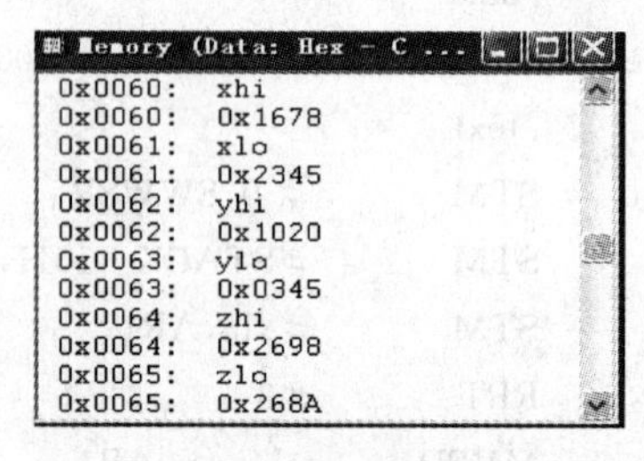

(a) 标准运算结果

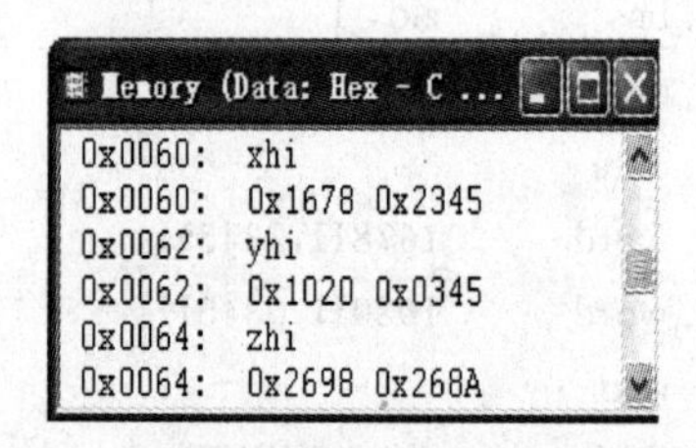

(b) 长字运算结果

图6-9 32位加法结果

2. 并行运算

并行运算,就是同时利用DB总线和EB总线。其中,DB总线用来执行加载或算术运算,EB总线用来存放先前的结果。

并行指令有并行加载和乘法指令,并行加载和存储指令,并行存储和乘法指令以及并行存储和加/减法指令4种。所有并行指令都是单字、单周期指令。表6-14列出了并行运算指令的例子。注意,并行运算时存储的是前面的运算结果,存储之后再进行加载或算术运算。这些指令都工作在累加器的高位,且大多数并行运算指令都受ASM(累加器移位方式)位影响。

表6-14列举了并行运算指令。

表6-14 并行运算指令举例

指令	举例	操作说明
LD ‖ MAC[R] LD ‖ MAS[R]	LD Xmen,dst ‖ MAC[R] Ymem[,dst2]	dst = Xmem<<16 dst2=dst2+T * Ymem
ST ‖ LD	ST src ,Ymem ‖ LD Xmem,dst	Ymem=src>>(16-ASM) dst=Xmem<<16

续表 6 - 14

指　令	举　例	操作说明
ST ‖ MPY ST ‖ MAC[R] ST ‖ MAS[R]	ST　　src,Ymem ‖ MAC[R]　Xmem,dst	Ymem=src>>(16−ASM) dst=dst+T * Xmem
ST ‖ ADD ST ‖ SUB	ST　　src,Ymem ‖ ADD　Xmem,dst	Ymem=src>>(16−ASM) dst=dst+Xmem

例 6 - 18　用并行运算指令编写计算 $z=x+y$ 和 $f=e+d$ 的程序。

在此程序中用到了并行加载/存储指令，即在同一机器周期中利用 DB 总线加载和 EB 总线存储。

```
            .title      "example18.asm"
            .mmregs
STACK       .usect      "STACK",10H
            .bss        x,3
            .bss        d,3
            .def        start
            .data
table:      .word       0123H,1027H,0,1020H,0345H,0
            .text
start:      STM         #0,SWWSR
            STM         #STACK+10H,SP
            STM         #x,AR1
            RPT         #5
            MVPD        table,*AR1+
            STM         #x,AR5
            STM         #d,AR2
            LD          #0,ASM
            LD          *AR5+,16,A
            ADD         *AR5+,16,A
            STH         A,*AR5                  ;并行指令
            ‖LD         *AR2+,B
            ADD         *AR2+,16,B
            STH         B,*AR2
end:        B           end
            .end
```

命令文件：

```
example18.obj
-o example18.out
-m example18.map
-e start
```

```
MEMORY
{
PAGE 0:
    EPROM:  org=0E000H,  len=0100H
    VECS:   org=0FF80H,  len=0004H
PAGE 1:
    SPRAM:  org=00060H,  len=00030H
    DARAM:  org=00090H,  len=01380H
}
SECTIONS
{
    .text    :>EPROM   PAGE 0
    .data    :>EPROM   PAGE 0
    .bss     :>SPRAM   PAGE 1
    STACK    :>DARAM   PAGE 1
}
```

数据存储和计算结果如图 6－10 所示。

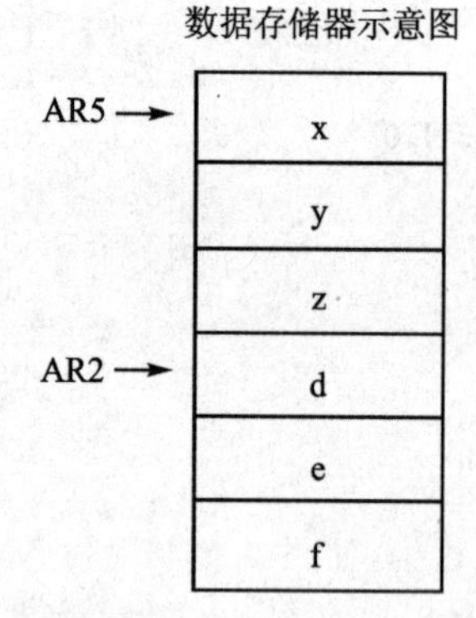

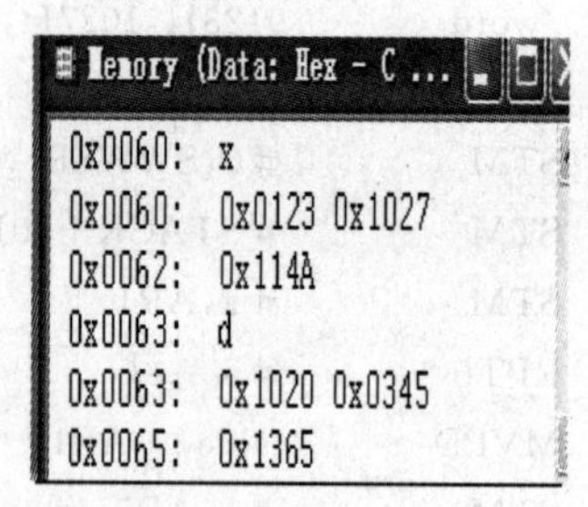

图 6－10　数据存储示意图和计算结果

3. 32 位乘法运算

32 位乘法算式如下：

$$
\begin{array}{rrrr}
 & & x_1 & x_0 \\
 & \times & y_1 & y_0 \\
\hline
 & & x_0 \times & y_0 \\
 & y_1 \times & x_0 & \\
 & x_1 \times & y_0 & \\
y_1 \times & x_1 & & \\
\hline
w_3 & w_2 & w_1 & w_0
\end{array}
\qquad
\begin{array}{rrrr}
 & & S & U \\
 & \times & S & U \\
\hline
 & & U \times & U \\
 & S \times & U & \\
 & S \times & U & \\
S \times & S & & \\
\hline
S & U & U & U
\end{array}
$$

其中，S 为带符号数，U 为无符号数。

由上算式可见，在 32 位乘法运算中，实际上包括三种乘法运算：$U\times U$，$S\times U$ 及 $S\times S$。一般的乘法运算指令都是两个带符号数相乘，即 $S\times S$。所以，在编程时，还要用到以下两条指令：

```
MACSU   Xmem,Ymem,src        ;无符号数与带符号数相乘并累加
                             ;src=U(Xmem) * S(Ymem)+src
MPYU    Smem,dst             ;无符号数相乘
                             ; dst=U(T) * U(Smem)
```

例 6-19　编写计算 $W_{64}=X_{32}\times Y_{32}$ 的程序。

32 位乘法实现的 64 位乘积的程序如下：

```
        .title      "example19.asm"
        .mmerges
STACK   .usect      "STACK",10H
        .bss        x,2
        .bss        y,2
        .bss        w0,1
        .bss        w1,1
        .bss        w2,1
        .bss        w3,1
        .def        start
table:  .word       10,20,30,40
        .text
start:  STM         #0,SWWSR
        STM         #STACK+10H,SP
        STM         #x,AR1
        RPT         #3
        MVPD        table, *AR1+
        STM         #x,AR2
        STM         #y, AR3
        LD          *AR2 ,T                ; T=x0
        MPYU        *AR3+,A                ; A=ux0×uy0
        STL         A,@w0                  ; w0=ux0×uy0
        LD          A,-16 ,A               ; A=A >> 16
        MACSU       *AR2+, *AR3- ,A        ;A+=y1×ux0
        MACSU       *AR3+, *AR2,A          ;A+=x1×uy0
        STL         A,@w1                  ; w1=A
        LD          A,-16,A                ; A=A >> 16
        MAC         *AR3, *AR2,A           ;A+=x1×y1
        STL         A,@w2                  ; w2=A 的低 16 位
        STL         A,@w3                  ; w3= A 的高 16 位
end:    B           end
        .end
```

命令文件如下：

```
example19.obj
-o example19.out
-m example19.map
```

```
-e start
MEMORY
{
PAGE 0:
    EPROM:  org=0E000H,  len=0100H
    VECS:   org=0FF80H,  len=0004H
PAGE 1:
    SPRAM:  org=00060H,  len=00030H
    DARAM:  org=00090H,  len=01380H
}
SECTIONS
{
    .text   :>EPROM   PAGE 0
    .data   :>EPROM   PAGE 0
    .bss    :>SPRAM   PAGE 1
    STACK   :>DARAM   PAGE 1
}
```

数据存储和计算结果如图 6-11 所示。

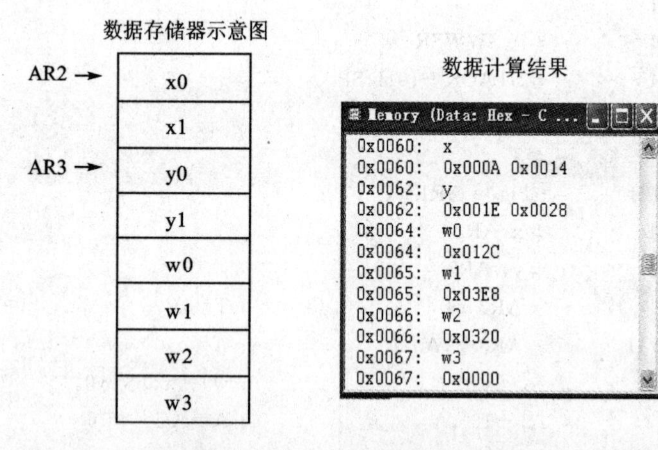

图 6-11　32 位乘法实现的 64 位数据存储器示意图和计算结果

6.8　小数计算

两个 16 位整数相乘,乘积总是"向左增长",这意味着多次相乘后乘积将会很快超出定点器件的数据范围。而要将 32 位乘积保存到数据存储器,就要开销 2 个机器周期以及 2 个字的程序和 RAM 单元。另外,由于乘法器都是 16 位相乘,因此很难在后续的递推运算中,将 32 位乘积作为乘法器的输入。

然而,小数相乘,乘积总是"向右增长",这意味着超出定点器件数据范围的将是不太感兴趣的部分。在小数乘法情况下,既可存储 32 位乘积,也可以存储高 16 位乘积,这就允许用较少的资源保存结果,也可以用于递推运算。这就是为什么定点 DSP 芯片都采用小数乘法的原因。

1. 小数的表示方法

TMS320C54x 采用 2 的补码表示小数,其最高位为符号位,数值范围从 −1～0.99996948。一个 16 位 2 的补码小数(Q15 格式)的每一位的权值为:

MSB　　　　　　　LSB

$-1\quad 2^{-1}\quad 2^{-2}\quad 2^{-3}\quad \cdots\quad 2^{-15}$

一个十进制小数乘以 32 768 之后,再将其十进制整数部分转换成十六进制数,就能得到这个十进制小数的 2 的补码表示,例如:

≈1	⇨	7FFFH
0.5	正数:乘以32 768	4000H
0	⇨	0000H
−0.5	负数:其绝对值部分乘以	C000H
−1	32 768,再取反加1	8000H

在汇编语言程序中,是不能直接写入十进制小数的。若要定义一个系数 0.707,可以写成:.word 32768 * 707/1000,不能写成 32768 * 0.707。

2. 小数乘法与冗余符号位

先看一个小数乘法的例子(假设字长 4 位,累加器 8 位):

```
          0 1 0 0       (0.5)
        × 1 1 0 1       (−0.375)
    -----------------------------
          0 1 0 0
        0 0 0 0
      0 1 0 0
    1 1 0 0             (−0.100)
    -----------------------------
    1 1 1 0 1 0 0       (−0.1875)
```

上述乘积是 7 位,当将其送到累加器时,为保持乘积的符号,必须进行符号位扩展,这样,累加器中的值为 11110100(−0.09375),出现了冗余符号位。原因是:

```
              S x x x        (Q3格式)
            × S y y y        (Q3格式)
    ---------------------------------
      S S z z z z z z        (Q6格式)
```

即两个带符号位数相乘,得到的乘积带有 2 个符号位,造成错误的结果。

解决冗余符号位的办法是:在程序中设定状态寄存器 ST1 中的 FRCT(小数方式)位为 1,在乘法器将结果传送至累加器时就能自动地左移 1 位,累加器中的结果为:Szzzzzz0(Q7 格式),即 11101000(−0.1875),自动消去了两个带符号位数相乘时产生的冗余符号位。

在小数乘法编程时,应当事先设置 FRCT 位:

```
SSBX   FRCT
MPY    *AR2, *AR3, A
STH    A,@Z
```

这样,TMS320C54x 就完成了 Q15×Q15=Q15 的小数乘法。

例 6-20　编制计算 $y=\sum_{i=1}^{4} a_i x_i$ 的程序。其中数据均为小数:

$$a_1 = 0.1 \quad a_2 = 0.2 \quad a_3 = -0.3 \quad a_4 = 0.2$$
$$x_1 = 0.8 \quad x_2 = 0.6 \quad x_3 = -0.4 \quad x_4 = -0.2$$

实现程序如下：

```
        .title      "example19.asm"
        .mmregs
STACK   .usect      "STACK",10H
        .bss        a,4
        .bss        x,4
        .bss        y,1
        .def        start
        .data
table:  .word       1*32768/10
        .word       2*32768/10
        .word       -3*32768/10
        .word       2*32768/10
        .word       8*32768/10
        .word       6*32768/10
        .word       -4*32768/10
        .word       -2*32768/10
        .text
start:  SSBX        FRCT
        STM         #a,AR1
        RPT         #7
        MVPD        table,*AR1+
        STM         #x,AR2
        STM         #a,AR3
        RPTZ        A,#3
        MAC         *AR2+,*AR3+,A
        STH         A,@y
end:    B           end
        .end
```

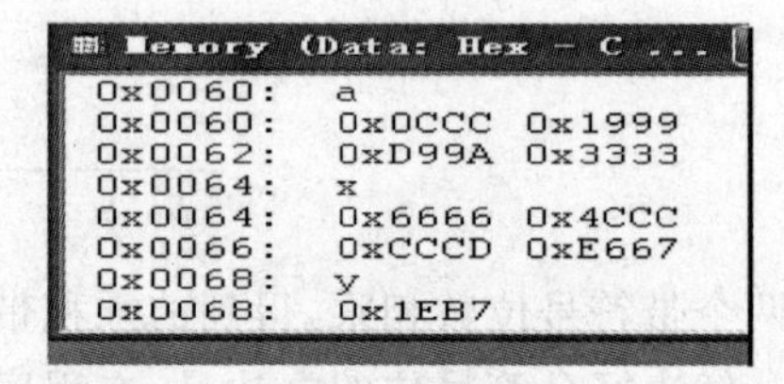

图 6-12 数据存储

计算结果 y=leb7H=0.24,存放在 0068H 单元，如图 6-12 所示。

6.9 除法运算

在一般的 DSP 中都没有硬件除法器。因为硬件除法器代价很高，所以就没有专门的除法指令。同样在 TMS320C54x 中也没有一条单周期的 16 位除法指令。但是，利用一条条件减法指令(SUBC 指令)，加上重复指令语句“RPT #15”就可实现两个无符号数的除法运算。

条件减法指令的功能如下：

```
SUBC  Smem,src    ;(src)-(Smem)<<15 →ALU 输出端
                  ;如果 ALU 输出端≥0,则(ALU 输出端)<<1+1→ src
                  ;否则(src)<<1→ src
```

1. |被除数|<|除数|且商为小数

例 6-21　编写 0.4÷(-0.8)的程序。

```
           .title     "example20.asm"
           .mmregs
STACK      .usect     "STACK",10H
           .bss       num,1               ;分子
           .bss       den,1               ;分母
           .bss       quot,1              ;商
           .data
table:     .word      4 * 32768/10        ;0.4
           .word      - 8 * 32768/10      ;-0.8
           .def       start
           .text
start:     STM        #num,AR1
           RPT        #1
           MVPD       table, * AR1+       ;传送 2 个数据至分子、分母单元
           LD         @den,16,A           ;将分母移到累加器 A(31~16)
           MPYA       @num                ;(num) * (A(31~16))→B,获取商的符号
                                          ;(在累加器 B 中)
           ABS        A                   ;分母取绝对值
           STH        A,@den              ;分母取绝对值存回原处
           LD         @num,16,A           ;将分子移到累加器 A(32~16)
           ABS        A                   ;分子取绝对值
           RPT        #14                 ;15 次减法循环,完成除法
           SUBC       @den,A
           XC         1,BLT               ;如果 B<0(商为负数),则需要变号
           NEG        A
           STL        A,@quot             ;保存商
end:       B          end
```

命令文件如下：

```
example20.obj
-o example20.out
-m example20.map
-e start
MEMORY
{
PAGE 0:
    EPROM:  org=0E000H,  len=0100H
```

```
    VECS:     org=0FF80H,   len=0004H
PAGE 1:
    SPRAM:  org=00060H,   len=00030H
    DARAM:  org=00090H,   len=01380H
}
SECTIONS
{
    .text      :>EPROM   PAGE 0
    .data      :>EPROM   PAGE 0
    .bss       :>SPRAM   PAGE 1
    STACK      :>DARAM   PAGE 1
}
```

SUBC指令仅对无符号数进行操作,因此事先必须对被除数和除数取绝对值。利用乘法操作,获取商的符号,最后通过条件执行指令给商加上适当的符号。

例6-21的运行结果如表6-15所列,数据存储如图6-13所示。

表6-15 小数除法结果

被除数	除　数	商(十六进制)	商(十进制)
4*32768/10(0.4)	-8*32768/10(-0.8)	0C000H	-0.5

```
Memory (Data: Hex - C ...
0x0060:   num
0x0060:   0x3333
0x0061:   den
0x0061:   0x6666
0x0062:   quot
0x0062:   0xC000
```

图6-13 数据存储示意图

2. |被除数|≥|除数|且商为整数

例6-22 编写16384÷512的程序。

例6-22的程序段可在例6-20程序段的基础上修改。除输入数据外,仅有两处改动:

```
LD   @num,16,A        改成    LD   @num,A
RPT  #14              改成    RPT  #15
```

其他不变。

```
          .title     "example21.asm"
          .mmregs
STACK     .usect     "STACK",10H
          .bss       num,1
          .bss       den,1
          .bss       quot,1
          .data
table:    .word      16384                  ;16384
```

```
            .word       512                  ;512
            .def        start
            .text
Start:      STM         #num,AR1
            RPT         #1
            MUPD        table, *AR1+
            LD          @den,16,A
            MPYA        @num
            ABS         A
            STH         A,@den
            LD          @num,A
            ABS         A
            RPT         #15
            SUBC        @den,A
            XC          1,BLT
            NEG         A
            STL         A,@quot
end:        B           end
```

命令文件如下：

```
example21.obj
-o example21.out
-m example21.map
-e start
MEMORY
{
PAGE 0:
    EPROM:  org=0E000H,  len=0100H
    VECS:   org=0FF80H,  len=0004H
PAGE 1:
    SPRAM:  org=00060H,  len=00030H
    DARAM:  org=00090H,  len=01380H
}
SECTIONS
{
    .text   :>EPROM  PAGE 0
    .data   :>EPROM  PAGE 0
    .bss    :>SPRAM  PAGE 1
    STACK   :>DARAM  PAGE 1
}
```

例 6-21 的运行结果的数据存储如图 6-14 所示。

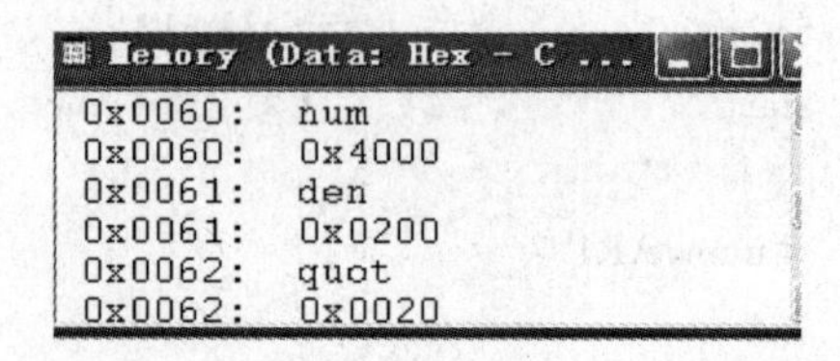

图6-14 数据存储示意图

6.10 浮点运算

在数字信号处理过程中,为了扩大数据的范围和精度,需要采用浮点运算。TMS320C54x虽然是个定点DSP器件,但它支持浮点运算。

1. 浮点数的表示方法

在TMS320C54x中浮点数用尾数和指数两部分组成,它与定点数的关系如下:

$$定点数=尾数\times 2^{(-指数)}$$

例如,定点数0x2000(0.25)用浮点数表示时,尾数为0x4000(0.5),指数为1,即

$$0.25=0.5\times 2^{-1}$$

浮点数的尾数和指数可正可负,均用补码表示。指数的范围从-8~31。

2. 定点数到浮点数的转换

TMS320C54x通过3条指令可将一个定点数转化为浮点数(设定点数已在累加器A中)。

(1) EXP A

这是一条提取指数的指令,指数保存在T寄存器中。如果累加器A=0,则0→T;否则,(累加器A的冗余符号位数-8)→T。累加器A中的内容不变。指数的数值范围:-8~31。

例6-23 EXP A

执行前	执行后
A=FF FFFF FFCB	A=FF FFFF FFCB
T= 0000	T= 0019(25)

例6-24 EXP B

执行前	执行后
B=07 8543 2105	B=07 8543 2105
T=0007	T=FFFC(-4)

从例6-23和例6-24可见,在提取指数时,冗余符号位数是对整个累加器的40位而言的,即包括8位保护位。这也就是为什么指数值等于冗余符号位数减8的道理。

(2) ST T,EXPONENT

这条紧接在EXP后的指令是将保存在T寄存器中的指数存放到数据存储器的指定单元中。

(3) NORM A

这是一条按T寄存器中的内容对累加器A进行规格化处理(左移或右移),即(累加器A)<<TS→A。

例 6-25　NORM　A

执行前	执行后
A=FF　FFFF　F001	A=FF　8008　0000
T=0013	T=0013(19)

例 6-26　NORM　B,A

执行前	执行后
A=FF　FFFF　F001	A=00　4214　1414
B=21　0A0A　0A0A	B=21　0A0A　0A0A
T=FFF9	T=FFF9(-7)

注意:NORM 指令不能紧跟在 EXP 指令的后面。因为 EXP 指令还没有将指数值送至 T,NORM 指令只能按原来的 T 值移位,造成规格化的错误。

3. 浮点数到定点数的转换

知道 TMS320C54x 浮点数的定义后,就不难将浮点数转换成定点数了。因为浮点数的指数就是在规格化时左移(指数为负时是右移)的位数,所以在将浮点数转换成定点数时,只要按指数值将尾数右移(指数为负时是左移)就行了。

4. 浮点乘法举例

下面举一个浮点乘法运算的例子。内容包括将定点数规格化成浮点数、浮点乘法、最后将浮点数转换成定点数。

例 6-27　编写浮点乘法程序,完成 $x_1 \times x_2 = 0.3 \times (-0.8)$ 运算。

程序中保留 10 个数据存储单元:

x_1:被乘数	m_2:乘数的尾数
x_2:乘数	ep:乘积的指数
e_1:被乘数的指数	mp:乘积的尾数
m_1:被乘数的尾数	product:乘积
e_2:乘数的指数	temp:暂存单元

程序清单如下:

```
            .title      "example27.asm"
            .mmregs
            .def        start
STACK       .usect      "STACK",100
            .bss        x1,1
            .bss        x2,1
            .bss        e1,1
            .bss        m1,1
            .bss        e2,1
            .bss        m2,1
            .bss        ep,1
            .bss        mp,1
            .bss        product,1
```

```
        .bss        temp,1
        .data
table:  .word       3*32768/10              ;0.3
        .word       -8*32768/10             ;-0.8
        .text
start:  STM         #STACK+100,SP           ;设置堆栈指针
        MVPD        table,@x1               ;将 x1 和 x2 传送至数据存储器
        MVPD        table+1,@x2
        LD          @x1,16,A                ;将 x1 规格化为浮点数
        EXP         A
        ST          T,@e1                   ;保存 x1 的指数
        NORM        A
        STH         A,@m1                   ;保存 x1 的尾数
        LD          @x2,16,A                ;将 x2 规格化为浮点数
        EXP         A
        ST          T,@e2                   ;保存 x2 的指数
        NORM        A
        STH         A,@m2                   ;保存 x2 的尾数
        CALL        MULT                    ;调用浮点乘法子程序
end:    B           end
MULT:   SSBX        FRCT
        SSBX        SXM
        LD          @e1,A                   ;指数相加
        ADD         @e2,A
        STL         A,@ep                   ;乘积指数→ep
        LD          @m1,T                   ;尾数相乘
        MPY         @m2,A                   ;乘积尾数在累加器 A 中
        EXP         A                       ;对尾数乘积规格化
        ST          T,@temp                 ;规格化时产生的指数→temp
        NORM        A
        STH         A,@mp                   ;保存乘积尾数在 mp 中
        LD          @temp,A                 ;修正乘积指数
        ADD         @ep,A                   ;(ep)+(temp)→ep
        STL         A,@ep                   ;保存乘积指数在 ep 中
        NEG         A                       ;将浮点乘积转换成定点数
        STL         A,@temp                 ;乘积指数反号,并且加载到 T 寄存器
        LD          @temp,T                 ;再将尾数按 T 移位
        LD          @mp,16,A
        NORM        A
        STH         A,@product              ;保存定点乘积
        RET
        .end
```

程序执行结果如图 6-15 所示。

Memory (Data: Hex	
0x0060:	x1
0x0060:	0x2666
0x0061:	x2
0x0061:	0x999A
0x0062:	e1
0x0062:	0x0001
0x0063:	m1
0x0063:	0x4CCC
0x0064:	e2
0x0064:	0x0000

Memory (Data: Hex	
0x0065:	m2
0x0065:	0x999A
0x0066:	ep
0x0066:	0x0002
0x0067:	mp
0x0067:	0x8520
0x0068:	product
0x0068:	0xE148
0x0069:	temp
0x0069:	0xFFFE

图 6-15 浮点乘法结果

最后得到 0.3×(－0.8)乘积浮点数为:尾数 8520H(－0.96),指数 0002H(2)。乘积定点数为:0E148H(对应的十进制数等于－0.23999≈－0.24)。

例如定点数的浮点表示为:$0.3=0.6\times2^{-1}$,$-0.8=-0.8\times2^{-0}$,$-0.24=-0.96\times2^{-2}$。

第 7 章　TMS320C54x 的开发应用

TMS320C54x 系列芯片具有很高的性能价格比，并且具有体积小、功耗低、功能强等优点，已经在通信等许多领域得到广泛应用。TMS320C54x 系列 DSP 芯片具有丰富的软件和硬件资源，如何充分利用这些资源，提高 DSP 芯片的实际使用性能，是编程人员必须考虑的问题。本章结合数字信号处理和通信中最常见、最具有代表性的应用，介绍 TMS320C54x 系列 DSP 芯片的片上外设应用及软件设计方法；同时给出使用 DSP 芯片定时器/计数器和多缓冲串口的实例以及实现正弦信号发生器和 FIR 滤波器等应用实例。

7.1　片上外设应用

7.1.1　定时器/计数器编程和应用

在实际的工程应用中，定时器/计数器的使用非常广泛，常用于信号频率或周期的监测和控制信号的发生等。'C54x 系列芯片内含的定时器数目随具体型号的不同有 1～3 个不等，这些定时器可以通过软件编程精确定时。本节将介绍定时器的几种应用及编程实现。

1. 方波发生器

复位时，TIM 和 PRD 的内容为最大值 0FFFFH，定时器分频系数 TRC 的 TDDR=0。假设时钟频率为 4 MHz，在 XF 端输出一个周期不变的方波，方波的周期由片上定时器确定，采用中断方法实现。设计步骤如下：

(1) 定时器初始化

① 关闭定时器，TCR 中的 TSS=1。

② 加载 PRD，假设输出脉冲周期为 4 ms，则定时中断周期应该为 2 ms，每中断一次，输出电平取反一次。

③ 启动定时器，初始化 TDDR，使 TSS=0，TRB=1。

(2) 中断初始化

① 中断标志寄存器 IFR 中的定时中断位 TINT=1，清除未处理完的定时中断。

② 中断屏蔽寄存器 IMR 中的定时屏蔽位 TINT=1，开放定时中断。

③ 状态控制寄存器 ST1 中的中断标志位 INTM 位清零，开放全部中断。

(3) 方波发生器程序清单

① 周期为 4 ms 的方波发生器，以 'C5402 为例，则定时器中断周期 $T_t=2$ ms。

假定 $T_{TDDR}=9$ ns，CLKOUT 主频 $f=4$ MHz，即 CPU 时钟周期 $T=250$ ns，根据定时长度计算公式：$T_t=T\times(1+T_{DDR})\times(1+T_{PRD})$，求得 $T_{PRD}=799$ ns。

程序片段如下：

```
TIM0            .set    0024H                       ;定时器 0 寄存器地址映射
PRD0            .set    0025H
TCR0            .set    0026H
;K_TCR0 设置定时器 0 控制寄存器的内容
K_TCR0_SOFT     .set    0b<<11
K_TCR0_FREE     .set    0b<<10
K_TCR0_PSC      .set    1001b<<6
K_TCR0_TRB      .set    1b<<5
K_TCR0_TSS      .set    0b<<4
K_TCR0_TDDR     .set    1001b<<0
K_TCR0          .set    K_TCR0_SOFT|K_TCR0_FREE|K_TCT0_PSC|
                        K_TCT0_TRB|K_TCT0_TSS|K_TCR0_TDDR
;初始化定时器 0
                ORM     #0010h,TCR0                 ;停止定时器 0
                STM     #799,TIM0
                STM     #799,PRD0
                STM     #K_TCR0,TCR0                ;启动定时器 0 中断,TCR0=0269H
                ST      #0FFFFh,IFR                 ;初始化中断
                ORM     #0008h,IMR
                RSBX    INTM
;定时器 0 的中断服务子程序;通过引脚 XF 给出周期为 4 ms 的占空比为 50 %的方
;波波形
t0_flag         .usect  "vars",1                    ;当前 XF 输出电平标志位,如果 t1_flag=1,
                                                    ;则 XF=1;如果 t1_flag=0,则 XF=0
timer0_rev:
                PSHM    TRN
                PSHM    T
                PSHM    ST0
                PSHM    ST1
                BITF    t0_flag,#1
                BC      xf_out, NTC
                SSBX    XF
                ST      #0,t0_flag
                B       next
xf_out:
                RSBX    XF
                ST      #1,t0_flag
next :
                POPM    ST1
                POPM    ST0
                POPM    T
                POPM    TRN
                RETE
```

② 周期为 20 s 的方波发生器：'C54x 的定时器所能计时的长度通过公式 $T_t = T\times(1+T_{DDR})\times(1+T_{PRD})$来计算。其中，TDDR 最大为 0FH，PRD 最大为 0FFFFH，所以能计时的最长长度为 $T\times 1\ 048\ 576$ ns，由所采用的时钟周期 T 决定。例如，时钟主频 f=40 MHz，则时钟周期 T=25 ns，因此最长定时时间为

$$T_{max} = 25\ \text{ns}\times 1\ 048\ 576\ \text{ns} = 26.214\ 4\ \text{ms}$$

若需要更长的计时时间，则可以在中断程序中设计一个计数器。

设计一个周期为 20 s 的方波，则可将定时器设置为 10 ms，程序中计数器设为 1 000，则在计数 1 000×10 ms=10 s 输出后取反一次，形成所要求的波形。

初始化定时器 0 为 10 ms，假设主频为 40 MHz，T=25 ns，本设置中 T_{TDDR}=9 ns，则 T_{PRD}=39 999 ns，即定时长度=$T\times(1+9)\times(1+39)$ ms=10 ms。

其程序清单如下：

```
TIM0            .set      0024H                          ;定时器 0 寄存器地址映射
PRD0            .set      0025H
TCR0            .set      0026H
;K_TCR0_SOFT    .set      0b<<11
K_TCR0_FREE     .set      1001b<<6
K_TCR0_TRB      .set      1b<<5
K_TCR0_TSS      .set      0b<<4
K_TCR0_TDDR     .set      1001b<<0
K_TCR0          .set      K_TCR0_SOFT|K_TCR0_FREE|K_TCR0_PSC|
                          K_TCR0_TRB|K_TCR0_TSS|K_TCR0_TDDR
                ORM       #0010h,TCR                     ;停止定时器 0
                STM       #039999,TIM0
                STM       #039999,PRD0
                STM       #K_TCR1,TCR0
                ST        #1000, *(t1_counter)           ;启动定时器 0 中断
                ST        #0FFFFh,IFR                    ;初始化中断,TCR0=0269H
                ORM       #0008h,IMR
                RSBX      INTM
;定时器 0 中断服务子程序
;功能:中断子程序中设置有一个计数器 t1_counter,当中断来临,则将它减 1,当减为 0 时,并重新设置
计数器 t1_counter,在本例中触发的事件是使 XF 取反。
T1_flag         .usect    "vars",1                       ;定义输出判别标志
t1_counter      .usect    "vars",1                       ;定义计数长度变量 t1_counter
timer1_rev:
                PSHM      TRN
                PSHM      T
                PSHM      ST0
                PSHM      ST1
                RSBX      CPL
                ADDM      #-1, *(t1_counter)             ;计数器减 1
```

```
        CMPM    *(t1_counter),#0        ;判断是否为 0
        BC      still_wait,NTC          ;不是,则退出中断,为 0 触发事
                                        ;件并设置计数器
        ST      1000,*(t1_counter)
        ST      #1000,*(t1_counter)
        BITF    t1_flag,#1
        BC      xf_out,NTC
        SSBX    XF
        ST      #0,t1_flag
        B       still_wait
xf_out:
        RSBX    XF
        ST      #1,t1_flag
Still_wait:
        POPM    ST1
        POPM    ST0
        POPM    T
        POPM    TRN
        RETE
```

2. 脉冲频率监测

通过外部中断请求输入,检测输入脉冲频率。根据所测输入信号的周期,设定定时器的定时时间。然后,根据设定时间内所测脉冲的个数,计算被测输入信号的频率。这类信号检测方法用于许多工业控制系统周期不变信号的检测中,如利用码盘、光栅检测电机的速度等。第一个负跳变触发定时器工作,每输入一个负跳变计一个数。设定记忆负跳变的个数,当达到设定数字时,定时器停止工作。则此时定时器的时间值除以所记脉冲数,就是所测输入信号的周期。

程序清单如下:

```
.mmregs
;定时器 0 寄存器地址映射
TIM0            .set    0024H
PRD0            .set    0025H
TCR0            .set    0026H
TSSSET          .set    010H
TSSCLR          .set    0ffefH
;K_TCR0:设置定时器 0 控制寄存器的内容
;K_TCR0_SOFT    .set    0b<<11          ;SOFT=0
K_TCR0_FREE     .set    0b<<10          ;FREE=0
K_TCR0_PSC      .set    1111b<<6        ;PSC=15
K_TCR0_TRB      .set    1b<<5           ;TRB=1
K_TCR0_TSS      .set    0b<<4           ;TSS=0
K_TCR0_TDDR     .set    1111b<<0        ;TDDR=15
```

```
K_TCR0          .set    K_TCR0_SOFT|K_TCR0_FREE|K_TCR0_PSC|
                        K_TCR0_TRB|K_TCR0_TSS|K_TCR0_TDDR
;--------------------------------------------------------------------------------
;变量定义
;t_counter 为所设计数器,其目的是为了增加计时长度。在本程序中的计时长度为
;Tm=32 767 * Tt,其中 Tt,为定时器的定时长度
;t_ptr_counter,tim_ptr_counter,tcr_ptr_counter:保留下次脉冲数据在数组中的存储位置
;t_array,tim_array,tcr_array:用于记录数据的数组,当前设为 20 个记录长度
;--------------------------------------------------------------------------------
t_counter       .usect  "vars",1
t_ptr_counter   .usect  "vars",1
tim_ptr_counter .usect  "vars",1                        ;变量定义
tcr_ptr_counter .usect  "vars",1
t_array         .usect  "vars",20
tim_array       .usect  "vars",20
                .asg    AR7,t_ptr
                .asg    AR6,tim_ptr
                .asg    AR5,tcr_ptr
t0_time         .usect  "vars",1
t0_end          .usect  "vars",1
;初始化定时器 0
                ORM     #0010h,TCR                      ;停止定时器 0
                STM     #32767,TIM0
                STM     #32767,PRD0
                STM     #K_TCR0,TCR0                    ;TCR0=03EFH
                ST      #2660,t0_time                   ;定时时间 26.6 ms
                ST      #0FFFFh,IFR                     ;初始化中断
                ORM     #0008h,IMR
                RSBX    INTM
Loop:
                BITF    to_end,#1                       ;如果定时时间到,计算频率
                BC      loop,NTC
                LD      t0_time,A
                RPT     #(16-1)
                SUBC    tim_prt_counter,A
                STL     A,@f_out_Q                      ;频率输出(除法商)
                STH     A,@f_out_R                      ;除法余数
                ST      #0,t0_end                       ;清定时标志
                B       loop
                RET
intex_sub:                                              ;外部脉冲中断子程序
                PSHM    TRN
                PSHM    T
```

```
            PSHM   ST0
            PSHM   ST1
            ADD    tim_prt_counter,#1          ;脉冲计数器加 1
            POPM   ST1
            POPM   ST0
            POPM   T
            POPM   TRN
            RETE
Int0_sub:                                      ;定时器中断子程序
            PSHM   TRN
            PSHM   T
            PSHM   ST0
            PSHM   ST1
            LD     #1,t0_end
            POPM   ST1
            POPM   ST0
            POPM   T
            POPM   TRN
            RETE
```

3. 周期信号周期检测

周期信号在一个周期内发出一个脉冲，用程序精确计算出两个脉冲之间的时间，并用外部中断 INT0 来记录脉冲。当脉冲来临时，触发外部中断 INT0。使用定时器 0 来记录时间，为增加计时长度，在程序中设置一级计数器(若实际中需要长度更长，可类似设计二级乃至多级计数器)。时间的记录类似于时钟的分和秒，使用定时器 0 的寄存器来记录低位时间，用程序中的一个计数器来记录高位时间，在外部中断服务程序中读取时间。在定时器 0 中断服务程序中对计数器加一，实现低位时间的进位。

程序清单如下：

```
;初始化定时器程序,在主程序中调用
_inttimer:
;初始化定时器 0,定时长度为 t*1048576
;定时长度=T*(1+TTDDR)*(1+TPDR),本设置中 TTDDR=15,TPDR=65 535 ms,主频为 f,时钟周期 T=1/f
        STM     # 65535,TIM0
        STM     # 65535,PRD0
        STM     # K_TCR0,TCR0
        ST      # 0;*(t_counter)
        ST      #t_array,*(t_ptr_counter)
        ST      #tim_array,*(tim_ptr_counter)
        ST      # tcr_array,*(tcr_ptr_counter)
        RET
;外部中断 INT0,在脉冲到来时被激活并响应服务子程序,从脉冲到响应存在延迟
int0isr:
```

```
        PSHM    ST0
        PSHM    ST1
        PSHM    t_ptr
        PSHM    tim_ptr
        PSHM    tcr_ptr
        PSHM    AL
        PSHM    AH
        PSHM    AG
        PSHM    BL
        PSHM    BH
        PSHM    BG
;将当前存储地址加载到地址指针即寄存器中
        LD      *(t_ptr_counter),A
        STLM    A,@t_ptr
        LD      *(tim_ptr_counter),A
        STLM    A,@tim_ptr
        LD      *(tcr_ptr_counter),A
        STLM    A,@tcr_ptr
;ti 用户手册上建议,为精确计时,读寄存器时先停止定时器
        ORM     TSSSET,TCR0                 ;停止定时器
        LDM     TIM0,A                      ;TIM0 寄存器,需 1 个 CLKOUT 周期
        LDM     TCR0 ,B                     ;读 TCR0 寄存器,需 1 个 CLKOUT 周期
        ANDM    TSSCLR,TCR0                 ;打开定时器,运行该指令需 1 个 CLKOUT 周期
;由于读定时器的寄存器,定时器停止计时共 3 个 CLKOUT 周期
        STL     A, *(tim_ptr)               ;取 TIM0 寄存器,保存
        AND     #0FH,B                      ;取 TCR0 寄存器的低四位,即 TDDR
        STL     B, * tcr_ptr                ;保存
        LD      *(t_counter),A
        STL     A, * t_ptr
;读到的时间等于脉冲到来的时间+延迟响应时间 t1+停止定时器之前运行程序的时间
        ADDM    #1, *(t_ptr_counter)
        ADDM    #1, *(tim_ptr_counter)
        ADDM    #1, *(tct_ptr_counter)
        POPM    BG
        POPM    BH
        POPM    BL
        POPM    AG
        POPM    AH
        POPM    AL
        POPM    tcr_ptr
        POPM    tim_ptr
        POPM    tcr_ptr
        POPM    ST1
```

```
        POPM    ST0
        RETE
timer0isr:
        ANDM    #1, *(t_counter)
        RETE
```

以上程序完成数据的记录工作，在对记录的数据进行相应的计算后可得到每次脉冲来临时用定时器及计数器作“时钟”所记录下来的时间 $T(N)$，在此程序中 $N=20$。记录的时间不是真正的脉冲到来的时间，而是读到的时间。该读时间包括脉冲到来的时间＋延迟响应的时间＋停止定时器之前运行程序的时间。当求两个脉冲之间的时间间隔时，可以用下式计算

相邻脉冲时间差值＝两个脉冲之间的差值＋两次延迟响应时间差

这个“时钟”每两个脉冲之间都会停止3个机器周期CLKOUT的计时，所以最后结果需加上3个CLKOUT周期，最后的计算公式

相邻脉冲时间间隔 $\Delta T=T(n+1)-T(n)+3T$ 机器周期

式中所代表的物理意义是：前后两个脉冲之间的真正差值，加记录这两次脉冲的中断响应的延迟差，即为两次中断响应的延迟差。中断响应延迟是每一个中断响应的延迟，即都为3个时钟周期，即在中断来后第4个周期插入流水线，因此通过上述计算得到的结果将没有误差。

7.1.2　多缓冲串口(McBSP)的应用

'C54x的McBSP接口是一个很重要的片上外设，因为'C54x内部没有集成更多的通用接口，所以在实际的应用中，经常用McBSP接口实现DSP与外设的数据传递，例如用McBSP接口实现外部A/D和D/A转换器数据的传递。

本节主要介绍如何通过McBSP串口和TI公司的音频编解码器(TLC320AD50)实现语音信号的简单录放，来说明McBSP串口的应用。

实际应用中，McBSP串口的编程设计主要是串行口的初始化。初始化包括McBSP串口复位和一些寄存器的设置。

1. McBSP的串口复位

McBSP的复位有两种方式：一种是芯片复位，即McBSP被复位；另一种是通过设置串口控制寄存器(SPCR)中的相应位，单独使McBSP复位。设置 $\overline{\text{XRST}}=\overline{\text{RRST}}=0$，将分别使发送和接收复位；$\overline{\text{GRST}}=0$，将使采样率发生器复位。复位后，整个串口初始化为默认状态。所有计数器及状态标志均被复位，包括接收状态标志RFULL、RRDY及RSYNCERR；发送状态标志 $\overline{\text{XEMPTY}}$、XRDY及XSYNCERR。

McBSP的控制信号，如时钟、帧同步和时钟源都是可以设置的。McBSP中各个模块的启动/激活次序对串口的正常操作极为重要。例如，如果发送端也是主控者(负责产生时钟和帧同步信号)，那么首先就必须保证从属者(在这里也是数据接收端)处于激活态，准备好接收帧信号以及数据，这样才能保证接收端不会丢失第一帧数据。

如果采用中断方式，需设置SPCR寄存器的(R/X)INTM=00B，这样当DRR寄存器中数据已经准备好或可以向DXR中写入数据时允许McBSP产生中断。McBSP的初始化步骤如下：

(1) 设置 SPCR 中的$\overline{XRST}=\overline{RRST}=\overline{FRST}=0$,将整个串口复位;如果之前芯片曾复位,则这步可省略。

(2) 设置采样率发生器寄存器(SRGR)、串口控制寄存器(SPCR)、引脚控制寄存器(PCR)和接收控制寄存器(RCR)为需要的值;注意不要改变第(1)步设置的位。

(3) 设置 SPCR 寄存器中$\overline{GRST}=1$,使采样率发生器退出复位状态,内部的时钟信号 CLKG 开始由选定的时钟源按预先设定的分频比驱动。如果 McBSP 收发部分的时钟和帧信号都是由外部输入,则这一步可省略。

(4) 等待 2 个周期的传输时钟(CLKR/X),以保证内部正确同步。

(5) 在中断选择寄存器中,映射 XINT0/1 和(或)RINT0/1 中断。

(6) 使能所映射的中断。

(7) 如果收发端不是帧信号主控端(帧同步由外部输入),设置$\overline{XRST}=1$或$\overline{RRST}=1$,使之退出复位态,此时作为从属的收发端已准备好接收帧同步信号。新的帧同步中断信号((R/X) INTM=10B)将唤醒该收发端。

(8) 使帧信号主控端退出复位态。

(9) 如果 FSGM=1(帧同步由采样率发生器产生),设置$\overline{FRST}=1$,使能帧同步产生,8 个 CLKG 周期后开始输出第一个帧同步信号。如果$\overline{FSGM}=0$,将在每次 DXR 向 XSR 中复制数据时产生帧同步,$\overline{FRST}$位无效。不管怎样,此时主控端开始传输数据。

一旦 McBSP 初始化完毕,每一次数据单元的传输都会触发相应的中断,可以在中断服务程序中完成 DXR 的写入或是 DRR 的读出。

2. 音频模拟接口芯片 TLC320AD50C

TLC320AD50C 是 TI 生产的Σ-△型单片音频接口芯片,内部集成了 16 位 A/D 和 D/A 转换器,采样速率最高可达 22.05 kHz,其采样速率可通过外部编程来设置。在 TLC320AD50C 内部数/模转换之前有插值滤波器,而在模/数转换之后有抽样滤波器,接收和发送同时进行,TLC320AD50C 与 TMS320VC54x 之间采用串行通信方式,有两种数据传输模式:16 位传输模式和 15+1 位传输模式。若采用 15+1 位传输模式,其中的 D0 位用来表示二次通信。TLC320AD50C 的数据传输时序如图 7-1 所示。

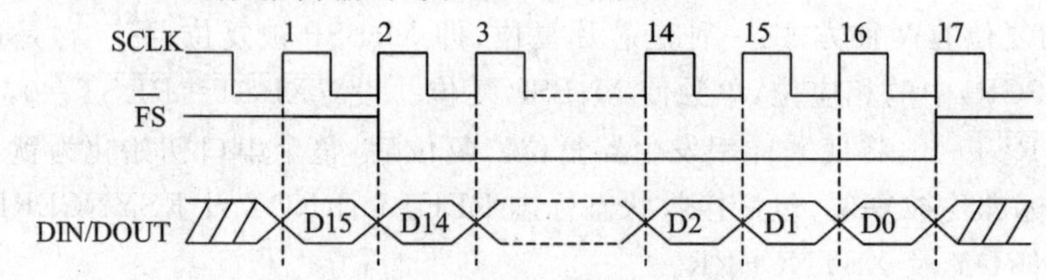

图 7-1 TLC320AD50C 的数据传输时序

该器件采用两组模拟输入和两组模拟输出,有足够的共模抑制能力,可以工作在差分或单端方式。当模拟输出时,输出端常接 600 Ω 负载。

TLC320AD50C 的工作由 7 个控制寄存器控制。

控制寄存器 1:软件复制以及 DAC 的 16 位或 15+1 位模式选择。

控制寄存器 2:ADC 的 16 位或 15+1 位模式选择。

控制寄存器 4:选择输入和输出放大器的增益。通过选择 N 确定采样速率 f_s。如果选择

PLL(D7=0),则 f_s=MCLK/128N,否则(D7=1)f_s=MCLK/512N。其中,N=1~8。

该器件工作方式的设定和采样频率均可由外部编程来实现,所以 TLC320AD50C 使用灵活、设置容易,与 TMS320VC54x 的连接易于实现。

3. 'C54x 与 TLC320AD50C 硬件连接

数据经 'C54x 的 McBSP 与外设 TLC320AD50C 的通信通过 DR 和 DX 引脚传输,控制信号则由 CLKX、CLKR、FSX、FSR 等 4 个引脚来实现。CPU 读取 DRR[1,2]的数据并实现接收,并且可以对 DXR[1,2]写入数据实现发送。接收和发送帧同步脉冲由外部脉冲源驱动。当 FSR 和 FSX 都为输入时(FSXM=FSRM=0,外部脉冲源驱动),McBSP 分别在 CLKR 和 CLKX 的下降沿检测,且 DR 的数据也在 CLKR 的下降沿进行采样。

16 位的串行口控制寄存器 SPCR[1,2]和引脚控制寄存器 PCR 用来配置串行口;接收控制寄存器 RCR[1,2]和发送控制寄存器 XCR[1,2]分别设置接收和发送的不同参数,如帧长度和每帧的数据长度等。另外,McBSP 还可以通过(R/X)DATDLY 设置接收和发送数据延迟,通过(R/X)PHASE 设置接收和发送的多阶段。

TLC320AD50C 与 'C54x 的硬件连接参见 3.5 节图 3-11 所示。

TLC320AD50C 的 MCLK 外接 8.192 MHz 的晶振,TMS320C54x 的 FSX 由 TLC320AD50C 设置。如果选择 D7=0,N=8,则采样速率为 8 kHz。

4. 通信协议

TLC320AD50C 的通信有两种格式:一次通信格式和二次通信格式。

一次通信格式的 16 位都用来传输数据。DAC 的数据长度由寄存器 1 的 D0 位决定。启动和复位时,默认值为 15+1 位模式,最后一位要求二次通信。如果工作在 16 位传输模式下,则必须由 FC 产生二次通信请求。

二次通信格式则用来初始化和修改 TLC320AD50C 内部寄存器的值。在二次通信中可通过向 DIN 写数据来完成初始化。

二次通信格式为:

D15	D14	D13	D12	D11	D10	D9	D8	D7~D0
			寄存器地址					寄存器数据

D13=1 表示读 DIN 的数据,D13=0 表示向 DIN 写数据。

系统复位后,必须通过 DSP 的 DX 接口向 TLC320AD50C 的 DIN 写数据,如果采用一片 TLC320AD50C,只需初始化其寄存器 1、寄存器 2 和寄存器 4。

由于通信数据长度为 16 位,初始化时应通过 RCRl 和 XCRl 设置 McBSP 的传输数据长度为 16 位。考虑到 TLC320AD50C 复位,故可以在此时间内初始化 DSP 的串行口。

5. 软件实现

简单的语音录放系统初始化流程如图 7-2 所示。系统读取数据采用中断方式,中断服务程序流程如图 7-3 所示。

5000 系列 DSP 汇编语言程序:

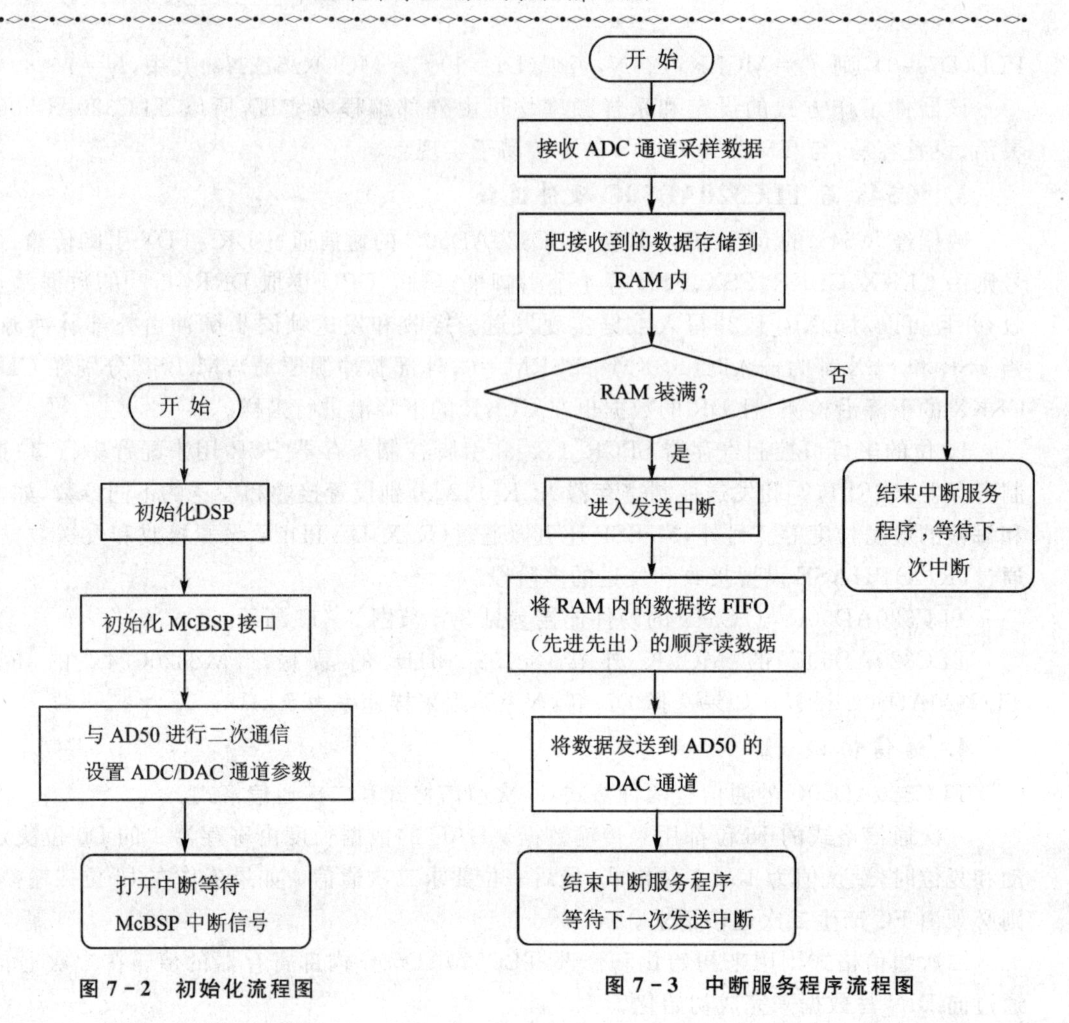

图 7-2　初始化流程图　　　　**图 7-3　中断服务程序流程图**

```
        .title "语音录放.ASM"
BSP         .set  1                     ;当前使用 McBSP1
;McBSP 内存映射寄存器
SPSA0       .set        038H
SPSD0       .set        039H
DRR10       .set        021H
DRR20       .set        020H
DXR10       .set        023H
DXR20       .set        022H
SPSA1       .set        048H
SPSD1       .set        049H
DRR11       .set        041H
DRR21       .set        040H
DXR11       .set        043H
DXR21       .set        042H
;McBSP 子地址寄存器
```

```
SPCR1        .set      00H
SPCR2        .set      01H
RCR1         .set      02H
RCR2         .set      03H
XCR1         .set      04H
XCR2         .set      05H
SRGR1        .set      06H
SRGR2        .set      07H
MCR1         .set      08H
MCR2         .set      09H
RCERA        .set      0aH
RCERB        .set      0bH
XCERA        .set      0cH
XCERB        .set      0dH
PCR          .set      0eH
             .if BSP = 0
SPSA         .set      SPSA0
SPSD         .set      SPSD0
RDRR         .set      DRR10
RDXR         .set      DXR10
                       .endif
                       .if BSP = 1
SPSA         .set      SPSA1
SPSD         .set      SPSD1
RDRR         .set      DRR11
RDXR         .set      DXR11
             .endif
WR_SUB_REG   .macro    val,addr                  ;写 McBSP 控制寄存器
             stm       addr,SPSA
             nop
             stm       val,SPSD
             nop
             .endm
RD_SUB_REG   .macro    addr,acc                  ;读 McBSP 控制寄存器
             stm       #:addr,SPSA
             nop
             ldm       SPSD,acc
             nop
             nop
             nop
             .endm
WAITTRX      .macro    ;等待串口中断
WAITR?
```

```
                RD_SUB_REG SPCR1,A
                and         #1<<1, A
                bc          WAITR?, AEQ
                .endm
PROGREG         .macro      progword                    ;与 AD50 二次通信
                stm         #01H,RDXR
                WAITTRX
                stm         #:progword,RDXR
                WAITTRX
                .endm
wait            .macro
                STM         #0008H, AR0
                RPT         *AR0
                NOP
                .endm
                .mmregs
                .global     _c_int00
                .sect       ".vectors"
RESET           bd          _c_int00
                stm         #2000H,SP
                .space      19*4*16
BRINT0          b           recv
                nop
                nop
BXINT0          b           trans
                nop
                nop
                .space      4*4*16
BRINT1          b           recv
                nop
                nop
BXINT1          b           trans
                nop
                nop
                .space      4*4*16
                .text
_c_int00
                ld          #0H,DP
                stm         #2000H,SP
                ssbx        INTM
                ssbx        SXM
                st          #2491H,SWWSR
                st          #0ffe0H,PMST
```

```
            st          #0f007H,CLKMD
            stm         #4000H,AR1
            stm         #4000H,AR2
mcbsp_init                                      ;初始化 McBSP 串口
            rsbx        CPL
            nop                                 ;cpl latency
            nop                                 ;cpl latency
            nop                                 ;cpl latency
            ld          #0, DP
            ssbx        INTM
            ssbx        SXM
            WR_SUB_REG #0000H,SPCR1
            WR_SUB_REG #0200H,SPCR2
            WR_SUB_REG #000CH,PCR
            WR_SUB_REG #0000H,SPCR1
            WR_SUB_REG #0000H,SPCR2
            WR_SUB_REG #0040H,RCR1              ;16 BITs
            WR_SUB_REG #0004H,RCR2              ;Ignore FS after the first
            WR_SUB_REG #0040H,XCR1              ;16 BITs
            WR_SUB_REG #0004H,XCR2              ;Ignore FS after the first
            ld          100,A
            wait
            andm        #0ff3fh, 54h            ;set interrupts to come from serial ports not
DMA
                                                ;by clearing bits 6 and 7 in DMPREC
            stm         #0,RDXR
            WR_SUB_REG #0001H,SPCR1             ;启动 McBSP 串口
            WR_SUB_REG #0201H,SPCR2
            ld          100,A
            wait
aic_init
            stm         #0h,IMR
            orm         #0c00h,IMR
            stm         #0ffffh,IFR
            PROGREG 0000001100000001b           ;二次通信初始化 AD50
                                                ;76543210
            PROGREG 0000010000010000b
                                                ;76543210
            ld          RDRR,A
            ld          RDRR,A
            stlm        A,RDXR
            stlm        A,RDXR
            rsbx        INTM
```

```
          nop
          nop
          nop
js        nop
          nop
          nop
          b js
recv      ldm     RDRR,A              ;读取 ADC 采样数据
          ld      #0d000H,b
          sub     ar1,b
          bc      record,beq          ;判断录音是否结束
          stl     a,*ar1+             ;未结束->录音
          b       play                ;已结束->放音
record    ld      #0d000H,b
          sub     ar2,b
          bc      load,bneq           ;录制数据放完,再从头放起
          stm     #4000H,ar2
load      ld      *ar2+,a             ;加载录制数据
play      and     #0fffeH,a           ;放音
          stlm    A,RDXR
          rete
trans     rsbx    XF
          rete
          .end
```

7.2 系统应用

7.2.1 FIR滤波器的实现方法

在数字信号处理中,数字滤波占有极其重要的地位,数字滤波是语音和图像处理、模式识别、谱分析等应用中的一个基本算法,本节介绍用 DSP 实现 FIR 滤波器的方法。

1. FIR数字滤波器的结构及原理

设 $h(n)(n=0,1,2,\cdots,N-1)$ 为滤波器的冲击响应,输入信号为 $x(n)$,则 FIR 滤波器就是要实现下列差分方程

$$y(n)=\sum_{i=0}^{N-1}h(i)x(n-i) \tag{7-1}$$

其中 N 为滤波器的阶数。很明显,这是线性时不变系统的卷积和公式,也是 $x(n)$ 的延时链的横向结构,称为横截型结构或卷积型结构,也可称为直接型结构。对式(7-1)进行 Z 变换,整理可得 FIR 滤波器的传递函数为

$$H(z)=\sum_{i=0}^{N-1}h(i)Z^{-1} \tag{7-2}$$

由上式可看到,FIR滤波器的横截型结构如图7-4所示。

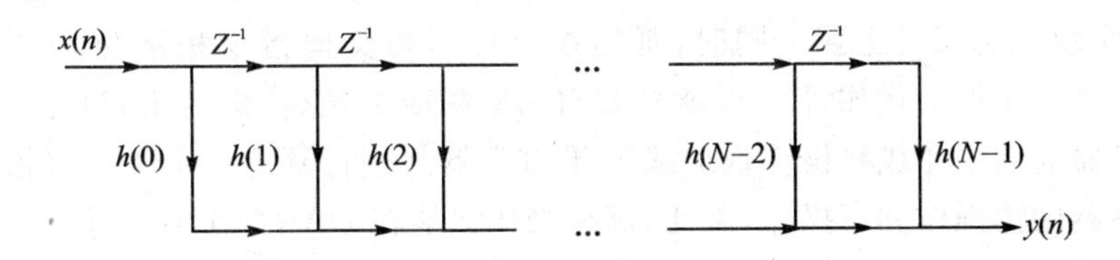

图7-4　FIR滤波器的横截型结构图

2. FIR滤波器的设计

FIR滤波器的设计方法主要有窗函数法和频率采样法,其中,窗函数法是最基本的方法。一般使用的窗函数有Hanning窗、Blackman窗和Kaiser窗等。

利用上述各种窗函数,DSP设计者可以利用Matlab工具很方便地设计出逼近理想特性的FIR滤波器,然后将此FIR系数放入DSP程序中。

在实际设计中,可以根据对滤波器过渡带宽和阻带衰减的要求,适当选取滤波器的类型和长度N,以得到比较满意的设计效果。

3. FIR滤波器的'C54x实现

FIR是将待滤波的数据序列与滤波系数序列相乘后再相加运算,同时要模仿FIR结构中的延迟线将数据在存储器中滑动。在下例中,'C54x用寻址I/O单元的指令实现序列$x(n)$的输入和序列$y(n)$的输出:

```
PORTR   PA1,Smem     ;从PA1口输入数据
PORTW   Smem,PA2     ;从PA2口输出数据
```

为实现FIR滤波器的延迟线Z^{-1},'C54x可通过两种方法,即线性缓冲区方法和循环寻址方法。下面分别介绍用这两种方法对Z^{-1}的实现。

(1) 用线性缓冲区实现Z^{-1}

用线性缓冲区实现N阶FIR滤波器时,需要在数据存储器中开辟N个单元的缓冲区,存放最新的N个采样值,DSP计算每一个输出值,都需要读取这N个样值并进行N次乘法和累加,每当DSP读一个样值后,都将此样值向后移动,读完最后一个样值后,最老的样值被推出缓冲区,输入最新样值至缓冲器顶部。图7-5以$N=5$为例说明线性缓冲区延时的实现。

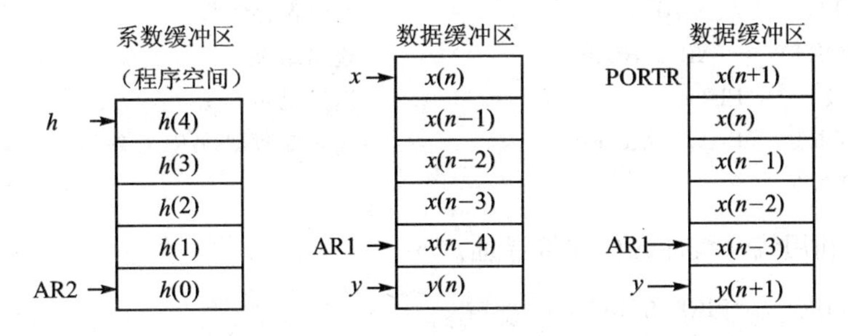

图7-5　线性缓冲区实现延时

在图7-5中,AR1和AR2作为间接寻址线性缓冲区的辅助寄存器,x为采样值,h为滤

波系数，y为滤波器输出结果。

执行存储器的延迟是由DELAY指令完成的，它可以将数据存储器单元的内容向较高地址单元传送，实现延迟Z^{-1}运算。同时，延迟指令可以与其他指令相结合，可以在同样的机器周期中完成这些操作。例如，LT指令与DELAY指令的结合，即为LTD指令。LTD指令可以在一个机器周期中完成将操作数加载到T寄存器并进行延迟。由于在该指令中，同时完成对数据存储器的读操作和写操作，因此，延迟操作只能在DARAM中进行。

用线性缓冲区实现延迟操作的优点是：新老数据在存储器中存放的位置直接明了。下面可用例子介绍'C54x中用线性缓冲区实现的FIR滤波器。在该例中，滤波器系数$h(0)\sim h(4)$存放在数据存储器中。如图7-5所示，AR2被用做间接寻址系数区的辅助寄存器。为了采用线性缓冲器实现延时，需将系数和数据均存放在DARAM(在一个指令周期内可以从这种存储器中读取两个操作数)中，这样程序的执行速度最快。以下是用线性缓冲区实现的两个FIR的编程例子。第一个例子利用了双操作数且带数据移动的MACD指令，比第二个例子的指令数少，执行速度快，但程序可读性稍差。

例7-1　利用线性缓冲区的双操作数寻址。

```
        .title    "FIR1.ASM"
        .mmregs
        .def      start
x       .usect    "x",6
        .data
COEF    .word     12,13,14,15 ,16         ;系数,应用链接命令文件存放在程序空间
        .text
start:  SSBX      FRCT                    ;小数乘法
        STM       #x+5,ARl                ;ARl指向x(n-4),最老的数据
        STM       #4,AR0                  ;在每次输出一个结果后,用此值使ARl重新
                                          ;指向x(n-4)
        LD        #x+1,DP
        PORTR     PAl,@x+1
FIR:    RPTZ      A,#4                    ;A清0,循环5次
        MACD      *ARl-,COEF,A            ;乘法累加,数据移动,指针ARl和
                                          ;"COEF"都被修正
        STH       A,*ARl                  ;暂时保存结果
        PORTW     *ARl+,PA0               ;输出结果
        BD        FIR                     ;迟延跳转
        PORTR     PAl,*ARl+0              ;输入新数据,ARl重新指向x(n-4)
        .END
```

例7-2　利用线性缓冲区的间接寻址。

```
        .title    "FIR2.ASM"
        .mmregs
        .def      start
        .bss      y,1
```

```
x       .usect   "x",5
h       .usect   "h",5
        .data
coff    .word    h4,h3,h2,h1,h0           ;系数,应用链接命令文件存放在程序空间
        .text
start:  STM      #h,AR2
        RPT      #4                       ;将系数表从程序区搬到数据区
        MVPD     coff,*AR2+
        STM      #x+4,ARl                 ;ARl 指向 x(n-4)
        STM      #a+4,AR2                 ;AR2 指向 h(4)
        STM      #4,AR0                   ;地址修正值 4→AR0
        SSBX     FRCT
        LD       #x,DP
        PORTR    PAl,@X                   ;从 PAl 口输入序列 x(n)
LOOP:   LD       *ARl-,T                  ;*x(n-4)→T
        MPY      *AR2-,A                  ;h(4)*x(n-1)→A
        LTD      *ARl-                    ;x(n-3)→T,x(n-3)→x(n-4)
        MAC      *AR2-,A                  ;A+h(3)*x(n-3)→A
        LTD      *ARl-                    ;x(n-2)→ T,x(n-2)→x(n-3)
        MAC      *AR2-,A                  ;A+h(2)*x(n-2)→A
        LTD      *ARl-                    ;x(n-1)→ T,x(n-1)→x(n-2)
        MAC      *AR2-,A                  ;A+h(1)*x(n-1)→A
        LTD      *ARl                     ;x(n)→ T,x(n)→x(n-1)
        MAC      *AR2+0,A                 ;A+h(0)*x(n)→A
                                          ;AR2+AR0→ AR2,AR2 复原指向 h(4)
        STH      A,@Y                     ;保存 y(n)
        PORTW    @y,PA0                   ;从 PA0 口输出 y(n)
        BD       LOOP                     ;循环
        PORTR    PAl,*ARl+0               ;输入 x(n),ARl 复原指向 x(n-4)单元
        .END
```

(2) 用循环缓冲区实现 Z^{-1}

用循环缓冲区方法实现 N 阶 FIR 滤波器时,需要在数据存储器中开辟一个称为滑窗为 N 个单元的缓冲区,并在滑窗中存放最新的 N 个输入样值。当每次输入新的样值时,以新样值改写滑窗中的最老的数据,而滑窗中的其他数据不需要移动。因此,在循环缓冲区中新老数据不很直接明了,但它不需要移动数据,不存在在一个机器周期中进行一次读和一次写的数据存储器。因此,可以将循环缓冲区定位在数据存储器的任何位置,而不像线性缓冲区要求定位在 DARAM 中那样。

下面,以 $N=6$ 的 FIR 滤波器循环缓冲区为例,说明循环缓冲区中数据是如何寻址的,如图 7-6 所示。

从图上可见,第一次执行完 $y(n)=\sum_{i=0}^{5}h(i)x(n-i)$ 后,数据缓冲区间接寻址的辅助寄存

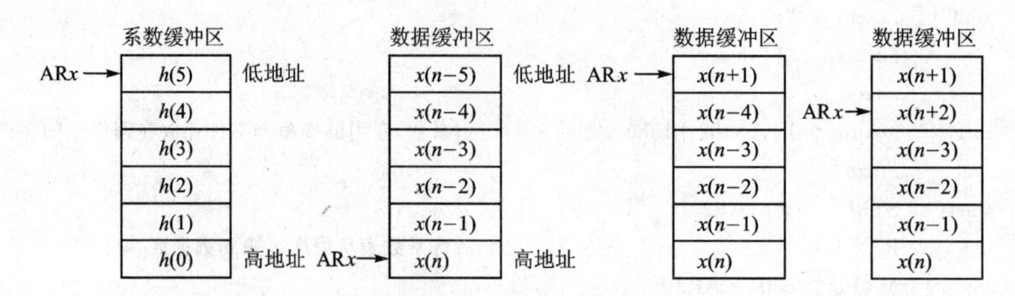

图 7-6　循环缓冲区寻址示意图

器 ARx 指向最老的数据 $x(n-5)$；然后，从 I/O 口输入数据 $x(n+1)$，并将原来存放 $x(n-5)$ 的数据存储单元改写为 $x(n+1)$，成为最新的采样值。

接着，进行第二次乘加运算，之后，ARx 指向 $x(n-4)$；然后，从 I/O 口输入数据 $x(n+2)$，并将原存放 $x(n-4)$ 的数据存储单元改写为 $x(n+2)$，成为最新的采样值。

由此，实现循环缓冲区间接寻址的关键问题是：如何使 N 个循环缓冲区单元首尾单元相邻，这就需要采用 'C54x 所提供的循环寻址方式来实现。采用循环寻址，需注意以下 2 点：

① 必须利用循环缓冲区长度(BK)寄存器来实现按模间接寻址。在实现 N 阶 FIR 时，通过 STM #1k,BK 指令设定 BK 的值为 FIR 的阶数，就能保证循环缓冲区的指针 ARx 始终指向循环缓冲区，实现循环缓冲区顶部和底部单元相邻。

② 为使循环寻址正常进行，所开辟的循环缓冲区的长度必须是 $2^k>N$，其中 k 是整数，N 是 FIR 滤波器的阶数，而且循环缓冲区基地址的 k 个最低有效位必须为 0，详见第 4 章。

由此可见，在循环寻址实现 FIR 滤波器时，首先将 N 值加载到 BK 寄存器中，然后指定一个辅助寄存器 ARx 指向循环缓冲区，并根据 ARx 的低 k 位作为循环缓冲区的偏移量进行所规定的寻址操作。寻址完成后，根据循环寻址算法(即以 BK 寄存器中的值为模对 ARx 的值进行取模运算)修正该偏移量，并返回 ARx 的低 k 位。下面是利用循环缓冲区和双操作数寻址方法实现的 FIR 滤波器程序。

在本例中设计一个 FIR 低通滤波器，其技术指标为：通带截止频率为 2 000 Hz，阻带截止频率为 2 500 Hz，通带波纹为 0.01，阻带波纹为 0.1，采样频率为 8 000 Hz。FIR 低通滤波器设计程序如下：

```
                .titile     "fir3.asm"
                .mmregs
                .global _c_int00
K_FIR_INDEX     .set        1                       ;index counter
K_FIR_BFFR      .set        37                      ;she size of buffer
K_FRAME_SIZE    .set        256                     ;the size of a frame of data
                .data
OUTPUT          .usect.     "OUTPUT_DATA",40        ;the output data
INPUT           .usect      "INPUT_DATA",40
COFF_FIR_START  .sect       "COFF_FIR"              ;系数表
                .word       -32,-117,0,212,104,-288,-304
                .word       294,602,-154,-973,-232,1366,1035
```

```
                .word   -1717,-2778,1959,10184,14336,10184
                .word   1959,-2778,-1717,1035,1366,-232,-973
                .word   -154,602,294,-304,-288,104,212
                .word   0,-117,-32
COFF_FIR_END:
FIR_DP          .usect  "FIR_VARS",0
D_FILIN         .usect  "FIR_VARS",1
D_FILOUT        .usect  "FIR_VARS",1
FIR_COFF_TABLE  .usect  "FIR_COFF",40
D_DATA_BUFFER   .usect  "FIR_BFR",40              ;缓冲器大小
BOS             .usect  "MY_STACK",0FH
TOS             .usect  "MY_STACK",1
                .text
                .def    FIR_INIT
                .def    FIR_TASK
                .asg    AR0,FIR_INDEX_P
                .asg    AR4,FIR_DATA_P
                .asg    AR5,FIR_COFF_P
                .asg    AR6,INBUF_P
                .asg    AR7,OUTPUT_P
FIR_INIT:
                SSBX    FRCT
                STM     #FIR_COFF_TABLE,FIR_COFF_P
                RPT     #K_FIR_BFFR-1             ;将系数表从程序区移入数据区
                MVPD    COFF_FIR_START,*FIR_COFF_P+
                STM     #K_FIR_INDEX,FIR_INDEX_P
                STM     #D_DATA_BUFFER,FIR_DATA_P
                RPTZ    A,#K_FIR_BFFR             ;采样值缓冲区清零
                STL     A,*FIR_DATA_P+
                NOP
                NOP
                STM     #(D_DATA_BUFFER+K_FIR_BFFR-1),FIR_DATA_P
                STM     #FIR_COFF_TABLE,FIR_COFF_P
FIR_TASK:
                STM     #INPUT,INBUF_P
                STM     #OUTPUT, OUTPUT_P
                STM     #K_FRAME_SIZE-1,BRC
                RPTBD   FIR_FILTER_LOOP-1
                STM     #K_FIR_BFFR, BK
                PORTR   PA1,*INBUF_P              ;从PA1口读入采样值
                LD      *INBUF_P+, A              ;装载采样值
FIR_FILTER:
                STL     A,*FIR_DATA_P+%
```

```
            RPTZ    A,(K_FIR_BFFR-1)
            MAC     *FIR_DATA_P+0%, *FIR_COFF_P+0%,A
            STH     A, *OUTPUT_P+
FIR_FILTER_LOOP
            NOP
            NOP
            .END
```

其链接命令文件如下：

```
fir.obj
-m fir.map
-o fir.out
-e FIR_INIT
MEMORY
{
    PAGE 0: ROM1(RIX)     :  ORIGIN=0080H, LENGTH=1000H
            ROM2(RIX)     :  ORIGIN=1080H, LENGTH=0040H
            ROM3(RIX)     :  ORIGIN=10C0H, LENGTH=0010H
            ROM4(RIX)     :  ORIGIN=10D0H, LENGTH=0030H
            ROM5(RIX)     :  ORIGIN=1100H, LENGTH=0040H
    PAGE 1: INTRAM1(RW)   :  ORIGIN=2300H, LENGTH=0200H
            INTRAM2(RW)   :  ORIGIN=2500H, LENGTH=0200H
            INTRAM3(RW)   :  ORIGIN=2700H, LENGTH=0060H
            INTRAM4(RW)   :  ORIGIN=2840H, LENGTH=0050H
            INTRAM5(RW)   :  ORIGIN=2890H, LENGTH=0100H
            B2A(RW)       :  ORIGIN=0060H, LENGTH=0010H
            B2B(RW)       :  ORIGIN=0070H, LENGTH=0010H
}
SECTIONS
{
  .TEXT        :  {}>ROM1       PAGE 0
  COFF_FIR     :  {}>ROM2       PAGE 0
  OUTPUT_DATA  :  {}>INTRAM1    PAGE 1
  INPUT_DATA   :  {}>INTRAM2    PAGE 1
  FIR_VARS     :  {}>INTRAM3    PAGE 1
  FIR_COFF     :  {}>INTRAM4    PAGE 1
  FIR_BFR      :  {}>INTRAM5    PAGE 1
  MY_STACK     :  {}>B2B        PAGE 1
}
```

4. 系数对称 FIR 滤波器的实现方法

系数对称的 FIR 滤波器,由于具有线性相位特性,因此应用很广,特别是对相位失真要求很高的场合。

一个 $N=8$ 的 FIR 滤波器，若滤波器系数 $h(n)=h(N-1-n)$，它就是对称 FIR 滤波器。其输出方程可写为

$$y(n)=h(0)[x(n)+x(n-7)]+h(1)[x(n-1)+x(n-6)]+h(2)[x(n-2)+x(n-5)]+h(3)[x(n-3)+x(n-4)]$$

可见，对于系数对称的 FIR 而言，其乘法的次数减少了一半，这是对称 FIR 的一个优点。为了有效地进行系数对称的 FIR 滤波器的实现，'C54x 提供了一个专门用于系数对称的 FIR 滤波器指令：FIRS Xmem，Ymem，Pmad。

该指令的操作如下：

执行：Pmad→PAR
当(RC)≠0 时
　(B)+(A(32—16))×(由 PAR 寻址 Pmem)→B
　((Xmem)+(Ymem))≪16→A
　(PAR+1)→PAR
　(RC)−1→RC

FIRS 指令在同一机器周期内，通过 CB 和 DB 总线读两次数据存储器，同时通过 PB 总线读程序存储区的一个系数。

因此，在用 FIRS 实现系数对称的 FIR 滤波器时，需要注意以下 2 点：

(1) 在数据存储器中开辟 2 个循环缓冲区，比如说，new 和 old 缓冲区。两个区分别存放 $N/2$ 个新数据和老数据，循环缓冲区的长度为 $N/2$；设置了循环缓冲区，就需要设置相应的循环缓冲区指针，如用 AR2 指向 new 缓冲区中最新的数据，AR3 指向 old 缓冲区中最老的数据。

(2) 将系数表存放在程序缓冲区内。于是，对称的 FIR 滤波器($N=8$)的源程序如下：

```
.title "fir4.asm"
        .mmregs
        .def     start
        .bss     y,1
x_new   .usect   "DATAl",4
x_old   .usect   "DATA2",4
size    .set     4
PA0     .set     0
PAl     .set     1
        .data
COEF    .word    1*32768/10,2*32768/10       ;系数对称只给 N/2 个系数
        .word    3*32768/10,4*32768/10
        .text
start:  LD       #y,DP
        SSBX     FRCT
        STM      #x_new,AR2                  ;AR2 指向新缓冲区第 1 个单元
        STM      #x_old+(size-1),AR3         ;AR3 指向老缓冲区最后 1 个单元
        STM      #coff,AR4
```

```
        STM     size,BK                                 ;循环缓冲区长度
        STM     #-1,AR0
        LD      #x_new,DP
        PORTR   PA1,*AR2                                ;输入 x(n)
FIR:    ADD     *AR2+0%,*AR3+0%,A                       ;AH=x(n)+x(n-7)(第一次)
        RPTZ    B,#(size-1)                             ;B=0,下条指令执行 size 次
        FIRS    *AR2+0%,*AR3+0%,*AR4+0%                 ;B+=AH*h0,AH=x(n-1)+x(n-6)
        STH     B,@Y                                    ;保存结果
        PORTW   @y,PA0                                  ;输出结果
        MAR     *AR2(2)%                                ;修正 AR2,指向新缓冲区最老的数据
        MAR     *AR3+%                                  ;修正 AR3,指向老缓冲区最老的数据
        MVDD    *AR2,*AR3+0%                            ;新缓冲区向老缓冲区传送一个数
        BD      FIR
        PORTR   PA1,*AR2                                ;输入新数据至新缓冲区
        .END
```

7.2.2 正弦信号发生器

在信号处理系统中,例如通信、仪器和控制等领域,经常用到正弦信号发生器。通常有 2 种方法可以产生正弦波和余弦波。

① 查表法　此种方法用于对精度要求不很高的场合。如果要求精度高,表就很大,相应的存储器容量也要增大。

② 泰勒级数展开法　这是一种比查表法更为有效的方法。与查表法相比,这种方法需要的存储单元很少,而且精度高。计算一个角度为 x 的正弦和余弦函数,可以展开成泰勒级数,取其前 5 项进行近似,如公式(7-3)和公式(7-4)所示。

$$\sin x = x - \frac{x^3}{3!} + \frac{x^5}{5!} - \frac{x^7}{7!} + \frac{x^9}{9!} = x\left\{1 - \frac{x^2}{2\cdot 3}\left(1 - \frac{x^2}{4\cdot 5}\left[1 - \frac{x^2}{6\cdot 7}\left(1 - \frac{x^2}{8\cdot 9}\right)\right]\right)\right\} \tag{7-3}$$

$$\cos x = 1 - \frac{x^2}{2!} + \frac{x^4}{4!} - \frac{x^6}{6!} + \frac{x^8}{8!} = 1 - \frac{x^2}{2}\left\{1 - \frac{x^2}{3\cdot 4}\left[1 - \frac{x^2}{5\cdot 6}\left(1 - \frac{x^2}{7\cdot 8}\right)\right]\right\} \tag{7-4}$$

下面主要介绍利用泰勒级数展开法求正弦和余弦的值,以及产生正弦波的编程方法。

1. 计算一个角度的正弦值

利用泰勒级数展开式(7-3)计算一个角度的正弦值。为了方便起见,编写计算 sin x 的程序 sin x.asm,调用前只要在数据存储器 d_x 单元中设定 x 的弧度值就行了,计算结果在d_sin x 单元中。程序中要用到一些存储单元存放数据和变量,存储单元定义如图 7-7 所示。

实现一个角度的正弦值的汇编程序清单如下:

```
*****************************************************************************
* Functional Description
* This function evaluates the sine of an angle using the Taylor series expansion.
* sin(theta) = x(1-x^2/2*3(1-x^2/4*5(1-x^2/6*7(1-x^2/8*9))))
*****************************************************************************
```

数据存储器

d_x	x
d_squr_x	x^2
d_temp	
d_sinx	sin$x$
c_1	(7fffH)
d_coff	(c1)
	(c2)
	(c3)
	(c4)

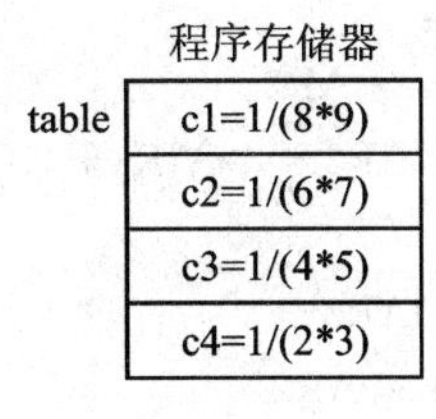

图 7-7　存储单元定义

```
            .title      "sinx.asm"
            .mmregs
            .def        sin_start
            .global     d_x,d_squr_x,d_coff,d_sinx,C_1
d_coff :    .usect      "coeff",4
            .data
table:
            .word       01c7H,030bH,0666H,1556H
d_x :       .usect      "sin_vars",1
d_squr_x:   .usect      "sin_vars",1
d_temp:     .usect      "sin_vars",1
d_sinx:     .usect      "sin_vars",1
C_1:        .usect      "sin_vars",1
Stack:      .usect      "stack",10
            .text
sin_start:  SSBX        FRCT
            STM         #d_coff,AR5
            RPT         #3
            MVPD        #table,*AR5+
            STM         #d_coff,AR3             ;c1=1/72, c2=1/42, c3=1/20, c4=1/6
            STM         #d_x,AR2                ;input value
            STM         #C_1,AR4
sin_angle:
            LD          #d_x,DP
            ST          #6487h,d_x              ;pi/4
            ST          #7fffh,C_1
            SQUR        *AR2+,A                 ;A=x^2
            ST          A,*AR2                  ;AR2=>x^2
            ||LD        *AR4,B                  ;B=1
            MASR        *AR2+,*AR3+,B,A         ;A=(1-x^2)/72,T=x^2
```

```
        MPYA   A                        ;A=x²(1-x²)/72
        STH    A,*AR2                   ;d_temp=x²(1-x²)/72
        MASR   *AR2-,*AR3+,B,A          ;A=1-x²/42(1-x²/72)
                                        ;T=x²(1-x²/72)
        MPYA   *AR2+                    ;B=A(32-16)*x²=(1-x²/42(1-x²/72))x²
        ST     B,*AR2                   ;d_temp=(1-x²/42(1-x²/72))x²
        ||LD   *AR4,B                   ;B=1
        MASR   *AR2-,*AR3+,B,A          ;A=1-x²/20(1-x²/42(1-x²/72))
        MPYA   *AR2+                    ;B=(1-x²/20(1-x²/42(1-x²/72))x²
        ST     B,*AR2                   ;d_temp=(1-x²/20(1-x²/42(1-x²/72)))x²
        ||LD   *AR4,B                   ;B=1
        MASR   *AR2-,*AR3+,B,A          ;A=1-x²/6(1-x²/20(1-x²/42(1-x²/72)))
        MPYA   d_x                      ;B=x(1-x²/6(1-x²/20(1-x²/42(1-x²/72))))
        STH    B,d_sinx                 ;sin(theta)
        .end
```

计算一个角度正弦值的链接命令文件 sin x.cmd 如下：

```
-m sinx.map
-e sin_start
MEMORY
{
  PAGE 0:    ROM:    origin = 0xe000,         length = 0x1000
             VECS:   origin = 0xff80,         length = 0x0080

  PAGE 1:    SARAM:  origin = 0x0060,         length = 0x0020
             DARAM:  origin = 0x0080,         length = 0x0010
}

SECTIONS
{
  .text:       { }     >     ROM PAGE 0
  .data:       { }     >     ROM PAGE 0
  stack:       { }     >     SARAM PAGE 1
  sin_vars:    { }     >     DARAM PAGE 1
  coff:        { }     >     DARAM PAGE 1
}
```

该程序中,计算的角度 x 的值是 $\pi/4=0.785\ 4$ rad(转为定点数 6487H),存放在程序存储器 e00eH 单元中。程序执行结果存放在数据存储器 d_sin x(0083H)单元中,$\sin(\pi/4)=$ 5a81H(转为十进制小数为 0.707 06),误差在万分之一以内。

2. 计算一个角度的余弦值

利用泰勒级数展开式(7-4)计算一个角度的余弦值。为了方便起见,编写计算 $\cos(x)$

的程序 cos x.asm，调用前只要在数据存储器 d_x 单元中设定 x 的弧度值就行了，计算结果在 d_cos x 单元中。程序中要用到一些存储单元存放数据和变量，存储单元定义如图 7-8 所示。

数据存储器

d_x	x
d_squr_x	x^2
d_temp	
d_cos$x$	cos$x$
c_1	(7fffH)
d_coff	(c1)
	(c2)
	(c3)
	(c4)

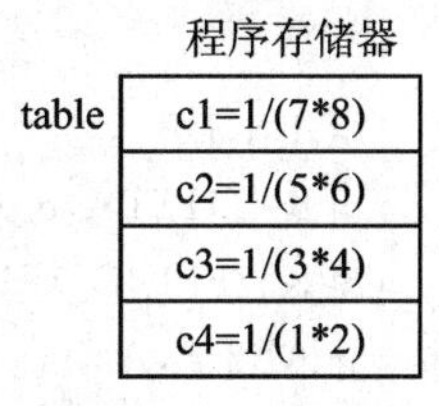

图 7-8　存储单元定义

实现一个角度的余弦值的汇编程序清单如下：

```
*************************************************************************
* Functional Description
* this computes the cosine of an angle using the Taylor series expansion
*************************************************************************
            .mmregs
            .global   d_x,d_squr_x,d_coff,d_cosx,C_7FFF
            .def      cos_prog,cos_start
d_coff :    .usect    "coeff",4
            .data
table:
            .word     024ah                ;1/(7 * 8)
            .word     0444h                ;1/(5 * 6)
            .word     0aa9h                ;1/(3 * 4)
            .word     4000h                ;1/2
d_x :       .usect    "cos_vars",1
d_squr_x:   .usect    "cos_vars",1
d_temp:     .usect    "cos_vars",1
d_cosx:     .usect    "cos_vars",1
C_7FFF      .usect    "cos_vars",1
K_THETA     .set      6487h ;pi/4
K_7FFF      .set      7FFFh
Stack:      .usect    "stack",10
            .text
cos_start:  SSBX      FRCT
            STM       #d_coff,AR5
            RPT       #3
```

```
          MVPD    #table, * AR5+
          STM     #d_coff,AR3                ;c1=1/56,c2=1/30,c3=1/12
          STM     #d_x,AR2                   ;input theta
          STM     #C_7FFF,AR4
cos_prog:
          LD      #d_x,DP
          ST      #K_THETA,d_x               ;input theta
          ST      #K_7FFF,C_7FFF
          SQUR    * AR2+,A                   ;A=x^2
          ST      A, * AR2                   ;AR2 => x^2
          || LD   * AR4,B                    ;B=1
          MASR    * AR2+, * AR3+,B,A         ;1-x^2/56,T=x^2
          MPYA    A                          ;x^2(1-x^2/56)
          STH     A, * AR2                   ;d_temp=x^2(1-x^2/56)
          MASR    * AR2-, * AR3+,B,A         ;A = 1-x^2/30(1-x^2/56)
                                             ;T =x^2(1-x^2/56)
          MPYA    * AR2+                     ;B = x^2 * (1-x^2/30(1-x^2/56))
          ST      B, * AR2                   ;(d_temp)=x^2 * (1-x^2/30(1-x^2/56))
          || LD   * AR4,B                    ;B = 1
          MASR    * AR2-, * AR3+,B,A         ;A = 1-x^2/12(1-x^2/30(1-x^2/56))
          SFTA    A, -1,A                    ;-1/2
          NEG     A
          MPYA    * AR2+                     ;B = -x^2/2 * (1-x^2/12(1-x^2/30(1-x^2/56)))
          ADD     * AR4,16,B                 ;b=1-x^2/2 * (1-x^2/12(1-x^2/30(1-x^2/56)))
          STH     B, * AR2                   ;cos(theta)
          .end
```

该程序中，计算的角度 x 的值是 $\pi/4=0.785\ 4$ rad(转为定点数6487H)，存放在程序存储器e008H单元中。程序执行结果存放在数据存储器d_cos x(0083H)单元中，$\cos(\pi/4)=$ 5a82H(转为十进制小数为0.707 09)，误差在万分之一以内。

计算一个角度余弦值的链接命令文件cos x.cmd如下：

```
-m cosx.map
-e cos_start
MEMORY
{
    PAGE 0:    ROM:    origin = 0xe000,     length = 0x1000
               VECS:   origin = 0xff80,     length = 0x0080

    PAGE 1:    SARAM:  origin = 0x0060,     length = 0x0020
               DARAM:  origin = 0x0080,     length = 0x0010
}

SECTIONS
```

```
{
    .text:        { }     >     ROM PAGE 0
    .data:        { }     >     ROM PAGE 0
    stack:        { }     >     SARAM PAGE 1
    cos_vars:     { }     >     DARAM PAGE 1
    coff:         { }     >     DARAM PAGE 1
}
```

3. 产生正弦波程序

先以 sin x.asm 和 cos x.asm 程序，计算 0°～45°(间隔为 0.5°)的正弦和余弦值，再利用 $\sin(2x)=2\sin(x)\cos(x)$求出 0°～90°的正弦值(间隔为 1°)。然后通过复制，获得 0°～359°的正弦值。重复向 PA0 口输出，便可得到正弦波了。程序 sin x.asm 清单和 sin x.cmd 链接命令文件如下。

产生正弦波源程序清单 sin x.asm。

```
*************************************************************************
*利用泰勒级数展开法产生正弦波信号
*sin x=x-x^3/3!+x^5/5!-x^7/7!+x^9/9!=x{1-x^2/(2·3)[1-x^2/(4·5)(1-x^2/(6·7))(1-x^2/(8·9))]}
*cosx=1-x^2/2!+x^4/4!-x^6/6!+x^8/8!=x{1-x^2/2[1-x^2/(3·4)(1-x^2/(5·6)(1-x^2/(5·6)))]}
*sin(2x)=2sin(x)cos(x)
*************************************************************************
            .title   "sin.mak"
            .mmregs
            .def     start
            .ref     d_xs,d_sin x,d_xc,d_cos x,sin x,cos x
sin_x:      .usect "sin_x",360
stack:      .usect "stack",10H
k_theta     .set     286                          ;theta=pi/360(索引值)
pa0         .set     0
            .text
start:      stm      #stack+10h,sp
            stm      k_theta,ar0                  ;AR0=索引值
            stm      0,ar1                        ;AR1=0
            stm      #sin_x,ar6                   ;AR6 指向 SINsin_x
            stm      #90,brc                      ;产生 sin 0°～sin 90°
            rptb     loop1-1
            ldm      ar1,a
            ld       #d_xs,dp
            stl      a,@d_xs
            stl      a,@d_xc
            call     sinx                         ;计算某一角度的正弦值
            call     cosx                         ;计算某一角度的余弦值
```

```
          ld      #d_sinx,dp
          ld      @d_sinx,16,a              ;AH=sin x
          mpya    @d_cosx                   ;B=sin x * cos x
          sth     b,1,*ar6+                 ;*AR6=2 sin x * cos x
          mar     *ar1+0
loop1:    stm     #sin_x+89,ar7             ;产生 sin 91°～sin 179°
          stm     #88,brc
          rptb    loop2-1
          ld      *ar7-,a
          stl     a,*ar6+
loop2:    stm     #179,brc                  ;产生 sin 180°～sin 360°
          stm     #sin_x,ar7
          rptb    loop3-1
          ld      *ar7+,a
          neg     a
          stl     a,*ar6+
loop3:    stm     #sin_x,ar6
          stm     #1,ar0
          stm     #360,bk
loop4:
          portw   *ar6+0%,pa0
          b       loop4
sinx:
          .def    d_xs,d_sinx
          .data
table_s   .word   01c7H
          .word   030bH
          .word   0666H
          .word   1556H
d_coef_s  .usect  "coef_s",4
d_xs      .usect  "sin_vars",1
d_squr_xs .usect  "sin_vars",1
d_temp_s  .usect  "sin_vars",1
d_sinx    .usect  "sin_vars",1
d_l_s     .usect  "sin_vars",1
          .text
          ssbx    frct
          stm     #d_coef_s,ar5
          rpt     #3
          mvpd    #table_s,*ar5+
          stm     #d_coef_s,ar3
          stm     #d_xs,ar2
          stm     #d_l_s,ar4
```

```
        st      #7fffh,d_l_s
        squr    *ar2+,a
        st      a,*ar2
        || ld   *ar4,b
        masr    *ar2+,*ar3+,b,a
        mpya    a
        sth     a,*ar2
        masr    *ar2-,*ar3+,b,a
        mpya    *ar2+
        st      b,*ar2
        || ld   *ar4,b
        masr    *ar2-,*ar3+,b,a
        mpya    *ar2+
        st      b,*ar2
        || ld   *ar4,b
        masr    *ar2-,*ar3+,b,a
        mpya    d_xs
        sth     b,d_sinx
        ret
cosx:
        .def    d_xc,d_cosx
        .data
table_c     .word   0249H               ;1/7.8
            .word   0444H               ;1/5.6
            .word   0aaaH               ;1/3.4
            .word   4000H
d_coef_c    .usect  "coef_c",4
d_xc        .usect  "cos_vars",1
d_squr_xc   .usect  "cos_vars",1
d_temp_c    .usect  "cos_vars",1
d_cosx      .usect  "cos_vars",1
d_l_c       .usect  "cos_vars",1
        .text
        ssbx    frct
        stm     #d_coef_c,ar5
        rpt     #3
        mvpd    #table_c,*ar5+
        stm     #d_coef_c,ar3
        stm     #d_xc,ar2
        stm     #d_l_c,ar4
        st      #7fffh,d_l_c
        squr    *ar2+,a
        st      a,*ar2
```

```
         || ld      * ar4,b
        masr      * ar2+, * ar3+,b,a
        mpya      a
        sth       a, * ar2
        masr      * ar2-, * ar3+,b,a
        mpya      * ar2+
        st        b, * ar2
         || ld      * ar4,b
        masr      * ar2-, * ar3+,b,a
        sfta      a,-1,a
        neg       a
        mpya      * ar2+
        mar       * ar2+
        retd
        add       * ar4,16,b
        sth       b,-1, * AR2
        .end
```

该程序对应的链接命令文件 sin x.cmd 如下所示：

```
sin.obj
-m sin.map
-e start
-o sin1.out
MEMORY
{
    PAGE 0:    ROM:       origin = 0xe000,length = 0x1000
               VECS:      origin = 0xff80,length = 0x0080

    PAGE 1:    SARAM:     origin = 0x0060,length = 0x0020
               DARAM1:    origin = 0x0080,length = 0x0010
               DARAM2:    origin = 0x0090,length = 0x0010
               DARAM3:    origin = 0x0200,length = 0x0200
    }

SECTIONS
{
    .text:       { }    >    ROM PAGE 0
    .data:       { }    >    ROM PAGE 0
    stack:       { }    >    SARAM PAGE 1
    sin_vars:    { }    >    DARAM1 PAGE 1
    coeff_s:     { }    >    DARAM1 PAGE 1
    cos_vars:    { }    >    DARAM2 PAGE 1
    coeff_c:     { }    >    DARAM2 PAGE 1
```

```
    sin_x:        { }     >     DARAM3 PAGE 1
}
```

当用 simulator 执行正弦波产生程序，所产生的 360 个正弦波数据存储在数据存储器的 0200H～0367H 地址区间内。

在实际应用中，正弦波是通过 D/A 转换器输出的，选择每个正弦波周期的点数，改变每个样点间的延迟，就能够产生不同频率的正弦波。

7.2.3　快速傅里叶变换的 DSP 实现方法

傅里叶变换是一种将信号从时域到频域的变换形式，是声学、语音、电信和信号处理等领域中的一种重要分析工具。离散傅里叶变换(DFT)是连续傅里叶变换在离散系统中的表现形式，由于 DFT 的计算量很大，因此在很长一段时间内其应用受到很大的限制。快速傅里叶变换(DFT)是离散傅里叶变换的一种高效运算方法。FFT 使 DFT 的运算大大简化，运算时间一般可以缩短 1～2 个数量级，FFT 的出现大大提高了 DFT 的运算速度，从而使 DFT 在实际应用中得到广泛的应用。

DSP 芯片的出现使 FFT 的实现方法变得更为方便。由于多数 DSP 芯片都能在一个指令周期内完成一次乘法和一次加法，而且提供专门的 FFT 指令，使得 FFT 算法在 DSP 芯片上实现的速度更快。

1. FFT 算法简介

离散信号 $x(n)$ 的傅里叶变换可以表示为

$$X(k) = \sum_{n=0}^{N-1} x(n) W_N^{nk} \quad k = 0,1,2,\cdots,N-1$$

式中 $W_N = e^{-j2\pi/N}$，被称为旋转因子。

FFT 算法可以分为按时间抽取 FFT 和按频率抽取 FFT 两大类，输入也有实数和复数之分。一般情况下，都假定输入序列为复数。FFT 算法利用旋转因子的对称性和周期性，加快了运算速度。用定点 DSP 芯片实现 FFT 程序时，一个比较重要的问题是防止中间结果的溢出，防止中间结果的溢出的方法是对中间数值归一化。为了避免对每级都进行归一化会降低运算速度，最好的方法是只对可能溢出的进行归一化，而不可能溢出的则不进行归一化。

2. FFT 算法实现

FFT 运算时间是衡量 DSP 芯片性能的一个重要指标，因此提高 FFT 的运算速度是非常重要的。在用 DSP 芯片实现 FFT 算法时，应充分利用 DSP 芯片所提供的各种软、硬件资源，如片内 RAM 和比特反转寻址方式。源程序 fft. asm 和链接命令文件 fft. cmd 清单如下。

Fft. asm 程序清单：

```
                .tittle     "fft.asm"
                .mmregs
                .copy       "coeff.inc"          ;从 coeff.inc 文件复制旋转因子系数
                .def        start
sine:           .usect      "sine",512
cosine:         .usect      "cosine",512
fft_data:       .usect      "fft_data",1024
```

```
d_input:          .usect         "d_input",1024          ;输入数据的起始地址
fft_out:          .usect         "fft_out",512           ;输出数据的起始地址
STACK             .usect         "STACK",10
K_DATA_IDX_1      .set    2
K_DATA_IDX_2      .set    4
K_DATA_IDX_3      .set    8
K_TWID_TBL_SIZE   .set    512
K_TWID_IDX_3      .set    128
K_FLY_COUNT_3     .set    4
K_FFT_SIZE        .set    32                             ;N=32,复数点数
K_LOGN            .set    5                              ;LOG(N)=LOG(32)=5,蝶形级数
PA0               .set    0
PA1               .set    1
                  .bss           d_twid_idx,1
                  .bss           d_data_idx,1
                  .bss           d_grps_cnt,1
                  .sect          "fft_prg"
******************************位倒序程序 ******************************
                  .asg           AR2,REORDERED
                  .asg           AR3,ORIGINAL_INPUT
                  .asg           AR7,DATA_PROC_BUF
start:
                  SSBX           FRCT
                  STM            #STACK+10,SP
                  STM            #d_input,AR1            ;从 PA1 口输入 2N 个数据
                  RPT            #2*K_FFT_SIZE-1
                  PORTR          PA1,*AR1+
                  STM            #sine,AR1               ;将正弦系数从程序存储器传送到
                                                         ;数据存储器
                  RPT            #511
                  MVPD           sine1,#AR1+
                  STM            #cosine,AR1             ;将余弦系数从程序存储器传送到
                                                         ;数据存储器
                  RPT            #511
                  MVPD           cosine1,*AR1+
                  STM            #d_input,ORIGINAL_INPUT
                  STM            #fft_data,DATA_PROC_BUF
                  MVMM           #DATA_PROC_BUF,REORDERED
                  STM            #K_FFT_SIZE-1,BRC
                  RPTBD          bit_rev_end-1
                  STM            #K_FFT_SIZE,AR0
                  MVDD           *ORIGINAL_INPUT+,*REORDERED+
                  MVDD           *ORIGINAL_INPUT-,*REORDERED+
                  MAR            *ORIGINAL_INPUT+0B
bit_rev_end:
```

```
********************************FFT Code ********************************
        .asg        AR1,GROUP_COUNTER
        .asg        AR2,PX
        .asg        AR3,QX
        .asg        AR4,WR
        .asg        AR5,WI
        .asg        AR6,BUTTERFLY_COUNTER
        .asg        AR7,STAGE_COUNTER
***************************第一级蝶形运算 stage1 ******************************
        STM         #0,BK
        LD          #-1,ASM
        STM         #fft_data,PX
        LD          *PX,A
        STM         #fft_data+K_DATA_IDX_1,QX
        STM         #K_FFT_SIZE/2-1,BRC
        RPTBD       stage1end-1
        STM         #K_DATA_IDX_1+1,AR0
        SUB         *QX,16,A,B
        ADD         *QX,16,A
        STH         A,ASM,*PX+
        ST          B,QX+
        || LD       *PX,A
        SUB         *QX,16,A,B
        ADD         *QX,16,A
        STH         A,ASM,*PX+0
        ST          B,*QX+0%
        || LD       *PX,A
stage1end:
***************************第二级蝶形运算 stage2 ******************************
        STM         #fft-data,PX
        STM         #fft_data+K_DATA_IDX_2,QX
        STM         #K_FFT_SIZE/4-1,BRC
        LD          *PX,16,A
        RPTBD       stage2end-1
        STM         #K_DATA_IDX_2+1,AR0
; 1st butterfly
        SUB         *QX,16,A,B
        ADD         *QX,16,A
        STH         A,ASM,*PX+
        ST          B,*QX+
        || LD       *PX,A
        SUB         *QX,16,A,B
        ADD         *QX,16,A
        STH         A,ASM,*PX+
        STH         B,ASM,*QX+
```

```
;2st butterfly
            MAR        * QX+
            ADD        * PX, * QX,A
            SUB        * PX, * QX-,B
            STH        A,ASM, * PX+
            SUB        * PX, * QX,A
            ST         B, * QX
            || LD      * QX+,B
            ST         A, * PX
            || ADD     * PX+0%,A
            ST         A, * QX+0%
            || LD      * PX,A
stage2end:
****************第三级至 log 2N 蝶形运算 stage3 trough Stage lb N ********************
            STM        #K_TWID_TBL_SIZE,BK
            ST         #K_TWID_IDX_3,d_twid_idx
            STM        #K_TWID_IDX_3,AR0
            STM        #cosine,WR
            STM        #sine,WI
            STM        #K_LOGN-2-1,STAGE_COUNTER
            ST         #K_FFT_SIZE/8-1,d_grps_cnt
            STM        #K_FLY_COUNTER_3-1,BUTTERFLY_COUNTER
            ST         #K_DATA_IDX_3,d_data_idx
stage:
            STM        #fft_data,PX
            LD         d_data_idx,A
            ADD        *(PX),A
            STLM       A,QX
            MVDK       d_grps_cnt,GROUP_COUNTER
group:
            MVMD       BUTTERFLY_COUNTER,BRC
            RPTBD      butterflyend-1
            LD         * WR,T
            MPY        * QX+,A
            MACR       * WI+0%, * QX-,A
            ADD        * PX,16,A,B
            ST         B, * PX
            || SUB     * PX+,B
            ST         B, * QX
            || MPY     * QX+,A
            MASR       * QX, * WR+0%,A
            ADD        * PX,16,A,B
            ST         B, * QX+
            || SUB     * PX,B
            LD         * WR,T
```

```
            ST          B, * PX+
            || MPY      * QX+,A
butterflyend:
;Updata pointers for next group
            PSHM        AR0
            MVDK        d_data_idx,AR0
            MAR         * PX+0
            MAR         * QX+0
            BANZD       group, * GROUP_COUNTER-
            POPM        AR0
            MAR         * QX-
;Updata counter and indices for next stage
            LD          d_data_idx,A
            SUB         #1,A,B
            STLM        B,BUTTERFLY_COUNTER
            STL         A,1,d_data_idx
            LD          d_grps_cnt,A
            STL         A,ASM,d_grps_cnt
            LD          d_twid_idx,A
            STL         A,ASM,d_twid_idx
            BANZD       stage, * STAGE_COUNTER-
            MVDK        d_twid_idx,AR0
fft_end:
*********************** 计算功率谱 Compute the power spectrum ***********************
            STM         #fft_data,AR2
            STM         #fft_data,AR3
            STM         #fft_out,AR4
            STM         #K_FFT_SIZE * 2-1,BRC
            RPTB        power_end-1
            SQUR        * AR2+,A
            SQURA       * AR2+,A
            STH         A, * AR4+
power_end:
            STM         #fft_out,AR4
            RPT         #K_FFT_SIZE-1
            PORTW       * AR4+,PA0
here:       B           here
            .end
```

fft.cmd 程序清单:

```
            /* SOLUTION FILE FOR fft.cmd */
vectors.obj
fft.obj
-o fft.out
-m fft.map
-e start
```

```
MEMORY {
        PAGE 0:
            EPROM:    org=0E000H   len=1000H
            VECS:     org=0FF80H   len=0080H
        PAGE 1:
            SPRAM:    org=0060H    len=0020H
            DARAM:    org=0200H    len=0600H
            RAM:      org=0800H    len=0C00H
        }
SECTIONS
{
sine1       :>EPROM         PAGE 0
cosine1     :>EPROM         PAGE 0
. text      :>EPROM         PAGE 0
. bss       :>SPRAM         PAGE 1
sine        :>DARAM         PAGE 1
cosine      :>DARAM         PAGE 1
d_input     :>RAM           PAGE 1
fft_data    :>RAM           PAGE 1
fft_out     :>RAM           PAGE 1
STACK       :>SPRAM         PAGE 1
. vectors   :>VECS          PAGE 0
}
```

有关 FFT 程序说明如下：

(1) fft. asm 程序由以下部分组成，即：

① 位倒序程序；

② 第一级蝶形运算；

③ 第二级蝶形运算；

④ 第三级至 log 2N 级蝶形运算；

⑤ 求功率谱及输出程序。

(2) 程序空间的分配如图 7-9 所示。

(3) 数据空间的分配如图 7-10 所示。

(4) I/O 空间配置如下：

PA0——输出口；

PA1——输入口。

(5)正弦和余弦系数表由 coeff. inc 文件给出，主程序通过. copy 汇编命令将正弦和余弦系数与程序代码汇编在一起(也可以用. include 命令从 coeff. inc 文件中读入系数，此时系数将不出现在. lst 文件中)。

数据文件 coeff. inc 给出 1024 个复数点 FFT 的正弦、余弦系数各 512 个。利用此系数表可以完成 8～1024 点 FFT 运算。

程序存储器

标号	地址	内容
	⋮	
sine1	E000 ⋮ E1FF	正弦系数表
cosine1	E200 ⋮ E3FF	余弦系数表
fft prg	E400 ⋮ E4A2	程序代码
.vector	FF80 ⋮ FFFF	复位向量和中断向量表

图 7-9　程序空间分配图

标号	地址	内容
	0000 ⋮ 005F	数据存储器映像寄存器
	0060 0061 0062	暂存单元
.bss	0063 ⋮ 006C	堆　栈
stack	⋮	
sine	0200 ⋮ 05FF	正弦系数表
	⋮	
consine	0800 ⋮ 09FF	余弦系数表
	⋮	
d_input	8000 ⋮ 87FF	输入数据
fft_data	8800 ⋮ 8FFF	FFT结果(实部、虚部)
fft_out	9000 ⋮ 93FF	FFT结果(功率谱)

图 7-10　数据空间分配图

Coeff. inc 数据文件清单如下：

```
sine1:   .sect   "sine1"
         .word   0, 201, 402, 603, 804, 1005, 1206, 1407, 1607, 1808
         .word   2009, 2210, 2410, 2611, 2811, 3011, 3211, 3411, 3611, 3811
         .word   4011, 4210, 4409, 4609, 4808, 5006, 5205, 5403, 5602, 5800
         .word   5997, 6195, 6392, 6589, 6786, 6983, 7179, 7375, 7571, 7766
         .word   7961, 8156, 8351, 8545, 8739, 8933, 9126, 9319, 9512, 9704
         .word   9896, 10087, 10278, 10469, 10659, 10849, 11039, 11228, 11416, 11605
         .word   11793, 11980, 12167, 12353, 12539, 12725, 12910, 13094, 13278, 13462
         .word   13645, 13828, 14010, 14191, 14327, 14552, 14732, 14912, 15090, 15269
         .word   15446, 15623, 15800, 15976, 16151, 16325, 16499, 16673, 16846, 17018
         .word   17189, 17360, 17530, 17700, 17869, 18037, 18204, 18371, 18537, 18703
         .word   18868, 19032, 19195, 19358, 19519, 19681, 19841, 20001, 20159, 20318
```

```
          .word   20475, 20631, 20787, 20942, 21097, 21250, 21403, 21555, 21706, 21856
          .word   22005, 22154, 22301, 22448, 22594, 22740, 22884, 23027, 23170, 23312
          .word   23453, 23593, 23732, 23870, 24007, 24144, 24279, 24414, 24547, 24680
          .word   24812, 24943, 25073, 25201, 25330, 25457, 25583, 25708, 25832, 25955
          .word   26077, 26199, 26319, 26438, 26557, 26674, 26790, 26905, 27020, 27133
          .word   27245, 27356, 27466, 27576, 27684, 27791, 27897, 28002, 28106, 28208
          .word   28310, 28411, 28511, 28609, 28707, 28803, 28898, 28993, 29086, 29178
          .word   29269, 29359, 29447, 29535, 29621, 29707, 29791, 29874, 29956, 30037
          .word   30117, 30196, 30273, 30350, 30425, 30499, 30572, 30644, 30714, 30784
          .word   30852, 30919, 30985, 31050, 31114, 31176, 31237, 31298, 31357, 31414
          .word   31471, 31526, 31581, 31634, 31685, 31736, 31785, 31834, 31881, 31972
          .word   31971, 32015, 32057, 32098, 32138, 32176, 32214, 32250, 32285, 32319
          .word   32353, 32383, 32413, 32442, 32469, 32496, 32521, 32545, 32568, 32589
          .word   32610, 32629, 32647, 32663, 32679, 32693, 32706, 32718, 32728, 32737
          .word   32745, 32752, 32758, 32762, 32765, 32767, 32767, 32767, 32765, 32762
          .word   32758, 32752, 32745, 32737, 32728, 32718, 32706, 32693, 32679, 32663
          .word   32647, 32629, 32610, 32589, 32568, 32545, 32521, 32496, 32469, 32442
          .word   32413, 32383, 32351, 32319, 32285, 32250, 32214, 32176, 32138, 32098
          .word   32057, 32015, 31971, 31927, 31881, 31834, 31785, 31736, 31685, 31634
          .word   31581, 31526, 31471, 31414, 31357, 31298, 31237, 31176, 31114, 31050
          .word   30958, 30919, 30852, 30784, 30714, 30644, 30572, 30499, 30425, 30350
          .word   30273, 30196, 30117, 30037, 29956, 29874, 29791, 29707, 29621, 29535
          .word   29447, 29359, 29269, 29178, 29086, 28993, 28898, 28803, 28707, 28609
          .word   28511, 28411, 28310, 28208, 28106, 28002, 27897, 27791, 27684, 27576
          .word   27466, 27356, 27245, 27133, 27020, 26905, 26790, 26674, 26557, 26438
          .word   26319, 26199, 26077, 25955, 25832, 25708, 25583, 25457, 25330, 25201
          .word   25073, 24943, 24812, 24680, 24547, 24414, 24279, 24144, 24007, 23870
          .word   23732, 23573, 23453, 23312, 23170, 23027, 22884, 22740, 22594, 22448
          .word   22301, 22154, 22005, 21856, 21706, 21555, 21403, 21250, 21097, 20942
          .word   20787, 20631, 20475, 20318, 20159, 20001, 19841, 19681, 19519, 19358
          .word   19195, 19032, 18868, 18703, 18537, 18371, 18204, 18037, 17869, 17700
          .word   17530, 17360, 17189, 17018, 16846, 16673, 16499, 16325, 16151, 15976
          .word   15800, 15623, 15446, 15269, 15090, 14912, 14732, 14552, 14372, 14191
          .word   14010, 13828, 13645, 13462, 13278, 13094, 12910, 12725, 12539, 12353
          .word   12167, 11980, 11793, 11605, 11416, 11228, 11039, 10849, 10659, 10469
          .word   10278, 10087, 9896, 9704, 9512, 9319, 9126, 8933, 8739, 8545
          .word   8351, 8156, 7961, 7766, 7571, 7375, 7179, 6983, 6786, 6589
          .word   6392, 6195, 5997, 5800, 5602, 5403, 5205, 5006, 4808, 4609
          .word   4409, 4210, 4011, 3811, 3611, 3411, 3211, 3011, 2811, 2611
          .word   2410, 2210, 2009, 1808, 1607, 1407, 1206, 1005, 804, 603
          .word   402, 201
cosine1:  .sect   "cosine1"
          .word   32767, 32767, 32765, 32762, 32758, 32752, 32745, 32737, 32728, 32718
```

```
.word   32706, 32693, 32679, 32663, 32647, 32629, 32610, 32589, 32568, 32545
.word   32521, 32496, 32469, 32442, 32413, 32383, 32351, 32319, 32285, 32250
.word   32214, 32176, 32138, 32098, 32057, 32015, 31971, 31927, 31881, 31834
.word   31785, 31736, 31685, 31634, 31581, 31526, 31471, 31414, 31357, 31298
.word   31237, 31176, 31114, 31050, 30985, 30919, 30852, 30784, 30714, 30644
.word   30572, 30499, 30425, 30350, 30273, 30196, 30117, 30037, 29956, 29874
.word   29791, 29707, 29621, 29535, 29447, 29359, 29269, 29178, 29086, 28993
.word   28898, 28803, 28707, 28609, 28511, 28411, 28310, 28208, 28106, 28002
.word   27897, 27791, 27684, 27576, 27466, 27356, 27245, 27133, 27020, 26905
.word   26790, 26674, 26557, 26438, 26319, 26199, 26077, 25955, 25832, 25708
.word   25583, 25457, 25330, 25201, 25073, 24943, 24812, 24680, 24547, 24414
.word   24279, 24144, 24007, 23870, 23732, 23573, 23453, 23312, 23170, 23027
.word   22884, 22740, 22594, 22448, 22301, 22154, 22005, 21856, 21706, 21555
.word   21403, 21250, 21097, 20942, 20787, 20631, 20475, 20318, 20159, 20001
.word   19841, 19681, 19519, 19358, 19195, 19032, 18868, 18703, 18537, 18371
.word   18204, 18037, 17869, 17700, 17530, 17360, 17189, 17018, 16846, 16673
.word   16499, 16325, 16151, 15976, 15800, 15632, 15446, 15269, 15090, 14912
.word   14732, 14552, 14372, 14191, 14010, 13828, 13645, 13462, 13278, 13094
.word   12910, 12725, 12539, 12353, 12167, 11980, 11739, 11605, 11416, 11228
.word   11039, 10849, 10659, 10469, 10278, 10087, 9896, 9704, 9512, 9319
.word   9126, 8933, 8739, 8545, 8351, 8156, 7961, 7766, 7571, 7375
.word   7179, 6983, 6786, 6589, 6392, 6195, 5997, 5800, 5602, 5403
.word   5205, 5006, 4808, 4609, 4409, 4210, 4011, 3811, 3611, 3411
.word   3211, 3011, 2811, 2611, 2410, 2210, 2009, 1808, 1607, 1407
.word   1206, 1005, 804, 603, 402, 201, 0, -201, -402, -603
.word   -804, -1005, -1206, -1407, -1607, -1808, -2009, -2210, -2410
.word   -2611, -2811, -3011, -3211, -3411, -3611, -3811, -4011, -4210
.word   -4409, -4609, -4808, -5006, -5205, -5403, -5602, -5800, -5997
.word   -6195, -6392, -6589, -6786, -6983, -7179, -7375, -7571, -7766
.word   -7961, -8156, -8351, -8545, -8739, -8933, -9126, -9319, -9512
.word   -9704, -9896, -10087, -10278, -10469, -10659, -10849, -11039
.word   -11228, -11416, -11605, -11793, -11980, -12167, -12353
.word   -12539, -12725, -12910, -13094, -13278, -13462, -13645
.word   -13828, -14010, -14191, -14372, -14552, -14732, -14912
.word   -15090, -15269, -15446, -15623, -15800, -15976, -16151
.word   -16325, -16499, -16673, -16846, -17018, -17189, -17360
.word   -17530, -17700, -17869, -18037, -18204, -18371, -18537
.word   -18703, -18868, -19032, -19195, -19358, -19519, -19681
.word   -19841, -20001, -20159, -20318, -20457, -20631, -20787
.word   -20942, -21097, -21250, -21403, -21555, -21706, -21856
.word   -22005, -22154, -22301, -22448, -22594, -22740, -22884
.word   -23027, -23170, -23312, -23453, -23593, -23732, -23870
.word   -24007, -24144, -24279, -24414, -24547, -24680, -24812
```

```
          .word    -24943, -25073, -25201, -25330, -25457, -25583, -25708
          .word    -25832, -25955, -26077, -26199, -26319, -26438, -26557
          .word    -26674, -26790, -26905, -27020, -27133, -27245, -27356
          .word    -27466, -27576, -27684, -27791, -27897, -28002, -28106
          .word    -28208, -28310, -28411, -28511, -28609, -28707, -28803
          .word    -28898, -28993, -29086, -29178, -29269, -29359, -29447
          .word    -29535, -29621, -29707, -29791, -29874, -29956, -30037
          .word    -30117, -30196, -30273, -30350, -30425, -30499, -30572
          .word    -30644, -30714, -30784, -30852, -30919, -30985, -31050
          .word    -31114, -31176, -31237, -31298, -31357, -31414, -31471
          .word    -31526, -31581, -31634, -31685, -31736, -31785, -31834
          .word    -31881, -31927, -31971, -32015, -32057, -32098, -32138
          .word    -32176, -32214, -32250, -32285, -32319, -32353, -32383
          .word    -32413, -32442, -32469, -32496, -32521, -32545, -32568
          .word    -32589, -32610, -32629, -32647, -32663, -32679, -32693
          .word    -32706, -32718, -32728, -32737, -32745, -32752, -32758
          .word    -32762, -32765, -32767
TSIZE:    .set     $-sine1
```

(6) 使用方法

① 根据 N 值,修改 fft.asm 中的两个常数,若 $N=64$:

```
    K_FFT_SIZE          .set  64
    K_LOGN              .set  6
```

② 准备输入数据文件 in.dat。输入数据按实部、虚部,实部、虚部……顺序存放。

③ 汇编、链接、仿真执行,得到输出数据文件 out.dat。

④ 根据 out.dat 作图,就可得到输入信号的功率谱图。

(7) 当 N 超过 1 024 时,除了修改 K_FFT_SIZE 和 K_LOGN 两个常数外,还要增加系数表,并且修改 fft.cmd 命令文件。

3. FFT 算法的模拟信号输入

FFT 模拟信号的输入也可以用 C 语言编程来生成一个文本文件 sindata,然后在汇编语言子程序中用.copy 汇编命令,将生成的文本文件的数据复制到数据存储器中参与运算。这种方法的优点是程序的可读性强;缺点是当输入数据修改后,必须重新编译、汇编和链接。

生成 FFT 模拟输入数据文件的 C 语言程序如下:

```
/* 文件名:sindatagen.c */
#include  "stdio.h"
#include  "math.h"
main()
{
    int     i;
    float      f[256];
    FILE      *fp;
```

```
    if((fp=fopen("c:\\tms320c54\sindata","wt"))==NULL)
    {
        printf("can'topenfile! \n");
        exit(0);
    }
    for(i=0;i<=255;i++)
    {
        f[i]=sin(2 * 3.14159265 * i/256.0);
        fprintf(fp,"  .word   %ld\n",(log)(f[i] * 16384);
    }
    fclose(fp);
}
```

将生成的文件复制到目标系统存储器的语句为：

```
INPUT   .copy   sindata
```

第8章 DSP集成开发环境CCS及其使用

8.1 C5000 Code Composer Studio 简介

Code Composer Studio 简称 CCS，是 TI 公司推出的、为开发 TMS320 系列 DSP 软件的集成开发环境（IDE）。CCS 工作在 Windows 操作系统下，类似于 VC＋＋的集成开发环境，采用图形接口界面，提供了环境配置、工程管理工具、源文件编辑、程序调试、跟踪和分析等工具。它将前面介绍的各种代码产生工具，诸如汇编器、链接器、C/C＋＋编译器、建库工具等集成在一个统一的开发平台中。CCS 所集成的代码调试工具具有各种调试功能，包括原 TI 公司提供的 C 源代码调试器和模拟器所具有的所有功能，能对 TMS320 系列 DSP 进行指令级的仿真和进行可视化的实时数据分析；此外，还提供了丰富的输入/输出库函数和信号处理的库函数，极大地方便了 TMS320 系列 DSP 软件的开发过程，提高了工作效率。

C5000 CCS 是专为开发 C5000 系列 DSP 应用设计的，包括 TMS320C54x 和 TMS320C55x DSP。用户只需在 CCS 配置程序中设定 DSP 的类型和开发平台类型即可。

CCS 一般工作在两种模式下：软件仿真器和与硬件开发板相结合的在线编程。前者可以脱离 DSP 芯片，在 PC 机上模拟 DSP 的指令集与工作机制，主要用于前期算法的实现和调试。后者实时运行在 DSP 芯片上，可以在线编制和调试应用程序。

目前 TI 公司提供的 CCS 最高版本是 3.0 版。本章以 CCS C5000v1.20 为例，介绍如何利用 DSP 集成开发环境开发应用程序。文中未详细说明的部分可以通过查阅 CCS 主菜单 Help 在线帮助获得。

8.2 CCS 安装及设置

8.2.1 系统配置要求

(1) 机器类型：IBM PC 及兼容机。

(2) 操作系统：Microsoft Windows 95/98/2000 或 Windows NT4.0。

8.2.2 安装 CCS

安装过程包括 2 个阶段：

(1) 安装 CCS 到系统中　将 CCS 安装光盘放入到光盘驱动器中，运行 CCS 安装程序 setup.exe。如果在 Windows NT 下安装，用户必须要具有系统管理员的权限。安装完成后，在桌面上会有“CCS C5000 1.20”和“Setup CCS C5000 1.20”两个快捷方式图标，它们分别对应 CCS 应用程序和 CCS 配置程序。

(2) 运行 CCS 配置程序设置驱动程序　如果 CCS 是在硬件目标板上运行，则先要安装目标板驱动卡，然后运行“CCS Setup”配置驱动程序，最后才能执行 CCS。除非用户改变 CCS 应用平台类型，否则只需运行一次 CCS 配置程序。

如果用户的操作系统为 Windows 95，则可能需要增加环境变量空间。方法是将语句“shell=c:\windows\command. com/e:4096/p”添加到 C 盘根目录下的 CONFIG. SYS 文件中，然后重新启动计算机。这条语句将环境变量空间设置为 4 096 个字节。

8.2.3 “CCS setup”配置程序

“CCS setup”配置程序用来定义 DSP 芯片和目标板类型。单击桌面上的“CCS setup”快捷方式图标，弹出如图 8-1 所示对话框。

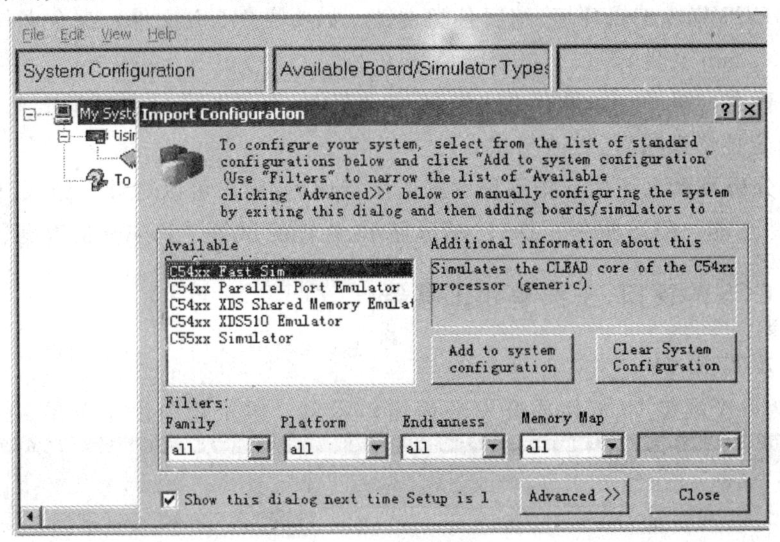

图 8-1　输入配置对话框

用户从“Available...”列表中选取应用平台类型，例如需要使用 'C54x 软件仿真器，则选择“C54x Fast Sim”，然后单击“Add to system configuration”按钮。对话框中的”Filters”用于设置 DSP 类型、平台类型和是否进行内存映射等。在配置对话框设置完成后，“CCS Setup”将“C54x Fast Sim"作为系统配置(显示在"System Configuration”一栏)，如图 8-2 所示。

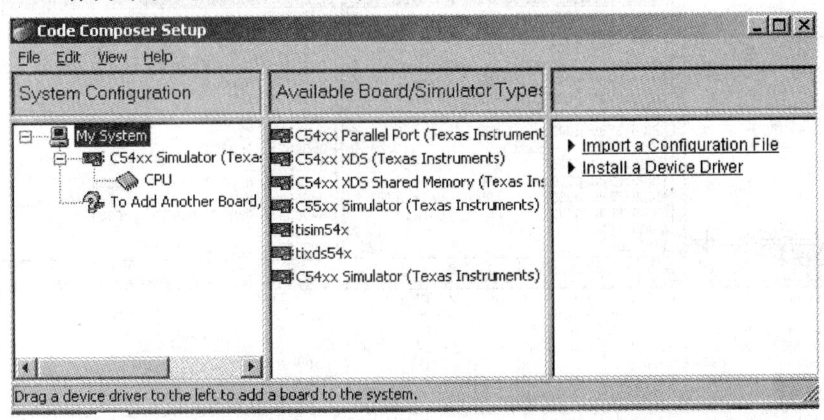

图 8-2　设置窗的系统配置

8.3 CCS 集成开发环境应用

8.3.1 概 述

利用 CCS 集成开发环境,用户可以在一个开发环境下完成工程定义、程序编辑、编译链接、调试和数据分析等工作环节。使用 CCS 开发应用程序的一般步骤为:

(1) 打开或创建一个工程文件 工程文件中包括源程序(C 或汇编)、目标文件、库文件、链接命令文件和包含文件。

(2) 使用 CCS 集成编辑环境,编辑各类文件 如头文件(.h 文件)、命令文件(.cmd 文件)和源程序(.C、.asm 文件)等。

(3) 对工程进行编译 如果有语法错误,将在构建(Build)窗口中显示出来。用户可以根据显示的信息定位错误位置,更改错误。

(4) 数据分析及算法评估 排除程序的语法错误后,用户可以对计算结果/输出数据进行分析,评估算法性能。CCS 提供了探针、图形显示、性能测试等工具来分析数据、评估性能。

8.3.2 CCS 的窗口、主菜单和工具条

1. CCS 应用窗口

图 8-3 为一个典型 CCS 集成开发环境窗口示例。整个窗口由主菜单、工具条、工程窗

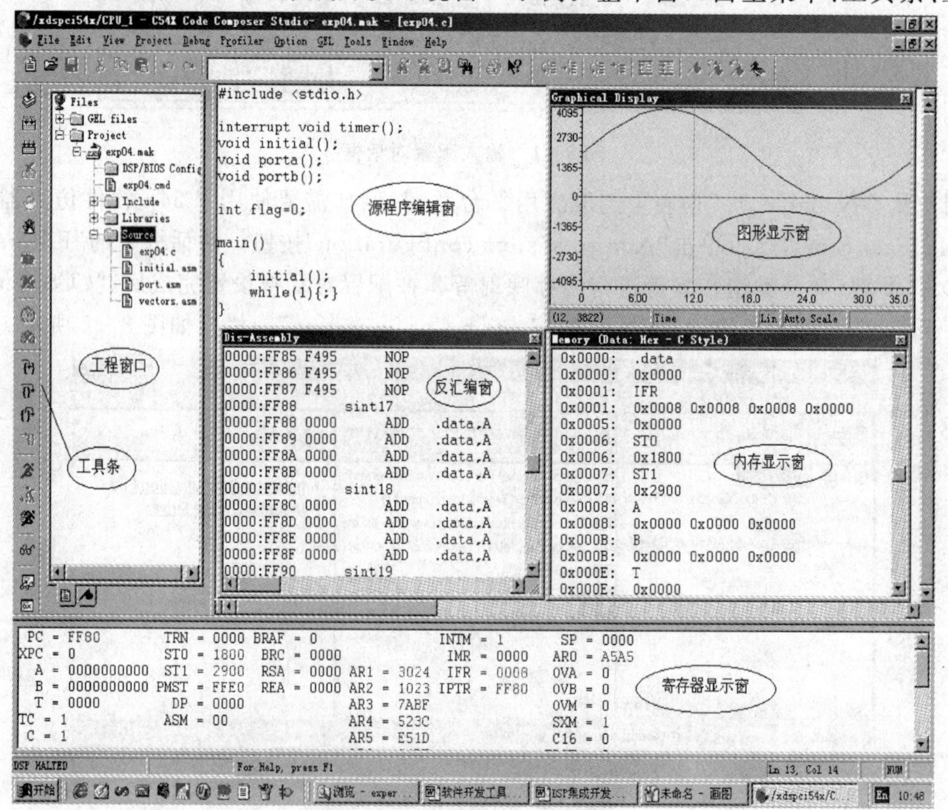

图 8-3 CCS 集成开发环境窗口

口、编辑窗口、图形显示窗口、内存单元显示窗口和寄存器显示窗口等构成。

工程窗口用来组织用户的若干程序并由此构成一个项目，用户可以从工程列表中选中需要编辑和调试的特定程序。在源程序编辑/调试窗口中用户既可以编辑程序，又可以设置断点和探针，并调试程序。反汇编窗口可以帮助用户查看机器指令，查找错误。内存和寄存器显示窗口可以查看、编辑内存单元和寄存器。图形显示窗口可以根据用户需要直接或经过处理后显示数据。用户可以通过主菜单 Windows 条目来管理各窗口。

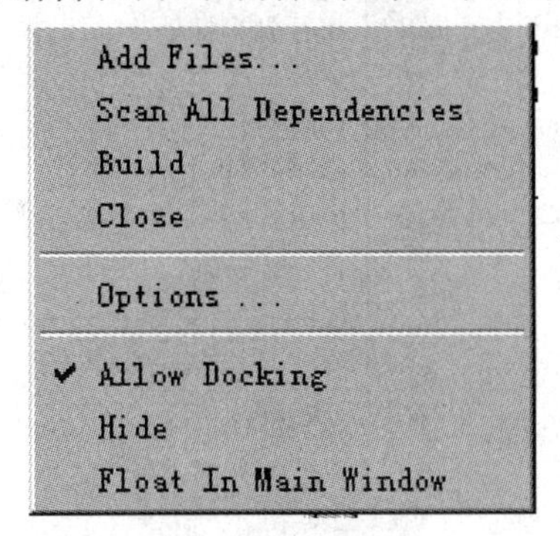

图 8-4　关联菜单

2. 关联菜单

在任意一个 CCS 活动窗口中右击都可以弹出与此窗口内容相关的菜单，这称其为关联菜单（context menu）。利用此菜单，用户可以对本窗口内容进行特定操作。例如，在 Project View Windows 窗口中右击，弹出如图 8-4 所示的菜单。选择不同的条目，用户完成添加程序、扫描相关性及关闭当前工程等功能。

3. 主菜单

主菜单中各选项的使用在以后的文中会结合具体情况详细介绍，在此仅简略对菜单项功能作简要说明。用户如果需要了解更详细的信息，请参阅 CCS 在线帮助“Commands”。

4. 常用工具条

CCS 将主菜单中常用的命令筛选出来，形成 4 类工具条：标准工具条、编辑工具条、工程工具条和调试工具条，依次如图 8-5 所示。用户可以单击工具条上的按钮执行相应的操作。

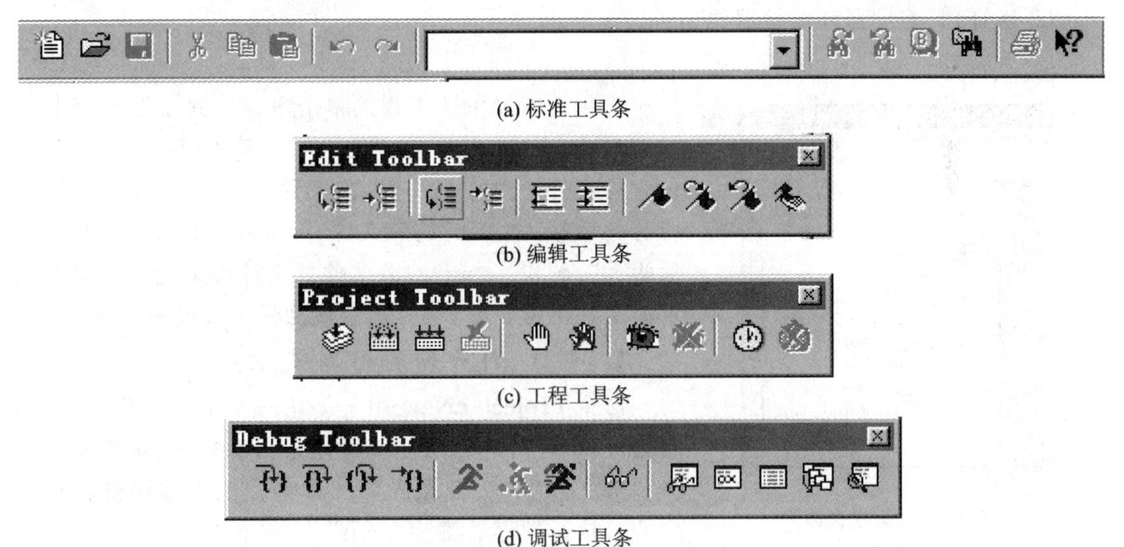

(a) 标准工具条

(b) 编辑工具条

(c) 工程工具条

(d) 调试工具条

图 8-5　CCS 常用工具条

工具条上各按钮功能如图 8-6 所示。

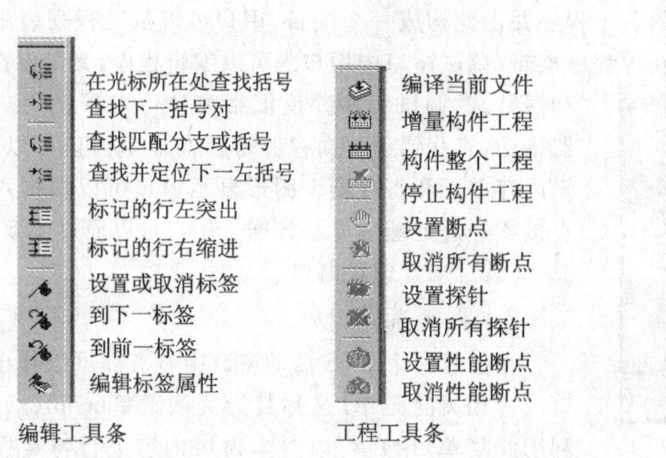

图8-6 工具条上各按钮功能说明

8.3.3 建立工程文件

下面按照CCS开发应用程序的一般步骤，先介绍工程文件的建立与使用。与Visual Basic、Visual C和Delphi等集成开发工具类似，CCS采用工程文件来集中管理一个工程。一个工程包括源程序、库文件、链接命令文件和头文件等，它们按照目录树的结构组织在工程文件中。工程构建(编译链接)完成后生成可执行文件。

一个典型的工程文件记录下述信息：

① 源程序文件名和目标库；

② 编译器、汇编器和链接器选项；

③ 头文件。

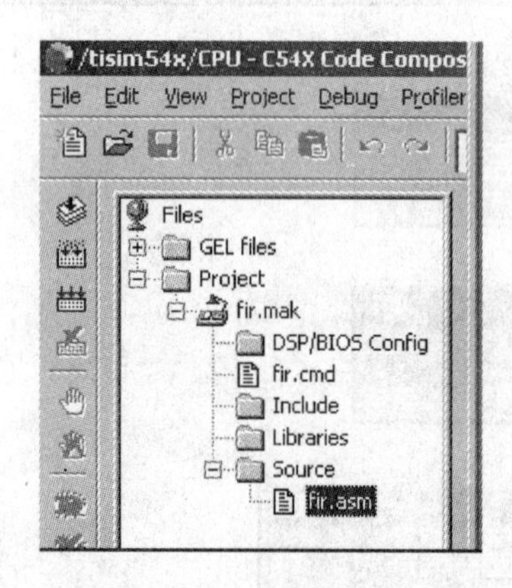

图8-7 工程视图

工程视窗显示了工程的整个内容。例如图8-7显示了工程Hello.mak所包含的内容。其中，Include文件夹包含源文件中以“.inc”声明的文件，Libraries文件夹包含所有的后缀为“.lib”的库文件，Source文件夹包含所有的后缀为“.c”和“.asm”的源文件。文件夹上的“+”符号表示该文件夹被折叠，“—”表示该文件夹被展开。

1. 创建、打开和关闭工程

命令Project→New用于创建一个新的工程文件(后缀为“.mak”)，此后用户就可以编辑源程序、链接命令文件和头文件等，然后加入到工程中。工程编译链接后产生的可执行程序后缀为“.out”。

命令Project→Open用于打开一个已存在的工程文件。例如，用户打开位于“c:\ti\c5400\tutorial\hello1”目录下的hello.mak工程文件时，工程中包含的各项信息被载入，其工程窗口如图8-7所示。

命令Project→Close用于关闭当前工程文件。

2. 在工程中添加/删除文件

以下任一操作都可以添加文件到工程中：

(1) 选择命令 Project→Add Files to Project…

(2) 在工程视图中右击调出关联菜单，选择 Add Files…

图 8-7 所示的 Source 源文件及 Libraries 库文件需要用户指定加入，而头文件(include 文件)通过扫描相关性自动加入到工程中。

在工程视图中右击某文件，从关联菜单中选择"Remove from project"可以从工程中删除此文件。

3. 扫描相关性

如前所述，头文件加入到工程中通过"扫描相关性"完成。另外，在使用增量编译时(参见 8.3.5 节"构建工程")，CCS 同样要知道哪些文件互相关联。这些都通过"相关性列表"来实现。

CCS 工程中保存了一个相关性列表，它指明每个源程序和哪些包含文件相关。在构建工程时，CCS 使用命令 Project→Show Dependencies 或 Project→Scan All Dependencies 创建相关树。在源文件中以"#include"、". include"和". copy"指示的文件被自动加入到工程文件中。

8.3.4　编辑源程序

CCS 集成编辑环境可以编辑任何文本文件，对 C 程序和汇编程序，还可以彩色高亮显示关键字、注释和字符串。CCS 的内嵌编辑器支持下述功能：

① 语法高亮显示　关键字、注释、字符串和汇编指令用不同的颜色显示，相互区分。

② 查找和替换　可以在一个文件和一组文件中查找替换字符串。

③ 针对内容的帮助　在源程序内，可以调用针对高亮显示字的帮助。这在获得汇编指令和 GEL 内建函数帮助特别有用。

④ 多窗口显示　可以打开多个窗口或对同一文件打开多个窗口。

⑤ 快速使用编辑功能　可以利用标准工具条和编辑工具条帮助用户快速使用编辑功能。

⑥ 排除语法错误　作为 C 语言编辑器，可以判别圆括号或大括弧是否匹配，排除语法错误。

⑦ 所有编辑命令都有快捷键对应。

1. 工具条和快捷键

命令 View→Standard Toolbar 和 View→Edit Toolbar 分别调出标准工具条和编辑工具条。工具条上的按钮含义参见图 8-6。CCS 内嵌编辑器所用快捷键可查阅在线帮助的"Help→General Help→Using Code Composer Studio→The Integrated Editor→Using Keyboard Shortcuts 的 Default Keyboard Shortcuts"。用户可以根据自己的喜好定义快捷键。除编辑命令外，CCS 所有的菜单命令都可以定义快捷键。选择 Option→Keyboard 命令打开自定义快捷方式对话框，选中需要定义快捷键的命令。如果此命令已经有快捷键，则在 Assigned 框架中有显示，否则为空白。用户可以单击 Add 按钮，敲下组合键(一般为 Ctrl+某键)，则相应按键描述显示在"Press newshort-cut"框中。

2. 查找替换文字

除具有与一般编辑器相同的查找、替换功能外,CCS 还提供了一种“在多个文件中查找”功能。这对在多个文件中追踪、修改变量和函数特别有用。

命令 Edit→Find in Files 或单击标准工具条的“多个文件中查找”按钮,弹出如图 8-8 所示对话框。分别在“Find what”、“In files of”和“In folder”中键入需要查找的字符串,搜寻目标文件类型以及文件所在目录,然后单击“Find”按钮即可。

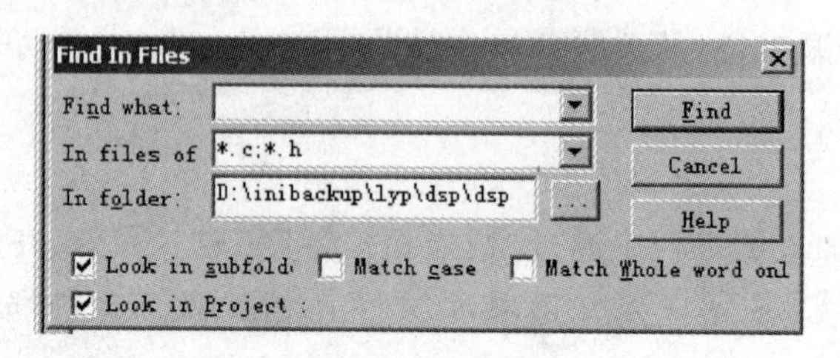

图 8-8 查找命令对话框

查找的结果显示在输出窗口中,按照文件名、字符串所在行号和匹配文字行依次显示。

3. 使用书签

书签的作用在于帮助用户标记着重点。CCS 允许用户在任意类型文件的任意一行设置书签,书签随 CCS 工作空间(workspace)保存,在下次载入文件时被重新调入。

(1) 设置书签

将光标移到需要设置书签的文字行,在编辑视窗中右击,弹出关联菜单,从“Bookmarks”子菜单中选中“Set a Bookmark”。或者单击编辑工具条的“设置或取消标签”按钮。光标所在行被高亮标识,表示标签设置成功。

设置多个书签后,用户可以单击编辑工具条的“上一书签”、“下一书签”的快速定位书签。

(2) 显示和编辑书签列表

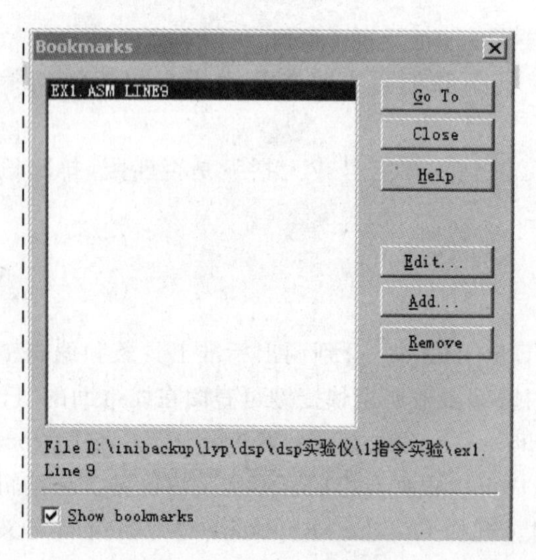

图 8-9 书签编辑对话框

以下两种方法都可以显示和编辑书签列表。

① 在工程窗口中选择 Bookmarks 标签,得到如图 8-9 所示的书签列表。用户可以双击某书签,则在编辑窗口,光标跳转至此书签所在行。右击之,用户可以从弹出窗口中编辑或删除此书签。

② 选择命令“Edit→Bookmarks”或单击编辑工具条上的“编辑标签属性”按钮,得到图 8-9所示的书签编辑对话框。双击某书签,则在编辑窗内光标跳转至此书签所在行,同时关闭此对话框。用户也可以单击某书签并且编辑或删除之。

8.3.5　构建工程

工程所需文件编辑完成后，可以对该工程进行编译链接，产生可执行文件，为调试作准备。

CCS 提供了 4 条命令构建工程：

(1) 编译文件　命令 Project→Complie 或单击工程工具条“编译当前文件”按钮，仅编译当前文件，不进行链接。

(2) 增量构建　单击工程工具条“增量构建”按钮则只编译那些自上次构建后修改过的文件。增量构建(incremental build)只对修改过的源程序进行编译，先前编译过、没有修改的程序不再编译。

(3) 重新构建　命令 Project→Rebuild 或单击工程工具条“重新构建”按钮重新编译和链接当前工程。

(4) 停止构建　命令 Project→Stop Build 或单击工程工具条“停止构建”按钮停止当前的构建进程。

CCS 集成开发环境本身并不包含编译器和链接器，而是通过调用软件开发工具(C 编译器、汇编器和链接器)来编译链接用户程序。编译器等所用参数可以通过工程选项设置。选择命令 Project→Options 或从工程窗口的关联菜单中选择 Options，弹出对话框如图 8－10 所示。在此对话框中用户可以设置编译器、汇编器和链接器选项。有关选项的具体含义用户可以参阅有关编译器、汇编器和连接器方面的内容，或者查阅联机帮助“Using Code Composer Studio→The Project Environment→Setting Build Options”。

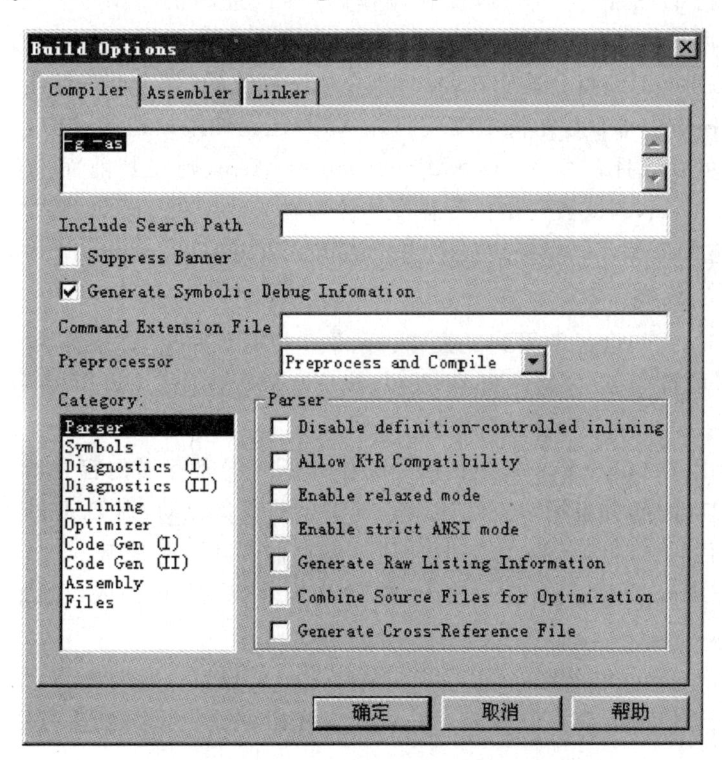

图 8－10　工程选项设置窗口

用户也可以对特定的文件设置编译链接选项。操作方法为在工程视窗中右击需要设置的程序,选择 File Specific Options,然后在对话框中设置相应选项。

8.3.6 调　试

CCS提供了异常丰富的调试手段。在程序执行控制上,CCS提供了4种单步执行方式。从数据流角度上,用户可以对内存单元和寄存器进行查看和编辑载入/输出外部数据及设置探针等。一般的调试步骤为:调入构建好的可执行程序,先在感兴趣的程序段设置断点,然后执行程序停留在断点处,查看寄存器的值或内存单元的值,对中间数据进行在线(或输出)分析。反复这个过程直到程序完成预期的功能。

1. 载入可执行程序

命令 File→Load Program 载入编译链接好的可执行程序。用户也可以修改"Program Load"属性,使得在构建工程后自动装入可执行程序。设置方法为选择命令 Options→Program Load。

2. 使用反汇编工具

在某些时候(例如调试C语言关键代码),用户可能需要深入到汇编指令一级,此时可以利用CCS的反汇编工具。用户的执行程序(不论是C程序或是汇编程序)载入到目标板或仿真器时,CCS调试器自动打开一个反汇编窗口。

对每一条可反汇编的语句,反汇编窗口显示对应的反汇编指令(某些一条C语句可能对应于几条反汇编指令)的语句所处地址和操作码(即二进制机器指令)。当前程序指针PC(program point)所在语句用彩色高亮表示。当源程序为C代码时,用户可以选择使用混合C源程序(C源代码和反汇编指令显示在同一窗口)或汇编代码(只有反汇编指令)模式显示。

除在反汇编窗口中可以显示反汇编代码外,CCS还允许用户在调试窗口中混合显示C和汇编语句。用户可以选择命令 View→Mixed Source/Asm,则在其前面出现一对选中标志。选择 Debug→Go Main,调试器开始执行程序并停留在main()处,而C源程序显示在编辑窗口中,与C语句对应的汇编代码以暗色显示在C语句下面。

3. 程序执行控制

在调试程序时,用户会经常用到复位、执行、单步执行等命令,这统称为程序执行控制。下面依次介绍CCS的目标板(包括仿真器)复位、执行和单步操作。

(1) CCS提供了3种方法复位目标板

① Reset DSP:Debug→Reset DSP 命令初始化所有的寄存器内容并暂停运行中的程序。如果目标板不响应命令,并且用户正在使用一基于核的设备驱动,则DSP核可能被破坏,用户需要重新装入核代码。对仿真器,CCS复位所有寄存器到其上电状态。

② Restart:Debug→Restart 命令将PC恢复到当前载入程序的入口地址。此命令不执行当前程序。

③ Go Main:Debug→Go Main 命令在主程序入口处设置一临时断点,然后开始执行。当程序被暂停或遇到一个断点时,临时断点被删除。此命令提供了一快速方法来运行用户应用程序。

(2) CCS 提供了 4 种程序执行操作

① 执行程序　命令为 Debug→Run 或单击调试工具条上的“执行程序”按钮。程序运行直到遇见断点为止。

② 暂停执行　命令为 Debug→Halt 或单击调试工具条上的“暂停执行”按钮。

③ 动画执行　命令为 Debug→Animate 或单击调试工具条上的“动画执行”按钮。用户可以反复运行执行程序，直到遇到断点为止。

④ 自由运行　命令为 Debug→Run Free。此命令禁止所有断点，包括探针断点和 Profile 断点，然后运行程序。在自由运行中对目标处理器的任何访问都将恢复断点。若用户在基于 JTAG 设备驱动上使用模拟时，此命令将断开与目标处理器的连接，用户可以拆卸 JTAG 或 MPSD 电缆。在自由运行状态下用户也可以对目标处理器进行硬件复位。注意在仿真器中 Run Free 无效。

(3) CCS 提供的单步执行操作

CCS 提供的单步执行操作有 4 种类型，它们在调试工具条上分别有对应的快捷按钮(参阅 8.2.2)。单步执行命令如下：

① 单步进入(快捷键 F8)　命令为 Debug→StepInto 或单击调试工具条上的“单步进入”按钮。当调试语句不是最基本的汇编指令时，此操作将进入语句内部(如子程序或软件中断)调试。

② 单步执行(快捷键 F10)　命令为 Debug→StepOver 或单击调试工具条上的“单步执行”按钮。此命令将函数或子程序当作一条语句执行，不进入内部调试。

③ 单步跳出(快捷键 Shift＋F7)　命令为 Debug→StepOut 或单击调试工具条上的“单步跳出”按钮。此命令将从子程序中跳出。

④ 执行到当前光标处(快捷键 Ctrl＋F10)　命令为 Debug→Run to Cursor 或单击调试工具条上的“执行到当前光标处”按钮。此命令使程序运行到光标所在的语句处。

8.3.7　断点设置

断点的作用在于暂停程序的运行，以便观察/修改中间变量或寄存器数值。CCS 提供了 2 种断点：软件断点和硬件断点。这可以在断点属性中设置。设置断点应当避免以下 2 种情形：

(1) 将断点设置在属于分支或调用的语句上；

(2) 将断点设置在重复操作块的倒数第一或第二条语句上。

1. 软件断点

只有当断点被设置而且被允许时，断点才能发挥作用。下面依次介绍断点的设置、删除断点和断点的使能。

(1) 断点设置

有 2 种方法可以增加一条断点。

① 使用断点对话框选择命令 Debug→Breakpoints 将弹出如图 8-11 所示对话框。

在“Breakpoint Type”栏中可以选择“无条件断点(Break at Location)”或“有条件断点(Break at location if expression is TRUE)”。在“Location”栏中填写需要中断的指令地址，用户可以观察反汇编窗口，确定指令所处地址。对 C 代码，由于一条 C 语句可能对应若干条汇编指令，难以用惟一地址确定位置。为此用户可以采用“file Name line lineNumber”的形式定

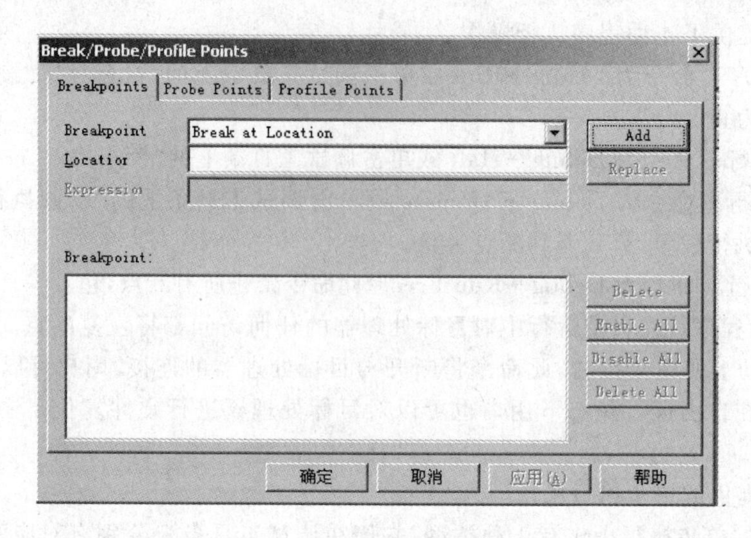

图 8-11 断点设置对话框

位源程序中的一条C语句。例如“hello. C line 32”指明在 hello. c 程序的第 32 行处语句设置断点。断点类型和位置设置完成后,依次单击“Add”和“OK”按钮即可。断点设置成功后,该语句条用彩色光条显示。如果用户选择的是带条件断点,则“Expression”栏有效,用户可以参见 TI 公司的《TMS320C54xCode Composer Studio User's Guide》。当此表达式运算结果为真(true=1)时,则程序在此断点位置暂停;否则继续执行下去。

② 采用工程工具条

将光标移到需要设置断点的语句上,单击工程工具条上的“设置断点”按钮,则在该语句位置设置一断点,默认情况下为“无条件断点”。用户也可以使用断点对话框修改断点属性,例如将“无条件断点”改变为“有条件断点”。

(2) 断点的删除

在图 8-11 所示断点对话框中,单击“Breakpoint”列表中的一个断点,然后单击“Delete”按钮即可删除此断点。单击“Delete all”按钮或工程工具条上的“取消所有断点”按钮,将删除所有断点。

(3) 允许和禁止断点

在图 8-11 所示断点对话框中,单击“Enable All”或“Disable All”将允许或禁止所有断点。在“允许”状态下,断点位置前的复选框有“对钩”符号。注意:只有当设置一断点,并使其“允许”时,断点才发挥作用。

2. 硬件断点

硬件断点与软件断点相比,它并不修改目标程序,而是使用片上可利用的硬件资源。因此适用于在 ROM 存储器中设置断点或在内存读写产生中断的两种应用。硬件断点可用于设置特殊的存储器读、存储器写或存储器的读/写。存储器访问断点在源程序窗口或存储器窗口均不显示。也可对硬件断点计数,用来确定在断点产生前遇到某一个位置的次数。若计数为 1,则每次都产生断点。注意:在仿真器中不能设置硬件断点。

添加硬件断点的命令为:Debug→Breakpoint。对两种不同的应用目的,其设置方法为:

(1) 对指令拦截(ROM 存储器中设置断点),在断点类型(Breakpoint Type)栏中选择“H/

W Breakpoint at location”。“Location”栏中填入设置语句的地址，其方法与前面所述软件断点地址设置一样。“Count”栏中填入触发计数，即此指令执行多少次后断点才发生作用。依次单击“Add”和“OK”按钮即可。

(2) 对内存读写的中断，在断点类型(Breakpoint Type)栏中选择＜bus＞或＜Read/Write/R/W＞，在“Location”栏中填入内存地址，在“Count”栏中填入触发计数 N。则当读写此内存单元 N 次后，硬件断点发生作用。硬件断点的允许/禁止和删除方法与软件断点的相同，不再赘述。

8.3.8 探针断点

CCS 的探针断点提供了一种手段，即允许用户在特定时刻从外部文件中读入数据或写出数据到外部文件中。8.3.10 节详细介绍了探针断点的设置与使用，此处略去不述。

8.3.9 内存、寄存器和变量操作

在调试过程中，用户可能需要不断观察和修改寄存器，修改内存单元和数据变量。下面，我们依次介绍如何修改内存块，如何查看和编辑内存单元、寄存器和数据变量。

1. 内存块操作

CCS 提供的内存块操作包括复制数据块和填充数据块。这在数据块初始化时较为有用。

(1) 复制数据块

功能：复制某段内存到一新位置。

命令：Edit→Memory→Copy，在对话框中填入源数据块首地址、长度和内存空间类型以及目标数据块首地址和内存空间类型即可。

(2) 填充数据块

功能：用特定数据填充某段内存。

命令：Edit→Memory→Fill，在对话框中填入内存首地址、长度、填充数据和内存空间类型即可。

2. 查看、编辑内存

CCS 允许显示特定区域的内存单元数据。方法为选择 View→Memory 或单击调试工具条上的“显示内存数据”按钮。在弹出对话框中输入内存变量名(或对应地址)，显示方式即可显示指定地址的内存单元。为改变内存窗口显示属性(如数据显示格式，是否对照显示等)，可以在内存显示窗口中单击右键，从关联菜单中选择 Properties 即弹出选项对话框，如图 8-12 所示。

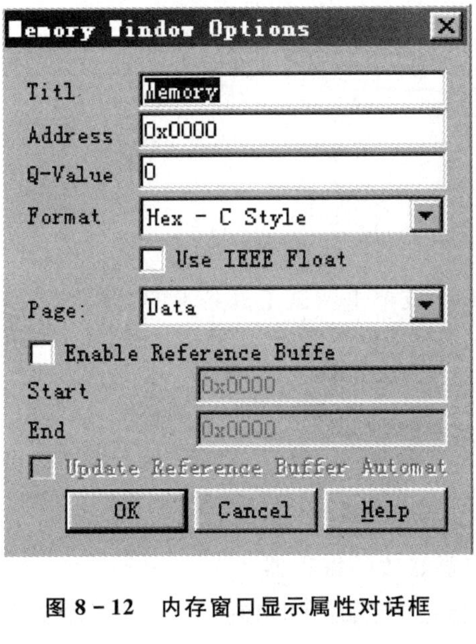

内存窗口选项包括以下内容：

图 8-12　内存窗口显示属性对话框

(1) Address 输入需要显示内存区域的起始地址。

(2) *Q*-Value 显示整数时使用的 *Q* 值(定点位置),新的整数值等于整数除以 2*Q*。

(3) Format 从下拉菜单中选取数据显示的格式。

(4) Use IEEE Float 是否使用 IEEE 浮点格式。

(5) Page 选择显示的内存空间类型,即程序、数据或 I/O。

(6) Enable Reference Buffer 选择此检查框将保存一特定区域的内存数据以便用于比较。例如,用户允许"Enable Reference Buffer"选择,并定义了地址范围为 0x0000~0x002F。此区段的数据将保存到主机内存中。每次用户执行暂停目标板、命中一断点、刷新内存等操作时,编译器都将比较参考缓冲区(Reference Buffer)与当前内存段的内容,数值发生变化的内存单元将用红色突出显示。

(7) Start Address 用户希望保存到参考缓冲区(Reference Buffer)的内存段的起始地址。只有当用户选中"Enable Reference Buffer"检查框时此区域才被激活。

(8) End Address 用户希望保存到参考缓冲区的内存段的终止地址。只有当用户选中"Enable Reference Buffer"检查框时此区域才被激活。

(9) Update Reference Buffer Automatically 若选择此检查框,则参考缓冲区的内容将自动被内存段(由定义参考缓冲区的起始/终止地址所规定的内存区域)的当前内容覆盖。

在"Format"栏下拉条中,用户可以选择多种显示格式显示内存单元。

编辑某一内存单元的方法为:在内存窗口中双击需要修改的内存单元,或者选择命令 Edit→Memory→Edit;在对话框中指定需要修改的内存单元地址和内存空间类型,并输入新的数据值即可。

注意:输入数据前面加前缀"0x"为十六进制,否则为十进制。凡是前面所讲到的需要输入数值(修改地址、数据)的场合,均可以输入 C 表达式。C 表达式由函数名、已定义的变量符号、运算式等构成。下面的例子都是合法的 C 表达式。

例 8-1 C 表达式举例式:

My Function 0x000+2 * 35 * (mydata+10)

(int) MyFunction+0x100

PC+0xl0

3. CPU 寄存器

(1) 显示寄存器

选择命令 View→CPU Registers→CPU Register 或单击调试工具条上的"显示寄存器"按钮。CCS 将在 CCS 窗口下方弹出一寄存器查看窗口。

(2) 编辑寄存器

有 3 种方法可以修改寄存器的值:

① 命令 Edit→Edit Register;

② 在寄存器窗口双击需要修改的寄存器;

③ 在寄存器窗口右击,从弹出的菜单中选择需要修改的寄存器。

3 种方法都将弹出一编辑对话框,在对话框中指定寄存器(如果在"Register"栏中不是所期望的寄存器)和新的数值即可。

4. 编辑变量

命令 Edit→Edit Variable 可以直接编辑用户定义的数据变量，在对话框中填入变量名(Variable)和新的数值(Value)即可。用户输入变量名后，CCS 会自动在 Value 栏中显示原值。注意变量名前应加“*”前缀，否则显示的是变量地址。在变量名输入栏，用户可以输入 C 表达式，也可以采用“偏移地址@内存页”方式来指定某内存单元。例如：*0xl000@prog，0x2000@io 和 0xl000@data 等。

5. 通过观察窗口查看变量

在程序运行中，用户可能需要不间断地观察某个变量的变化情况，即为 CCS 提供了观察窗口(WatchWindow)，并用于在调试过程中实时地查看和修改变量值。

(1) 加入观察变量

选择命令 View→Watch Window 或单击调试工具条上的“打开观察窗口”按钮，则观察窗口出现在 CCS 的下部位置。CCS 最多提供 4 个观察窗口，在每一个观察窗口中用户都可以定义若干个观察变量。有 3 种方法可以定义观察变量：

① 将光标移到观察窗口中，并按“Insert”键，弹出表达式加入对话框，在对话框中填入变量符号即可。

② 将光标移到观察窗口中单击右键，从弹出菜单中选择“Insert New Expression”，在表达式加入对话框中填入变量符号即可。

③ 在源文件窗口或反汇编窗口双击变量，则该变量反白显示；右击选择“Add to Watch Window”，则该变量直接进入当前观察窗口列表。

表达式中的变量符号当作地址还是变量处理，这取决于目标文件是否包含有符号调试信息。若在编译链接时有-g 选项(此意味着包含符号调试信息)，则变量符号当作真实变量值处理，否则作为地址。对于后一种情况，为显示该内存单元的值，应当在其前面加上前缀星号“*”。

(2) 删除某观察变量

有 2 种方法可以从观察窗口中删去某变量：

① 双击观察窗口中某变量，选中后该变量以彩色亮条显示。按“Delete”键，则从列表中删除此变量。

② 选中某变量后右击，再选择“Remove Current Expression”。

(3) 观察数组或结构变量

某些变量可能包含多个单元，如数组、结构或指针等。这些变量加入到观察窗口中时，会有“+”或“-”的前缀。“-”表示此变量的组成单元已展开显示，“+”表示此变量被折叠，组成单元内容不显示。用户可以通过选中变量，然后按回车键来切换这两种状态。

(4) 变量显示格式

用户可以在变量名后边跟上格式后缀以显示不同数据格式。例如：MyVar，x 或 MyVar，d 等。

用户也可以用“快速观察”按钮来观察某变量。有 2 种操作方法：

① 在调试窗口中双击选中需要观察的变量，使其反白。单击调试工具条上的“快速观察”按钮。

② 选中需要观察的变量后，右击从关联菜单中选择“Quick Watch”菜单。

操作完成后,在弹出对话框中单击“Add Watch”按钮,即可将变量加入到观察窗口变量列表中。

8.3.10 数据输入与结果分析

在开发应用程序时,常常需要使用外部数据。例如,用户为了验证某个算法的正确性,需要输入原始数据,DSP 程序处理完后,需要对输出结果进行分析。CCS 提供了 2 种方法来调用和输出数据:

(1) 利用数据读入/写出功能 即调用命令“File→Data(Load/Save)”,该方式适用于偶尔的手工读入和写出数据场合。

(2) 利用探针(Probe)功能 即设置探针,通过将探针与外部文件关联起来读入和写出数据。这种方式适用于自动调入和输出数据场合。

1. 载入/保存数据

“载入/保存数据”功能允许用户在程序执行的任何时刻从外部文件中读入数据或保存数据到文件中。需要注意的是,载入数据的变量应当是预先被定义并且有效的。

(1) 载入外部数据

程序执行到适当时,并需要向某变量定义的缓冲区载入数据时,选择 File→Data→Load 命令,弹出文件载入对话框,选择预先准备好的数据文件。此后,弹出一如图 8-13 所示的对话框。“Address”栏和“Length”栏已被文件头信息自动填入。用户也可以在对话栏中重新指定变量名(或缓冲区首地址)和数据块长度。

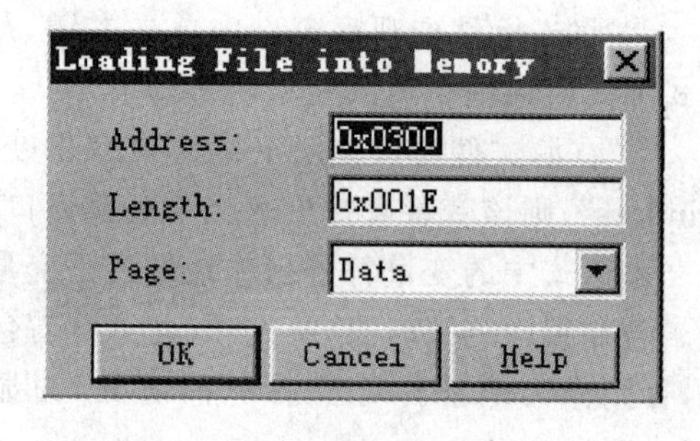

图 8-13 数据载入对话框

(2) 保存数据到文件中

程序执行到适当时候并需要保存某缓冲区时,选择命令 File→Data→Store,弹出一对话框则给出输出文件名。完成后,弹出一“Store Memory into File”对话框。输入需要保存变量名(或数据块首地址)和长度,单击“OK”按钮即可。

2. 外部文件输入/输出

CCS 提供了一种“探针(Probe)”断点来自动读写外部文件。所谓探针是指 CCS 在源程序某条语句上设置的一种断点。每个探针断点都有相应的属性(由用户设置)用来与一个文件的读/写相关联。用户程序运行到探针断点所在语句时,自动读入数据或将计算结果输出到某文件中(依此断点属性而定)。由于文件的读写实际上调用的是操作系统功能,因此不能保证这种数据交换的实时性。有关实时数据交换功能请参考帮助 Help→Tools→RTDX。

使用 CCS 文件输入/输出功能遵循以下步骤:

(1) 设置探针断点 将光标移到需要设置探针的语句上,单击工程工具条上的“设置探针”按钮。光标所在语句被彩色光条高亮显示。取消设置的探针,亦单击取消探针按钮。此操作仅定义程序执行到何时读入或写出数据。

(2) 选择命令“File→File I/O”,显示如图 8-14 所示对话框。在此对话框中选择文件输入或文件输出功能(对应“File Input”和“File Output”标签)。

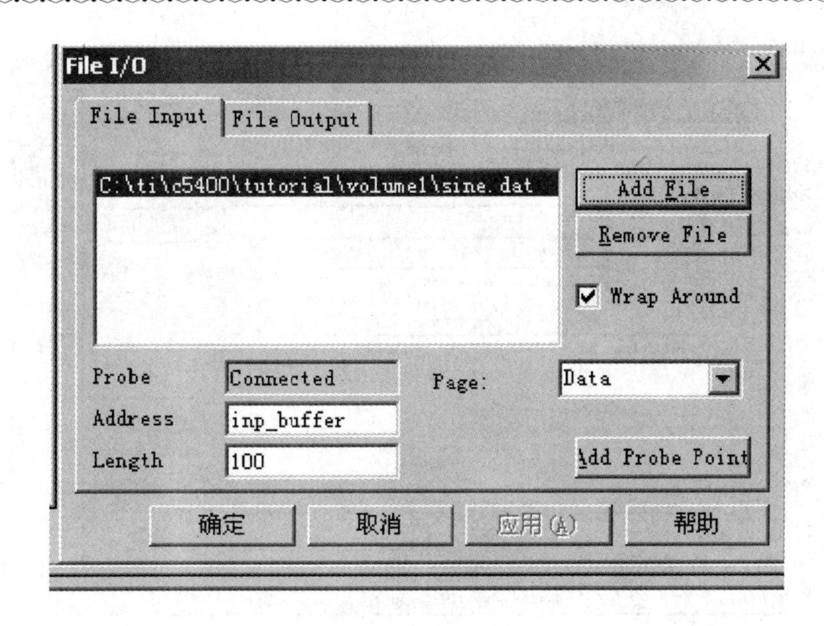

图 8-14　File I/O 对话框

假定用户需要读入一批数据，则在"File Input"标签窗口中单击"Add File"按钮，在对话框指定输入的数据文件。

注意：此时该数据文件并未和探针关联起来，"Probe"栏中显示的是"Not Connected"。

(3) 将探针与输入文件(或者输出文件)关联起来。单击图 8-14 中的"Add Probe Point"按钮，弹出 Break/Probe/Profile Point 对话框。

在"Probe Point"列表中，单击选中需要关联的探针。在本例中只定义了一个探针，故列表中只有一行。从"Connect"一栏中选择刚才加入的数据文件。

单击"Replace"按钮。注意在"Probe Point"列表中显示探针所在的行已与文件对应起来，如图 8-15 所示。

(4) Break/Probe/ProfilePoint 对话框设置完成后，回到"File I/O"对话框。"c:\My Documents\mydata.dat"出现在"File Input"栏。在此对话框中，指定数据读入存放的起始地址(对文件输出为输出数据块的起始地址)和长度。起始地址可以用事先已定义的缓冲区符号代替。数据的长度以 WORD 为单位。对话框中的"Wrap Around"选项是指当读指针到达文件末尾时，是否回到文件头位置重新读入。这在用输入数据产生周期信号场合较为有用。

(5) "File I/O"对话框完成后，单击"OK"按钮，CCS 自动检查用户的输入是否正确。

将探针与文件关联后，CCS 给出如图 8-16 所示的 File I/O 控制窗口。程序执行到探针断点位置调入数据时，其进度会显示在控制窗口内。控制窗口同时给出了若干按钮来控制文件的输入/输出进程。各按钮的作用分别如下所述：

运行按钮　在暂停后恢复数据传输；

停止按钮　终止所有的数据传输进程；

回退按钮　对文件输入，下一采入数据来自文件头位置；对数据输出，新的数据写往文件首部；

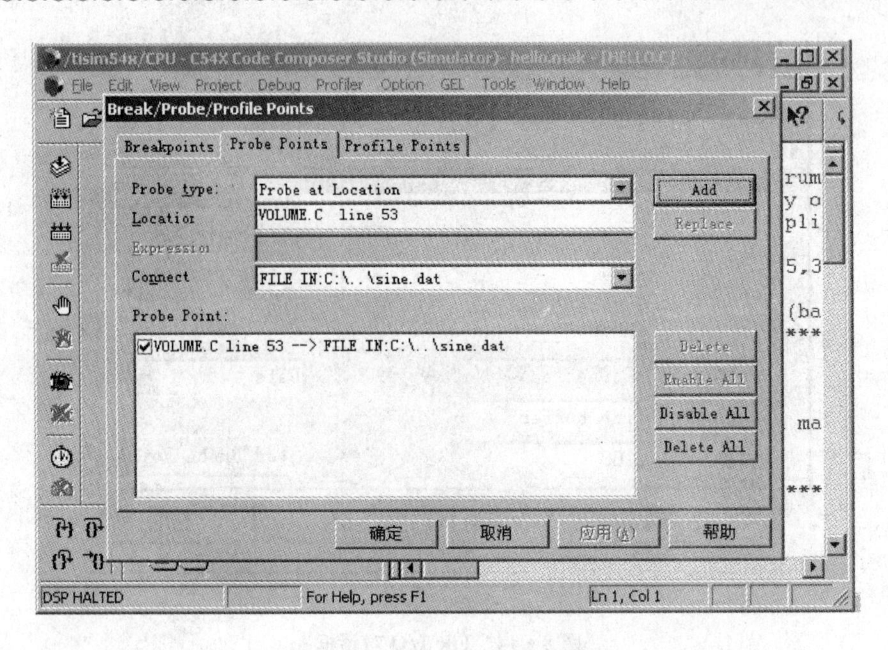

图 8-15 探针断点设置对话框

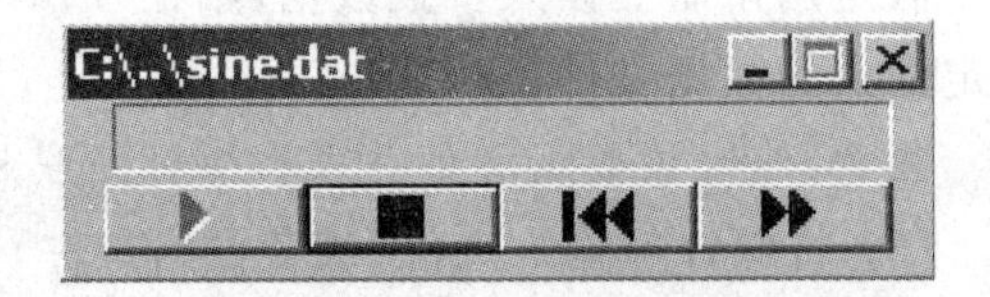

图 8-16 File I/O 控制窗口

快进按钮 仿真探针被执行(程序执行探针所在语句)情形。

3. 数据文件格式

(1) CCS 允许的数据文件格式有两种：

① COFF 格式 二进制的公共目标文件格式，能够高效地存储大批量数据。

② CCS 数据文件 此为字符格式文件，文件由文件头和数据两部分构成。文件头指明文件类型、数据类型、起始地址和长度等信息。其后为数据，每个数据占一行。数据类型可以为十六进制、整数、长整数和浮点数。

(2) CCS 数据文件文件头格式为：

文件类型	数据类型	起始地址	数据页号	数据长度

解释如下：

文件类型 固定为 1 651;

数据类型 取值 1～4，对应类型为十六进制、整数、长整数和浮点数；

起始地址 十六进制，数据存放的内存缓冲区首地址；

数据页号 十六进制，指明数据取自哪个数据页；

数据长度 十六进制，指明数据块长度，以 WORD 为单位。

例 8-2 某 CCS 数据文件的头几行内容。

165 1 2 0 1 200 ;起始地址 0，数据类型为整数，数据长度为 200。

366

—1479

…

…

4. 利用图形窗口分析数据

运算结果也可以通过 CCS 提供的图形功能经过一定处理显示出来，CCS 提供的图形显示包括时频分析、星座图、眼图和图像显示。用户准备好需要显示的数据后，选择命令 View→Graph，设置相应的参数，即可按所选图形类型显示数据。

各种图形显示所采用的工作原理基本相同，即采用双缓冲区（采集缓冲区和显示缓冲区）分别存储和显示图形。采集缓冲区存在于实际或仿真目标板，包含用户需要显示的数据区。显示缓冲区存在于主机内存中，内容为采集缓冲区的复制。用户定义好显示参数后，CCS 从采集缓冲区中读取规定长度的数据进行显示。显示缓冲区尺寸可以和采集缓冲区的尺寸不同，如果用户允许左移数据显示（Left - Shifted Data Display），则采样数据从显示区的右端向左端循环显示。“左移数据显示”特性对显示串行数据特别有用。

CCS 提供的图形显示类型共有 9 种，每种显示所需的设置参数各不相同。限于篇幅，这里仅举时频图单曲线显示设置方法，其他图形的设置参数说明请查阅在线帮助“Help→General Help→How to…→Display Results Graphically”。

选择命令 View→Graph→Time/Frequency，弹出 Time/Frequency 对话框，在“Display Type”中选择“Signal Time”（单曲线显示），则弹出如图 8 - 17 显示参数设置对话框的所示图形。

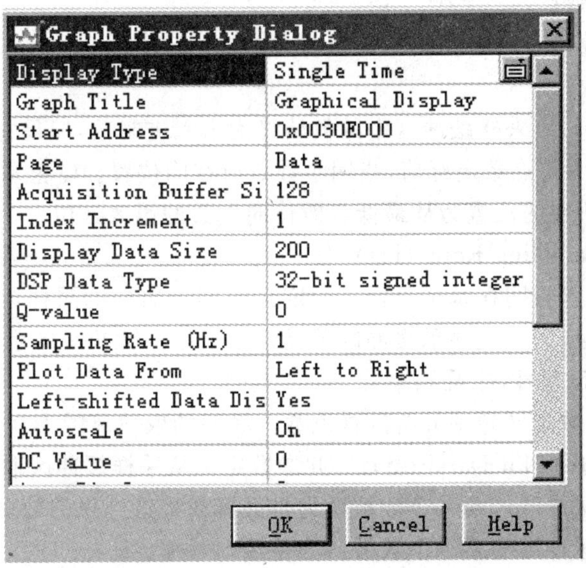

Graph Property Dialog

Display Type	Single Time
Graph Title	Graphical Display
Start Address	0x0030E000
Page	Data
Acquisition Buffer Si	128
Index Increment	1
Display Data Size	200
DSP Data Type	32-bit signed integer
Q-value	0
Sampling Rate (Hz)	1
Plot Data From	Left to Right
Left-shifted Data Dis	Yes
Autoscale	On
DC Value	0

OK　Cancel　Help

图 8 - 17　图形显示参数设置对话框

需要设置的参数解释如下：

(1) 显示类型（DisplayTyPe）　单击“DisplayType”栏区域，则出现显示类型下拉菜单条。单击所需的显示类型，则 Time/Frequency 对话框（参数设置）相应地随之变化。

(2) 视图标题（Graph Title）　定义图形视图标题。

(3) 起始地址（Start Address）　定义采样缓冲区的起始地址。当图形被更新时，采样缓冲区内容亦更新显示缓冲区内容。此对话栏允许输入符号和 C 表达式。当显示类型为“Dual Time”时，需要输入两个采样缓冲区首地址。

(4) 数据页(DataPage) 指明选择的采样缓冲区来自程序、数据,还是I/O空间。

(5) 采样缓冲区大小(Acquisition Buffer Size) 用户可以根据需要定义采样缓冲区的尺寸。例如当一次显示一帧数据时,则缓冲区尺寸为帧的大小。若用户希望观察串行数据,则定义缓冲区尺寸为1,同时允许左移数据显示。

(6) 索引递增(Index Increment) 定义在显示缓冲区中每隔几个数据取一个采样点。

(7) 显示数据尺寸(Display DataSize) 此参数用来定义显示缓冲区大小。一般地说,显示缓冲区的尺寸取决于"显示类型"选项。

对时域图形,显示缓冲区尺寸等于要显示的采样点数目,并且大于等于采样缓冲区尺寸。若显示缓冲区尺寸大于采样缓冲区尺寸,则采样数据可以左移到显示缓存显示。

对频域图形,显示缓冲区尺寸等于FFT帧尺寸,取整为2的幂次。

(8) DSP数据类型(DSPDataType) DSP数据类型可以为:

32比特有符号整数;

32比特无符号整数;

32比特浮点数;

32比特IEEE浮点数;

16比特有符号整数;

16比特无符号整数;

8比特有符号整数;

8比特无符号整数。

(9) Q值(Q-Value) 采样缓冲区中的数始终为十六进制数,但是它表示的实际数取值范围由Q值确定。Q值为定点数定标值,指明小数点所在的位置。Q值取值范围为0~15,假定Q值为xx,则小数点所在的位置为从最低有效位向左数的第××位。

(10) 采样频率(Sampling Rate(Hz))

对时域图形,此参数指明在每个采样时刻定义对同一数据的采样数。假定采样频率为××,则一个采样数据对应××个显示缓冲区单元。由于显示缓冲区尺寸固定,因此时间轴取值范围为0~(显示缓冲区尺寸/采样频率)。

对频域图形,此参数定义频率分析的样点数。频率的取值范围为0到二分之一的采样率。

(11) 数据绘出顺序(Plot DataFrom) 此参数定义从采样缓冲区取数的顺序:

从左至右 采样缓冲区的第一个数被认为是最新或最近到来的数据;

从右至左 采样缓冲区的第一个数被认为是最旧数据。

(12) 左移数据显示(Left-Shifted DataDisplay) 此选项确定采样缓冲区与显示缓冲区的某一边对齐。用户可以选择此特性允许或禁止。若允许,则采样数据从右端填入显示缓冲区。每更新一次图形,则显示缓存数据左移,留出空间填入新的采样数据。

注意:显示缓冲区初始化为0。若此特性被禁止,则采样数据简单地覆盖显示缓存。

(13) 自动定标(Autoscale) 此选项允许Y轴最大值自动调整。若此选项设置为允许,则视图被显示缓冲区数据最大值归一化显示。若此选项设置为禁止,则对话框中出现一个新的设置项"Maximum Y-Value",设置Y轴显示最大值。

(14) 直流量(DC Value) 此参数设置Y轴中点的值,即零点对应的数值。对FFT幅值显示,此区域不显示。

(15) 坐标显示(Axes Display)　此选项设置 X、Y 坐标轴是否显示。

(16) 时间显示单位(Time Display Unit)　定义时间轴单位。可以为秒(s),毫秒(ms),微秒(μs)或采样点。

(17) 状态条显示(Status BarDisplay)　此选项设置图形窗口的状态条是否显示。

(18) 幅度显示比例(Magnitude Display Scale)　有两类幅度显示类型,即线性或对数显示(公式为 20lg(X))。

(19) 数据标绘风格(DataPlot Style)　此选项设置数据如何显示在图形窗口中。

Line:数据点之间用直线相连;

Bar:每个数据点用竖直线显示。

(20) 栅格类型(Grid Style)　此选项设置水平或垂直方向底线显示。有 3 个选项:

No Grid　无栅格;

Zero Line　仅显示 0 轴;

Full Grid　显示水平和垂直栅格。

(21) 光标模式(CursorMode)　此选项设置光标显示类型。有 3 个选项:

No Cursor　无光标;

Data Cursor　在视图状态栏显示数据和光标坐标;

Zoom Cursor　允许放大显示图形。方法:拖动,则定义的矩形框被放大。

8.3.11　评估代码性能

用户完成一个算法设计和编程后,一般需要测试程序效率以便进一步优化代码。CCS 提供了“代码性能评估”工具来帮助用户评估代码性能。其基本方法为:在适当的语句位置设置断点(软件断点或性能断点),当程序执行通过断点时,有关代码执行的信息被收集并统计。用户通过统计信息评估代码性能。

1. 测量时钟

测量时钟用来统计一段指令的执行时间。指令周期的测量随用户使用的设备驱动不同而变化。假若设备驱动采用 JTAG 扫描通道,则指令周期采用片内分析(on - chip analysis)计数。

使用测量时钟的步骤为:

(1) 首先允许时钟计数　选择命令 Profile→Enable Clock,有一选中符号出现在菜单项“Enable clock”前面。

(2) 选择命令 Profile→View Clock　该命令使时钟窗口出现在 CCS 主窗口的下部位置。

(3) 测试 A 和 B 两条指令(B 在 A 之后)之间程序段的执行时间　若测试 A、B 二条指令的时间,应在 B 指令之后至少隔 4 个指令位置设置断点 C,然后在位置 A 设置断点 A,注意先不要在位置 B 设置断点。

(4) 运行程序到断点 A,双击时钟窗口,使其归零,然后清除 A 断点。

(5) 继续运行程序到 C 断点,然后记录 Clock 的值,其值为 A、C 之间程序运行时间 T1。

(6) 用上述方法测量 B、C 断点之间的运行时间 T2,则(Tl－T2)即为断点 A、B 之间的执行时间。用这种方法可以排除由于设置断点引入的时间测量误差。

注意上述方法中设置的是软件断点(有关软件断点的使用见 8.3.7 节)。

选择命令 Profile→Clock Setup 可以设置时钟属性，弹出对话框如图 8-18 所示。

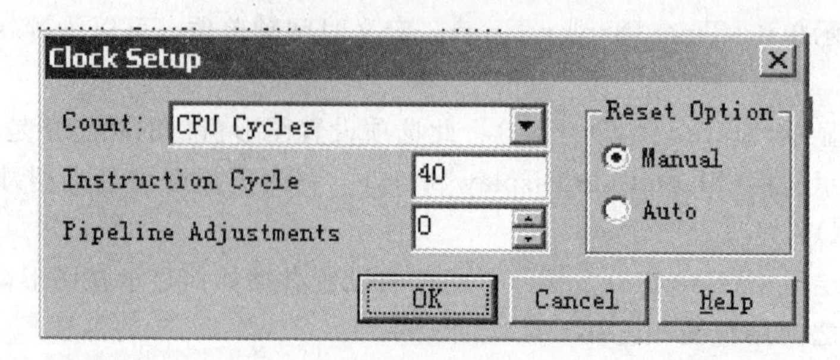

图 8-18　设置时钟属性对话框

对话框中各输入栏解释如下：

● Count　计数的单位。对 simulator，只有 CPU 执行周期(CPU Cycles)选项。

● Instruction Cycle　执行一条指令所花费时间，单位为纳秒(ns)。此设置将周期数转化为绝对时间。

● Pipeline Adjustments　流水线调整花费周期数。当遇到断点或暂停 CPU 执行时，CPU 必须重新刷新流水线，花费一定周期数。为了获得较好精度的时钟周期计数，需要设置此参数。值得注意的是，CPU 的停止方式不同，其调整流水线的周期数亦不同。此参数设置只能提高一定程度的精度。

(7) Reset Option　用户可以选择手工(Manual)或自动(Auto)选项。此参数设置指令周期计数值是否自动复位(清除为0)。若选择"自动"，则 CLK 在运行目标板之前自动清零，否则其值不断累加。

2. 性能测试点

性能测试点(Profile Point)是专门用来在特定位置获取性能信息的断点。在每个性能测试点上，CCS 记录本测试点命中次数以及距上次测试点之间的指令周期数等信息。与软件断点不同的是，CPU 在通过性能测试点时并不暂停。性能测试操作如下：

(1) 设置性能测试点

将光标置在某特定(需要测试位置)源代码行或反汇编代码行上，单击工程工具条上的"设置性能断点"图标，完成后此代码行以彩色光条显示。

(2) 删除某性能测试点

选择命令 Profile→Profile Points，则弹出性能测试点对话框。从 Profile Points 列表中选择需要删除的测量点，单击"Delete"即可。若注意单击对话框中的"Delete All"按钮或工程工具条上的"取消性能断点"图标，则删除所有测试点。

(3) 允许和禁止测试点

测试点设置后，用户可以赋予它"允许"或"禁止"属性。只有当测试点被"允许"后，CCS 才在此点统计相关的性能信息。若测试点不被删除，则它随工程文件保存，在下次调入时依然有效。操作方法为：在上述对话框中单击测试点前面的复选框，有"√"符号表示允许，否则表示禁止。单击"Enable All"或"Disable All"按钮将允许或禁止所有测试点。

3. 显示执行信息

为观察某特定代码段的执行性能，可以在代码段的首尾位置设置性能断点。然后执行程序，估计特定代码段执行完后(或者在代码段尾部设置一软件断点)终止运行，则在统计窗口中出现统计的信息，如图 8－19 所示。

Location	Count	Average	Total	Maxi
0x1436	1842	51416.7	94709651	9461$
0x143A	8	32.0	256	

For Help, press F1　Ln 49, Col 27

图 8－19　统计窗口

右击显示窗，选择菜单 Properties→Display Options 可以设置显示方式，不再赘述。

8.3.12　内存映射

内存映射规定了用户代码和数据在内存空间的分配。一般地说，用户在链接命令文件(.cmd)中定义内存映射表。除此之外，CCS 还提供了在线手段来定义内存映射。用户允许“内存映射”时，CCS 调试器检查每一条内存读写命令，看它是否与定义的内存映射属性相矛盾。若用户试图访问未定义内存或受保护区域，则 CCS 仅显示其默认值，而不访问内存。

1. 查看和定义内存映射

选择命令 Option→Memory Map，弹出如图 8－20 所示对话框。用户可以利用对话框查看和定义内存映射。在默认情况下，“Enable Memory Mapping”复选框是未选中的，目标板上

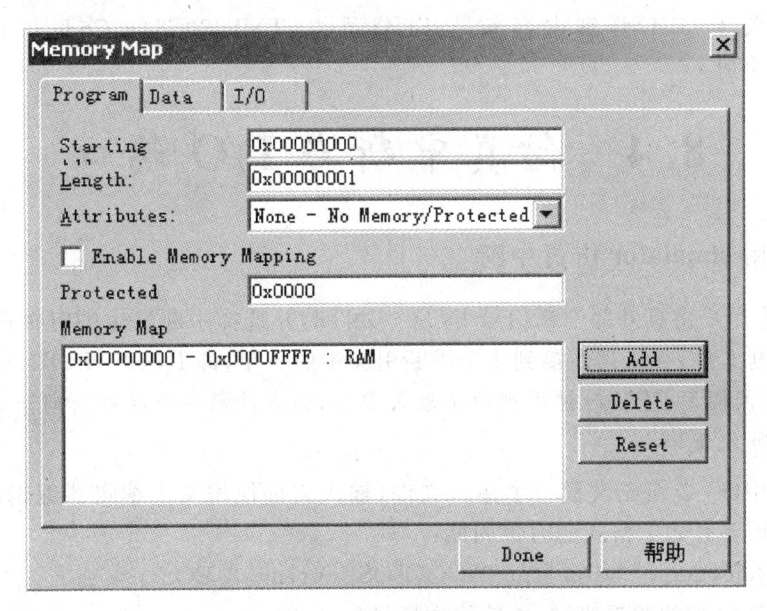

图 8－20　查看和定义内存映射对话框

所有 RAM 都是可有效访问的。为利用内存映射机制，确保“Enable Memory Mapping”复选

框选中(单击复选框,前面出现"√"符号),应选择需要定义的内存空间(代码、数据或I/O)。在"Starting Address"和"Length"栏中输入需要映射的内存块起始地址和长度,选择读/写属性。单击"Add"按钮,则新的内存映射定义被输入。用户也可以选中一个已定义好的内存映射并删除之。

用户新定义的内存区域可以和以前的定义相重叠,重叠部分的属性按新定义来计算。

注意:"Reset"按钮将禁止所有内存单元的读写。

2. 利用GEL来定义内存映射

用户可以利用GEL文件来定义内存映射。在启动CCS时,将GEL文件名作为一个参数引用,则CCS自动调入GEL文件,允许内存映射机制。

下面给出一个利用GEL函数定义内存映射的例子。在本例中,程序空间和数据空间[0x0000~0xF000]内存段被定义为可读可写。

例如:利用GEL函数来定义内存映射。

```
StartUp(
{
GEL_Map On();
GEL_Map Reset();
GEL_Map Add(0,0,0xF000,1,1);
GEL_Map Add(0,1,0xF000,1,1);
```

8.3.13 通用扩展语言GEL

通用扩展语言GEL(general extension language)是一种与C类似的解释性语言。利用GEL语言,用户可以访问实际/仿真目标板,设置GEL菜单选项,特别适用于自动测试和自定义工作空间。关于GEL详细内容参见TI公司的《TMS320C54x Code Composer Studio User's Guide》手册。

8.4 仿真中断与I/O端口

8.4.1 用simulator仿真中断

'C54x允许用户仿真外部中断信号INT0~INT3,并选择中断发生的时钟周期。为此,可以建立一个数据文件,并将其连接到4个中断引脚中的一个,即INT0~INT3,或BIO脚。

注意:时间间隔用CPU时钟周期的函数来表示,仿真从第一个时钟周期开始。

1. 设置输入文件

为了仿真中断,必须先设置一个输入文件(输入文件使用文本编辑器编辑),列出中断间隔。文件中必须要有如下格式的时钟周期:

[clock cycle, logic value]rpt { n |EOS} rpt{n | EOS }

只有使用BIO脚的逻辑值时,才使用方括号。

(1) clock cycle (时钟周期)是指希望中断发生时的CPU时钟周期。可以使用两种CPU时钟周期。

① 绝对时钟周期 其周期值表示所要仿真中断的实际CPU时钟周期：

比如：12、34、56。这分别表示在第12、34和56个CPU时钟周期处仿真中断，对时钟周期值没有操作，中断在所写的时钟周期处发生。

② 相对时钟周期 它相对于上次事件时间的时钟周期：

例如：12 + 34和55。它表示有3个时钟周期，即分别在第12、46（ 12 + 34 ）、55个CPU时钟周期。时钟周期前的加号表示将其值加上前面的总的时钟周期。在输入文件中可以混合使用绝对时钟周期和相对时钟周期。

(2) logic value （逻辑值）只使用于BIO脚。必须使用一个值去迫使信号在相应的时钟周期处置高位或置低位。

比如：[12、1]、[23、0]和[45、1]。这表示BIO脚在第12周期时置高位，在第23周期时置低位，第45周期时又置高位。

(3) rpt { n|EOS}是一个可选参数，代表一个循环修正。可以用两种循环形式来仿真中断：

① 固定次数的仿真 可以将输入文件格式化为将一个特定模式并重复一个固定的次数。

比如：5（ +10 +20 ）和rpt 2。括号中的内容代表要循环的部分，这样在第5个CPU时钟周期仿真一个中断，然后在第15(5+10)、35(15+20)、45(35+10)、65(45+20)个CPU时钟周期仿真中断。其中，n是一个正整数。

② 循环直到仿真的结束 为了将同样的模式在整个仿真过程中循环，加上一个EOS。

比如：10 （ +5 +20 ）rpt EOS。这表示在第10个时钟周期仿真中断，然后是第15（ 10+5)、35 (15 + 20)、40（ 35 + 5)、60（ 40 + 20)、65 (60 +5)以及85（ 65+ 20)，并将该模式持续到仿真结束。

2. 软仿真器编程

建立输入文件后，就可以使用CCS提供的tools→Pin connect 菜单来连接列表及将输入文件与中断脚脱开。使用调试命令单击Tools→Command Window，系统出现图8-21所示窗口：

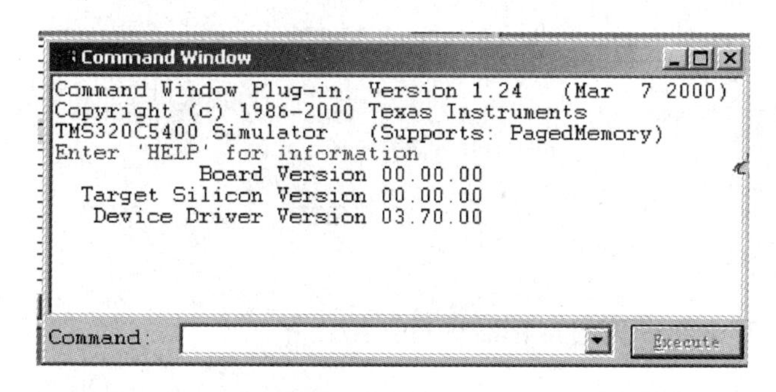

图8-21 调试命令输入窗口

在输入窗口的command处根据需要选择输入如下命令。

(1) pinc 将输入文件和引脚相连

命令格式：pinc引脚名，文件名。

引脚名：确认引脚必须是4个仿真引脚(INT0～INT3)中的一个，或是BIO引脚。

文件名:输入文件名。

(2) pinl　验证输入文件是否连接到了正确的引脚上

命令格式:pinl。

它首先显示所有没有连接的引脚,然后是已经连接的引脚。对于已经连接的引脚,在 Command 窗口,并显示引脚名和文件的绝对路径名。

(3) pind　结束中断,引脚脱开

命令格式:pind 引脚名。

该命令将文件从引脚上脱开,则可以在该引脚上连接其他文件。

3. 实　例

用 Simulator 仿真 INT3 中断,当中断信号到来时,中断处理子程序完成将一变量存储到数据存储区中,中断信号产生 10 次。

(1) 编写中断产生文件

设置一个输入文件,列出中断发生的间隔。在文件 zhongd. txt 中写入 100(+100) rpt 10 之后存盘,此文件与中断的 INT3 引脚连接之后,系统就知道每隔 100 个时钟周期发生一次中断。

(2) 将输入文件 zhongd. txt 连接到中断引脚。

在 Tool→Command 窗口键入 pinc INT3, zhongd. txt,将 INT3 脚与 zhongd. txt 文件连接。

(3) 用汇编语言实现仿真中断

① 编写中断向量表:对于要使用的中断引脚,应正确地配置中断入口和中断服务程序。

在源程序中的中断向量表中写入:

```
        .mmregs
        ;建立中断向量表
        .sect       "vectors"
        .space      93 * 16              ;在中断向量表中预留出一定的空间,使程序能够正确转移
        int3        nop                  ;external interrupt int3
        nop
        nop
        goto        NT3
        nop
        .space      28 * 16              ;68~7F 保留区
```

② 编写主程序

在主程序中,要对中断有关的寄存器进行初始化。

```
 * * * *  主程序 zhong.asm * * * *
        .data
a0      .word       0,0,0,0,0,0,0,0,0,0
        .text
        .global     _main
_main:
        pmst = # 01a0h                   ;初始化 pmst 寄存器
```

```
        sp = # 27FFh              ;初始化sp寄存器
        dp = #0
        imr = # 100h              ;初始化imr寄存器
        arl = # a0
        a = # 9611h
        intm = 0                  ;开中断
wait    nop                       ;等待定时信号
        nop
        goto wait
```

③ 编写中断服务程序

```
* * * * 中断处理子程序 * * * *
NT3:
        nop
        nop
        ( * arl + ) = a
        nop
        nop
        return_enable
        .end
```

在命令窗口键入 reset，然后装入编译和连接好的 *.out 程序并运行，观察运行结果。

8.4.2 用 simulator 仿真 I/O 口

用 simulator 仿真 I/O 口，可分如下 3 步来实现：

① 定义存储器映射方法；

② 连接 I/O 口；

③ 脱开 I/O 口。

实现这些步骤可以使用系统提供的 tools→Port connect 菜单来连接、脱开 I/O 口，也可以选择调试命令来实现。用调试命令单击 Tools→Command Window，系统出现同图 8-21 所示框图，然后在 Command 处根据需要选择输入如下命令。

1. 定义存储器映射方法

定义存储器映射方法可参考 4.7 节，也可以使用调试器的 ma(memory add)命令定义实际的目标存储区域，语法如下：

ma   address,page,length,type

address 定义一个存储器区域的起始地址，此参数可以是一个绝对地址、C 表达式、C 函数名或是汇编语言标号。

page 用来识别存储器类型(程序、数据、或是 I/O)，如表 8-1 所列。

length 定义其长度，可以是任何 C 表达式。

type 说明该存储器的读写类型。该类型必须是表 8-2 关键字中的一个。

表 8-1 page与存储器类型对应关系

用　途	Page 参数
程序存储器	0
数据存储器	1
I/O空间	2

表 8-2 存储器的读写类型对应的关键字

存储器类型	Type 参数
只读存储器	R 或 ROM
只写存储器	W 或 WOM
读写存储器	R|M 或 RAM
读写外部存储器	RAM|EX 或 R|W|EX
只读外部结构	P|R
读写外部结构	P|R|W

例 8-3 利用存储器高速缓存能力为 TMS320C54x 设置存储器映射。

```
ma    0,      0,  0x5000 ,   R|W
ma    0x5000, 0,  0x5000,    R|W
ma    0xa000, 0,  0x5000,    R|W
ma    0xf000, 0,  0x1000,    R|W
```

2. 连接 I/O 口

mc(memory connect)将 P|R，P|W，P|R|W 连接到输入、输出文件。允许将数据区的任何区域(除 0～1f)连接到输入、输出文件来读写数据。语法如下：

mc portaddress，page，length，filename，fileaccess

portaddress 指 I/O 空间或数据存储器的地址。此参数可以是绝对地址、任何 C 表达式、C 函数或汇编语言标号。它必须是先前用 MA 命令定义，并有关键字 P/R(input port)或 P|R|W(input/output port)。为 I/O 口定义的地址范围长度可以是 0x1000 到 0x1FFF 字节，并且不必是 16 的倍数。

page 用来识别此存储器区域的类型(数据或 I/O)，如表 8-3 所列。

表 8-3 page与存储器类型对应关系

所识别的页	Page(相应的页参数)
数据存储器	1
I/O空间	2

length 定义此空间的范围，此参数可以是任何 C 表达式。

filename 可以为任何文件名。从连接口或存储器空间去读文件时，文件必须存在，否则 MC 命令会失败。

fileaccess 识别 I/O 和数据存储器的访问特性，必须为表 8-4 所列关键字的一种。

表8-4　存储器的读写类型对应的关键字

访问文件的类型	访问特性
输入口(I/O空间)	P|R
输入EOF,停止软仿真(I/O口)	R|P|NR
输出口(I/O空间)	P|W
内部只读存储器	R
外部只读存储器	EXIR
内部存储器输入EOF,停止软仿真	R|NR
外部存储器输入EOF,停止软仿真	EX|R|NR
只写内部存储器空间	W
只写外部存储器空间	EX|W

对于I/O存储器空间,当相关的口地址处有读写指令时,说明有文件访问。任何I/O口都可以同文件相连,一个文件可以同多个口相连,但一个口至多与一个输入文件和一个输出文件相连。

如果使用了参数NR,软仿真读到EOF时会停止执行并在COMMAND窗口显示相应信息:

<addr>EOF reached－connected at port (I/O_ PAGE)

或

<addr>EOF reached －connected at location (DATA_PAGE)

此时可以使用MI命令脱开连接,MC命令添加新文件。如果未进行任何操作,输入文件会自动从头开始并继续执行,直到读出EOF。如果未定义NR,则EOF被忽略,执行不会停止。输入文件自动重复操作,软仿真器继续读文件。

例如:设有两个数据存储器块:

```
ma    0x100,1,0x10,EX|RAM;block1
ma    0x200,1,0x10,RAM;block2
```

可以使用MC命令将输入文件连接到块1:

```
mc    0x100,1,0x1,my_input.dat,EX|R
```

可以使用MC命令将输出文件连接到块2:

```
mc    0x205,1,0x1,my_output.dat,W
```

可以使用MC命令,使遇到输入文件中的EOF时暂停仿真器:

mc   0x100,1,0x1,my_input.dat,EX|R|NR 或

mc   0x100,1,0x1,my_input.dat,R|NR

例8-4　将输入口连接到输入文件。

假定in.dat文件中包括的数据是十六进制格式,且一个字写一行,则:

0A00

1000

2000

使用 ma 和 mc 命令来设置和连接输入口：

```
ma   0x50,2,0x1,R|P              ;将口地址 50H 设置为输入口
mc   0x50,2,0x1,in.dat,R         ;打开文件 in.dat,并将其连接到口地址 50
```

假定下列指令是程序中的一部分,则可完成从文件 in.dat 中读取数据：

PORTR 0x050, data_mem ;读取文件 in.dat,并将读取的值放入 DAT-MEM 区

注 意：

(1) 能将文件连接到已设置的区域；

(2) 不能将文件连接到程序存储区域(第 0 页)；

(3) 不能将文件连接数据存储区(第 1 页)的 MMR 核心区域(0x0000 to 0x001F)；

(4) 当将文件连接到一系列区域时：

① 不能逾越存储块界限；

② 两个只读文件不能重叠；

③ 两个只写文件不能重叠。

3. 脱开 I/O 口

使用 md 命令从存储器映射中消去一个口之前,必须使用 mi 命令脱开该口。mi(memory disconnect)将一个文件从一个 I/O 口脱开。其语法如下：

mi port address, page,{R|W|EX}

命令中的口地址和页是指要关闭的口,read/write 特性必须与口连接时的参数一致。

4. 实 例

(1) 编写汇编语言源程序从文件中读数据。

① 定义 I/O 口

使用 ma 指令定义 I/O 口,在 Tools→Command 窗口键入：

```
ma   0x100,2,0x1,P|R             ;定义地址 0x100 为输入端口
ma   0x102,2,0x1,P|W             ;定义地址 0x102 为输出端口
ma   0x103,2,0x1,P|R|W           ;定义地址 0x103 为输入输出端口
```

② 连接 I/O 口:用 mc 指令将 I/O 口连接到输入输出文件。允许将数据区的任何区域(除 00H～1FH)连接到输入、输出文件来读写数据。当连接读文件时应确保文件存在。

```
mc   0x100, 2,0x1,ioread.txt,R
mc   0x102,2,0x1,iowrite.txt,w
```

为了验证 I/O 口是否被正确定义,文件是否被正确连接,在命令窗口使用 ml 命令,simulator 将列出 memory 的配置以及 I/O 口的配置和所连接的文件名。

③ 编写汇编语言源程序从文件中读数据：

```
(*arl+)=port(0x100)   ;将端口 0x100 所连接文件内容读到 arl 寄存器指定的地址单元中
port(0x102)=*arl      ;将 arl 寄存器所指地址的内容写到端口 0x102 连接的文件中
```

(2) 脱开 I/O 口

```
mi 0x100,2,R          ;将 0x100 端口所连接的文件 ioread.txt 从 I/O 口脱开
mi 0x102,2,W          ;将 0x102 端口所连接的文件 iowrite.txt 从 I/O 口脱开
```

注意:必须将 I/O 口脱开,数据才避免丢失。

第 9 章　DSP 技术原理及开发基础实验

9.1　概　述

TI(美国德州仪器半导体公司)生产的数字信号处理器,简称 DSP(digital signal processor)。TMS320 是包括定点、浮点和处理器在内的数字信号处理器(DSPs)系列,其结构尤其适用于做实时信号处理。DSP 是运算密集型的微处理器,这使得 DSP 完成滤波器和 FFT 算法比一般的事务型处理器快得多。DSP 的另一重要特征是采用改进的哈佛结构,具有独立的数据和地址总线,从而使得处理器指令和数据并行,与冯诺·伊曼的结构相比,大大提高了处理效率。

该系列 DSP 具有以下特点:

(1) 灵活的指令系统;

(2) 灵活的操作性能;

(3) 高速的性能;

(4) 改进的哈佛结构;

(5) 低功耗;

(6) 很高的性能价格比。

TMS320 系列中的同一代芯片具有相同的 CPU 结构,但片内存储器和片内外设的配置是不同的。还有一些派生器件使用了存储器和外设新的组合,以适应不同的需要。

该系统以 TI 的 TMS320UC5402 的 DSP 为该实验仪的主体芯片。54 系列 DSP 应用改进的哈佛结构,具有三组数据存储总线、一组程序存储总线、两个数据地址产生器和一个程序地址产生器。这种结构可以同时存取数,适合多操作数运算,从而完成同样的功能所需的周期少。加之 54 系列指令集还包含几条专用指令,包括:单条指令重复和指令块重复、条件指令、FIR(有限脉冲响应)和 LMS(最小均方)滤波器运算指令等。HPI 扩展接口为 8 位,可以与多种处理器相连接。

'C54 系列 DSP 芯片主要用于:数字蜂窝式电话、个人数字助理——商务通(PDA)、数字无绳通信、无线数据通信、IP 电话等低功耗、多算法的场合;尤其是随着第三代移动通信的到来,无线数据业务的应用,应用 54 系列 DSP 这一趋势将会加速。利用 54 系列的 I/O 扩展口进行基本的 I/O 口操作。

实验目标系统标准配置:

(1) TMS320VC5402PGE100 芯片一片;

(2) TL16C550 芯片异步串口实验电路;

(3) 同步串口实验电路;

(4) 64K16 位 RAM;

(5) A/D、D/A 采样芯片 TLC320AD50;

(6) I/O 口的扩展电路；

(7) 语音电路；

(8) CPLD 电路；

(9) HPI 接口；

(10) 直流电动机、步进电动机电路；

(11) 键盘、液晶屏电路；

(12) 数码管、发光二极管电路。

9.2　系统安装和启动

9.2.1　实验系统工作模式

SZ-DSP542A 型 DSP 实验仪只能工作在并口监控模式。实验仪上没有 EEPROM。

(1) 用户做 DSP 实验时，将仿真机的并行电缆插入计算机的打印口，将仿真机的 JTAG 头插进实验仪的仿真头插座 DSP-JTAG 上。注意：插入如果有误，将不能插入。位置如图 9-1 所示。

将电源电缆插入 220 V 交流电压，打开实验仪的电源开关(POWER-SW)至 ON。

注意：POWER-SW 只对±5 V 起开关作用，±12 V 由电源直接输入。打开电源，实验仪上的±5 V、±12 V、3.3 V、1.8 V 灯都应该亮，只要有一个不亮，应立即关闭电源开关，检查连线和电源电压。

TMS	1	2	TRST-
TDI	3	4	GND
PD(V_{cc})	5	6	No pin(key)
TDO	7	8	GND
TCK RET	9	10	GND
TCK	11	12	GND
EMU0	13	14	EMU1

图 9-1　DSP-JTAG 插座示意图

(2) 指示灯正常后，在微型计算机上运行实验调试软件 CCSC5000，下载实验程序。

9.2.2　插座定义

(1) 异步串口模块中的 232-PORT(左上方)为 232 接口，将 9 芯电缆与微型计算机连接可实现 DSP 与微型计算机的数据交换。

(2) 在语音模块中的语音输出处接入耳机的扬声器线，语音输入处接入耳机的送话器线。

(3) 在语音模块中的探钩 IN 为模拟量正极的输入，探钩 AGND 为模拟量负极的输入，探钩 AGND 接示波器的地端，探钩 OUT 接示波器的探头。

(4) HPI-INTERFACE 为 TMS320VC5402 的 HPI 接口(3.3 V 的电平)，HPI-INTERFACE 接口接线示意图如图 9-2 所示。

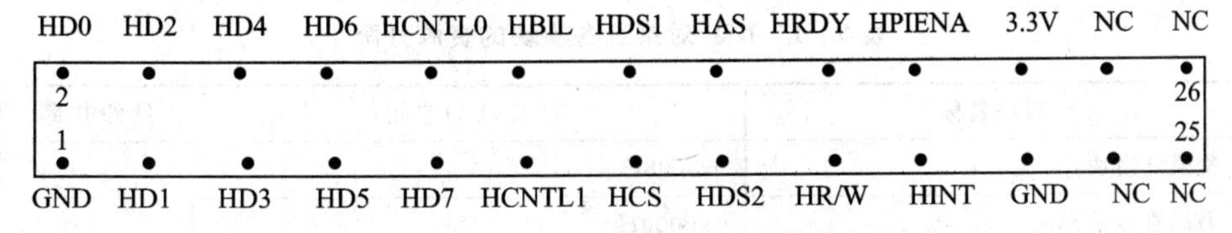

图 9-2　HPI-INTERFACE 接口示意图

(5) 同步串行接口 SPI-1 示意图如图 9-3 所示。

(6) CPLD 的下载口为 CPLD-JTAG1、CPLD-JTAG2,图 9-4 为下载口示意图。

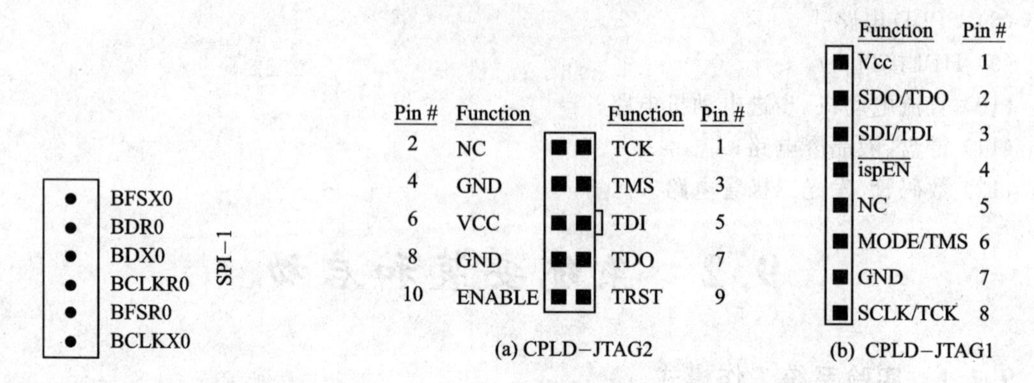

图 9-3 串行接口示意图

图 9-4 CPLD 下载口示意图

9.2.3 实验仪开关和插座状态

(1) 对位于实验仪左下角的跳线 J2,当输入直流模拟信号时应短接 1、2 脚(左边为 1 脚),输入交流信号时则断开 1、2 脚。

(2) 在语音模块中的 K1、K2(位于中间偏下)用于音频与模拟通道的切换:K1 为音频信号或模拟量的输入;K2 为音频信号或模拟量的输出。开关初始状态为闸刀向下(打至模拟通道挡)时,通道为模拟量的输入、输出;当 K1、K2 向上时为音频信号状态。

(3) 在直流电动机模块中的 K1 用于控制直流电动机,当 K1 向上时打开直流电动机的控制信号。

(4) 在电源模块中 POWER-SW 为电源(±5V)开关,当开关打至 ON 时为开。

(5) 在 LCD 模块中的精密电位器 T2 是用于调节 LCD 的对比度,出厂前已经设置好,建议不要轻易去调节。

(6) 在语音模块的电位器 T1 是用于调节语音通道的偏至电压,出厂前已经设置好,建议不要轻易去调节。

(7) CLK1、CLK2、CLK3 为 DSP 的频率跳线(参考 TMS320C5000 系列原理说明书),MP/MC 为 DSP 的工作模式。出厂前已经设置好,建议不要轻易去调节。

(8) 对于其他的上述未提及到的跳线或插座,是供厂家调试用,请勿调节。

9.2.4 DSP 对系统各模块的资源分配

表 9-1 为 DSP 对系统各模块的资源分配。

表 9-1 DSP 对系统各模块的资源分配

模块名称	地 址(I/O 空间)	硬件中 断
交通灯模块	0x5008H	
数码管显示模块	0xB000H	
键盘模块扫描入口地址	0xA008H	INT2

续表 9-1

<table>
<tr><th>模块名称</th><th colspan="4">地 址(I/O 空间)</th><th>硬件中 断</th></tr>
<tr><td>步进电动机模块</td><td colspan="4">0x1008H</td><td></td></tr>
<tr><td>直流电动机模块</td><td colspan="4">0xB007H</td><td></td></tr>
<tr><td>触发开关(红色按纽)INT-KEY</td><td colspan="4"></td><td>INT0</td></tr>
<tr><td rowspan="2">串行通信模块</td><td>DSP 地址线</td><td>A4</td><td>A5</td><td>A6</td><td rowspan="2">INT1</td></tr>
<tr><td>16C550 地址线</td><td>A0</td><td>A1</td><td>A2</td></tr>
<tr><td rowspan="3">液晶显示模块片选 1</td><td rowspan="3">0x600xH</td><td>写数据</td><td colspan="2">0x6009H</td><td rowspan="3"></td></tr>
<tr><td>读状态</td><td colspan="2">0x600aH</td></tr>
<tr><td>写命令</td><td colspan="2">0x6008H</td></tr>
<tr><td rowspan="3">液晶显示模块片选 2</td><td rowspan="3">0x700xH</td><td>写数据</td><td colspan="2">0x7009H</td><td rowspan="3"></td></tr>
<tr><td>读状态</td><td colspan="2">0x700aH</td></tr>
<tr><td>写命令</td><td colspan="2">0x7008H</td></tr>
</table>

数码管的段码由数据线的高 8 位确定。例如:“0”的段码为 0x3F00H,“1”的段码为 0x0600H,“2”的段码为 0x5B00H,“3”的段码为 0x4f00H,依次类推。数码管的位码由数据线的低 3 位经过译码产生。例如:个位的位码为 0x0001H,十位的位码为 0x0002H,依次类推。例如要在个位显示“0”,即往地址 0xB000H 送 0x3F01H。由于位码是经过译码产生且没有锁存,因此在显示时应轮回刷新数码管。

直流电动机的正反转由数据线的 D9、D8 控制。例如:使电动机全速正转,则应往地址 0xB007H 发送数据 0x0200H;若使电动机全速反转,则应往地址 0xB007H 发送数据 0x0100H。

交通灯模块由高 8 位数据线控制。南北红灯 D9、D11 为高,南北黄灯 D9、D11、D13、D15 为高,南北绿灯 D13、D15 为高,东西红灯 D8、D10 为高,东西黄灯 D8、D10、D12、D14 为高,东西绿灯 D12、D14 为高。

9.3　CCS C5000 使用及 DSP 指令实验

一、实验目的

了解 DSP 的结构及引脚功能(参阅 TMS320C5000 系列原理说明书)。

掌握 DSP 的基本指令。

二、实验要求

让学生了解怎样连接对 DSP 进行简单的编程操作,运算控制等基本汇编语言及算术语言实验测试及除错验证。

三、实验说明

DSP 指令实验是对 54 系列 DSP 一个基本的了解实验。主要是熟悉 54 系列的语句,了解 54 系列 DSP 的基本框架,了解 DSP 的特征。该实验所需硬件主要是 TMS320C5402 DSP 芯片,以及发光二极管等演示性电路。

四、实验步骤

安装 CCS 的 Simulator 方式:双击桌面上的 Setup CCS C5000 图标,关闭 Import Configuration 窗口,在 System Configuration 中的 My System 的下面可看到一个类似板卡的图标,如果该图标的名称是“tisim54x”,可直接关闭该窗口,不存盘退出。如果该图标的名称不是“tisim54x”,在该图标上单击右键,选择 remove 删除该结构,然后在 Available Board Types 中双击“tisim54x”的图标(如果有的话),弹出 Board Properties 的对话框,单击“next”、“finish”,然后关闭 Code Composer Setup 窗口,存盘退出即可。如果在 Available Board Types 中没有“tisim54x”的图标,则在右边框内单击“Install a Device Driver”,在路径“c:\ti\driver\”中打开 tisim54x.dvr 文件,在 Available Board Types 中可看到“tisim54x”的图标,然后按上述操作,即生成 CCS 的 Simulator 方式。

(1) 以 Simulator 方式启动 CCS,在[Project]-[Open]菜单中打开 ex1.mak。

(2) 在左边树状列表框内双击[Project]后展开目录树,双击[ex1.asm]打开源程序文件(或者打开自己编写的程序),参考程序中的注释仔细阅读源程序。

(3) 在[Project]-[Build]菜单中编译项目文件,编译成功后在下端的状态窗口中显示 Build Complete,0 Errors,0 Warnings。

(4) 在[File]-[Load Programm]中加载输出执行代码文件 ex1.out,此时,反汇编窗口将显示在前端,当前微型计算机指针为 0000:0080(黄色高亮显示),指令代码将以汇编语言方式显示,可以在反汇编窗口中单击鼠标右键,在弹出菜单中选择[Properties]-[Dis-Assembly Options],打开反汇编选项对话框,在[Dis - Assembly Style]选项中选择[Algebraic],以算术语言方式显示指令代码。注意:此时可能标号显示异常,按 PageUP 再按 PageDown 即可刷新显示)。

(5) 选择[View]-[CPU Registers]-[CPU Register](或单击左边工具栏的快捷按钮)打开处理器映射寄存器窗口。

(6) 选择[View]-[Memory](或单击左边工具栏的快捷按钮),在弹出的[Windows Memory Options]对话框的 Address 文本框中输入 0x0260,Page 下拉框中选中 Data,确定后将打开数据存储器查询窗口,此时数据存储器地址 0x0260～0x0263 将对应 ex1.asm 中声明的标号 DAT0～DAT3 所代表的数据存储空间单元地址。

(7) 调整[Dis-Assembly][memory][CPU Registers]三个窗口的大小,以便于观察。

(8) 依次把光标移动到反汇编窗口中标号为 bk?(? 表示从 0 开始的整数)的标号行下的指令处,选择菜单[Debug]-[Breakpoint](或者单击快捷按钮或双击左键)设置断点,断点设置后,都将以紫色高亮显示。

(9) 选择[Debug]-[Run],也可以按快捷键 F5 或单击快捷按钮执行程序。

(10) 程序将在第一个断点 bk0 处停止,bk0 标号下的指令将以半黄半紫高亮显示,在处理器映射寄存器窗口和数据存储器查询窗口中双击相应操作数的内容,即可进行修改。

注意:如步骤(6)所述,DAT0～DAT3 对应地址为 0X0260～0X0263。试修改下一条指令操作数的内容,然后按 F5 执行程序,再在处理器映射寄存器窗口中或数据存储器查询窗口中观察指令执行结果。

(11) 重复执行(9)、(10)步骤,依次观察加法指令、减法指令、乘法指令、除法指令、平方指令以及 3 数累加宏指令的执行结果。

(12) 上述指令执行完毕后,程序转到 bk0 处,可再次进行熟悉运算控制的实验。

9.4　数据存储器和程序存储器实验

一、实验目的

了解 DSP 内部数据存储器和程序存储器的结构。

了解 DSP 指令的几种寻址方式。

二、实验要求

主要是对外扩数据存储器和程序存储器进行数据的存储、移动。该实验所需要的硬件主要是 DSP、CPLD 和 DRAM。实验过程是：让学生通过 CCSC5000 的 DSP 仿真器对 DSP 进行仿真，向 DSP 外扩 DRAM 写入数据、读数据、数据块的移动，其操作结果通过 CCSC5000 仿真界面进行观察或通过发光二极管观察其正确性。

三、实验步骤

经过了 9.3 节"CCS C5000 使用及 DSP 指令"实验以后，相信各位同学对于 CCS 的基本操作已经了解，故在此不再赘述，现将本实验步骤叙述如下：

(1) 以 Simulator 方式启动 CCS，打开项目文件，编译程序和加载目标代码文件。

(2) 值得注意的是，本实验需要打开 6 个内存窗口：Data 页的 0x1000 起始处、0x2000 起始处、Data 页的 0x3000(stack 段)起始处、0x4000 起始处，Program 页的 0x1f00 起始处和 0x1000 起始处。

(3) 按照 9.3 节"CCS C5000 使用及 DSP 指令"实验的步骤设置断点，观察方法也基本相同。下面仅对各个小段程序进行简要说明：

bk0　通过对 XF 引脚的置位和复位实现发光二极管的闪烁，其中包含有块重复操作，注意观察；

bk1　立即数寻址方式；

bk2　绝对地址寻址方式—数据存储器地址寻址；

bk3　绝对地址寻址方式—程序存储器地址寻址；

bk4　累加器寻址方式；

bk5　直接寻址方式(DP 为基准)；

bk6　直接寻址方式(SP 为基准)；

bk7　间接寻址方式；

bk8　存储器映射寄存器寻址方式；

bk9　堆栈寻址方式；

bk10　将程序存储器 0x1000 为起始地址的 0x100 个字复制到数据存储器的 0x4000 为起始地址的空间中；

bk11　间接寻址(双操作数寻址、循环寻址)，循环缓冲器首地址为 0x1000；

bk12　间接寻址(位倒序寻址)将程序存储器 0x1000 为起始地址的 0x010 个字复制。到数据存储器的 0x3500 为起始地址的空间中，数据存储器寻址为位倒序寻址，步长为 8。

9.5　异步串口实验

一、实验目的

了解 DSP 怎样实现与微型计算机串行通信。

了解 DSP 的软件中断。

掌握 DSP 的 I/O 工作方式。

二、实验要求

实验者应该通过对 DSP 编写程序,实现 DSP 与微型计算机之间能够进行数据交换。DSP 对 TL16C550 的访问方式应该采用查询方式或者中断方式。

三、实验说明

主要是通过对 TL16C550(并联变串联)的访问,使 8 位数据以串行方式与微型计算机进行数据交换。该实验所需的硬件主要是 DSP、CPLD、DRAM、TL16C550 和 232 接口芯片。

四、实现过程

通过仿真器向 DSP 的存储器写入数据、字符,然后将写入的数据和字符移交到 TL16C550,并通过串口向微型计算机发送,在微型计算机能够看到所发送的数据和字符。然后,DSP 等待微型计算机发送数据,DSP 将微型计算机所发的数据返回到微型计算机。

五、实验步骤

(1) 在微型计算机和实验仪上电之前用串口线将实验仪上的“232 接口”和微型计算机的任意一串口连接起来。

(2) 打开计算机与实验仪的电源,对 DSP 编程。

(3) 调试程序,运行 DSP 程序与微型计算机串行通信程序,可在微型计算机串行通信程序(注意要设置好 COM 口和波特率)的接收框内看到 DSP 程序所发送的字符。

(4) 然后通过微型计算机的发送程序向实验仪发送数据或字符,实验仪接收到数据或字符后,将所收到的数据或字符返回到微型计算机,所以在微型计算机串行通信程序的接收框内可以看到所发送的数据或字符。

(5) 如果在调试过程中不能看到第(3)步的结果,可单步跟踪 DSP 程序。

六、程序框图

异步串口实验流程图如图 9-5 所示。

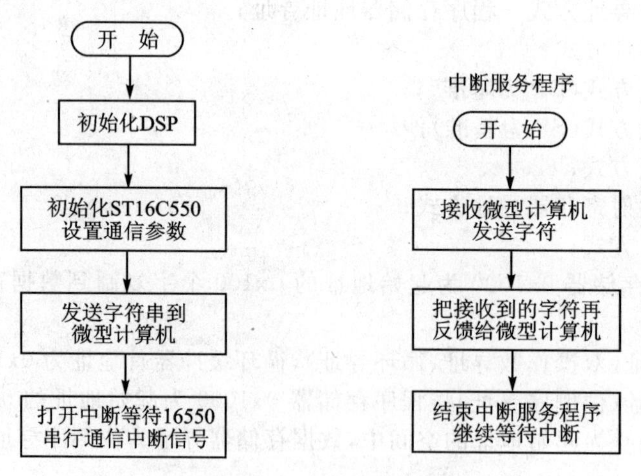

图 9-5 异步串口实验流程图

9.6　硬件中断实验

一、实验目的

掌握 DSP 硬件中断编程方法。

了解数码管的显示原理。

二、实验要求

将实验仪键盘上所对应的数字，通过按键将数字显示到数码管上。

三、实验说明

通过 CPLD 扫描的按键产生一个硬件中断，让学生了解如何处理 DSP 硬件中断。该实验所需的硬件主要是 DSP、CPLD、键盘和数码管。

四、实现过程

编写 DSP 硬件中断程序、按键后响应中断；编写中断服务程序和数码管驱动程序。将所按键的值在数码管上显示出来。

五、程序框图

硬件中断实验流程图如图 9－6 所示。

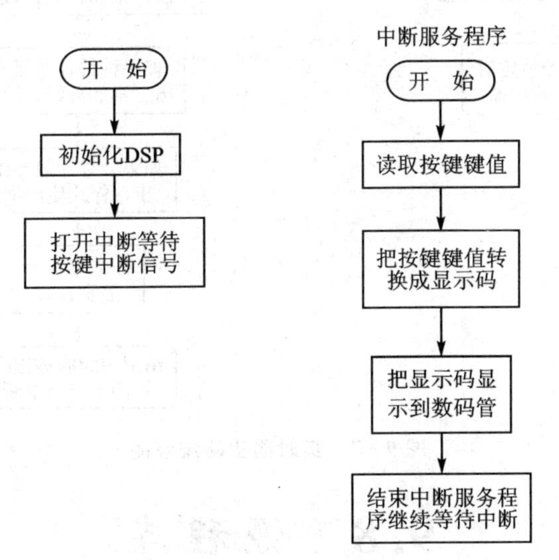

图 9－6　硬件中断实验流程图

9.7　定时器实验

一、实验目的

掌握数码管的显示原理。

了解定时中断的编程方法。

二、实验要求

能较为准确地计时并将分钟、秒钟、十分之一秒、百分之一秒显示到数码管上。

三、实验说明

利用DSP的定时器做时钟，将分钟、秒钟、十分之一秒、百分之一秒显示到数码管上。该实验所需的硬件主要是DSP、CPLD和数码管。

四、实现过程

首先了解TMS320UC5402DSP定时器的工作原理、操作过程，编写定时器初始化程序，通过定时中断服务程序刷新数码管。

五、程序框图

定时器实验流程图如图9-7所示。

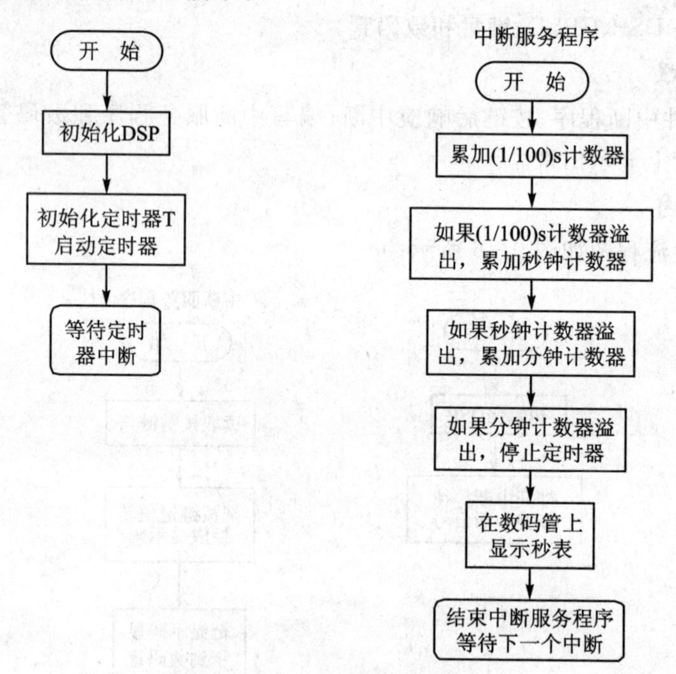

图9-7　实时器实验流程图

9.8　源程序

现将CCS C5000的DSP指令实验、数据存储器和程序存储器实验、异步串行口实验、硬件中断实验和定时器实验的源程序一一列出，供大家学习参考。

1. DSP指令实验的源程序

```
*************************************************
* FileName:       ex1.asm                       *
* Description:    DSP指令实验                    *
*************************************************
        .title      "ex1"
```

```
            .mmregs
            .def _c_int00
DAT0        .SET    60H
DAT1        .SET    61H
DAT2        .SET    62H
DAT3        .SET    63H
ADD3        .MACRO P1,P2,P3,ADDRP             ;三数相加宏定义：ADDRP = P1 + P2 + P3
            LD P1,A
            ADD P2,A
            ADD P3,A
            STL A,ADDRP
            .ENDM
            .text
            _c_int00:
            B start
start:      LD #004H,DP                      ;置数据页指针
            STM #1000H,SP                    ;置堆栈指针
            SSBX INTM                        ;禁止中断
bk0:        ST #0012H,DAT0
            LD #0023H,A
            ADD DAT0,A                       ;加法操作：A = A + DAT0
            NOP
            NOP
            NOP
            NOP
bk1:        ST      #0054H,DAT0
            LD      #0002H,A
            SUB     DAT0,A                   ;减法操作：A = A - DAT0
            NOP
            NOP
            NOP
            NOP
bk2:        ST      #0345H,DAT0
            STM     #0002H,T
            MPY     DAT0,A                   ;乘法操作：A = DAT0 * T
            NOP
            NOP
            NOP
            NOP
bk3:        ST      #1000H,DAT0
            ST      #0041H,DAT1
            RSBX    SXM                      ;无符号除法操作：DAT0 ÷ DAT1 ;
                                             结果：DAT2:商；DAT3:余数
```

```
            LD      DAT0,A
            RPT     #15
            SUBC    DAT1,A
            STL     A,DAT2
            STH     A,DAT3
            NOP
            NOP
            NOP
            NOP
bk4:        ST      #0333H,DAT0
            SQUR    DAT0,A                    ;平方操作：A = DAT0 * DAT0
            NOP
            NOP
            NOP
            NOP
bk5:        ST      #0034H,DAT0
            ST      #0243H,DAT1
            ST      #1230H,DAT2
            ADD3    DAT0,DAT1,DAT2,DAT3       ;三数相加操作：DAT3=DAT0+DAT1+DAT2
            NOP
            NOP
            NOP
            NOP
bk6:        B       bk0                       ;循环执行
            .end
```

2. 数据存储器和程序存储器实验的源程序

```
**********************************************
* FileName:     ex2.asm              *
* Description:  数据存储器和程序存储器实验      *
**********************************************
```

CMD文件：

```
MEMORY
{
    PAGE 0: VECS: origin = 0xff80,     length = 0x80
            PROG: origin = 0x1000,     length = 0x1000

    PAGE 1: DATA1: origin = 0x1000,     length = 0x1000
            DATA: origin = 0x2000,     length = 0x1000
            STACK: origin = 0x3000,     length = 0x1000
}
```

```
SECTIONS
{
    .vectors:     {}    >    VECS      PAGE 0
    .text:        {}    >    PROG      PAGE 0
    circle:       {}    >    DATA1     PAGE1
    .bss:         {}    >    DATA1     PAGE 1
    .data :       {}    >    DATA1     PAGE 1
    stack:        {}    >    STACK     PAGE 1
}
```

5000 系列 DSP 汇编语言：

```
                .title      "ex2"
                .global reset,_c_int00
                .mmregs
                .def    _c_int00
    DAT0        .set     00H
    DAT1        .set     01H
    DAT2        .set     02H
    DAT3        .set     03H
    DDAT0       .set     2004H
    DDAT1       .set     2005H
    DDAT2       .set     2006H
    DDAT3       .set     2007H
    PDAT0       .set     1f00H
    PDAT1       .set     1f01H
    PDAT2       .set     1f02H
    PDAT3       .set     1f03H
                .sect ".vectors"              ;中断向量表
    reset:      B _c_int00                    ;复位向量
                NOP
                NOP
                .space 4 * 126

    circle      .usect "circle", 4
                .bss y,8
                .data
    table       .word 1,2,3,4

    DELAY       .macro COUNT
                STM COUNT,BRC
                RPTB delay?
                NOP
                NOP
```

```
         NOP
         NOP
delay?:  NOP
         .endm
         .text
_c_int00:
         LD #40H,DP                    ;置数据页为 2000H~207FH
         STM      #3000H,SP            ;置堆栈指针
         SSBX     INTM                 ;禁止中断
         STM      #07FFFH,SWWSR        ;置外部等待时间

bk0:     SSBX     XF                   ;置 XF 以实现二极管闪烁
         DELAY    #0FFFFH
         RSBX     XF
         DELAY    #0FFFFH
         SSBX     XF
         DELAY    #0FFFFH
bk1:     ST       #1234H,DAT0          ;立即数寻址
         ST       #5678H, *(DDAT1)
         NOP
         NOP
         NOP
bk2:     MVDK     DAT0,DDAT0           ;绝对地址(dmad)寻址
         MVKD     DDAT1,DAT1
         NOP
         NOP
         NOP
bk3:     MVDP     DAT0,PDAT0           ;绝对地址(dmad)寻址
         MVDP     DAT1,PDAT1
         NOP
         NOP
         NOP
bk4:     LD       #PDAT1,A             ;累加器寻址
         READA    DAT2
         NOP
         NOP
         NOP
bk5:     ST       #3210H,DAT3          ;直接寻址(DP 指针)
         NOP
         NOP
         NOP
bk6:     SSBX     CPL
         NOP
```

```
        NOP
        NOP
        ST      #9876H,DAT3             ;直接寻址(SP 指针)
        NOP
        NOP
        NOP
        RSBX    CPL
        NOP
        NOP
        NOP
bk7:    STM     #DDAT3,AR0              ;间接寻址
        ST      #9876H, *AR0
        NOP
        NOP
        NOP
bk8:    STM     #8888H,T                ;存储器映射寄存器寻址
        NOP
        NOP
        NOP
bk9:    PSHM    T                       ;堆栈寻址
        NOP
        NOP
        POPM    T
        NOP
        NOP
        NOP
bk10:   STM     #4000H,AR0              ;程序存储器到数据存储器的复制
        RPT     #100H
        MVPD    1000H, *AR0+
        NOP
        NOP
        NOP
bk11:   STM     #1,AR0
        STM     #table ,AR4
        STM     #circle,AR2
        STM     #4,BK
        STM     #y, AR3
        RPT     #3
        MVDD    *AR4+, *AR2+0%          ;间接寻址(双操作数寻址、循环寻址)

        RPT     #7
        MVDD    *AR2+0%, *AR3+          ;间接寻址(双操作数寻址、循环寻址)
```

```
bk12:     STM      #8,AR0                    ;程序存储器到数据存储器的复制
          STM      #3500H,AR5
          RPT      #15
          MVPD     1000H, * AR5+0B           ;绝对地址(pmad)寻址、间接寻址(位倒序)
          NOP

bk13:     B _c_int00
          .end
```

3. 异步串行口实验的源程序

```
*********************************************
* FileName:         ex3.asm                 *
* Descriptiion:   异步串行口实验        *
*********************************************
```

CMD 文件:

```
MEMORY
{
    PAGE 0:    VECS:     origin = 0xff80,      length = 0x80
               PROG:     origin = 0x1000,      length = 0x1000

    PAGE 1:    DATA:origin = 0x2000,      length = 0x1000
               STACK:origin = 0x3000,     length = 0x1000
}
SECTIONS
{
    .vectors:     {}>     VECS PAGE 0
    .text:        {}>     PROG PAGE 0
    .data:        {}>     DATA PAGE 1
    .stack:       {}>     STACK PAGE 1
}
```

5000 系列 DSP 汇编语言:

```
                .title       "ex3"
                .global _c_int00
                .mmregs
                .def _c_int00
UART_BASE       .set       0x0000
THR             .set       UART_BASE+0x00
RBR             .set       UART_BASE+0x00
IIR             .set       UART_BASE+0x20
IER             .set       UART_BASE+0x10
FCR             .set       UART_BASE+0x20
```

```
LCR          .set    UART_BASE+0x30
MCR          .set    UART_BASE+0x40
LSR          .set    UART_BASE+0x50
MSR          .set    UART_BASE+0x60
SCR          .set    UART_BASE+0x70
DLL          .set    UART_BASE+0x00
DLM          .set    UART_BASE+0x10
BAUDLOW      .set    60H
BAUDHIGH     .set    61H
BAUDCTL      .set    62H
RDDLM        .set    63H
RDDLL        .set    64H
RDTEMP       .set    65H
IER_ADDR     .set    66H
FCR_ADDR     .set    67H
UART_STATUS  .set    68H
REV_ADDR     .set    69H
SEND_ADDR    .set    6aH
THRE         .set    0x0020
DR           .set    0x0001
LEN          .set    48
             .data
SENDBUF:
             .string "Welcome to use SanZhi DSP Experiment Instruments!"
             .sect ".vectors"
rst:         B _c_int00
             NOP
             NOP
             .space 15 * 4 * 16
int0:        B _comm                        ;ST16550C 中断信号连到外部中断 0
             NOP
             NOP
int1:        B _comm
             NOP
             NOP
int2:        B _comm
             NOP
             NOP
             .space 13 * 4 * 16
             .text
_c_int00:
             LD      #0H,DP
             STM     #3000H,SP
```

```
            STM     #07FFFH,SWWSR
            STM     #28H,AR1                ;设置外部等待时间倍数
            ST      #0001H, * AR1
            SSBX    INTM
            STM     #0000H,CLKMD            ;5 MHz 工作
tst         BITF    CLKMD,#1H
            BC      tst,TC
uart_init:  ST      #00H,IER_ADDR           ;禁止所有中断
            PORTW   IER_ADDR,IER
            ST      #00H,FCR_ADDR           ;禁止 FIFO
            PORTW   FCR_ADDR,FCR
            PORTR   LCR,RDTEMP              ;设置波特率为 9600bps
            ORM     #0080H,RDTEMP
            PORTW   RDTEMP,LCR
            LD      #0018H,A
            AND     #00FFH,A
            STL     A,BAUDLOW               ;置波特率低位
            PORTW   BAUDLOW,DLL
            LD      #00H,A
            STL     A,BAUDHIGH
            PORTW   BAUDHIGH,DLM            ;置波特率高位
            ANDM    #0FF7FH,RDTEMP
            PORTW   RDTEMP,LCR
            LD      #03H,A                  ;8 BIT, 1 STOP, NO PARITY
            STL     A,BAUDCTL
            PORTW   BAUDCTL,LCR
            STM     #SENDBUF,AR0            ;发送字符串
            STM     #LEN,BRC                ;设置字符串长度
            RPTB    LOOP
READY:      PORTR   LSR,UART_STATUS
            BITF    UART_STATUS,THRE
            BC      READY,NTC               ;等待发送完成
            PORTW   * AR0+,THR
LOOP:       NOP
            NOP
            ST      #01H,IER_ADDR           ;打开接收中断
            PORTW   IER_ADDR,IER
            STM     #0ffffH,IFR
            STM     #IMR,AR0
            ORM     #0007H, * AR0
            RSBX    INTM
susp:       NOP
            NOP
```

```
                B        susp                  ;等待接收中断
_comm:          PSHM     08H                   ;接收中断服务程序
                PSHM     09H
                PSHM     0AH
                PSHM     ST0
                PORTR    LSR,UART_STATUS
                BITF     UART_STATUS,DR
                BC       end_comm,NTC
                PORTR    RBR,REV_ADDR          ;把接收到的字符再发送出去
                PORTW    REV_ADDR,THR
end_comm:
                POPM     ST0
                POPM     0AH
                POPM     09H
                POPM     08H
                RETE
                .END
```

4. 硬件中断实验的源程序

```
**********************************************
* FileName:     ex6.asm              *
* Description:  硬件中断实验           *
**********************************************
```

CMD 文件：

```
MEMORY
{
    PAGE 0:VECS:   origin = 0xff80,    length = 0x80
           PROG:   origin = 0x2000,    length = 0x2000
    PAGE 1:DATA:   origin = 0x4000,    length = 0x1000
           DRAM:   origin = 0x5000,    length = 0x1000
           STACK:  origin = 0x2000,    length = 0x1000
}
SECTIONS
{
    .vectors:     {}>     VECS PAGE 0
    .text:        {}>     PROG PAGE 0
    .data:        {}>     DATA PAGE 1
    .bss:         {}>     DRAM PAGE 1
    .stack:       {}>     STACK PAGE 1
}
```

5000 系列 DSP 汇编语言：

```
            .title  "ex6"
            .global _c_int00
            .mmregs
KEY_ADDR    .set    0a008H
D_LED_ADDR  .set    0b000H
KEY_CODE1   .set    60H
KEY_CODE2   .set    61H
CONVERT     .macro      rawdata
            STM #4000H,AR3
            ANDM #001FH,rawdata
            LD rawdata,A
            ADD AR3,A
            STL A,AR3
            nop
            nop
            LD *AR3,A
            STL A,rawdata
            nop
            nop
            nop
            nop
            .endm
            .data
            .word 00H,3F06H,0605H,5B04H,4f03H,6602H,6d01H, 7d06H,0705H,7f04H
            .word 6f03H,07702H,07c01H, 3906H,5e05H,07904H,07103H,8002H
            ;BCD CODE  0  1  2  3  4  5  6  7  8  9  a  b  c  d  e  f  .
            ;hight 8 bit enable,low 8 bit is address
            .sect ".vectors"
rst:        B _c_int00
            NOP
            NOP
            .space 17*4*16
int2:       B _onkey
            NOP
            NOP
            .space 13*4*16
Stack:      .usect ".stack", 1000H

            .text
_c_int00:
            LD        #0h,DP
            STM       #3000H,SP
            SSBX      INTM
```

```
            ssbx      XF
            STM       #07FFFH,SWWSR
            ST        #0000H,KEY_CODE2
            STM       #0ffffH,IFR
            ORM       #0004H,IMR
            RSBX      INTM
susp:       PORTW     KEY_CODE2,D_LED_ADDR         ;显示到数码管
            rpt       #0ffffH
            NOP
            NOP
            B         susp
_onkey:     nop
            rpt       #0ffffH
            nop
            nop
            rpt       #0ffffH
            nop
            nop
            rpt       #0ffffH
            nop
            nop
            rpt       #0ffffH
            nop
            nop
            PORTR     KEY_ADDR,KEY_CODE2           ;读取按键
            CONVERT   KEY_CODE2                    ;将按键码转换成显示码
exit        rpt       #0ffffH
            nop
            nop
            rpt       #0ffffH
            nop
            nop
            rpt       #0ffffH
            nop
            nop
            STM       #0ffffH,IFR
            RETE
            .end
```

5. 定时器实验的源程序

```
*************************************************
* FileName:       ex7.asm          *
* Description:    定时器实验        *
```

```
****************************************************
```

CMD 文件：

```
MEMORY
{
    PAGE 0:VECS:  origin = 0xff80,       length = 0x80
           PROG:  origin = 0x1000,       length = 0x2000
    PAGE 1:DATA:  origin = 0x2000,       length = 0x1000
           STACK: origin = 0x3000,       length = 0x1000
}
SECTIONS
{
    .vectors:     {}>     VECS PAGE 0
    .text:        {}>     PROG PAGE 0
    .data:        {}>     DATA PAGE 1
    .stack:       {}>     STACK PAGE 1
}
```

5000 系列 DSP 汇编语言：

```
            .title "ex7"
            .global _c_int00
            .mmregs
PERSEC      .set      60H
SEC         .set      61H
MIN         .set      62H
STATUS      .set      63H
TMP0        .set      64H
TMP1        .set      65H
TMP         .set      66H
D_LED       .set      0b000H
D_LED0      .set      06H
D_LED1      .set      05H
D_LED2      .set      04H
D_LED3      .set      03H
D_LED4      .set      02H
D_LED5      .set      01H
LED_DISP    .macro hexdata,portaddr
            LD          hexdata,B
            ST          #0Ah,TMP0
            RPT         #15
            SUBC        TMP0,B
            STH         B,TMP0                        ;存放 BCD 码个位
            STL         B,TMP1                        ;存放 BCD 码十位
```

```
            ST          #2000h,AR0
            LD          TMP0,B
            ADD         AR0,B
            STL         B,AR0
            NOP
            NOP
            LD          *AR0,A
            OR          #portaddr+1,A           ;计算位码
            PORTW       AL,D_LED
            rpt         #30000
            nop
            nop
            ST          #2000h,AR0
            LD          TMP1,B
            ADD         AR0,B
            STL         B,AR0
            NOP
            NOP
            LD          *AR0,A
            OR          #portaddr,A             ;计算位码
            PORTW       AL,D_LED
            rpt         #30000
            nop
            nop
            .endm
;段码
            .data
            .word 3F00H,0600H,5B00H,4f00H,6600H,6d00H,7d00H,0700H,7f00H,6f00H
            .sect ".vectors"
rst:        B _c_int00
            NOP
            NOP
            .space 15*4*16
int0:       B keydown
            NOP
            NOP
            .space 2*4*16
tint:       B timeout
            NOP
            NOP
            .space 12*4*16
            .text
_c_int00:
```

```
            LD          #0H,DP
            STM         #4000h,SP
            SSBX        INTM
            RSBX        SXM
            STM         #07FFFH,SWWSR
            stm         #0001h,2BH
            ST          #0h,CLKMD
tst:        BITF        CLKMD,#1H
            BC          tst,TC
            ST          #1087H,CLKMD
            BITF        CLKMD,#1H
            RPT         #0FFH
            NOP
            ORM         #0010H,TCR
            ST          #19999,PRD
            ORM         #0009H,TCR
            ORM         #0020H,TCR
            ST          #0FFFFH,IFR
            ORM         #0009H,IMR
            RSBX        INTM
            ST          #0,PERSEC
            ST          #0,SEC
            ST          #0,MIN
            ST          #1,STATUS
            LED_DISP    PERSEC,D_LED1
            LED_DISP    MIN,D_LED5
            LED_DISP    SEC,D_LED3
            ANDM        #0FFEFH,TCR
Susp        nop
            nop
            nop
            B           susp
Timeout     ADDM        #1,PERSEC
            LD          #100,A
            SUB         PERSEC,A
            BC          secout,ALEQ
            B           exit
secout      ST          #0,PERSEC
            ADDM        #1,SEC
            LD          #60,A
            SUB         SEC,A
            BC          minout,ALEQ
            B           exit
```

```
minout     ST          #0,SEC
           ADDM        #1,MIN
           LD          #100,A
           SUB         MIN,A
           BC          overflow,ALEQ
           B           exit
overflow
           ST          #0,MIN
           ORM         #0030h,TCR                ;Stop and Reload Timer
           ST          #0,STATUS                 ;Set stopfalg
exit       LED_DISP    MIN,D_LED5
           LED_DISP    SEC,D_LED3
           LED_DISP    PERSEC,D_LED1
           RETE
keydown
           ST          0FFFFH,IFR
           ORM         #0030H,TCR
           BITF        STATUS,#1H
           BC          restart,NTC
           RETE
restart    ST          #0,PERSEC
           ST          #0,SEC
           ST          #0,MIN
           LED_DISP    PERSEC,D_LED1             ;刷新(1/100)s 的秒表
           LED_DISP    SEC,D_LED3                ;刷新秒表
           LED_DISP    MIN,D_LED5                ;刷新分钟
           ANDM        #0FFEFh,TCR
           RETE
           .end
```

附录A　TMS320C54x 指令表

助记符方式	代数式方式	说　明	字/周期数
算　术　指　令			
ABDST Xmem，Ymem	Abdst(Xmem，Ymem)	绝对距离	1/1
ABS src[，dst]	Dst＝｜src｜	ACC的值取绝对值	1/1
ADD Smem，src	src＝src＋Smem　src＋＝Smem	操作数与ACC相加	1/1
ADD Smem，TS，src	src＝src＋Smem＜＜TS src＋＝Smem＜＜TS	操作数移位后加到ACC中	1/1
ADD Smem，16，src，[，dst]	Dst＝src＋Smem＜＜16 Dst＋＝Smem＜＜16	把左移16位的操作数加到ACC中	1/1
ADD Smem[，SHIFT]，src，[，dst]	Dst＝src＋Smem[＜＜SHIFT] Dst＋＝Smem[＜＜SHIFT]	把移位后的操作数加到ACC中	2/2
ADD Xmem，SHIFT，src	Src＝src＋Xmem＜＜SHIFT Src＋＝Xmem＜＜SHIFT	把移位后操作数加到ACC中	1/1
ADD Xmem，Ymem，dst	Dst＝Xmem＜＜16＋Ymem＜＜16	两个操作数分别左移16位，然后相加	1/1
ADD　＃1k[，SHIFT]，src[，dst]	Dst＝src＋＃1k[＜＜SHIFT] Dst＋＝＃1k[＜＜SHIFT]	长立即数移位后加到ACC中	2/2
ADD ＃1k，16，src[，dst]	Dst＝src＋＃1k＜＜16 Dst＋＝＃1k＜＜16	把左移16位的长立即数加到ACC中	2/2
ADD src[，SHIFT][，dst]	Dst＝dst＋src[＜＜SHIFT] Dst＋＝src＋[＜＜SHIFT]	移位再相加	1/1
ADD src，ASM[，dst]	Dst＝dst＋src＜＜ASM Dst＋＝src＜＜ASM	移位再相加，移动位数为ASM的值	1/1
ADDC Smem，src	src＝src＋Smem＋CARRY src＋＝Smem＋CARRY	带有进位位的加法	1/1
ADDM ＃1k，Smem	Smem＝Smem＋＃1k Smem＋＝＃1k	把长立即数加到存储器中	2/2
ADDS Smem，src	Src＝src＋uns(Smem) Src＋＝uns(Smem)	不带符号扩展的加法	1/1
DADD Lmem，src[，dst]	Dst＝src＋dbl(Lmem) Dst＋＝dbl(Lmem) Dst＝src＋dual(Lmem) Dst＋＝dual(Lmem)	双精度/双16位加法	1/1

续表

助记符方式	代数式方式	说　明	字/周期数
算　术　指　令			
DADST Lmem,dst	Dst=dadst(Lmem,T)T	T 寄存器和长立即数的双精度/双16位加法和减法	1/1
DELAY Smem	Delay(Smem)	存储器延迟 Smem=Smem+1	1/1
DRSUB Lmem,dst	Src=dbl(Lmem)－src Src=dual(Lmem)－src	长字的双 16 位减法	1/1
DSADT Lmem,dst	Dst=dsadt(Lmem,T)	T 寄存储器和长操作数的双重减法	1/1
DSUB Lmem,src	Src=src-dbl(Lmem) Src=dbl(Lmem) Src=src-dual(Lmem) Src=dual(Lmem)	ACC 的双精度/双 16 位减法	1/1
DSUBT Lmem,dst	Dst=dbl(Lmem)－T Dst=dual(Lmem)－T	T 寄存器和长操作数的双重减法	1/1
EXP src	T=exp(src)	求累加器指数	1/1
FIRS　Xmem,Ymem,pmad	Firs(Xmem,Ymem,pmad)	求对称有限冲击响应滤波器滤波	2/3
LMS Xmem,Ymem	Lms(Xmem,Ymem)	求最小均方值	1/1
MAC[R] Smem,src	Src=rnd(src+T * Smem)	与 T 寄存器相乘再加到 ACC 中，最后凑数	1/1
MAC[R] Xmem,Ymem,src[,dst]	Src=rnd(src+Xmem * Ymem) [,T=Xmem]	双操作数相乘再加到 ACC 中，最后凑数	1/1
MAC #1k,src[,dst]	Dst=src+T * #1k Dst+=T * #1k	T 寄存器与长立即数相乘，再加到 ACC 中	2/2
MAC Smem,#1k,src[,dst]	Dst=src+Smem * #1k [,T=Smem] Dst+=Smem * #1k[,T=Smem]	与长立即数相乘，再加到 ACC 中	2/2
MACA[R] Smem[,B]	B=rnd(B+Smem * hi(A)) [,T=Smem]	与 ACCA 的高端相乘，加到 ACCB 中[凑整]	1/1
MACA[R] T,src[,dst]	Dst=rnd(src+T * hi(A))	TREG 与 ACCA 高端相乘，然后再加到 ACC 中[凑整]	1/1
MACD Smem,pmad,src	Macd(Smem,pmad,src)	与程序存储器值相乘再累加并延迟	2/3
MACP Smem,pmad,src	Macp(Smem,pmad,src)	与程序存储器值相乘再累加	2/3

续表

助记符方式	代数式方式	说明	字/周期数
算术指令			
MACSU Xmem,Ymem,src	Src=src+uns(Xmem) * Ymem [,T=Xmem] Src+=uns(Xmem) * Ymem [,T=Xmem]	带符号和无符号数相乘再累加	1/1
MAS[R] Smem,src	Src=rnd(src−Xmem * Ymem) [,T=Xmem]	与T寄存器相乘再与ACC相减[凑整]	1/1
MAS[R] Xmem,Ymem,src[,dst]	Dst=rnd(src−Xmem * Ymem) [,T=Xmem]	双操作数相乘,再与ACC相减[凑整]	1/1
MASA Smem[,B]	B=Smem * hi(A)[,T=Smem]	从ACCB中减去单数据存储器操作数与ACCA的乘积	1/1
MASA[R] T,src[,dst]	Dst=rnd(src−T * hi(A))	从src中减去ACCA高端并与T寄存器的乘积,[凑整]	1/1
MAX dst	Dst=max(A,B)	求累加器的最大值	1/1
MIN dst	Dst=min(A,B)	求累加器的最小值	1/1
MPY[R] Smem,dst	Dst=rnd(T * Smem)	T寄存器与单数据存储器操作数相乘	1/1
MPY Xmem,Ymem,dst	Dst=Xmem * Ymem[,T=Xmem]	两数据存储器操作相乘	1/1
MPY Smem,#1k,dst	Dst=Smem * #1k[,T=Smem]	长立即数与单数据存储器操作数相乘	2/2
MPY #1k,dst	Dst=T * #1k	长立即数与T寄存器的值相乘	2/2
MPYA Smem	B=Smem * hi(A)[,T=Smem]	单数据存储器操作数与ACCA的高端相乘	1/1
MPYA dst	Dst=T * hi(A)	ACCA的高端与T寄存器的值相乘	1/1
MPYU Smem,dst	Dst=T * uns(Smem)	T寄存器的值与无符号数相乘	1/1
NEG src[,dst]	Dst=−src	求累加器的负值	1/1
NORM src[,dst]	Dst=src<<TS dst=norm(src,TS)	归一化	1/1
POLY Smem	Poly(Smem)	求多项式的值,B=Smem<<16,A=rnd(A * T+B)	1/1
RND src[,dst]	Dst=rnd(src)	对累加器的值凑整	1/1
SAT src	Saturate(src)	对累加器的值进行饱和运算	1/1

续表

助记符方式	代数式方式	说　明	字/周期数
算　术　指　令			
SQDST Xmem,Ymem	sqdst(Xmem,Ymem)	距离的平方,B=B+A(hi) * A(hi),A= Xmem * Ymem	1/1
SQUR Smem,dst	dst=Smem * Smem[,T=Smem]	单数据存储器操作数的平方	1/1
SQUR A,dst	dst=hi(A) * hi(A) dst=square(hi(A))	ACCA 高端的平方值	1/1
SQURA Smem,dst	src=src+square(Smem) [,T=Smem] src+=square(Smem)[,T=Smem] src=src+Smem * Smem [,T=Smem] src+=Smem * Smem[,T=Smem]	平方后累加	1/1
SQURS Smem,src	src=src−square(Smem) [,T=Smem] src−=square(Smem)[,T=Smem] src=src−Smem * Smem [,T=Smem] src−=Smem * Smem[,T=Smem]	平方后作减法	1/1
SUB Smem,src	src=src−Smem　src−=Smem	从累加器中减去一个操作数值	1/1
SUB Smem,TS,src	dst=src−Smem<<TS dst−=Smem<<TS	移动由 T 寄存器的 0～5 位所确定的位数,再与 ACC 相减	1/1
SUB Smem,16,src[,dst]	dst=src−Smem<<16 dst−=Smem<<16	移位 16 位再与 ACC 相减	1/1
SUB　Smem,[SHIFT],src[,dst]	dst=src−Smem[<<SHIFT] dst−=Smem[<<Smem]	操作数移位后再与 src 相减	2/2
SUB Xmem,SHIFT,src	src=src−Xmem[<<SHIFT] src−=Xmem[<<SHIFT]	操作数移位后再与 src 相减	1/1
SUB Xmem,Ymem,dst	dst=Xmem<<16-Xmem<<16	两个操作数分别左移 16 位,再相减	1/1
SUB #1k[,SHIFT],src[,dst]	dst=src−#1k[<<SHIFT] dst−=#1k[<<SHFT]	长立即数移位后与 ACC 作减法	2/2
SUB #1k,16,src[,dst]	dst=src−#1k<<16 dst−=#1k<<16	长立即数左移 16 位后再与 ACC 相减	2/2
SUB src[,SHIFT],[,dst]	dst=dst−src<<SHIFT dst−=src<<SHIFT	移位后的 src 与 dst 相减	1/1
SUB src,ASM[,dst]	dst=dst−src<<ASM dst−=src<<ASM	Src 移动由 ASM 决定的位数再与 dst 相减	1/1

续表

助记符方式	代数式方式	说　明	字/周期数
算 术 指 令			
SUBB Smem,src	src=src－Smem－BORROW Src－=Smem-BORROW	作带借位的减法	1/1
SUBC Smem,src	subc(Smem,src)	条件减法	1/1
SUBS Smem,src	src=src－uns(Smem) src－=uns(Smem)	与ACC作无符号的扩展减法	1/1
逻 辑 指 令			
AND Smem,src	src=src&Smem　src&=Smem	单数据存储器操作数和ACC相与	1/1
AND#1k[,SHIFT],src[,dst]	dst= src& #1k[<<SHIFT] dst&=#1K[<<SHIFT]	长立即数移位后和ACC的值相与	2/2
AND #1k,16,src[,dst]	dst=srck<<16 dst&=#1K<<16	长立即数左移16位后和ACC的值相与	2/2
AND src[,SHIFT][,dst]	dst=dst&src[<<SHIFT] dst&=src[<<SHIFT]	源累加器移位后与目的累加器的值相与	1/1
ANDM #1k,Smem	smem=Smemk smem&=#1k	单数据存储器操作数和长立即数相与	2/2
BIT Xmem,BITC	TC=bit(Xmem,bit-code)	测试指定位	1/1
BITF Smem,#1k	TC=bitf(Smem,#1k)	测试由立即数指定的位域	2/2
BITT Smem	TC=bitt(Smem)	测试由T寄存器指定的位	1/1
CMPL src[,dst]	Dst=～src	求累加器的反码	1/1
CMPM Smem,#1k	TC=(Smem==#1k)	比较单数据存储器操作数和立即数的值	2/2
CMPR CC,ARx	TC=(AR0= =ARx) TC=(AR0>ARx) TC=(AR0<ARx) TC=(AR0! =ARx)	辅助寄存器ARx与AR0相比较	1/1
OR Smem,src	src=src|Smem　src|=Smem	单数据存储器操作数与ACC的值相或	1/1
OR #1k[,SHIFT],src[,dst]	dst= |src|#1k[<<SHIFT] dst|=#1k[<<SHIFT]	长立即数移位后与ACC的值相或	2/2
OR #1k,16,src[,dst]	dst=src|#1k<<16	长立即数左移16位后与src的值相或	2/2
OR src[,SHIFT],[,dst]	dst=dst|src[<<SHIFT]	src移位后与dst相或	1/1
ORM #1k,Smem	Smem=Smem|#1k	单数据存储器操作数与一常数相或	2/2

续表

助记符方式	代数式方式	说 明	字/周期数
逻 辑 指 令			
ROL SRC	src=src\\CARRY	累加器循环左移	1/1
ROLTC src	roltc(src)	累加器TC进行循环左移	1/1
ROR src	src=src//CARRY	累加器循环右移	1/1
SFTA src,SHIFT[,dst]	dst=src<<CSHIFT	累加器算术移位	1/1
SFTC src	shiftc(src)	累加器条件移位	1/1
SFTL src,SHIFT[,dst]	dst=src<<SHIFT	累加器逻辑移位	1/1
XOR Smem,src	src=src^Smem	操作数与ACC异或	1/1
XOR #1k[,SHFT],src[,dst]	dst=src^#1k[,SHFT]	长立即数移位与ACC异或	2/2
XOR #1k,16,src[,dst]	dst=src^#1k<<16	长立即数左移16位后与ACC异或	2/2
XOR src[,SHIFT][,dst]	dst=dst^src[<<SHIFT]	src移位后与dst相异或	1/1
XORM #1k,Smem	Smem=Smem^#1k	存储器操作数和长立即数异或	2/2
程 序 控 制 指 令			
B[D] Pmad	goto pmad dgoto pmad	可选择延迟的无条件转移	2/4 2/2
BACC[D] src	goto src dgoto src	指令指针指向ACC中的地址,可选择延迟	1/6 1/4
BANZ[D] Pmad,Sind	If(Sind! =0)goto pmad If(Sind! =0)dgoto pmad	当AR(ARP)不为0时转移,可选择延迟	2/4 2/2
BC[D] pmad, cond [, cond [, cond]]	If(cond[,cond[,cond]]) [d]goto pmad	可选择延迟的条件转移	2/5 3/3
CALL[D] src	Call src Dcall src	调用起始地址为ACC值的子程序,可选择延迟	1/6 1/4
CALL[D] pmad	Call pmad Dcall pmad	非条件调用,可选择延迟	2/4 2/2

CC[D] pmad, cond [, cond [, cond]]	If (cond[,cond[,cond]]) callPmad
	If(cond[cond[,cond]])
	dcall pmad
		条件调用,可选择延迟	2/5 3/3

FB[D] extpmad	Far goto extpmad Far dgoto src	非条件远程转移,可选择延迟	2/4 2/2
FBACC[D] src	Far goto src Far dgoto src	远程转移到为址到ACC值的单元	1/6 1/4
FCALA[D] src	Far call src Far dcall src	远程转移为地址到ACC值的程序,可选择延迟	1/6 1/4
FCALL[D] extpmad	Far call extpmad Far dcall extpmad	非条件远程调用,可选择延迟	2/4 2/2
FRAME k	SP=SP+k SP+=k	堆栈指针偏移立即数值	1/1
FRET[D]	Far return Far dreturn	远程返回,可选择延迟	1/6 1/4

续表

助记符方式	代数式方式	说　明	字/周期数
程序控制指令			
FRETE[D]	Far return_enable Far dreturn_enable	远程返回且允许中断,可选择延迟	1/6　1/4
IDLE K	Idle(k)	保持空闲状态直到有中断产生	1/4
INTR k	Int(k)	软件中断	1/3
MAR Smem	Mar(Smem)	修改辅助寄存器	1/1
NOP	Nop	无任何操作	1/1
POPD Smem	Smem=pop()	把数据从栈顶弹入到数据存储器	1/1
POPM MMR	MMR=pop() Mmr(MMR)=pop()	把数据从栈顶弹入到存储器映射寄存器中	1/1
PSHD Smem	Push(Smem)	把数据存储器压入堆栈	1/1
PUSHM MMR	Push(MMR) Push(mmr(MMR))	把存储器映射寄存器值压入堆栈	1/1
RC[D]　cond[,cond[,cond]]	If(cond[cond[cond]])　return If(cond[cond(cond)])　dreturn	条件返回,可选择返回	1/5　3/3
RESET	Reset	软件复位	1/3
RET[D]	Return　Dreturn	可选择延迟的返回	1/5　1/3
RETE[D]	Return_enable　Dreturn_enable	返回并允许中断,可选择中断	1/5　1/3
RETF[D]	Return_fast　Dreturn_fast	快速返回并允许中断,可选择中断	1/3　1/1
RPT Smem	Repeat(Smem)	循环执行下一条指令,计数器为单数据存储器操作	1/1
RPT #k	Repeat (#k)	循环执行下一条指令,计数器为短立即数	1/1
RPT #1k	Repeat #1k	循环执行下一条指令,计数器为长立即数	2/2
RPTB[D] pmad	Blockrepeat(pmad) Dblockrepeat(pmad)	可选择延迟的块循环	2/4 2/2
RPTZ dst,#1k	Repeat(#1k),dst=0	循环执行下一条指令并对 ACC 清 0	2/2
RSBX N,SBIT	SBIT=0　ST(N,SBIT)=0	状态寄存器复位	1/1
SSBX N,SBIT	SBIT=1　ST(N,SBIT)=1	状态寄存器置位	1/1
TRAP K	Trap(k)	软件中断	1/3
XCN,cond[cond[cond]]	If(cond[cond[cond]])　Execute(n)	条件中断	1/1
装入和存储指令			
CMPS src,Smem	Cmps(src,Smem)	比较,选择并存储最大值	1/1

续表

助记符方式	代数式方式	说　明	字/周期数
装　入　和　存　储　指　令			
DLD Lmem,dst	Dst=dbl(Lmem) Dst=dual(Lmem)	把长字装入累加器	1/1
DST src,Lmem	Dbl(Lmem)=src Dual(Lmem)=src	把累加器值存放到长字中	1/2
LD Smem,dst	Dst=dbl(Lmem) Dst=dual(Lmem)	把操作数装入累加器	1/1
LD Smem,TS,dst	Dst=Smem<<TS	操作数移动由 T 寄存器位(5～0)决定的位数后装入 ACC	1/1
LD Smem,16,dst	Dst=Smem<<16	操作数左移 16 位后装入 ACC	1/1
LD Smem,[SHIFT],dst	Dst=Smem[<<SHIFT]	操作数移位后装入 ACC	2/2
LD Xmem,SHIFT,dst	Dst=Xmem[<<SHIFT]	操作数 Xmem 移位后装入 ACC	1/1
LD #K,dst	Dst=#k	把短立即操作数装入 ACC	1/1
LD #1k [SHIFT],dst	Dst=#1k[<<SHIFT]	把长立即数移位后装入 ACC	2/2
LD #1k,16,dst	Dst=#1k<<16	把长立即数左移 16 位后装入 ACC	2/2
LD src,ASM,[dst]	Dst=src<<ASM	累加器移动由 ASM 的位数决定	1/1
LD src[SHIFT][dst]	Dst=src[<<SHIFT]	累加器移位	1/1
LD Smem,T	T=Smem	把单数据存储器操作数装入 T 寄存器	1/1
LD Smem,DP	DP=Smem	把单数据存储器操作数装入 DP	1/3
LD #k9,DP	DP=#k9	把 9 位操作数装入 DP	1/1
LD #K5,ASM	ASM=#k5	把 5 位操作数装入累加器移位方式寄存器中	1/1
LD #K3,ARP	ARP=#k3	把 3 位操作数装入到 ARP 中	1/1
LD Smem,ASM	ASM=Smem	把操作数位 4～0 装入 ASM	1/1
LD Xmem,dst ‖ MAC[R] Ymem,dst	Dst=Xmem[<<16] ‖ dst_=[md](dst_+T * Ymem)	装入和乘/累加操作并执行,可凑整	1/1
LD Xmem,dst ‖ MAS[R] Ymem,dst	Dst=Xmem[<<16] ‖ dst_=[md](dst_-T * Ymem)	装入和乘/减法并执行	1/1
LDM MMR ,dst	Dst=MMR Dst=mmr(MMR)	把存储器映射寄存器值装入到累加器中	1/1
LDR Smem,dst	Dst=Md(Smem)	把存储器装入到 ACC 的高端	1/1
LDU Smem,dst	Dst=uns(Smem)	把不带符号的存储器值装入到累加器中	1/1
LTD Smem	Ltd(Smem)	把单数据存储器值装入到 T 寄存器并插入延迟	1/1

续表

助记符方式	代数式方式	说　明	字/周期数
装 入 和 存 储 指 令			
SACCD src,Xmem,cond	If(cond) Xmem=hi(src)<<ASM	条件存储累加器的值	1/1
SRCCD Xmem,cond	If(cond) Xmem=BRC	条件存储块循环计数器	1/1
ST T,Smem	Smem=T	存储 T 寄存器的值	1/1
ST TRN,Smem	Smem=TRN	存储 TRN 的值	1/1
ST #1K,Smem	Smem=#1k	存储长立即操作数	2/2
STH src,Smem	Smem=hi(src)	把累加器的高端值存放到数据存储器中	1/1
STH src,ASM,Smem	Smem=hi(src)<<ASM	ACC 的高端值移动由 ASM 决定的位后存放到数据存储器中	1/1
STH src SHIFT,Xmem	Xmem=hi(src)<<SHIFT	ACC 的高端值移位后存放到数据存储器中	1/1
STH src[SHIFT],[Smem]	Smem=hi(src)<<SHIFT	ACC 的高端值移位后存放到数据存储器中	2/2
ST src,Ymem ‖ ADD Xmem,dst	Ymem=hi(src)[<<ASM] ‖ dst=dst_+Xmem<<16	存储 ACC 和加法并行执行	1/1
ST src,Ymem ‖ LD Xmem,dst	Ymem=hi(src)[<<ASM] ‖ dst=Xmem<<16	存储 ACC 和装入到累加器中并行执行	1/1
ST src,Ymem ‖ LD Xmem,T	Ymem=hi(src)[<<ASM] ‖ T=Xmem	存储 ACC 和装入到 T 寄存器中并行执行	1/1
ST src,Ymem ‖ MAC[R] Xmem,dst	1:Ymem = hi(src)[<<ASM] ‖ dst=dst+T * Xmem 2:Ymem=hi(src)[<<ASM] ‖ dst=md(dst+T * Xmem)	存储和乘/累加并行执行	1/1
ST src,Ymem ‖ MAS[R] Xmem,dst	1:Ymem=hi(src)[<<ASM] ‖ dst=dst−T * Xmem 2:Ymem=hi(src)[<<ASM] ‖ dst=md(dst−T * Xmem)	存储和乘/减法并行执行	1/1
ST src,Ymem ‖ MPY Xmem,dst	Ymem=hi(src)[<<ASM] ‖ dst=T * Xmem	存储和乘法并行执行	1/1
ST src,Ymem ‖ SUB Xmem,dst	Ymem=hi(src)[<<ASM] ‖ dst=Xmem<<16−dst	存储和减法并行执行	1/1
STL src,Smem	Smem=src	把累加器的低端存放到数据存储器中	1/1

续表

助记符方式	代数式方式	说　明	字/周期数
装 入 和 存 储 指 令			
STL src,ASM,Smem	Smem=src<<ASM	累加器的低端移动 ASM 决定的位数后存放到数据存储器中	1/1
STL src,SHIFT,Xmem	Xmem=src<<SHIFT	ACC 的低端移位后存放到数据存储器中	1/1
STL src,[SHIFT],Smem	Smem=src<<SHIFT	ACC 的低端移位后存放到数据存储器中	2/2
STLM src,MMR	1:mmr=src 2:mmr(MMR)=src	把累加器的低端存放到存储器中	1/1
STM #1k,MMR	1:mmr=#1k 2:mmr(MMR)=#1k	把累加器的低端存放到存储器映射寄存器中	2/2
STRCD Xmem,cond	If(cond) Xmem=T	条件存储 T 寄存器的值	1/1
MVDD Xmem,Ymem	Ymem=Xmem	在数据存储器内部传送的值	1/1
MVDK Smem,dmad	Data(dmad)=Smem	目的地址寻址的数据转移	2/2
MVDM dmad,MMR	1:MMR=data(dmad) 2:mmr(MMR)=data(dmad)	把数据转移到存储器映射寄存器中	2/2
MVDP Smem,pmad	Prog(pmad)=Smem	把数据转移到程序存储器中	2/4
MVKD dmad,Smem	Smem=data(dmad)	源地址寻址的数据转移	2/2
MVMD MMR,dmad	1:data(dmad)=MMR 2:data(dmad)=mmr(MMR)	将存储器映射寄存器值转移到数据存储器中	2/2
MVMM MMRx,MMRy	1:MMRy=MMRx 2:mmr(MMRy)=mmr(MMRx)	在存储器映射寄存器之间转移数据	1/1
MVPD pmad,Smem	Smem=prog(pmad)	把程序存储器值转移到数据存储器中	2/3
READA Smem	Smem=prog(A)	把由 ACCA 寻址的程序存储器单元的值读到数据单元中	1/5
WRITA Smem	prog(A)=Smem	把数据单元中的值写到由 ACCA 寻址的程序存储器中	1/5
PORTR PA,Smem	Smem=port(PA)	从端口把数据读入到数据存储器单元中	2/2
PORTW Smem,PA	Port(PA)=Smem	把数据存储器单元中数据写到端口	2/2

附录B TMS320 系列产品命名

TMS320 系列产品命名方法：

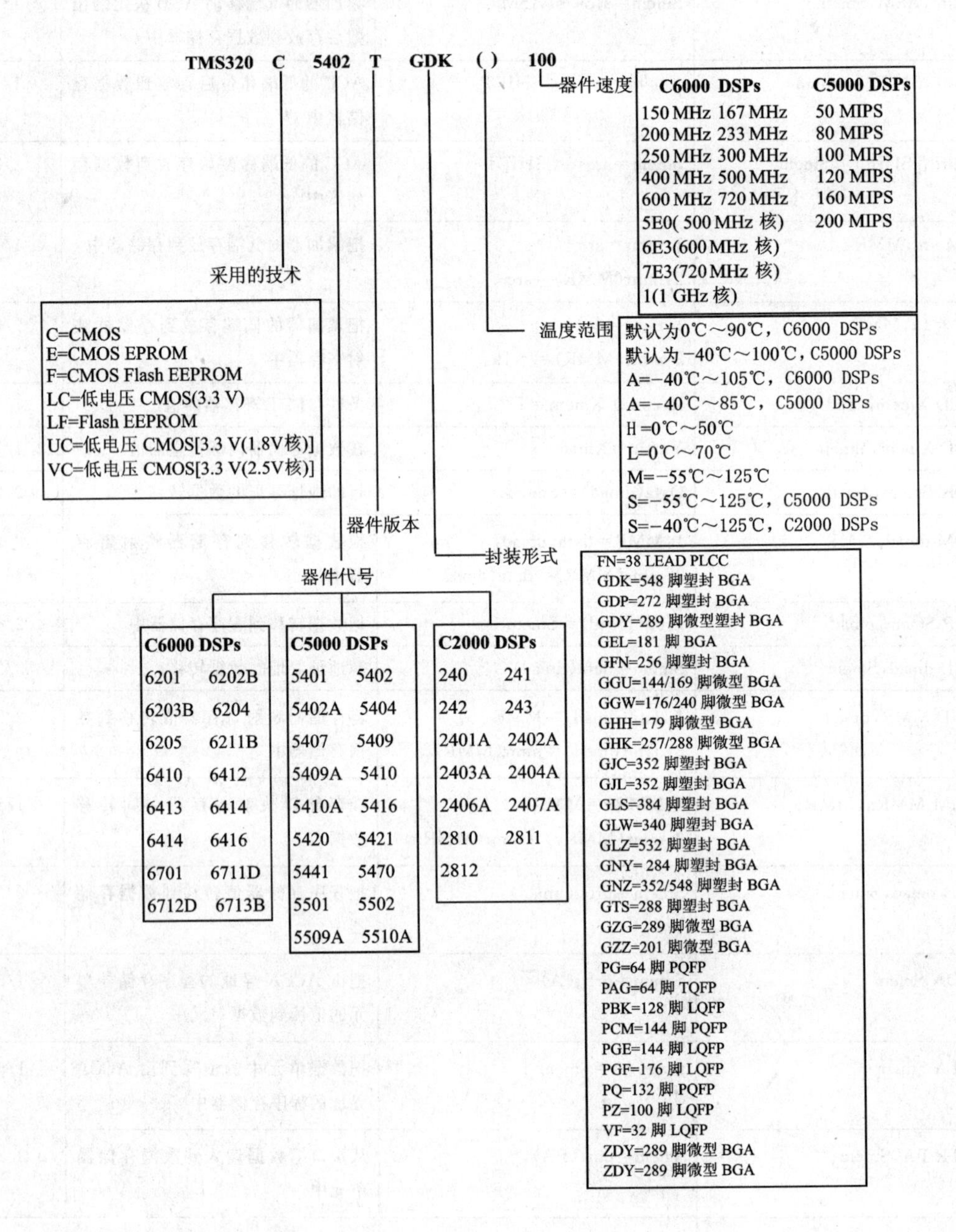

附录C 条件指令所用到的条件和相应的操作数符号表

条 件	说 明	操作数
A=0	累加器 A 等于 0	AEQ
B=0	累加器 B 等于 0	BEQ
A≠0	累加器 A 不等于 0	ANEQ
B≠0	累加器 B 不等于 0	BNEQ
A<0	累加器 A 小于 0	ALT
B<0	累加器 B 小于 0	BLT
A≤0	累加器 A 小于等于 0	ALEQ
B≤0	累加器 B 小于等于 0	BLEQ
A>0	累加器 A 大于 0	AGT
B>0	累加器 B 大于 0	BGT
A≥0	累加器 A 大于等于 0	AGEQ
B≥0	累加器 B 大于等于 0	BGEQ
OVA=1	累加器 A 溢出	AOV
OVB=1	累加器 B 溢出	BOV
OVA=0	累加器 A 不溢出	ANOV
OVB=0	累加器 B 不溢出	BNOV
C=1	ALU 进位位置 1	C
C=0	ALU 进位位清 0	NC
TC=1	测试/控制标志位值 1	TC
TC=0	测试/控制标志位清 0	NTC
BIO 低	$\overline{\text{BIO}}$信号为低电平	BIO
BIO 高	$\overline{\text{BIO}}$信号为高电平	NBIO
无	无条件操作	UNC

参考文献

[1] TMS320C54x Instruction Set Simulator Technical Overview (Rev. A)(spru598a. pdf). Texas Instruments.

[2] TMS320C54x Optimizing C/C++ Compiler User's Guide (Rev. G) (spru103g. pdf). Texas Instruments,17 Oct 2002.

[3] TMS320C54x Assembly Language Tools User's Guide (Rev. F) (spru102f. pdf). Texas Instruments,30 May 2002.

[4] TMS320C54x Assembly Language Tools User's Guide (Rev. F) (spru102f. pdf). Texas Instruments,30 May 2002.

[5] TMS320C54x DSP Programmer's Guide (spru538. pdf). Texas Instruments,30 Jun 2001.

[6] TMS320C54x DSP CPU and Peripherals Reference Set Volume 1 (Rev. G) (spru131g. htm). Texas Instruments,31 Mar 2001.

[7] TMS320C54x DSP Mnemonic Instruction Set Reference Set Volume 2 (Rev. C)(spru172c. pdf). Texas Instruments,31 Jan 2001.

[8] TMS320C54x DSP Reference Set Volume 3: Algebraic Instruction (Rev. C) (spru179c. pdf). Texas Instruments,31 Jan 2001.

[9] TMS320C54x DSP Functional Overview (Addendum to 'C54x Data Sheets) (Rev. A) (spru307a. pdf). Texas Instruments,31 May 2000.

[10] TMS320C548/549 Bootloader & ROM Code Examples Techn. Reference (Rev. A) (spru288a. pdf). Texas Instruments,03 May 2000.

[11] TMS320C54x Code Composer Studio Tutorial (Rev. C) (spru327c. pdf, 1045 KB). Texas Instruments,31 Mar 2000.

[12] Code Composer Studio User's Guide (Rev. B) (spru328b. pdf). Texas Instruments,28 Mar 2000.

[13] TMS320C54x C Source Debugger User's Guide (Rev. D) (spru099d. htm). Texas Instruments, 31 Jul 1998.

[14] TMS320C54x DSP Applications Guide Reference Set Volume 4 (spru173. htm,). Texas Instruments,01 Oct 1996.

[15] TMS320VC547x CPU and Peripherals Reference Guide (Rev A) (spru038a. pdf,). Teax Instrment,29 Jul 2002.

[16] TMS320C55x Technical Overview (spru393. pdf). Teax Instrment,30 Dec 1999.

[17] OMAP1610 Innovator Development Kit User's Guide (spru645. pdf). Teas Instruments,15 Aug 2003.

[18] 苏涛,等. DSP实用技术. 西安:西安电子科技大学出版社,2002.

[19] 张雄伟,等. DSP集成开发与应用实例. 北京:电子工业出版社,2002.

[20] 刘益成. TMS320C54x DSP应用程序设计与开发. 北京:北京航空航天大学出版社,2002.

[21] 曹志刚,钱亚生. 现代通信原理. 北京:清华大学出版社,1992.